항공정비사

실기 구술+작업

Contents

Contents

Aircraft Maintenance

항공종사자 자격증명 실기시험 표준서 [Practical Test Standards]

항공정비사(Aircraft Maintenance Mechanic)

실기영역 세부기준

1. 실기영역 세부기준 [Part1 항공기체 및 엔진]

1. 법규 및 관계규정

과 목	세 부 과 목	평 가 항 목	실사방법	
			구술	실기
1. 정비작업범위	1. 항공종사자의 자격	1. 자격증명 업무범위(항공안전법 제36조, 별표) 2. 자격증명의 한정(항공안전법 제 37조) 3. 정비확인 행위 및 의무(항공안전법 32조, 제33조)	○	
	2. 작업 구분	1. 감항증명 및 감항성 유지(항공안전법 제23조, 제24조), 수리와 개조(항공안전법 제30조), 항공기 등의 검사 등(항공안전법 제31조) 2. 항공기정비업(항공사업법 제2절), 항공기취급업(항공사업법 제3절)	○	
2. 정비방식	1. 항공기 정비방식	1. 비행전후 점검, 주기점검(A, B, C, D 등) 2. Calendar 주기, Flight time 주기	○	
	2. 부분품 정비방식	1. 하드타임(Hardtime)방식 2. 온컨디션 (On condition)방식 3. 컨디션 모니터링(Condition monitoring)방식	○	
	3. 발동기 정비방식	1. HSI(Hot Section Inspection) 2. CSI(Cold Section Inspection)	○	

2. 기본작업

과 목	세 부 과 목	평 가 항 목	실사방법	
			구술	실기
3. 판금작업	1. 리벳의 식별	1. 사용목적, 종류, 특성 2. 열처리 리벳의 종류 및 열처리 이유	○	○
	2. 구조물 수리작업	1. 스톱홀(Stop hole)의 목적, 크기, 위치 선정 2. 리벳 선택(크기, 종류) 3. 카운터 성크(Counter sunk)와 딤플(Dimple)의 사용구분	○	○

과 목	세 부 과 목	평 가 항 목	실사방법	
			구술	실기
		4. 리벳의 배치(ED, Pitch) 5. 리벳작업 후의 검사 6. 용접 및 작업 후 검사		
	3. 판재 절단, 굽힘작업	1. 패치(Patch)의 재질 및 두께 선정기준 2. 굽힘 반경(Bending radius) 3. 셋백(Setback)과 굽힘 허용치(BA)	○	○
	4. 도면의 이해	1. 3면도 작성 2. 도면 기호 식별	○	○
	5. 드릴 등 벤치공구 취급	1. 드릴 절삭, 에지각, 선단각, 절삭 속도 2. 톱, 줄, 그라인더, 리마, 탭, 다이스 3. 공구 사용 시의 자세 및 안전수칙	○	○
4. 연결작업	1. 호스, 튜브작업	1. 사이즈 및 용도 구분 2. 손상검사 방법 3. 연결 피팅(Fitting, Union)의 종류 및 특성 4. 장착 시 주의사항	○	○
	2. 케이블 조정 작업 (Rigging)	1. 텐션미터(Tensionmeter)와 라이저(Riser)의 선정 2. 온도 보정표에 의한 보정 3. 리깅 후 점검 4. 케이블 손상의 종류와 검사방법	○	○
	3. 안전결선(Safety wire) 사용 작업	1. 사용목적, 종류 2. 안전결선 장착 작업(볼트 혹은 너트) 3. 싱글랩(Single wrap) 방법과 더블랩(Double wrap) 방법 사용 구분	○	○
	4. 토큐(Torque)작업	1. 토큐의 확인 목적 및 확인 시 주의사항 2. 익스텐션(Extension) 사용 시 토큐 환산법 3. 덕트 클램프(Clamp) 장착작업 4. Cotter pin 장착 작업	○	○
	5. 볼트, 너트, 와셔	1. 형상, 재질, 종류 분류 2. 용도 및 사용처	○	

과 목	세부과목	평가항목	실사방법	
			구술	실기
5. 항공기재료 취급	1. 금속재료	1. AL합금의 분류, 재질 기호 식별 2. AL합금판(Alclad) 취급(표면손상 보호) 3. Steel 합금의 분류, 재질 기호 4. Alodine 처리	○	
	2. 비금속재료	1. 열가소성과 열경화성 구분 2. 고무제품의 보관 3. 실런트 등 접착제의 종류와 취급 4. 복합소재의 구성 및 취급	○	
	3. 비파괴 검사	1. 비파괴 검사의 종류와 특징 2. 비파괴 검사 방법 및 주의사항	○	

3. 항공기 정비작업

과 목	세부과목	평가항목	실사방법	
			구술	실기
6. 기체 취급	1. Station number 구별	1. Station no. 및 Zone no. 의미와 용도 2. 위치 확인요령	○	
	2. 잭업(Jack up) 작업	1. 자중(Empty weight), Zero fuel weight, Payload관계 2. 웨잉(Weighing)작업 시 준비 및 안전절차	○	
	3. 무게중심(C.G)	1. 무게중심의 한계의 의미 2. 무게중심 산출작업(계산)	○	○
7. 조종 계통	1. 주조종장치(Aileron, Elevator, Rudder)	1. 조작 및 점검사항 확인	○	○
	2. 보조조종장치(Flap, Slat, Spoiler, Hori-zontal, Stabilizer 등)	1. 종류 및 기능 2. 작동 시험 요령	○	

과 목	세 부 과 목	평 가 항 목	실사방법	
			구술	실기
8. 연료 계통	1. 연료보급	1. 연료량 확인 및 보급절차 체크 2. 연료의 종류 및 차이점	○	
	2. 연료탱크	1. 연료 탱크의 구조, 종류 2. 누설(Leak)시 처리 및 수리방법 3. 탱크 작업 시 안전 주의사항	○	
9. 유압 계통	1. 주요 부품의 교환 작업	1. 구성품의 장탈착 작업시 안전 주의 사항 준수 여부 2. 작업의 실시요령	○	○
	2. 작동유 및 Accumu-lator air 보충	1. 작동유의 종류 및 취급 요령 2. 작동유의 보충작업	○	
10. 착륙장치 계통	1. 착륙장치	1. 메인 스트럿(Main strut or oleo cylinder)의 구조 및 작동원리 2. 작동유 보충시기 판정 및 보급방법	○	
	2. 제동계통	1. 브레이크 점검(마모 및 작동유 누설) 2. 브레이크 작동 점검 3. 랜딩기어에 휠과 타이어 부속품제거, 교환 장착	○	○
	3. 타이어계통	1. 타이어 종류 및 부분품 명칭 2. 마모, 손상 점검 및 판정기준적용 3. 압력 보충 작업(사용 기체 종류) 4. 타이어 보관	○	○
	4. 조향장치	1. 조향장치 구조 및 작동원리 2. 시미댐퍼(Shimmy damper) 역할 및 종류	○	
11. 추진 계통	1. 프로펠러	1. 블레이드(Blade) 구조 및 수리 방법 2. 작동절차(작동전 점검 및 안전사항 준수) 3. 세척과 방부처리 절차	○	
	2. 동력전달장치	1. 주요 구성품 및 기능점검 2. 주요 점검사항 확인	○	

과 목	세 부 과 목	평 가 항 목	실사방법	
			구술	실기
12. 발동기 계통	1. 왕복엔진	1. 작동원리, 주요 구성품 및 기능 2. 점화장치 작업 및 작업안전사항 준수 여부 3. 윤활장치 점검(기능, 작동유 점검 및 보충) 4. 주요 지시계기 및 경고장치 이해 5. 연료계통 기능(점검, 고장탐구 등) 6. 흡입, 배기계통	○	○
	2. 가스터빈엔진	1. 작동원리, 주요 구성품 및 기능 2. 점화장치 작업 및 작업안전사항 준수 여부 3. 윤활장치 점검(기능, 작동유 점검 및 보충) 4. 주요 시기계기 및 경고장치 이해 5. 연료계통 기능(점검, 고장탐구 등) 6. 흡입 및 공기흐름 계통 7. Exhaust 및 Reverser 시스템 8. 세척과 방부처리 절차 9. 보조동력장치계통(APU)의 기능과 작동	○	○
13. 항공기 취급	1. 시운전 절차 (Engine run up)	1. 시동절차 개요 및 준비사항 2. 시운전 실시 3. 시운전 도중 비상사태 발생시(화재 등) 응급조치 방법 4. 시운전 종료 후 마무리 작업 절차	○	
	2. 동절기 취급절차 (Cold weather operation)	1. 제빙유 종류 및 취급 요령(주의사항) 2. 제빙유 사용법(혼합율, 방빙 지속 시간) 3. 제빙작업 필요성 및 절차(작업안전 수칙 등) 4. 표면처리(세척과 방부처리) 절차	○	
	3. 지상운전과 정비	1. 항공기 견인(Towing) 일반절차 2. 항공기 견인(Towing)시 사용 중인 활주로 횡단 시 관제탑에 알려야할 사항 3. 항공기 시동 시 지상운영 Taxing의 일반절차 및 관련된 위험요소 방지절차 4. 항공기 시동 시 및 지상작동(Taxing 포함) 상황에서 표준 수신호 또는 지시봉(Light wand) 신호의 사용 및 응답방법	○	○

2. 실기영역 세부기준 [Part2 항공전자·전기·계기]

1. 법규 및 관계규정

과 목	세 부 과 목	평 가 항 목	실사방법	
			구술	실기
1. 법규 및 규정	1. 항공기 비치서류	1. 감함증명서 및 유효기간 2. 기타 비치서류(항공안전법 제52조 및 규칙 제113조)	○	
	2. 항공일지	1. 중요 기록사항(항공안전법 제52조 및 규칙 제108조) 2. 비치장소	○	
	3. 정비규정	1. 정비 규정의 법적 근거(항공안전법 제93조) 2. 기재사항의 개요 3. MEL, CDL	○	
2. 감항증명	1. 감항증명	1. 항공법규에서 정한 항공기 2. 감항검사 방법 3. 형식증명과 감항증명의 관계	○	
	2. 감항성 개선명령	1. 감항성개선지시(Airworthiness Directive)의 정의 및 법적 효력 2. 처리결과 보고절차	○	

2. 기본작업

과 목	세 부 과 목	평 가 항 목	실사방법	
			구술	실기
3. 벤치작업	1. 기본 공구의 사용	1. 공구 종류 및 용도 2. 기본자세 및 사용법	○	○
	2. 전자전기 벤치작업	1. 배선작업 및 결함 검사 2. 전기회로 스위치 및 전기회로 보호 장치 3. 전기회로의 전선규격 선택 시 고려사항 4. 전기 시스템 및 구성품의 작동상태 점검	○	○

과 목	세부과목	평가항목	실사방법	
			구술	실기
4. 계측작업	1. 계측기 취급	1. 국가교정제도의 이해(법령, 단위계) 2. 유효기간의 확인 3. 계측기의 취급, 보호	○	○
	2. 계측기 사용법	1.계측(부척)의 원리 2. 계측대상에 따른 선정 및 사용절차 3. 측정치의 기입요령	○	○
5. 전기·전자작업	1. 전기선 작업	1. 와이어 스트립(Strip) 방법 2. 납땜(Soldering) 방법 3. 터미널 크림핑(Crimping) 방법 4. 스플라이스(Splice) 크림핑(Crimping) 방법 5. 전기회로 스위치 및 전기회로 보호장치 장착	○	○
	2. 솔리드저항, 권선 등의 저항측정	1. 멀티미터(Multimeter) 사용법 2. 메가테스터/메가미터(Megatester/Megameter) 사용법 3. 휘트스톤 브리지(Wheatstone bridge) 사용법	○	○
	3. ESDS작업	1. ESDS 부품 취급 요령 2. 작업시 주의사항	○	
	4. 디지털회로	1. 아날로그 회로와의 차이	○	
	5. 위치표시 및 경고계통	1. Anti-skid 시스템 기본구성 2. Landing gear 위치/경고 시스템 기본 구성품	○	

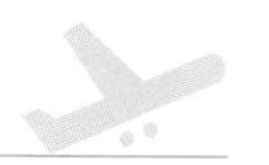

3. 항공기 정비작업

과 목	세 부 과 목	평 가 항 목	실사방법	
			구술	실기
6. 공기조화 계통	1. 공기순환식 공기조화 계통(Air cycle air Conditioning system)	1. 공기 순환기(Air cycle machine)의 작동 원리 2. 온도 조절방법	○	
	2. 증기순환식 공기조화 계통(Vapor cycle air Conditioning system)	1. 주요부품의 구성 및 기능 2. 냉매(Refrigerant) 종류 및 취급 요령(보관, 보충)	○	
	3. 여압 조절 장치 (Cabin pressure control system)	1. 주요부품의 구성 및 작동 원리 2. 지시계통 및 경고장치	○	
7. 객실 계통	1. 장비현황(조종실, 객실, 주방, 화장실, 화물실 등)	1. Seat의 구조물 명칭 2. PSU(Passenger Service Unit) 기능 3. Emergency equipment 목록 및 위치 4. 객실여압 시스템과 시스템 구성품의 검사	○	
8. 화재탐지 및 소화 계통	1. 화재 탐지 및 경고 장치	1. 종류 및 작동원리 2. 계통(Cartridge, Circuit) 점검방법 체크	○	○
	2. 소화기계통	1. 종류(A, B, C, D) 및 용도구분 2. 유효기간 확인 및 사용방법 체크	○	
9. 산소 계통	1. 산소장치 작업(Crew, Passenger, Portable Oxygen bottle)	1. 주요 구성부품의 위치 2. 취급상의 주의사항 3. 사용처	○	
10. 동결방지 계통	1. 시스템 개요(날개, 엔진, 프로펠러 등)	1. 방·제빙하고 있는 장소와 그 열원 등 2. 작동시기 및 이유 3. Pitot 및 Static, 결빙방지계통 검사 4. 전기 Wind shield 작동 점검 5. Pneumatic de-icing boot 정비 및 수리	○	

과 목	세부과목	평가항목	실사방법	
			구술	실기
11. 통신항법 계통	1. 통신장치(HF, VHF, UHF 등)	1. 사용처 및 조작방법 2. 법적 규제에 대한 지식 3. 부분품 교환 작업 4. 항공기에 장착된 안테나의 위치 및 확인	○	○
	2. 항법장치(ADF, VOR, DME, ILS/GS, INS/GPS 등)	1. 작동원리 2. 용도 3. 자이로(Gyro)의 원리 4. 위성통신의 원리 5. 일반적으로 사용되는 통신/항법 시스템 안테나 확인 방법 6. 충돌방지등과 위치지시등의 검사 및 점검	○	
12. 전기조명 계통	1. 전원장치(AC, DC)	1. 전원의 구분과 특징, 발생원리 2. 발전기의 주파수 조정장치	○	
	2. 배터리 취급	1. 배터리 용액 점검 및 보충 작업 2. 세척 시 작업안전 주의사항 준수 여부 3. 배터리 정비 및 장 · 탈착 작업 4. 배터리 시스템에서 발생하는 일반적인 결함	○	○
	3. 비상등	1. 종류 및 위치	○	
13. 전자계기 계통	1. 전자계기류 취급	1. 전자계기류 종류 2. 전자계기 장·탈착 및 취급 시 주의사항 준수 여부	○	○
	2. 동정압(Pitot-Static tube) 계통	1. 계통 점검 수행 및 점검 내용 체크 2. 누설 확인 작업 3. Vacuum/Pressure, 전기적으로 작동하는 계기의 동력 시스템 검사 고장탐구	○	

항공종사자 자격증명 실기시험 표준서 [Practical Test Standards]

항공정비사(Aircraft Maintenance Mechanic)

제1편

실기영역 세부기준

[Part Ⅰ 항공기체 및 엔진]

제1장 법규 및 관계규정

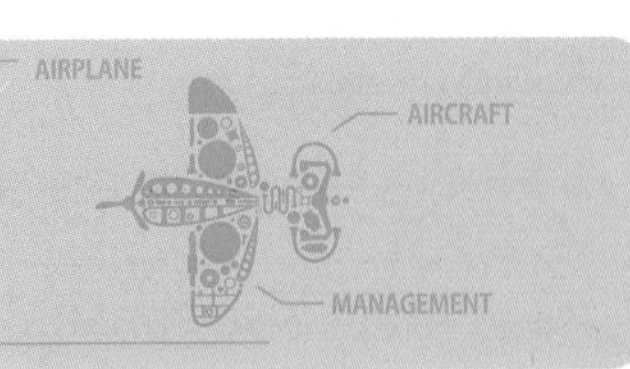

1 정비작업 범위

1. 항공종사자의 자격(구술 평가)

주제

(1) 자격증명의 업무 범위(항공안전법 제36조, 별표)

평가 항목

정비 또는 개조한 항공기를 항공안전법 제36조(별표)의 규정에 의거 확인을 하는 행위

① 업무 범위 : 항공기의 종류, 정비방식을 통해 업무 범위가 한정될 수 있다.

ⓐ 엔지니어(Engineer) : 항공기, 엔진 및 Avionic 담당으로 분류되며 기술검토, 기술지시 발행

ⓑ 정비 통제 : 항공기 정비 계획, Work load Control 및 SE(Service Engineering)

ⓒ QA : 항공정비작업 검사, 보증 및 심사

ⓓ Mechanic

- 운항정비(항공기 및 Avionic 담당으로 분류하며 항공기 점검, 수리 업무)
- 공장정비 업무(항공기 중정비, 수리, 엔진 및 전기·전자 등의 업무)

주제

(2) 자격증명의 한정(항공안전법 제37조)

평가 항목

① 항공안전법 제37조 제1항

ⓐ 1호 : 조종사(운송용, 사업용, 자가용, 부조종사)와 항공기관사 → 항공기의 종류, 등급, 형식

ⓑ 2호 : 항공정비사 → 항공기, 경량항공기의 종류 및 정비 분야(기체, 왕복 엔진, 터빈 엔진, 프로펠러, 전자, 전기, 계기 분야로 나뉘었지만 21년 3월 실시 된 법령에서는 전자, 전기, 계기 분야만 존재함)

② 항공안전법 제37조 제2항 : 한정된 범위 이외에서 항공업무에 종사 금지

③ 항공안전법 제37조 제3항 : 제1항에 따른 자격증명의 한정에 필요한 세부사항은 국토교통부령으로 정한다.

참조 시행규칙 제81조(항공기의 종류)

① 항공기의 종류

ⓐ 비행기 분야 : 정비업무경력 4년 미만인 사람은 최대이륙중량 5,700kg 제한

ⓑ 헬리콥터 분야 : 정비업무경력 4년 미만인 사람은 최대이륙중량 3,175kg 제한

② 경량항공기 종류

ⓐ 경량비행기 : 타면 조종형, 체중 이동형 비행기 또는 동력 파라슈트

ⓑ 경량헬리콥터 : 경량헬리콥터, 자이로 플레인

③ 정비 분야 : 국토교통부장관이 법 제37조 제1항 제2호에 따라 한정하는 항공정비사의 자격증명의 정비 분야는 전자, 전기, 계기 관련 분야로 한다.(21년 3월부터 실시)

주제

(3) 정비확인 행위 및 의무(항공안전법 제32조, 제33조)

평가 항목

① 항공기, 장비품 등의 정비확인(항공안전법 제32조)

ⓐ 소유자 등은 항공기, 장비품 또는 부품에 대하여 정비 등을 한 경우 항공안전법 제35조 제8호의 항공정비사 자격증명을 받은 사람이 국토교통부령으로 정하는 자격요건을 갖춘 사람으로부터 국토교통부령에 정하는 방법에 따라 감항성을 확인받지 아니하면 운항 또는 항공기 등에 사용해서는 아니 된다.

다만, 감항성을 확인받기 곤란한 대한민국 이외의 지역에서 항공기, 장비품 또는 부품에 대하여 정비 등을 하는 경우, 국토교통부령으로 정하는 자격요건을 갖춘 자로부터 감항성 확인을 받은 경우 이를 운항 또는 항공기 등에 사용할 수 있다.

ⓑ 소유자 등은 항공기, 장비품 또는 부품에 대하여 정비 등을 위탁하려는 경우에는 항공안전법 제97조 제1항에 따른 정비조직인증을 받은 자 또는 그 항공기, 장비품 또는 부품을 제작한 자에게 위탁하여야 한다.

② 항공기 등에 발생한 고장, 결함 또는 기능장애 보고 의무(항공안전법 제33조)

ⓐ 형식증명, 부가형식증명, 제작증명, 기술표준품 형식승인 또는 부품 제작자증명을 받은 자가 제작 또는 인증을 받은 항공기, 장비품 또는 부품이 설계 또는 제작의 결함으로 인하여 국토교통부령에 정하는 고장, 결함 또는 기능장애가 발생한 것을 알게 된 경우 국토교통부령으로 정하는 바에 따라 국토교통부장관에게 그 사실을 보고하여야 한다.

ⓑ 항공운송사업자, 항공기사용사업자 등 대통령령으로 정하는 소유자 또는 항공안전법 제97조 제1항에 따른 정비조직인증을 받은 자는 항공기를 운영하거나 정비 중에 국토교통부령에 정하는 고장, 결함 또는 기능장애가 발생한 것을 알게된 경우에는 국토교통부령으로 정하는 바에 따라 국토교통부장관에게 그 사실을 보고하여야 한다.

2. 작업 구분(구술 평가)

주제

(1) 감항증명 및 감항성 유지(항공안전법 제23조, 제24조), 수리와 개조(항공안전법 제30조), 항공기 등의 검사 등(항공안전법 제31조)

평가 항목

① 항공 안전법제 제23조(감항증명 및 감항성 유지)

ⓐ 항공안전법 제23조 제1항 : 항공기가 감항성이 있다는 증명(이하 "감항증명"이라 한다)을 받으려는 자는 국토교통부령으로 정하는 바에 따라 국토교통부장관에게 감항증명을 신청하여야 한다.

ⓑ 항공안전법 제23조 제2항 : 감항증명은 대한민국 국적을 가진 항공기가 아니면 받을 수 없다. 다만,(국토교통부령으로 정하는 항공기의 경우에는 그러하지 아니하다.)

ⓒ 항공안전법 제23조 제3항 : 누구든지 다음 각호의 어느 하나에 해당하는 감항증명을 받지 아니한 항공기를 운항하여서는 아니 된다.

- 표준감항증명 : 해당 항공기가 형식증명 또는 형식증명 승인에 따라 인가된 설계에 일치하게 제작되고 안전하게 운항할 수 있다고 판단되는 경우에 발급하는 증명
- 특별감항증명 : 해당 항공기가 제한형식증명을 받았거나 항공기의 연구, 개발 등 국토교통부령으로 정하는 경우로서 항공기 제작자 또는 소유자 등이 제시한 운용범위를 검토하여 안전하게 운항할 수 있다고 판단되는 경우에 발급하는 증명

ⓓ 항공안전법 제23조 제4항 : 국토교통부장관은 제3항 각호의 어느 하나에 해당하는 감항증명을 하는 경우 국토교통부령으로 정하는 바에 따라 해당 항공기의 설계, 제작과정, 완성 후의 상태와 비행성능에 대하여 검사하고 해당 항공기의 운용한계(運用限界)를 지정하여야 한다.

다만, 다음 각호의 어느 하나에 해당하는 항공기의 경우에는 국토교통부령으로 정하는 바에 따라 검사의 일부를 생략할 수 있다.

- 형식증명, 제한형식증명 또는 형식증명승인을 받은 항공기
- 제작증명을 받은 자가 제작한 항공기
- 항공기를 수출하는 외국 정부로부터 감항성이 있다는 승인을 받아 수입하는 항공기

ⓔ 항공안전법 제23조 제5항 : 감항증명의 유효기간은 1년으로 한다. 다만, 항공기의 형식 및 소유자 등(제32조 제2항에 따른 위탁을 받은 자를 포함한다)의 감항성 유지능력 등을 고려하여 국토교통부령으로 정하는 바에 따라 유효기간을 연장할 수 있다.

ⓕ 항공안전법 제23조 제6항 : 국토교통부장관은 제4항에 따른 검사 결과 항공기가 감항성이 있다고 판단되는 경우 국토교통부령으로 정하는 바에 따라 감항증명서를 발급하여야 한다.

ⓖ 항공안전법 제23조 제7항 : 국토교통부장관은 다음 각호의 어느 하나에 해당하는 경우에는 해당 항공기에 대한 감항증명을 취소하거나 6개월 이내의 기간을 정하여 그 효력의 정지를 명할 수 있다.

다만, 제1호에 해당하는 경우에는 감항증명을 취소하여야 한다.

- 제1호 : 거짓이나 그 밖의 부정한 방법으로 감항증명을 받은 경우(무조건 취소)
- 항공기가 감항증명 당시의 항공기기술기준에 적합하지 아니하게 된 경우

ⓗ 항공안전법 제23조 제 8항 : 항공기를 운항하려는 소유자 등은 국토교통부령으로 정하는 바에 따라 그 항공기의 감항성을 유지하여야 한다.

ⓘ 항공안전법 제23조 제9항 : 국토교통부장관은 제8항에 따라 소유자 등이 해당 항공기의 감항성을 유지하는지를 수시로 검사하여야 하며, 항공기의 감항성 유지를 위하여 소유자 등에게 항공기 등, 장비품 또는 부품에 대한 정비 등에 관한 감항성 개선 또는 그 밖의 검사, 정비 등을 명할 수 있다.

② 항공안전법 제24조(감항 승인)

ⓐ 우리나라에서 제작, 운항 또는 정비 등을 한 항공기, 장비품 또는 부품을 타인에게 제공하려는 자는 국토교통부령으로 정하는 바에 따라 국토교통부장관의 감항 승인을 받을 수 있다.

ⓑ 국토교통부장관은 제1항에 따른 감항 승인을 할 때에는 해당 항공기, 장비품 또는 부품이 항공기기술기준 또는 제27조 제1항에 따른 기술표준품의 형식승인기준에 적합하고, 안전하게 운용할 수 있다고 판단하는 경우에는 감항 승인을 하여야 한다.

ⓒ 국토교통부장관은 다음 각호의 어느 하나에 해당하는 경우에는 제2항에 따른 감항 승인을 취소하거나 6개월 이내의 기간을 정하여 그 효력의 정지를 명할 수 있다.
다만, 제1호에 해당하는 경우에는 그 감항 승인을 취소하여야 한다.

- 거짓이나 그 밖의 부정한 방법으로 감항 승인을 받은 경우
- 항공기 등, 장비품 또는 부품이 감항 승인 당시의 항공기기술기준 또는 제27조 제1항에 따른 기술표준품의 형식승인기준에 적합하지 아니하게 된 경우

③ 항공안전법 제30조(수리 개조 승인)

ⓐ 감항증명을 받은 항공기의 소유자 등은 해당 항공기 등, 장비품 또는 부품을 국토교통부령으로 정하는 범위에서 수리하거나 개조하려면 국토교통부령으로 정하는 바에 따라 그 수리, 개조가 항공기기술기준에 적합한지에 대하여 국토교통부장관의 승인(이하 "수리, 개조승인"이라 한다)을 받아야 한다.

ⓑ 소유자 등은 수리, 개조승인을 받지 아니한 항공기 등, 장비품 또는 부품을 운항 또는 항공기 등에 사용해서는 아니 된다.

ⓒ 제1항에도 불구하고 다음 각호의 어느 하나에 해당하는 경우로서 항공기기술기준에 적합한 경우에는 수리·개조승인을 받은 것으로 본다.

- 기술표준품 형식승인을 받은 자가 제작한 기술표준품을 그가 수리, 개조하는 경우
- 부품 등 제작자증명을 받은 자가 제작한 장비품 또는 부품을 그가 수리, 개조하는 경우
- 제97조 제1항에 따른 정비조직인증을 받은 자가 항공기, 장비품 또는 부품을 수리, 개조하는 경우

참조 항공기 수리와 개조(항공안전법 제30조)

① 수리(Repair) : 항공기, 장비품 및 부분품이 결함이 발생하였을 경우, 원래의 감항성 상태로 복구하는 작업으로 수리의 기본원칙은 "본래의 강도유지", "형상 유지", "최소 무게 유지" 및 부식방지 등이 있으며 "대수리"와 "소수리"로 구분한다.

ⓐ 대수리 : 항공기 및 장비품 등의 고장 또는 결함으로 중량, 평형, 구조 강도, 성능, 엔진작동, 비행 특성 및 기타 품질에 상당하게 작용하여 감항성에 영향을 주는 작업

ⓑ 소수리 : 대수리 이외의 수리 작업

② 개조(Modification) : 항공기, 장비품의 중량, 강도, 동력장치의 기능, 비행성 등을 향상시킬 목적으로 감항성에 중대한 영향을 미치는 작업으로 본래의 상태에서 형태의 변형이나 기능 향상의 목적으로 으로 수행하는 작업으로 "대개조"와 "소개조"로 구분한다.

ⓐ 대개조 : 항공기, 엔진, 프로펠러 및 장비품 등의 설계서에 없는 항목의 변경으로 중량, 평형, 구조 강도, 성능, 엔진작동, 비행 특성 및 기타 품질에 상당하게 작용하여 감항성에 영향을 주는 작업

ⓑ 소개조 : 대개조 이외의 개조 작업

④ 항공안전법 제31조(항공기 등의 검사 등)

ⓐ 국토교통부장관은 항공안전법 제20조부터 제25조까지, 제27조, 제28조, 제30조 및 제97조에 따른 증명, 승인 또는 정비조직인증을 할 때에는 국토교통부장관이 정하는 바에 따라 미리 해당 항공기 및 장비품을 검사하거나 이를 제작 또는 정비하려는 조직, 시설 및 인력 등을 검사하여야 한다.

ⓑ 국토교통부장관은 제1항에 따른 검사를 하기 위하여 다음 각호의 어느 하나에 해당하는 사람 중에서 항공기 등 및 장비품을 검사할 사람(이하 "검사관"이라 한다)을 임명 또는 위촉한다.

- 제35조 제8호의 항공정비사 자격증명을 받은 사람
- 「국가기술자격법」에 따른 항공분야의 기사 이상의 자격을 취득한 사람
- 항공기술 관련 분야에서 학사 이상의 학위를 취득한 후 3년 이상 항공기의 설계, 제작, 정비 또는 품질보증 업무에 종사한 경력이 있는 사람
- 국가기관 등 항공기의 설계, 제작, 정비 또는 품질보증 업무에 5년 이상 종사한 경력이 있는 사람

ⓒ 국토교통부장관은 국토교통부 소속 공무원이 아닌 검사관이 제1항에 따른 검사를 한 경우에는 예산의 범위에서 수당을 지급할 수 있다.

주제

(2) 항공기 정비업(항공사업법 제2절), 항공기 취급업(항공사업법 제3절)

평가 항목

① 항공기 정비업(항공사업법 제2절)

ⓐ 항공기 정비업을 경영하려는 자는 국토교통부령으로 정하는 바에 따라 국토교통부장관에게 등록하여야 한다.

등록한 사항 중 국토교통부령으로 정하는 사항을 변경하려는 경우에는 국토교통부장관에게 신고하여야 한다.

ⓑ 제1항에 따른 항공기 정비업을 등록하려는 자는 다음 각호의 요건을 갖추어야 한다.

- 자본금 또는 자산평가액이 3억 원 이상으로서 대통령령으로 정하는 금액 이상일 것
- 정비사 1명 이상 등 대통령령으로 정하는 기준에 적합할 것
- 그 밖에 사업 수행에 필요한 요건으로서 국토교통부령으로 정하는 요건을 갖출 것

ⓒ 다음 각호의 어느 하나에 해당하는 자는 항공기 정비업의 등록을 할 수 없다. 〈개정 2017. 12. 26.〉

- 제9조 제2호부터 제6호(법인으로서 임원 중에 대한민국 국민이 아닌 사람이 있는 경우는 제외한다)까지의 어느 하나에 해당하는 자
- 항공기 정비업 등록의 취소처분을 받은 후 2년이 지나지 아니한 자. 다만, 제9조 제2호에 해당하여 제43조 제7항에 따라 항공기 정비업 등록이 취소된 경우는 제외한다.

② 항공기 정비업(항공사업법 제3절)

ⓐ 항공기 취급업을 경영하려는 자는 국토교통부령으로 정하는 바에 따라 신청서에 사업계획서와 그 밖에 국토교통부령으로 정하는 서류를 첨부하여 국토교통부장관에게 등록하여야 한다. 등록한 사항 중 국토교통부령으로 정하는 사항을 변경하려는 경우에는 국토교통부장관에게 신고하여야 한다.

ⓑ 제1항에 따른 항공기 취급업을 등록하려는 자는 다음 각호의 요건을 갖추어야 한다.

- 자본금 또는 자산평가액이 3억 원 이상으로서 대통령령으로 정하는 금액 이상일 것
- 항공기 급유, 하역, 지상조업을 위한 장비 등이 대통령령으로 정하는 기준에 적합할 것
- 그 밖에 사업 수행에 필요한 요건으로서 국토교통부령으로 정하는 요건을 갖출 것

ⓒ 다음 각호의 어느 하나에 해당하는 자는 항공기 취급업의 등록을 할 수 없다. 〈개정 2017. 12. 26.〉

- 제9조 제2호부터 제6호(법인으로서 임원 중에 대한민국 국민이 아닌 사람이 있는 경우는 제외한다)까지의 어느 하나에 해당하는 자
- 항공기 취급업 등록의 취소처분을 받은 후 2년이 지나지 아니한 자. 다만, 제9조 제2호에 해당하여 제45조 제7항에 따라 항공기 취급업 등록이 취소된 경우는 제외한다.

참조 항공법 제1조(목적)

이 법은 「국제민간항공조약」 및 같은 조약의 부속서(부속서)에서 채택된 표준과 방식에 따라 항공기 등이 안전한 항행을 위한 방법을 정하고, 항공시설을 효율적으로 설치, 관리하도록 하며, 항공운송사업 등의 질서를 확립함으로써 항공의 발전과 공공복리의 증진에 이바지함을 목적으로 한다.

항공법은 항공안전법, 항공사업법, 공항사업법으로 분류하며(법 → 시행령 → 시행규칙)이 있다.

〈개정 2014.1.14 법12256〉 [전문개정 2009.6.9]

가. 항공안전법

1) 제1조(목적) : 이 법은 「국제민간항공협약」및 같은 협약의 부속서에서 채택된 표준과 권고되는 방식에 따라 항공기, 경량항공기 또는 초경량비행장치의 안전하고 효율적인 항행을 위한 방법과 국가, 항공 사업자 및 항공 종사자 등의 의무 등에 관한 사항을 규정함을 목적으로 한다. 항공안전법(제77조 : 운항기술기준 준수)

2) 항공안전법 제77조 목적(Objectives) : 이 기준은 항공안전법 제77조의 규정에 의하여 항공법령과 국제민간항공협약 및 같은 협약의 부속서에서 정한 범위 안에서 항공기 소유자 등 항공종사자가 준수하여야 할 최소의 안전기준을 정하여 항공기의 안전운항을 확보함을 그 목적으로 한다.

나. 항공사업법

1) 제1조(목적) : 이 법은 항공정책의 수립 및 항공사업에 관하여 필요한 사항을 정하여 대한민국 항공사업의 체계적인 성장과 경쟁력 강화 기반을 마련하는 한편, 항공사업의 질서유지 및 건전한 발전을 도모하고 이용자의 편의를 향상시켜 국민경제의 발전과 공공복리의 증진에 이바지함을 목적으로 한다.

다. 공항시설법

1) 제1조(목적) 이 법은 공항·비행장 및 항행안전시설의 설치 및 운영 등에 관한 사항을 정함으로써 항공산업의 발전과 공공복리의 증진에 이바지함을 목적으로 한다.

2 정비방식

1. 항공기의 정비 방식(구술 평가)

주제

(1) 비행 전/후 점검, 주기점검(A, B, C, D 등)

평가 항목

① 비행 전/후 점검

ⓐ 비행전 점검(PR 점검) : 그 날의 최종 비행을 마치고부터 다음 비행 확인 전까지 항공기 출발 태세를 확인하는 점검

- 항공기 내/외 청결 확인과 세척, 기체/액체 보급과 결함 교정 등을 수행한다.

ⓑ 비행 후 점검 : 최종 비행 후에 점검하고, 첫 비행시간으로부터 운항편이 바뀌고 나서 출발기지 또는 최종 목적지에서 계획 출발 시각까지 경과 시간이 24시간을 경과 할 때마다 수행한다. (국제선은 48시간)

② 주기점검(A, B, C, D 등)

ⓐ A-Check : 운항에 직접 관련해서 빈도가 높은 정비단계로, 약 500 Hrs/Cycle 주기로 수행하며, 항공기 내/외부 육안검사, 액체 및 기체류의 보충, 결함 교정, 기내청소, 외부 세척 등 점검

ⓑ B-Check : A CHECK의 점검사항을 포함하며, 약 1,000 Hrs/Cycle 주기로 수행하고, 주로 Power Plant 계열의 점검으로 MSG-3 정비방식 이후에는 수행하지 아니한다.

ⓒ C-Check(Heavy Maintenance) : 기본 A, B CHECK의 점검사항을 포함하며, 5,000 Hrs/Cycle 주기로 수행하고, 제한된 범위 내에서 구조 및 계통의 검사 및 작동점검 등을 행하여 감항성을 유지하는 중정비(Heavy Maintenance) 이다.

ⓓ D-Check : 통상 18,000 Cycle 또는 10 Year 주기로 수행하는 중정비(Heavy Maintenance)로 항공기의 기체구조 점검을 주로 수행하며, 부분품의 기능점검 및 계획된 부품의 교환, 잠재적 결함 교정 등으로 감항성을 유지하는 기체점검의 최고단계를 말합니다.

주제

(2) Calendar 주기, Flight Time 주기

평가 항목

① Calendar 주기 : 비행시간과 관계없이 일정한 주기가 되면 항공기를 점검하는 방식이다. 비행을 하지 않아도 일정 주기가 되면 수행한다.

② Flight Time 주기 : 비행을 위해 자체 출력으로 움직이기 시작한 때를 시작으로 착륙 후에 항공기가 멈출 때까지의 조종 시간을 의미한다. 비행시간에 따라 부품 교환 정비 항목을 점검하고, 캘린더 주기와 차이점은 비행하지 않으면 점검하지 않는다.

2. 부품정비 방식(구술 평가)

주제

(1) 하드 타임(Hard Time) 방식

평가 항목

시한성 정비방식으로 정비한계시간과 사용한계시간을 정하여 정기적으로 장탈 하여 분해, 수리 또는 교환하는 작업

※ 시한성 정비 → Discard, Overhaul, Off-A/C Restoration 요구됨

주제

(2) 온컨디션(On Condition) 방식

평가 항목

엔진 등 감항성에 영향이 있는 장비품의 정비방식으로 일정주기에 점검하여 다음 주기까지 감항성을 유지할 수 있다고 판단되면 계속 사용하고 발견된 결함에 대해서만 수리 교환하는 방식이며, 주어진 점검주기에 반복적으로 수행하는 검사와 점검, 테스트와 서비스 등을 말한다. 감항성 유지에 적절한 점검과 작업 방법이 적용되어야 한다.(성능 허용한계, 마멸 한계, 부식 한계 등을 갖는 장비나 부품에 적용)

※ 정시성(주기적) 정비 ➜ Inspection, Check, Service, On-A/C Restoration 요구됨

주제

(3) 컨디션 모니터링(Condition monitoring) 방식

평가 항목

OC(On Condition) 및 HT(Hard Time) 정비개념과 같이 기본적인 정비방식이다. 감항성에 영향이 없는 시스템이나 장비품의 고장을 분석하여 원인을 제거하기 위한 적절한 조치를 취함으로써 항공기의 감항성을 유지

※ 상태정비 ➜ No Scheduled Maintenance CM에 포함

3. 엔진 정비방식(구술 평가)

주제

(1) HSI(Hot Section Inspection)

평가 항목

MSG-2 정비방식의 Engine 정비에 적용되었으며 Engine의 고온 부분 즉, 연소실(Combustor), 고압터빈(HPT : High Pressure Turbine)을 4,000 Hrs/Cycle 마다 정비 및 수리하는 작업이며, 이때 저온 부분 즉, 팬 및 저압 압축기(Fan & LPC), 고압 압축기(HPC) 및 저압터빈(LPT)은 Visual Inspection 및 Minor Repair를 하는 정비이다.

주제

(2) CSI(Cold Section Inspection)

평가 항목

MSG-2 정비방식의 Engine 정비에 적용되었으며 Engine의 고온 부분 연소실(Combustor), 고압 터빈(HPT : High Pressure Turbine), 팬 & 저압 압축기(Fan & LPC), 고압 압축기(HPC) 및 저압터빈(LPT) 즉, 엔진 전체를 8,000 Hrs/Cycle마다 정비 및 수리하는 작업이다.

주제

(3) On Condition Maintenance

평가 항목

MSG-3 정비방식의 엔진 정비방식에 적용되었으며 매 비행 시에 엔진 성능감시 시스템(EPMS : Engine Performance Monitoring System) Data를 분석하고, 주기적으로 On-wing에서 Engine의 외부 육안 점검 및 BSI(Bore-scope Inspection)하여 Engine 내부 상태를 점검하고 Line과 Engine Shop에서 결함 부분만 정비하며, TRP(Time Regulated Parts)의 교환 및 Minor Repair를 수행하여 Engine을 최대 운용한계까지 운용하는 정비방식이다.

우리나라는 1991년부터 국토교통부의 승인으로 이 정비방법을 적용하고 있다.

참조 1. 항공기 정비(Aircraft maintenance)

항공기의 감항성을 유지하기 위한 행위이다.

항공 운송의 목적 달성을 위하여 감항성, 정시성, 쾌적성, 경제성을 충족시킨다는 목적을 가진다.

항공기 정비 부문은 다음의 3가지로 분류한다.

1) 기체(Air flame) : 작동면의 작동 검사 및 유압 체크, 랜딩기어의 관리, 기체 내부구조의 비파괴검사, 기체의 외피 체크 등, 기체의 모든 부분을 유지 및 보수를 한다.(Engine 및 Avionics 제외)

2) 엔진(Engine) : 엔진의 정상적인 작동을 위하여 구조 및 계통을 점검하여 최상의 엔진(Engine) 상태로 유지 및 보수하는 역할을 하며, 엔진(Engine)을 분해하여 수리, 개조 및 시운전을 수행한다.

3) 전자, 전기(Avionics) : 항공기의 모든 전자 장비, 계기 및 전기 계통의 유지 및 보수하는 업무이다.

2. 수리·개조 검사(Repair & Modification Inspection)

1) 수리(Repair) : 항공기에 결함이 발생한 경우 Manual에 의해 결함을 해소하는 작업

2) 개조(Modification) : 결함과 무관하게 성능을 향상시키는 작업(AD, SB 등)

3) 수리·개조 검사(Repair & Modification Inspection)

① 감항증명을 받은 항공기의 소유자 등은 항공기를 수리, 개조하고자 하는 때는 수리, 개조에 관하여 국토교통부장관의 승인를 받아야 한다.(확인은 검사 주임이 한다.)

예비품증명을 받은 장비 품을 사용하여 수리할 때는 제외된다.

② 대한민국 외의 지역에서 예비품증명을 받지 아니한 장비 품을 사용하여 항공기를 수리한 경우에는 사후에 검사를 받아야 한다. 항공우주산업 개발촉진법의 기술기준에 적합하다고 확인된 항공기는 수리, 개조 검사를 받은 것으로 본다.

수리, 개조능력 확인검사 : 2년마다 확인하며 수리, 개조한 항공기가 기술기준에 적합한지 검사원이 확인한 후 탑재용 항공일지에 서명날인 한다.

참조 1. MSG(Maintenance Steering Group) 정비방식

1) 배경 : 1950년도에서부터 항공기가 상업적인 용도로 사용되면서 항공기의 정비방법으로는 가장 단순한 방법이 이용되었다.
   즉, 일정 시간이 되면 모든 부품과 장비들을 새것으로 바꾸는 것이다.(Overhaul)
   1968년 정비 지식이 쌓이게 되면서 항공기 안전성은 그대로 유지하면서 정비에 대한 효율성을 높이는 방법으로 MSG가 개발되었다. MSG는 항공기 정비 방식 중 하나로 정비프로그램을 개발하는 수단을 제공함이 목적이다. MSG는 1, 2, 3으로 나눠져 있다.
   ATA(Air Transport Association of america)에서 제정

2) MSG-1 : 1968년도 BOEING B747-100 항공기의 예방 정비방식을 적용하기 위해서 항공사, 감항당국, 제작사가 정하여 민간항공기에 적용하기 위한 정비프로그램
   "Decision Logic"을 사용하여 항공기를 정비하였으며 "On-Condition" 정비방식이 이때 나오게 되었다.

3) MSG-2 : 1978년에 설립되어 다른 항공기에 대해 적용하하기 위한 정비프로그램이다. 부품의 고장상태에서부터 정비방법을 분석하는 "Bottom Up" 방식을 채택하였다.
   이 프로그램은 다음의 조건에 기초하여 만들어졌다.
   - 조건 → 항공기와 항공기의 부품들은 그 주기(수명)이 Overhaul이나 New Condition 상태가 되어야 할 시점에 도달해야 한다.
     FAA 검증에 따라 적용한 정비방식으로 엔진정비방식을 Overhaul에서 HSI(Hot Section Inspection)와 CSI(Cold Section Inspection)로 간소화하였다.
     우리나라는 1979년 교통부에서 승인하여 대한항공에서 처음 운영하였다.

   ① MSG-2의 종류
   - HT(Hard Time : 시한성 정비) : 특정 부품에 대해 일정 주기로 항공기에서 강제로 장탈하여 정비하거나 폐기하는 정비방식을 말한다.
   - OC(On Condition → 신뢰성 점비) : 특정 부품에 대해 항공기 장착 상태에서 점검 또는 시험을 통해 다음 점검까지 감항성을 보증하도록 하는 정비방식을 말한다.
   - CM(Condition Monitoring → 상태정비) : 계획된 정비 요목이 필요하지 않고 결함 수정을 위해 필요할 경우에만 수리가 요구되는 정비방식을 말한다.

4) MSG-3 : MSG-3는 1980년대 이후에 제작된 다른 항공기에 적용하고자 개발되었으며 다른 MSG와 다르게 Top-down Approach 방식으로서 System Level부터 Component Level로 내려가며 정비 절차를 적용한다. 1990년 초반에 부식방지 절차가 기본으로 수록되면서 MSG-3가 완성되었다.
   〈CPCP(Corrosion Prevention Control Program : 부식방지 절차)〉

   ① 엔진정비방식을 HSI & CSI 정비방식에서 OC(On Condition) 방식으로 변경하고 B-Check를 A-Check 및 C-Check로 분산하여 엔진의 신뢰성 및 정비비를 대폭 절감하게 되었다.
   우리나리는 1991년 교통부에시 승인하여 처음 운영하였다.

ⓐ MSG-1, 1968 : The "Maintenance Evaluation and Program Development Document," was specifically designed for the Boeing 747-100. After implementing MSG-1, the airlines who operated the 747 realized an immediate reduction in total maintenance costs by an astounding 25 to 35 percent. This caused the airlines to lobby for removal of 747-100 terminology from the document so all new commercial aircraft maintenance programs could be designed using the MSG-1 process.

ⓑ MSG-2, 1970 : The "Airline/Manufacturer Maintenance Program Planning Document," was developed and implemented. Boeing 747 terminology was removed to allow use on other aircraft. Like MSG-1, MSG-2 philosophy was parts-driven, bottom-up, and process-oriented. The first MSG-2 aircraft were the Lockheed L-1011 and the DC-10.

ⓒ MSG-3, 1979 : Nine years after the airline industry developed MSG-2, experience and events indicated an update was necessary. The result was MSG-3, the "Operator/Manufacturer Scheduled Maintenance Development Document." MSG-3 was restructured to be a system-driven, top-down, and task-oriented process. Process-oriented means that On-Condition, Hard-Time, and Condition Monitoring processes, all RCM terms, were used in MSG-2 to describe inspection tasks.

MSG-3 inspection tasks are now written in a specific descriptive format(task-oriented) that is easier to understand, instead of just citing the task process.

The Boeing 757 and 767 were the first MSG-3 Decision Logic designed aircraft. Experience on the 757 resulted in a 66 percent decrease in C Check flow days.

참조 항공기 정비 주요기준

ⓐ Hard Time(HT) : This is a preventive primary maintenance process. It requires that an appliance or part be periodically overhauled in accordance with the carrier's maintenance manual or that it be removed from service.

ⓑ On Condition(OC) : This is a preventive primary maintenance process. It requires that an appliance or part be periodically inspected or checked against some appropriate physical standard to determine whether it can continue in service. The purpose of the standard is to remove the unit from service before failure during normal operation occurs.

ⓒ Condition Monitoring(CM) : This is a maintenance process for items that have neither "Hard-Time" nor "On-Condition" maintenance as their primary maintenance process.

CM is accomplished by appropriate means available to an operator for finding and solving problem areas. The detailed requirements for the condition-monitoring process are included as appendix 1 to this circular.

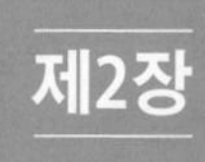

기본작업

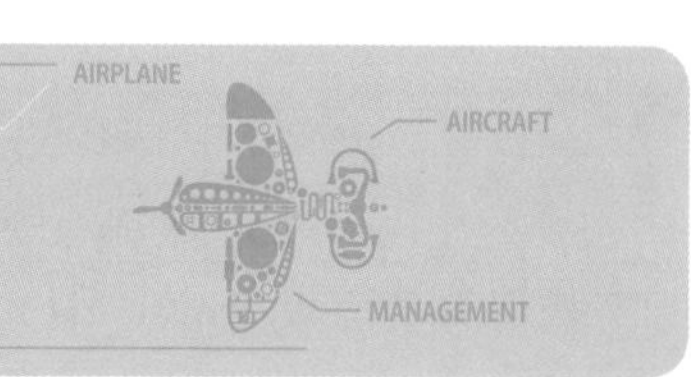

1 판금 작업

기본적으로 판금 작업은 2가지로 분류된 판금을 접합하는 작업으로 이 접합에 사용되는 도구인 Rivet을 사용하기 위해 Drilling 등 가공하는 작업 또한 판금 작업의 범주라 볼 수 있다. 기본적인 판재의 접합에는 비영구적 접합과 영구적 접합으로 구분한다.

① 비영구적 접합 : 리벳과 같은 접합재료를 사용하여 판금을 접합했다가 다시 원래의 상태로 복원할 수도 있는 접합

② 영구적 접합 : 용접으로 다시 원래의 상태로 복원될 수 없이 완전히 접합되어버린 상태의 접합

1. 리벳(Rivet)의 식별(구술 또는 실작업 평가)

주제

(1) 사용 목적, 종류, 특성

평가 항목

① Rivet의 사용 목적 : 비영구적인 접합에 해당하는 Rivet은 판재를 결합하는 목적으로 사용하는 체결 부재를 말한다.

② Rivet의 종류 : 솔리드 생크 리벳(Solid shank rivet), 블라인드 리벳(Blind rivet)으로 작업 방법과 사용범위에 따른 분류와 열처리를 필요로하는 아이스박스 리벳(Icebox rivet)도 존재한다.

참조 드릴 작업(Drilling) 시 주의 사항

ⓐ 드릴 작업(Drilling)은 구멍을 뚫거나 넓히는 작업으로서 발생하는 대부분 상해는 신체가 드릴(Drill)이나 스핀들(Spindle)과 접촉되어 일어난다.
Drill이 부러지거나 튕겨 나와서 상해를 입는 경우가 있으며, 헐거운 옷이나 장갑이 Drill에 감겨 들어가 부상을 당할 수 있다.

ⓑ 안전수칙

- 보안경을 착용한다.
- Drill 작업 중 헐거운 옷이나 장갑을 착용하지 말아야 한다.

- 가공할 물품은 구멍을 뚫는 동안 움직이지 않도록 적절히 고정한다.
- 사용되는 재료에 대해 적절한 회전수(rpm)를 설정한다.
- 드릴 절삭면의 길이보다 깊은 Hole을 뚫을 때 Drill을 자주 빼내어 Drill Hole을 청소하여야 한다.
- 드릴이 칩(Chip)에 걸려 움직이지 않게 되는 것을 방지한다.
- 드릴이 박혀서 움직이지 아니할 경우, 먼저 드릴을 정지시켜야 하며, 드릴을 빨리 멈추려고 회전 중인 척(Chuck)을 손으로 잡으면 위험하다.
- 작업이 끝나면 깨끗하게 청소하여야 한다.

참조 Rivet의 재질을 나타내는 기호

예 2024 알루미늄 합금의 재질 번호 의미 해석

- 2 : 주 합금원소(1 : 순수 알루미늄, 2 : 구리, 3 : 망간, 4 : 실리콘, 5 : 마그네슘)
- 0 : 개량번호
- 24 : 합금의 분류번호

참조 Solid shank rivet 규격

Material	Head Marking	AN Material Code	AN425 78° Countersunk Head	AN426 100° Countersunk Head MS20426*	AN427 100° Countersunk Head MS20427*	AN430 Round Head MS20470*	AN435 Round Head MS20613* MS20615*	AN441 Flat Head	AN442 Flat Head MS20470*	AN455 Brazier Head MS20470*	AN456 Brazier Head MS20470*	AN470 Universal Head MS20470*	Heat Treat Before Use	Shear Strenght psi	Shear Strenght psi
1100	Plain	A	X	X		X			X	X	X	X	No	10,000	25,000
2117T	Recessed Dot	AD	X	X		X			X	X	X	X	No	30,000	100,000
2017T	Raised Dot	D	X	X		X			X	X	X	X	Yes	34,000	113,000
2017T-HD	Raised Dot	D	X	X		X			X	X	X	X	No	38,000	126,000
2024T	Raised Double Dash	DD	X	X		X			X	X	X	X	Yes	41,000	136,000
5056T	Raised Cross	B		X		X			X	X	X	X	No	27,000	90,000
7075-T73	Three Raised Dashes		X	X		X			X	X	X	X	No		
Carbon Steel	Recessed Triangle				X		X MS20613*	X					No	35,000	90,000
Corrosion Resistant Steel	Recessed Dash	F			X		X MS20613*						No	65,000	90,000
Copper	Plain	C			X		X	X					No	23,000	
Monel	Plain	M			X			X					No	49,000	
Monel(Nickel-Copper Alloy)	Recessed Double Dots	C					X MS20615*						No	49,000	
Brass	Plain						X MS20615*						No		
Titanium	Recessed Large and Small Dot			MS20426									No	95,000	

ⓐ 솔리드 생크 리벳(Solid shank rivet) : 항공기 구조물에 사용되는 가장 일반적인 리벳 유형으로 두꺼운 판재나 강도를 필요로 하는 내부구조물 접합 시에 사용하고 버킹 바(Bucking Bar)와 Air Riveting Gun을 이용하여 리벳 머리를 성형하여 체결한다.

Solid shank rivet의 머리 모양에 따른 종류

- AN430(Round head Rivet=둥근 머리 리벳) : 두꺼운 판재나 각도가 요구되는 내부구조물에 사용한다.
- AN422(Flat head Rivet=납작 머리 리벳) : 내부구조물 접합에 사용한다.
- AN426(Counter-sunk Rivet=접시 머리 리벳) : 외피 접합용 Rivet으로 머리 윗면은 평평하고 생크 쪽으로 경사진 면을 갖고 있어 판재의 표면 위로 Rivet Head가 돌출되지 않으므로 공기저항이 거의 없다.
- AN455(Brazier Head Rivet=브래지어 머리 리벳) : 얇은 외피(후방 동체 또는 꼬리 부분의 외피) 접합용으로 사용하며 둥근 머리 리벳보다 머리 두께가 얇다.
- AN470(Universal Head Rivet=유니버셜 머리 리벳) : 강도가 강해 외피 및 내부구조의 접합용으로 사용하고 머리가 돌출된 리벳을 교환할 때 대신 사용이 가능하다.(둥근 머리 리벳과 유사함)

Solid shank rivet의 재질에 따른 종류

리벳은 재질에 따라 구분할 수 있도록 리벳 머리에 표시가 되어있다.

PLAIN	DIMPLE	RAISED CROSS	RAISED DOT	TWO RAISED DASHES	RAISED RING
1100 A	2117 AD	5056 B	2017 D	2024 DD	7050 E

[Marking on the heads of rivet are used to classify their characteristics]

- 1100(A) : 아무 표시가 없다.
- 2117(AD) : Dimple(오목 점)
- 2017(D) : Raised Dot(볼록 점)
- 2024(DD) : Two Raised Shoulders(쌍 대쉬)
- 5056(B) : Raised Cross(+)
- 7075(E) : Raised Circle(원형)

※ Raised는 리벳 머리 위로 표시가 각인되어 있다.
Dimple은 오목하게 리벳 머리 안쪽으로 표시가 각인되어 있다는 의미이다.

ⓑ Blind Rivet(블라인드 리벳) : Pop Rivet이라고도 하는 블라인드 리벳은 리벳 머리를 성형하는 Bucking Bar를 사용할 수 없는 곳에 사용한다.

Blind Rivet은 일반 Rivet만큼 견고하지 않으며 기존 Rivet보다 쉽고 빠르게 사용할 수 있다.

또한, 사용시간의 제한을 두고 있어서 주기적으로 체결상태를 확인하여 Rivet이 헐거워짐을 점검해야 한다.

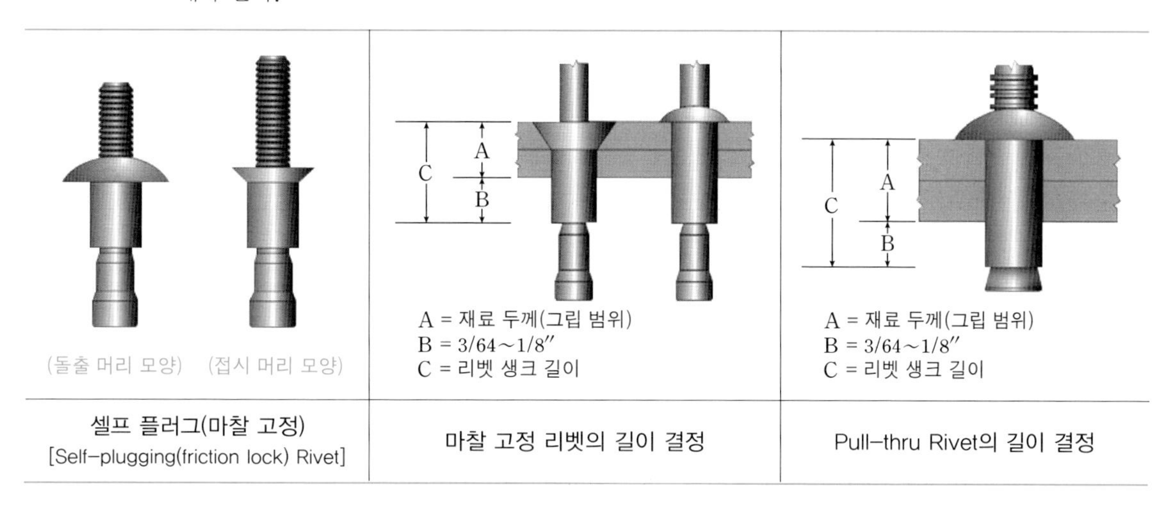

셀프 플러그(마찰 고정) [Self-plugging(friction lock) Rivet]	마찰 고정 리벳의 길이 결정	Pull-thru Rivet의 길이 결정

▶ Blind Rivet의 사용을 금지

- 기밀을 유지해야 하는 곳
- 장력(Tension)이 걸리는 곳
- 접합 판재의 표면과 리벳 Head 사이에 유격(Gap)을 유발 시키는 곳
- 진동 및 소음이 발생 되는 곳

▶ Pop Rivet은 Blind Rivet과 같이 Bucking Bar를 사용할 수 없는 곳에서 사용되며 재료의 적용은 플라스틱, 금속, 나무와 함께 사용될 수 있다.

▶ Blind Rivet의 종류

- Cherry Rivet(체리 리벳) : 가장 일반적으로 사용되는 Blind Rivet이며 Cherry Rivet Gun만 있으면 체결 가능하므로 많은 장소에 널리 사용된다.
- Explosive Rivet(폭발 리벳) : 리벳 생크(Shank)에 화약을 넣고 가열된 인두를 리벳 머리에 밀착시켜 폭발을 일으켜 벅 테일(Buck Tail)을 만드는 구조로 연료 탱크나 화재의 위험이 있는 곳에는 절대 사용할 수 없다.
- Riv nuts(리브 너트) : 주로 날개 앞전의 제빙부츠나 기관 방화벽에 부품장착 시 사용된다. Riv nuts는 생크 쪽에 있는 나사산을 돌려 압착시켜 판재를 접합하는 방식이다.
- Hi-shear Rivet(고 전단 리벳) : 전단응력만 작용하는 곳에 사용하며 보통 Rivet보다 전단 강도가 3배 이상 강하다. 그립의 길이가 생크의 지름보다 작은 곳에는 사용하면 안 된다.

참조 리벳작업(Riveting) 시 주의사항

ⓐ 보호 안경과 귀마개를 착용해야 하며 Drill 작업 시에는 장갑을 착용해서는 안된다.
ⓑ 접합하는 판재의 표면과 수직을 유지하며 Drill, Riveting 작업이 시행되어야 한다.
ⓒ Drill, Riveting 작업에 필요한 적정 공기압력을 유지하여 작업해야 한다.
ⓓ Riveting 작업 시에 Rivet Head와 맞는 규격의 공구를 사용해야 한다.
ⓔ 접합하는 판재의 표면에 상처가 나지 않도록 주의해야 한다.

주제

(2) 열처리 리벳의 종류 및 열처리 이유

평가 항목

① 열처리의 종류 및 열처리 이유

ⓐ Normalizing(불림) : 변태점 이상으로 가열, 가공으로 응력제거가 목적이다.
ⓑ Tempering(뜨임) : 변태점 이하로 가열한 후 공기 중 냉각하여 열처리로 인한 응력제거가 목적이며 담금질 후 반드시 실시해야 한다.
ⓒ Annealing(풀림) : 변태점 이상으로 가열하여 용광로(Furnace)에서 서냉시켜 금속의 재질을 연화시키기 위한 목적이다.
ⓓ Quenching(담금질) : 변태점 이상으로 가열하여 물, 기름 등에서 급냉하는 작업으로 금속의 강도와 경도를 올리기 위한 목적으로 한다.

참조 철 조직의 상태 변환(Phase Transformation)

철의 조직은 Fe-C 상태도는 탄소 함유량과 온도에 따라 가지고 있는 조직이 다르고 열처리로 인한 최종 조직도 다르게 나온다.

ⓐ Ferrite(페라이트) : α(알파) 철을 조직학상 Ferrite라 명명
- α(알파) 철 : 철이 체심입방격자의 원자 배열을 한 상태를 의미, 순철의 조직은 극히 연하다.(경도 HBS 90~100)

ⓑ Pearlite(펄라이트) : Ferrite와 Cementite의 공석정을 Pearlite(펄라이트)라 명명
- Ferrite와 Cementite의 공석정 : 열처리하기 위하여 가열된 상태의 조직은 Austenite(오스테나이트)이며 이를 공냉하면 일정한 온도에서 Austenite → Ferrite + Cementite 조직으로 동시 석출하는데 이를 공석정이라 하며 상호 층상을 이룬다.(경도 HBS 200~225)

ⓒ Cementite(시멘타이트) : 탄화철(Fe3C)를 조직학상 Cementite라 명명
극히 경하고 취약함(경도 HBS 800~920)

ⓓ Austenite(오스테나이트) : 면심입방 결정구조를 가지는 고온의 상으로 담금질 열처리 과정에서 고온으로 가열하는 경우 나타나는 조직

ⓔ Martensite(마르텐사이트) : 고온의 Austenite에서 급냉하여 만든 조직
탄소와 철의 합금에서 Quenching 시 생기는 준안정한 상태(강도가 매우 높다)

② 시효경화 : 열처리 후 시간이 지남에 따라 합금의 강도와 경도가 증가하는 성질을 말한다.
시효경화를 지연시키기 위해 아이스박스 리벳의 경우 열처리 후 냉장보관을 한다.

③ 강성 : 재료가 얼마나 단단한지에 대한 성질이다.
강성이 강하다는 것은 매우 단단한 상태로 작업 시에 리벳 자체에 균열을 야기하기 쉽다. 따라서 풀림이라는 열처리를 한 후에 냉장 보관하여 그 풀림 상태를 유지하는 것이다.

④ 아이스박스 리벳(Ice box Rivet) : "열처리 리벳"이라고도 불리는데 그 이유는 재료의 강성 때문에 작업이 어려우므로 열처리한 후에 시효경화성을 지연시키기 위해서 냉장보관 후 사용한다.
아이스박스 리벳의 대표적인 예로 2017(D)와 2024(DD)가 있다.

ⓐ 2017(D) : 냉장보관에서 꺼낸 후 1시간 이내 작업을 해야 한다.

ⓑ 2024(DD) : 냉장보관에서 꺼낸 후 10~20분 이내 작업을 해야 한다.
전단과 인장 응력에 특히 강하다는 특징이 있어서 고강도의 중량을 요구하는 곳, 즉, 1차 구조부재의 프레임과 장착 부분 등에 사용되며, 피로 저항이 강하다.
내식성(Corrosion Resistance)이 좋지 않아 알루미늄 또는 Al-Zn으로 도금하는 경우가 많으며 피로 강도를 감소시킬 수 있다.

참조 응력, 연화 및 강도와 경도의 차이점

- 응력 : 외력(外力)이 재료에 작용할 때 그 내부에 생기는 저항력이며 내력(內力)이다.
- 연화 : 단단한 것이 부드럽고 무르게 되는 것
- 경도(Hardness) : 외부 압력에 대한 긁힘과 스크래치에 대한 금속의 저항
- 강도(Strength) : 외부 압력에 대한 깨짐과 부러짐에 대한 금속의 저항

2. 구조물 수리작업(구술 또는 실작업 평가)

주제

(1) 스톱 홀(Stop Hole)의 목적, 크기, 위치선정

평가 항목

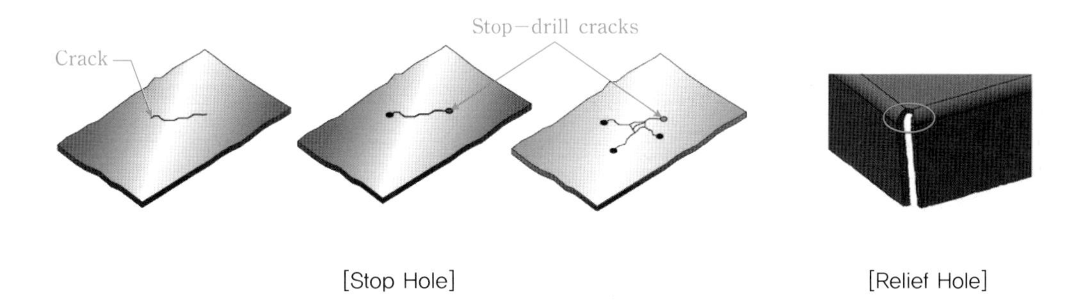

[Stop Hole] [Relief Hole]

① Stop Hole : 판재의 Crack이 발생하였을 경우, Crack이 전진하지 않도록 균열의 끝부분에 Hole을 뚫어 Crack의 진행을 방지한다. 크기는 재질마다 다르지만 약 1/4 inch이며, 위치는 Manual에 따라 1/8~1/16 inch 전방이다.

② Relief Hole : 2개의 굽힘이 작용하는 교차점에서 안쪽으로 응력이 집중되는 것을 방지 및 Crack 발생을 방지하기 위하여 뚫어주는 Hole이며 판재의 재질 및 두께에 따라 Hole의 크기도 다르다. (Manual 참조)

③ Lightening Hole : 항공기의 무게를 경감 하기 위하여 Hole을 뚫는다. Hole을 뚫으면 강도가 약해지므로 강도를 높여주는 Home Block 작업을 해준다.

주제

(2) 리벳의 선택(크기, 종류)

평가 항목

① 리벳(Rivet)의 크기

참조 알루미늄 합금 리벳의 규격표시

예 코드 번호 AN470 AD3-5
- AN : AN(American Navy) 표준규격
- 470 : 유니버셜 헤드 리벳
- AD : 2117-T 알루미늄 합금
- 3 : 3/32" 지름
- 5 : 5/16" 길이

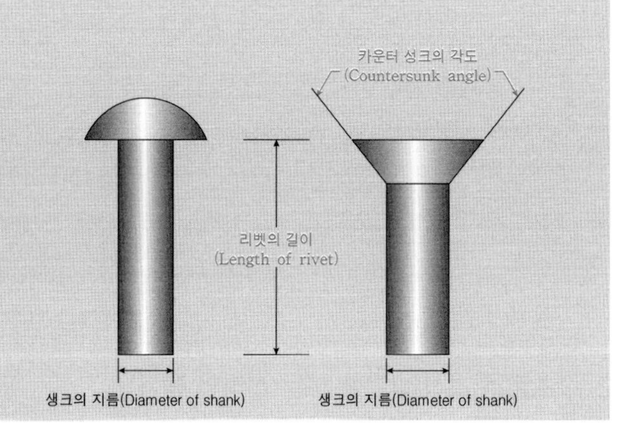

ⓐ 리벳(Rivet) 지름 : 결합할 판재의 두꺼운 판재 두께의 3배

ⓑ 리벳(Rivet) 길이 : 결합할 판재의 총 두께와 리벳(Rivet) 직경의 1.5배의 합

② 리벳(Rivet)의 종류

Material	Rivet Head	AN Material Code	합금 성분
AN 426 or MS 20426	접시머리 리벳(100°)	A	1100 or 3003(알루미늄 합금)
AN 430 or MS 20430	둥근 머리 리벳	AD	2117-T(알루미늄 합금)
AN 441	납작 머리 리벳	D	2017-T(알루미늄 합금)
		DD	2024-T(알루미늄 합금)
AN 456	브레지어 헤드 리벳	B	5056(알루미늄 합금)
AN 470 or MS 20470	유니버셜 헤드 리벳	C	(구리)
		M	(모넬)

주제

(3) 카운터 성크(Counter-sunk)와 딤플(Dimple)의 사용 구분

평가 항목

① 카운터 성크(Counter-sunk) : 접시 머리 Rivet 체결을 위하여 판재를 접시 머리 Rivet 머리에 맞게 Hole이 원추 모양으로 움푹 파이도록 절삭 하는 작업으로 판재 두께가 리벳 머리 높이보다 두꺼운 경우에 작업한다.(판재 두께가 0.04 inch 이상 초과한 경우)

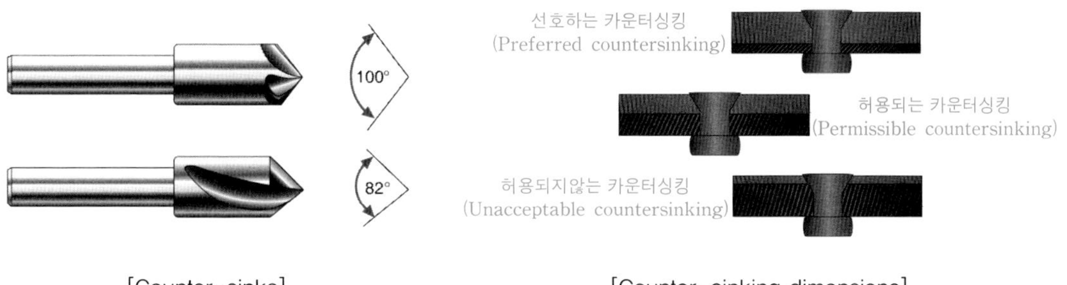

[Counter-sinks] [Counter-sinking dimensions]

② 딤플(Dimple) : 판재 두께가 0.04 inch 이하면, Punch와 Dimpling Die로 접시 머리 Rivet을 눌러 찍어서 압착 시키는 작업이며, 판재가 2개 이상 겹치면 안 되며 한 방향으로 Dimpling시 반대 방향으로는 금지된다.

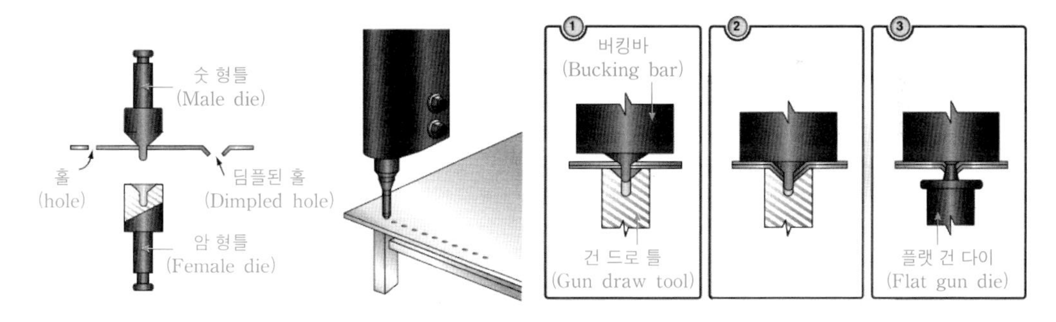

[Dimpling Techniques]

ⓐ Coin Dimpling(코인 방식) : 경질 재료에 공압을 이용하여 스퀴즈로 찍어 눌러서 만들며 일반적인 방법이다.

ⓑ Radius Dimpling(레디우스 방식) : 코인 방식 적용이 어려울 때 연질 재료에 프레스로 찍어 눌러 준다.

주제

(4) 리벳의 배치(ED, Pitch)

평가 항목

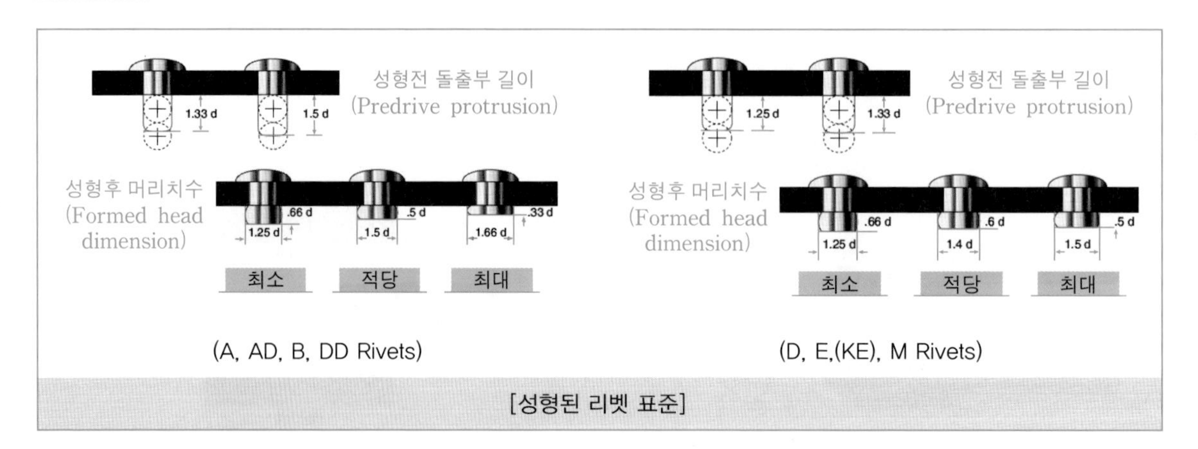

[성형된 리벳 표준]

① Rivet Diameter(리벳 지름) : 결합할 판재의 두꺼운 판재 두께의 3배(D=3×T)

② Rivet Length(리벳 길이) : 결합할 판재의 총 두께와 리벳(Rivet) 직경의 1.5배의 합(L=G+1.5D)

③ Buck tail : Hight(높이) → 0.5D, Diameter → 1.5D

④ Rivet Pitch : 세로 길이로 같은 열에 있는 Rivet 중심에서 다른 Rivet의 중심까지의 거리 (통상 3~12D이나 6~8D가 많이 사용된다)

⑤ Rivet 열간 간격(Transverse Pitch) : 열과 열 사이의 거리로 Rivet Diameter의 4~6D

⑥ Edge Distance(연 거리) : 판재 모서리 끝부분에서 인접한 Rivet 중심까지의 거리(ED=2~4D)

주제

(5) Rivet 작업 후 검사

평가 항목

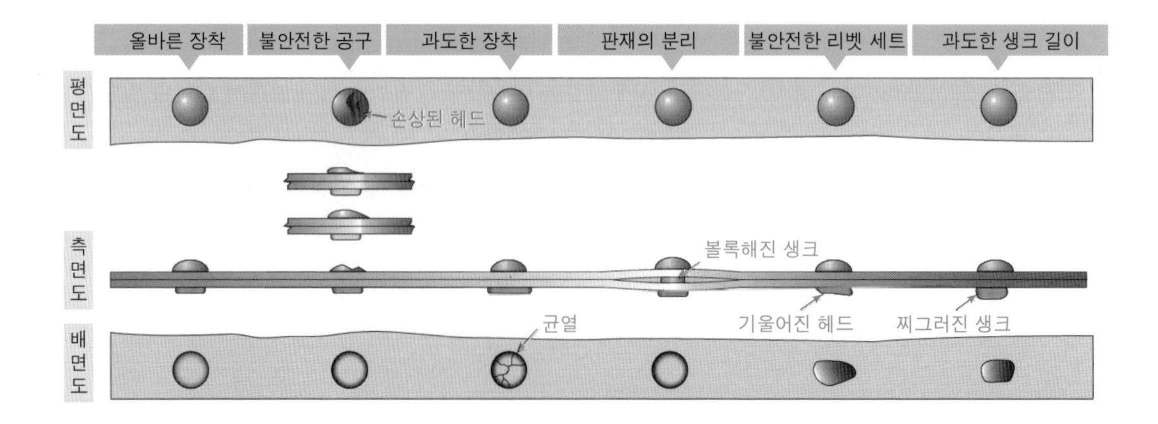

① Buck Tail 검사
- 변형, 균열 ➜ 육안검사
- Buck Tail 높이 및 지름 ➜ 높이 : 0.5D–0.6D(Rivet gauge 사용), 지름 : 1.5D

② 성형 헤드(Manufactured Head) 검사
- 공구 마크(Tool Mark) : 육안검사
- Universal Head Rivet : Filler gauge 사용(Open Head(판재와 Rivet의 틈새) ➜ 0.002 inch)
- Flush Head Rivet : Over Size ➜ 0.004 inch(Filler Gauge 사용), Flushness ➜ +0.01 inch (Revit Shaver를 사용하여 교정함)

③ 판금 부재에 대한 손상
- 압력에 의한 판의 변형
- Rivet 주변의 부재가 부풀어 있는 변형
- 편심

주제

(6) 용접(Welding) 및 작업 후 검사

평가 항목

① 용접(Welding) : 모재(금속 또는 비금속) 접합 부분을 용융상태로 가열해 접합하거나 접합봉을 주입해 융착시키는 방법으로 가스 용접, 아크 용접 및 압점이 있다.

참조 용접작업(Welding) 시 안전수칙

ⓐ 용접작업(Welding)은 지정된 장소에서만 수행되어야 한다. 용접하고자 하는 부품은 가능한 한 항공기에서 장탈하여 용접 작업장에서 이루어지도록 하여야 한다.

ⓑ 용접 작업장은 적절한 테이블(Table), 환기시설, 공구 보관소 및 화재 예방과 소화 장비 등이 갖추어져 있어야 한다. 항공기에서의 용접은 가급적 외부에서 수행되어야 하며, 격납고(Hangar) 안에서 수행할 경우, 다음과 같은 안전수칙을 준수하여야 한다.
- 용접하는 동안에는 연료탱크를 열지 말아야 하며, 연료계통의 작업은 중단되어야 한다.
- 용접하는 동안 페인트 작업은 중단되어야 한다.
- 용접하는 동안 35피트[feet] 이내에 다른 항공기가 있지 않아야 한다.
- 용접작업 주변에 가연성 물질은 없어야 한다.
- 용접 자격이 있는 작업자만이 용접작업을 수행하여야 한다.
- 용접작업 주변은 밧줄을 쳐서 외부로부터 접근을 차단하고, 용접작업 중임을 표시하여야 한다.
- 적정한 소화 장비를 비치하여야 한다.
- 용접작업 주변에서 화재감시를 훈련 시켜야 한다.
- 비상시 즉시 항공기를 대피시킬 수 있도록 장애가 될 수 있는 것을 제거하고 당해 항공기에 견인 트랙터(Tow tractor)를 연결하고 운전자를 승차시킨다.
  이 때 항공기의 Parking brake는 풀어놓는다. 또한, Hangar door는 열려져 있어야 한다.

ⓐ 가스 용접(Gas Welding) : 아세틸렌과 산소를 이용하는 용접 작업으로 각각 적색과 녹색 통에 보관되며, 용접 시에 나타나는 불꽃에 따라 쓰임새가 달라진다.

ⓑ 아크 용접(Arc Welding) : 용접봉과 모재사이에 전류(직류 또는 교류)를 흘려서 발생 되는 아크 열(3,500~ 6,000℃)을 이용한 용접 작업이다. TIG와 MIG가 대표적이다.

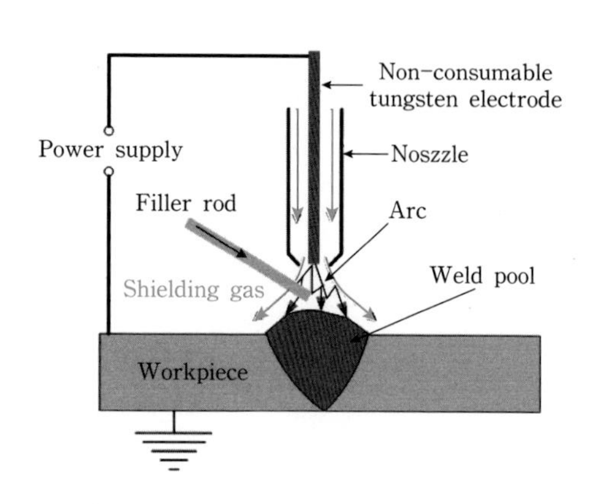

[Tungsten inert gas arc welding(TIG, GTAW)]

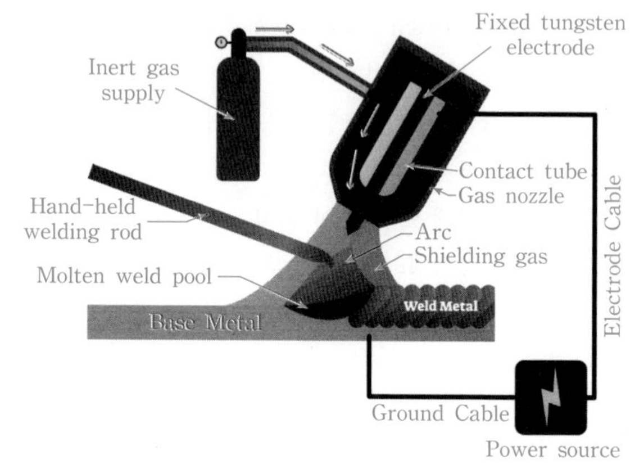

[TIG WELDING]

- TIG(Tungsten Inert Gas) Welding : GTAW(Gas Tungsten Arc Welding)이라 하며 텅스텐 전극을 사용하여 발생한 아크 열로 모재를 용융하여 접합하며 용가재를 사용하기도 한다.(보호 가스로는 불활성 가스인 Ar 또는 He 등을 사용)
  생산성은 떨어지나 아크가 안정되고 용접부 품질이 우수하므로 산화나 질화 등에 민감한 재질의 용접에 사용되며, Pipe 용접 등에 적용한다.
  DCEP, DCEN, AC가 사용되며 Aluminium을 용접할 시에는 AC가 사용되고, Argon, Helium이 보호 가스로 주로 사용된다.
- MIG(Metal Inert Gas) : 보호 가스를 비활성 가스(아르곤(Ar), 헬륨(He))를 사용하는 방식

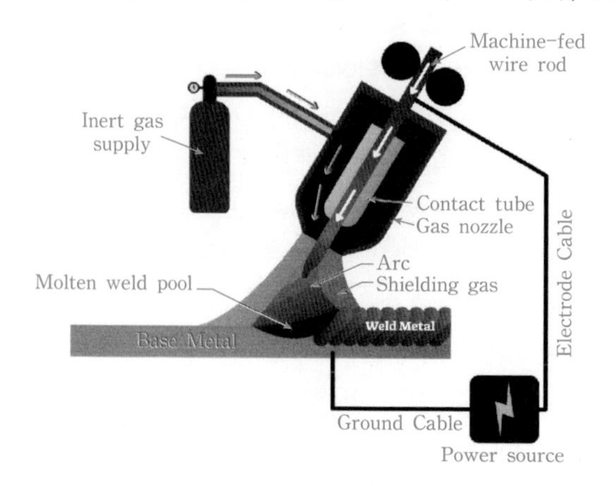

[MIG WELDING]

- MAG(Metal Active Gas) : 활성 가스(이산화탄소(CO_2), 아르곤(Ar), 산소(O_2) 등의 혼합가스)를 사용하는 방식
- GMAW : MIG와 MAG를 통칭하는 말로 Gas Metal Arc Welding을 말한다. 즉, CO_2 용접이다. 반자동 방식으로 토치의 버튼을 누르면 용접 와이어가 공급되는 아주 편한 방식이다.

ⓒ 압점(Pressure Welding) : 가압 용접 방식으로 접합부를 적당한 온도로 가열 또는 냉각하여 기계적인 압력을 가해 접합하는 방식

② 용접(Welding) 작업 후 검사 : 육안검사, 침투 탐상 검사, 방사선, 초음파, 자분탐상 검사 방법

ⓐ 외관 검사(육안 검사) : 용접부의 구조적 손상을 입히지 않은 상태에서 용접부 표면을 육안으로 분석하는 방법이며, 용접결함의 70~80%까지 분석 및 수정 가능

ⓑ 절단 검사 : 구조적으로 주요 부위, 비파괴 검사로 확실한 결과를 분석하기 어려운 부위 등을 절단하여 검사하는 방법으로 절단된 부분의 용접상태를 분석하여, 예상 결함을 추정 및 수정

ⓒ 비파괴 검사

- 방사선 투과법 : 가장 널리 사용되는 검사방법으로서 X선, γ선을 용접부에 투과하고, 그 상태를 필름에 형상을 담아 내부 결함을 검출하는 방법이다.
  - 결함분석 : 균열, Blow hole, Under cut, 용입불량, Slag 감싸 돌기, 융합불량
  - 검사 장소의 제한 : 검사한 상태를 기록으로 보존 가능, 두꺼운 부재의 검사가 가능하지만 방사선은 인체 유해하며, 검사관의 판단에 개인판정 차이가 크다.
- 초음파 탐상법 : 용접 부위에 초음파를 투입과 동시에 모니터 화면에 용접상태가 형상으로 나타나며 결함의 종류, 위치, 범위 등을 검출하는 방법이다.
  - 넓은 면을 판달할 수 있으므로 빠르고, 경제적이다.
  - T형 접합부 검사는 가능하나, 복잡한 형상의 검사는 불가능하다.
- 자기 분말 탐상법 : 용접 부위 표면이나 표면 주변 결함, 표면 직하의 결함 등을 검출하는 방법으로 결함부의 자장에 의해 자분이 자하되어 흡착되면서, 결함을 발견하는 방법이다.
  - 육안으로 외관검사시 나타나지 않은 균열, 흠집, 검출 가능하다.
  - 용접 부위의 깊은 내부에 결함 분석이 미흡하다.
- 침투 탐상법 : 용접 부위에 침투액을 도포하여 결함 부위에 침투를 유도하고, 표면을 닦아낸 후 판단하기 쉬운 검사액을 도포하여 검출하는 방이다.
  - 검사가 간단하며, 1회에 넓은 범위를 검사할 수 있다.
  - 비철금속 가능
  - 표면 결함분석이 용이

참조 Bonding, Welding, Brazing

- Bonding : Bolt 체결, Welding, Brazing, 접착제 등으로 서로 다른 구조물의 연결 또는 접합하는 것
- 용접(Welding) : 모재(금속 또는 비금속) 접합 부분을 용융상태로 가열해 접합하거나 접합봉을 주입해 융착시키는 방법으로 가스 용접, 아크 용접 및 압점이 있다.
- 브레이징(Brazing) : 모재 보다 낮은 용융온도를 갖는 용가재를 사용하여 모재는 용융시키지 않고 용가재만 용융시켜 두 모재 간의 좁은 간극을 용융금속의 퍼짐성(Spreadability), 젖음성(Wettability) 및 모세관 현상을 이용하여 채운 후 두 재료를 접합시키는 방법으로 적당한 강도를 유지하면서 제품의 변형 및 손상을 방지하는 접합방법
  - Brazing : 용가재의 용융온도를 기준으로 450℃ 이상은 Brazing이라 한다.
    (용가재는 주로 은 또는 구리를 사용)
  - Soldering : 용가재의 용융온도를 기준으로 450℃ 이하는 Soldering이라 한다.
    (용가재는 주로 Solder(납)을 사용)

참조 용접 후 발생 결함

ⓐ 균열(Crack) : 균열은 용접부에 생기는 것과 모재의 변질부에 생기는 것이 있다.
용착 금속 내에 생기는 것은 용접부 중앙을 용접선 방향 또는 용접선과 어떤 각도로 나타나며, 모재의 변질부에 생기는 균열은 재료의 경화, 적열취성 등에서 생긴다.

ⓑ 변형 및 잔류응력 : 용접할 때 모재와 용착 금속은 열을 받아 팽창 및 수축으로 변형한다.
- 구속 응력 : 용접부에 변형이 일어나지 않도록 모재를 고정하고 용접하면 모재의 내부에 발생하는 응력
- 잔류 응력 : 모재를 자유로운 상태에서 용접할 때 발생하는 응력

ⓒ Under Cut : 모재 용접부가 지나치게 용해되어 홈 또는 오목한 부분이 발생하는 현상이다.
용접 표면에 노치 효과를 생기게 하여 용접부의 강도가 떨어지고, 용재(Slag)가 남는 경우가 많다.

ⓓ Overlap : 용접봉 용융점이 모재 용융점보다 낮을 때 용전부에 과잉 용착 금속이 남는 현상이다.

ⓔ Blow Hole : 용착 금속 내부에 기공이 생긴 것으로 구상 또는 원주 상으로 존재한다.
주물의 대표적인 내부 결함이며 고체재료 속에 기포가 들어감으로써 생긴 중공(中空)이다.
녹은 주물재료가 형틀에 주입(鑄入)된 다음 냉각 응고될 때는 함유되어 있던 가스가 기포로 방출되는데, 이 가스가 밖으로 배출되지 않을 때 생긴다.

ⓕ Fish Eye : 용착 금속을 인장 또는 벤딩 시험 한 시편 파단 면에 0.5~3.2mm 정도 크기의 타원형 결함으로 기공이나 불순물로 둘러싸인 반점 형태의 결함으로 Fish Eye 또는 은점 이라 하며 저수소 용접봉을 사용하면 이것을 방지할 수 있다.

ⓖ 선상 조직 : 용접할 때 생기는 특이조직으로 보통 냉각속도보다 빠를 때 나타나기 쉽다.
이 조직은 약하고 기계적 성질이 불량하므로 이것을 방지하기 위해서는 급냉을 피하고, 크레이트 및 비이드의 층을 제거하고 저수소 용접봉을 사용해야 한다.

3. 판재 절단, 굽힘 작업(구술 또는 실작업 평가)

주제

(1) 패치(Patch)의 재질 및 두께 선정기준

평가 항목

손상된 부위에 일부 판재로 끼워 넣는 작업으로 이질 금속 간 부식을 방지하기 위해 수리 부분의 재질과 동일한 재질을 사용해야 한다.

- 패치(Patch) 두께 : 한 치수 큰 것을 사용한다.
- 패치(Patch) 크기 : 손상 부위의 2배 이상

주제

(2) 굽힘반경(Bending Radius)

평가 항목

판을 구부릴 경우, 판재의 중심선을 기준으로 Bending 시 Inside는 Compressive Stress를 Outside는 Tensile Stress 받으므로 직각으로 구부릴 수 없다.

따라서 본래 강도를 유지한 상태로 구부러질 수 있는 최소 반경(내경)을 의미한다.

주제

(3) 셋백(Set Back)과 굽힘 허용치(BA : Bend Allowance)

평가 항목

※ 판재는 안지름 기준으로 BA산정 시 1/2를 추가하여 산정함

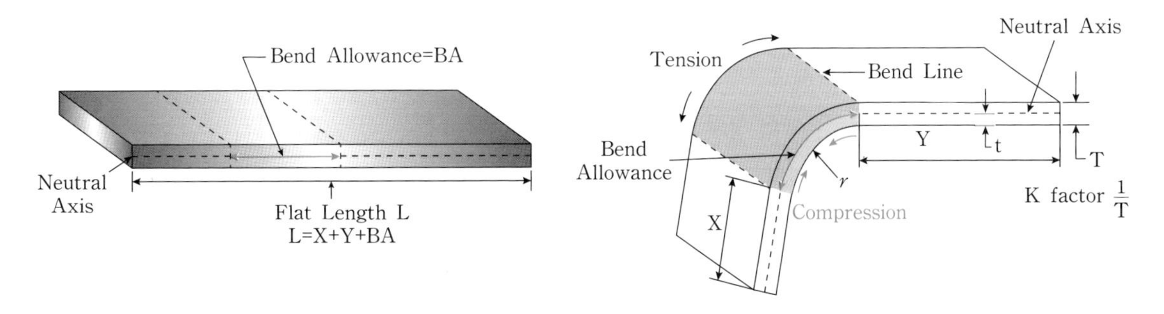

① 셋백(Set Back) : 성형점에서 굽힘접선까지 거리로 BA의 1/2 거리이다.

판재 굽힘의 시작과 끝점을 찾기 위함으로 판재에 알맞은 굽힘 허용량을 주어 집중 응력에 의한 파손을 막기 위함이다.

- SB 공식 : $k(r+t)=\tan(\theta/2)\times(r+t)$

② 굽힘 허용(BA : Bend Allowance) : 평판을 구부릴 경우, 판재의 중심선을 기준으로 Bending 시 Inside는 Compressive Stress를 Outside는 Tensile Stress 받으므로 직각으로 구부릴 수 없다. 따라서 Bending 판재의 중심선을 기준으로 구부림 시작점과 끝점까지의 거리이다.

- BA 공식 : $2\pi \times (r+t/2) \times \theta/360$($r$: 이 판재 내경 기준인 경우)

4. 도면의 이해(구술 또는 실작업 평가)

주제

(1) 3면도 작성

평가 항목

투상법의 종류중 하나로 정투상법은 물체의 각면을 투상하는 것이다.
물체의 모양과 크기를 도면에 정확하게 표현할 때 쓰이며 그리는 방법에는 제1각법과 제3각법이 있으며 통상 제3각법을 원칙으로 한다.

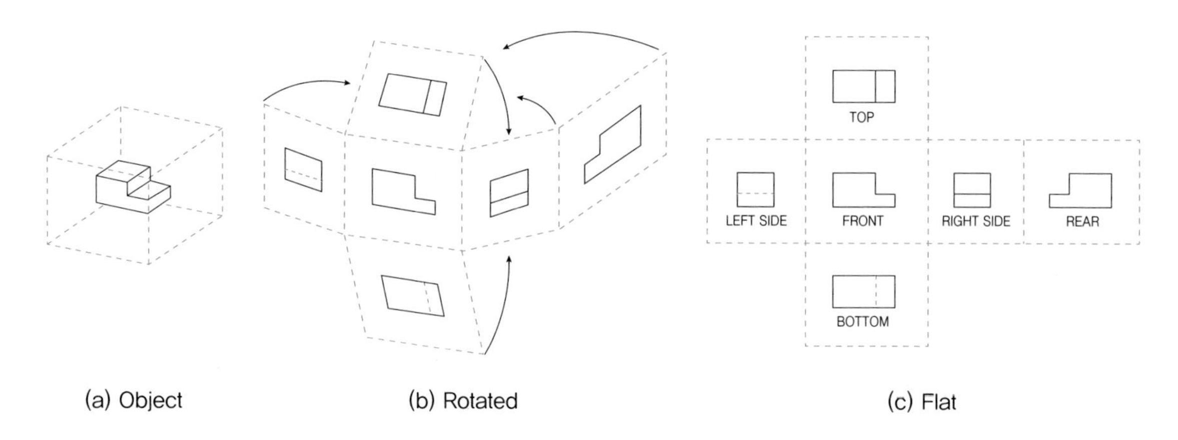

(a) Object (b) Rotated (c) Flat

① 3면도 → 정면도, 평명도, 측면도를 말한다.

ⓐ 정면도(Front) : 물체의 정면에서의 도면으로 입체물의 특징이 가장 잘 나타내는 도면이다. 배면도(Rear)는 물체의 정면도를 기준으로 뒷면에서의 도면이다.

ⓑ 측면도(Side) : 좌측면도(Left Side)와 우측면도(Right Side)가 있으며 정면도를 기준으로 좌측면과 우측면의 도면이다.

ⓒ 평면도(Top) : 정면도를 기준으로 위에서 본 도면이며, 저면도(Bottom)는 아래에서 본 도면이다.

주제

(2) 도면기호 식별

평가 항목

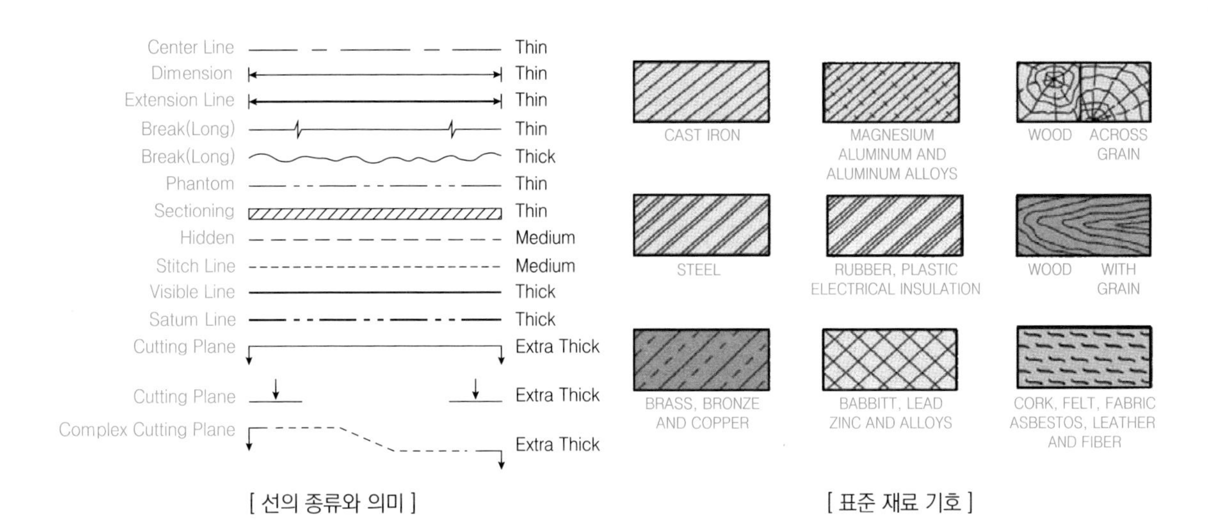

[선의 종류와 의미]　　[표준 재료 기호]

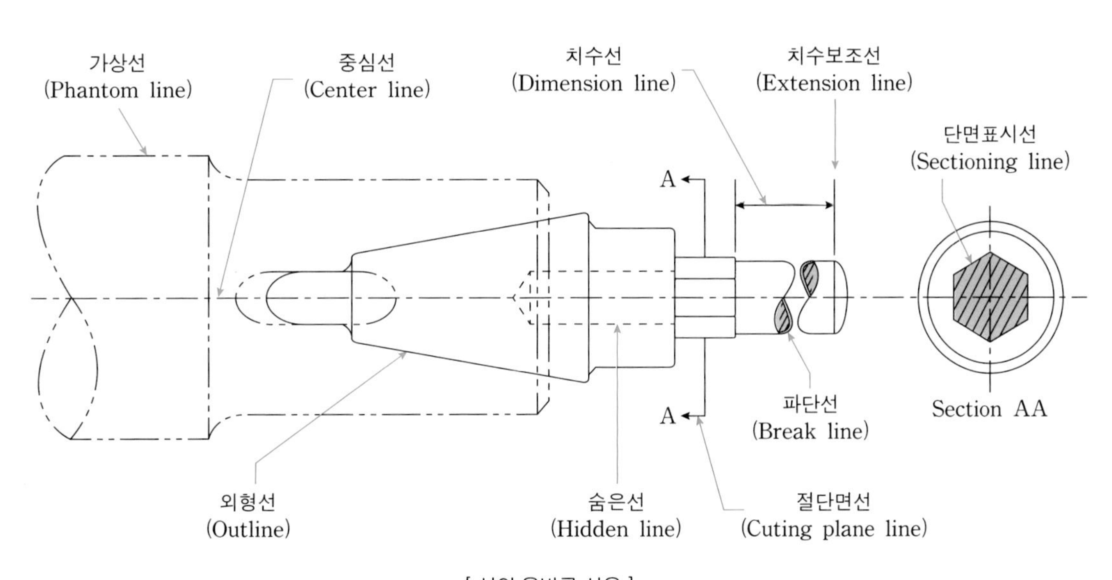

[선의 올바른 사용]

5. 드릴(Drill) 등 벤치 공구 취급(구술 또는 실작업 평가)

주제

(1) 드릴(Drill) 절삭, 엣지각, 선단각, 절삭 속도

평가 항목

① 드릴(Drill) : 나무나 금속 등에 구멍을 뚫어주기 위해서 하는 작업

② 엣지 각(Edge Angle) : 드릴의 중심선에서 드릴날의 각도(엣지각×2=선단각)

③ 선단 각(Point Angle) : 패치와 드릴이 맞닿았을 때 절삭 각도가 이루는 각도

④ 절삭 속도(Cutting Speed)

ⓐ 두껍고 연질의 판재 가공 시에는 90°, 저압, 고속으로 절삭

ⓑ 얇고 경질의 판재 가공 시에는 118°, 고압, 저속으로 절삭

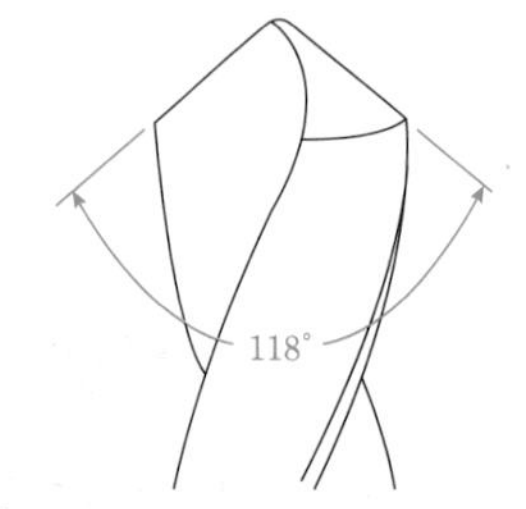

[Soft to medium hard steels]

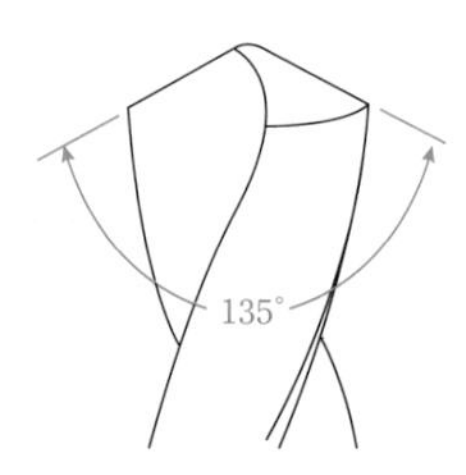

[Harder Materials]

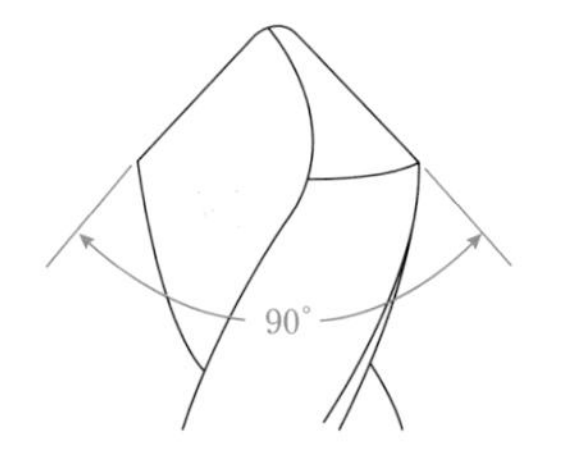

[Soft Materials]

날끝각	재질	RPM	Pressure
90°	얇은 판재	고속	저압
118°	STD	고속	저압
135°(140°)	두꺼운 판재	저속	고압

- 고속 : 3,000 RPM / 저속 : 1,500~2,000 RPM
- 판재가 두껍고 강하면 고압 저속으로 Drilling 하여 열 발생을 막는다.

주제

(2) 톱(Saw), 줄(File), 그라인더(Grinder), 리머(Reamer), 탭(Tap), 다이스(Dies)

평가 항목

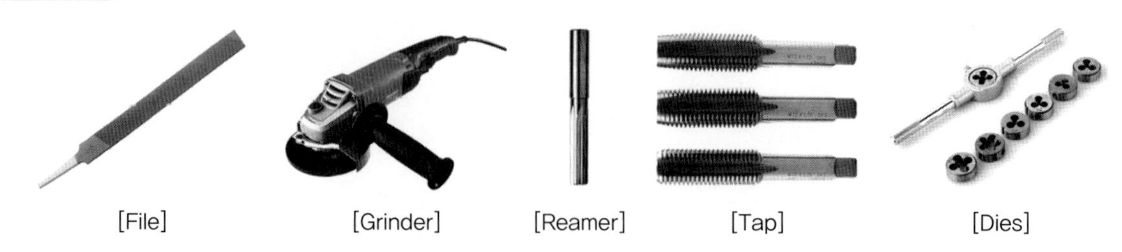
[File] [Grinder] [Reamer] [Tap] [Dies]

① 톱(Saw) : 나무나 금속 등을 절단 하는 작업 공구

② 줄(File) : 금속을 손작업으로 약간 깍아 내거나 다듬질 하는데 쓰이는 공구
종류 : 평형, 반원형, 원형, 각형, 삼각형 5종류가 있다.

③ Grinder, 연삭기(硏削機), 연마기 : 고속회전하는 원반형태의 날이나 원형톱으로 표면을 매끄럽게 갈아내는 전동공구로 전기를 동력으로 사용하는 것이 가장 흔하다.

④ 리머(Reamer) : 정확한 크기로 구멍을 확장시키고, 부드럽게 가공 하는데 사용
드릴 작업 시에 0.003~0.007 inch 정도로 작게 뚫고 절삭 방향으로만 회전시켜 구멍을 확장한다.

⑤ 탭(Tap) : 구멍 안쪽에 암나사를 만들어 주는 공구

⑥ 다이스(Dies) : 재료 외부에 숫나사를 만들어 주는 공구

주제

(3) 공구사용 시의 자세 및 안전수칙

평가 항목

① 부품에 맞는 공구를 사용해야 한다.

② 높은 곳에서 사용하면, 공구 가방에 넣어서 아래의 항공기나 사람들이 다치지 않게 주의해야 한다.

③ 드릴 작업 같은 칩이 발생하는 작업은 안전을 위해 보호 장비를 착용하고 작업해야 하며, 드릴 작업 시에 장갑을 착용해서는 아니 된다.

④ 작업을 완료 후 주위 정리 정돈과 공구를 깨끗이 닦아 오래 사용할 수 있게 해야 한다.

2 연결 작업

1. 호스(Hose) 및 튜브(Tube) 작업(구술 또는 실작업 평가)

① 유체 라인의 식별 : 항공기에 사용되는 각각의 유체 라인은 컬러 코드, 단어 및 기하학적인 모양의 부호로 구성된 표지에 의해서 식별할수 있다.
이 표시는 각각의 유체 라인의 기능, 내용물 그리고 주요한 위험요소를 표현해준다.

[Hose]

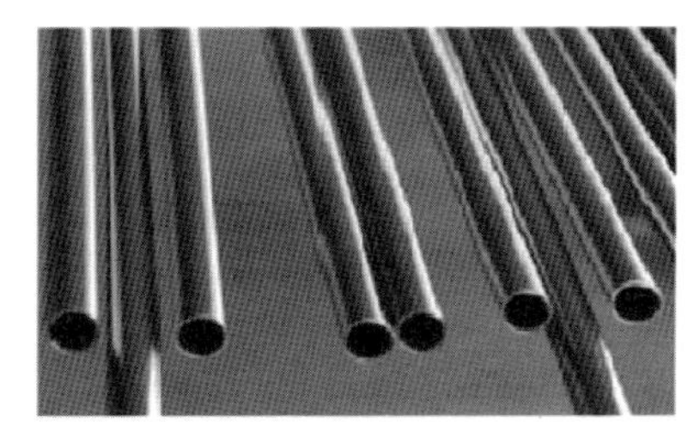

[Tube]

ⓐ 튜브(Tube) : 외경(Outside Diameter)과 벽의 두께로 구분하며 기본적으로는 외경과 벽의 두께 및 내경(Inside Diameter) 중 임의로 선택된 2가지로 구분할 수 있으며 내경이 1 inch 이하인 파이프(Pipe)를 의미한다.(진동 및 움직임이 없는 곳에 사용하는 배관)

참조 알루미늄 합금 튜브(Tube)의 컬러 코드 식별

- 1100 → White(백색)
- 2014 → Gray(회색)
- 2024 → Red(적색)
- 3003 → Green(녹색)
- 5052 → Purple(자주)
- 6053 → Black(흑색)
- 6061 → Blue and Yellow(청색, 황색)
- 7075 → Brown and Yellow(갈색, 황색)

ⓑ 호스(Hose) : 유연성이 있는 파이프(Pipe)로 필요한 환경과 압력 등급을 기준으로 주로 나일론(Nylon), 폴리우레탄(Polyurethane), 폴리에틸렌(Polyethylene), 천연 또는 합성 고무, 높은 강도의 금속 재질로 제작 되며, 금속 호스는 높은 인장 강도(Tensile Strength)와 인열 강도(Tear Strength), 내식성(Corrosion Resistance)과 내압성(Pressure Tightness) 등의 재료의 강도로 고온 및 저온 물질은 물론 다양한 분야에서 사용된다.

주제

(1) Hose Size 및 용도 구분

평가 항목

① 호스(Hose)의 용도 : 유연성이 있는 파이프(Pipe)로 필요한 환경과 압력 등급을 기준으로 주로 진동이나 계통의 움직임이 많은 곳에 사용하는 배관이다.

② 호스(Hose)의 규격 : 호스(Hose)의 Size는 호스 안지름을 측정해 1/16 inch로 표시한다.

ⓐ Flexible Hose : 움직임이 없는 곳과 움직이는 곳을 연결할 때 사용 되며, 진동과 큰 유연성이 요구되는 곳에 사용되며 주로 항공기 배관용으로 사용

ⓑ Rubber Hose : 연료와 오일, 냉각, 유압 계통에 주로 사용

- 저압 호스 : 250 psi 이하 압력에 사용 가능하며 직물 보강제로 구성
- 고압 호스 : 3,000 psi 이상의 압력까지 가능하며 철사 보강제로 구성

ⓒ Teflon Hose : 고온/고압 작동 조건에 맞게 설계된 호스로 강도를 높이고, 보호하기 위해 Stainless Wire로 감싸져 있다.

참조 Hose의 식별

예 MIL－H－8794:SIZE－6－2/92－MFG SYMBOL

- MIL : 규격(Military Spec)
- H : Hydraulic
- 8794 : 저압용(8788: 고압)
- SIZE－6 : 6/16 inch 내경
- 2/92 : 생산 분기 및 년도(2분기, 1992년)
- MFG SIMBOL : 제작자

주제

(2) 손상검사 방법

평가 항목

① 튜브(Tube)의 손상검사

ⓐ 튜브(Tube)에 약간의 찍힘이나 긁힘이 존재하면, 판 두께의 10%가 넘지 않거나 인장 응력을 받지 않으면 사용하고 두께의 10%가 넘었을 시에는 교환해야 한다.

ⓑ 플레어 작업 시에 플레어에 균열이 가거나 크랙 및 덴트가 일어나면, 무조건 교체해야 한다.

ⓒ 굽힘, 인장 부분을 제외한 곳의 Tube는 지름의 20% 이하로 움푹 들어가거나 찌그러짐은 수리 가능하다.

② 호스(Hose)의 손상검사 : 육안검사(Visual Inspection), 적외선 또는 공압을 이용해 검사한다.

주제

(3) 연결 피팅(Fitting, Union)의 종류 및 특성

평가 항목

① 연결 피팅(Fitting, Union) : Tube나 Hose를 연결해주는 연결 부품으로 Flare Tube Fitting과 Flareless Tube Fitting이 있으며 AN 플레어드 피팅, MS 플레어리스 피팅, 비드 앤 클램프, 스웨이징 방식이 있다.

ⓐ AN 플레어드 피팅 : 지름이 3/4 inch 이하인 튜브에 사용하며, Sleeve와 Nut로 구성
싱글과 더블 방식으로 나뉘며. 더블 방식은 계통 압력이 높은 곳에 사용되며, 튜브 플레어 부분이 파손되거나 연결 부분이 누설되는 것을 방지해 준다.

ⓑ MS 플레어리스 피팅 : 플레어리스 튜브에 피팅을 바로 연결해 심한 진동이나 3,000 psi 고유압 계통에 사용한다.

ⓒ 비드 앤 클램프 : 윤활유와 냉각, 저압 연료 계통에 사용
배관이나 결합구에 약간 솟아있는 돌출둔부인 비드가 클램프와 호스를 잡아 꽉 조여서 정확한 연결이 되게 해 준다. 비드는 금속관 끝이나 결합구 한쪽 끝에 만들어진다.

ⓓ 스웨이징 : 정비가 필요 없는 곳에 영구적으로 연결하거나 빈번하게 정비가 필요하지 않는 유압 계통에 사용되며, 티타늄이나 내식강 재질로 만들어진다.

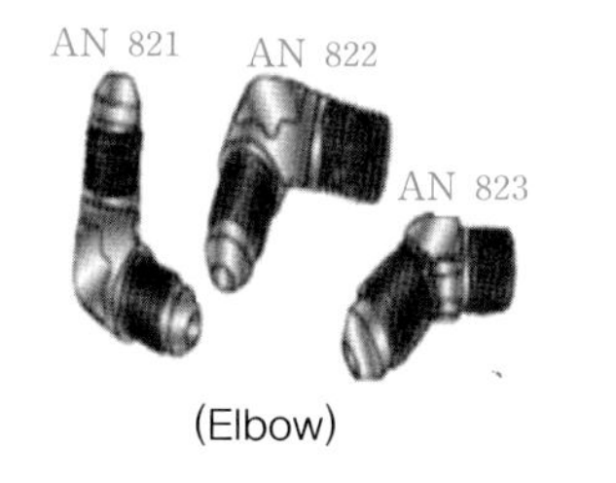

(Elbow)

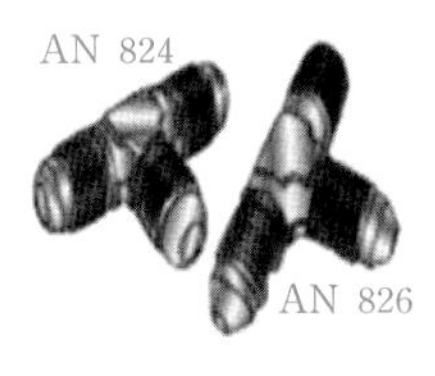

(Tee)

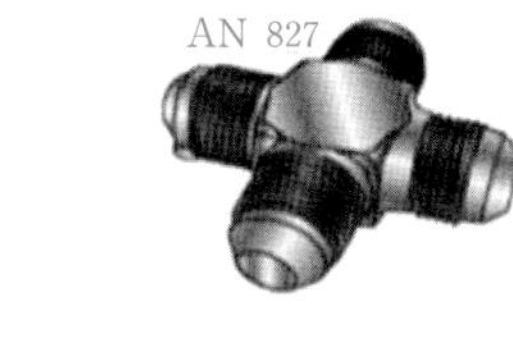

(Cross)

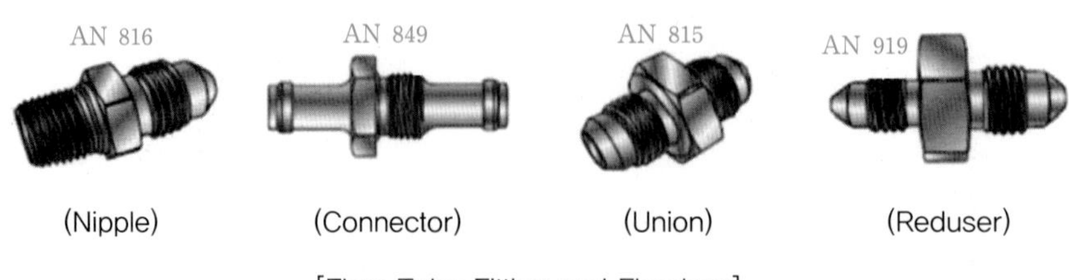

(Nipple) (Connector) (Union) (Reduser)

[Flare Tube Fitting and Flareless]

주제

(4) 장착 시 주의 사항

평가 항목

① 튜브 장착 시 주의사항

ⓐ 튜브 장착 시 최소 굽힘을 주고 장착해야 하며 항공기의 튜브를 교환 또는 수리할 경우 튜브의 재질을 식별해 같은 크기와 재질로 교환 혹은 수리하는 것이 중요하다.

ⓑ 튜브는 장착 전에 압력시험을 하고 정상작동 압력의 2~3배 정도 견딜 수 있어야 한다.

ⓒ 스테인레스 강으로 만든 튜브의 경우 교환 시 완제품을 구매하여 교환하여야 한다.

② 호스 장착 시 주의사항

ⓐ 느슨함 : 총 길이의 5~8%의 여유 길이, 즉 느슨함을 제공하여야 하며 열(Heat)로 부터 보호하기 위해 위치조정 또는 주변에 슈라우드 장착(길이변화를 보상하기 위해)

ⓑ 휨 : 호스 어셈블리가 심한 진동 또는 휨을 받을 때 휘지 않는 피팅 사이에 충분한 느슨함이 있어야 한다.(End Fitting에서 호스 직경의 2배 정도는 직선을 이루고 있어야 한다.)

ⓒ 꼬임 : 호스의 파열 가능성을 피하거나 장착된 너트의 풀림을 방지하기 위해 호스 장착 시 꼬임 현상 없이 장착해야 한다.

ⓓ 굽힘 : 급격한 굽힘을 피하기위해 적당한 굽힘 반경이 필요하다.

ⓔ 간격 : 다른 튜브, 장비와 인접한 구조물에 닿지 않아야 한다.

참조 파이프(Pipe), 덕트(Duct), 튜브(Tube), 호스(Hose)의 구분

Mass Flow Meter(MFM)이나 Mass Flow Controller(MFC)를 사용할 때는 유체를 운반하기 위해 필수적으로 파이프를 사용한다.

① 파이프(Pipe) : 파이프는 용도와 장소에 따라 금속관부터 플라스틱, 고무, 유리까지 다양한 종류가 사용되며 그 크기도 매우 다양하다. 파이프(Pipe)는 일정한 규격에 따라 외경(Outside Diameter)과 벽의 두께로 구분된다.

② 덕트(Duct) : 외경(Outside Diameter)과 벽의 두께로 구분하지만 기본적으로는 외경과 벽의 두께 및 내경(Inside Diameter) 중 임의로 선택된 2가지로 구분할 수 있으며 내경이 1 inch 이상인 파이프(Pipe)를 의미한다.

③ 튜브(Tube) : 외경(Outside Diameter)과 벽의 두께 및 내경(Inside Diameter) 중 임의로 선택된 2가지로 구분할 수 있으며 내경이 1 inch 이하인 파이프(Pipe)를 의미한다.

ⓐ 진동과 상대적 운동이 없는 곳에 사용되며 외경(분수) 두께(소수)로 치수를 표시

ⓑ 튜브는 사용 목적 및 재질에 따라 색 띠를 다르게 하여 교환 시 같은 재질의 튜브를 교환하여 부식을 방지한다.

- 스테인레스 강과 내식 강 : 3,000 psi 이상의 고압 계통이나 고열을 받는 곳에 사용
- AL 합금 : 사용 재질에 따라 튜브 색을 달리한다.

④ 호스(Hose) : 유연성이 있는 파이프(Pipe)로 필요한 환경과 압력 등급을 기준으로 주로 나일론(Nylon), 폴리우레탄(Polyurethane), 폴리에틸렌(Polyethylene), 천연 또는 합성 고무, 높은 강도의 금속 재질로 제작 되며, 금속 호스는 높은 인장 강도(Tensile Strength)와 인열 강도(Tear Strength), 내식성(Corrosion Resistance)과 내압성(Pressure Tightness) 등의 재료적 강도로 고온 및 저온 물질은 물론 다양한 분야에서 사용된다.

2. 케이블(Cable) 조정작업(Rigging) (구술 또는 실작업 평가)

주제

(1) 텐션 미터(Tension Meter)와 라이저(Riser)의 선정

평가 항목

[Direct Reading Type(C−8)]

[Conversion Factor Type(T−5)]

① T−5 Type Tension Meter(Conversion Factor Type)

ⓐ Cable Size Gauge로 Cable Size를 측정한다.

ⓑ Cable Size에 따라 해당된 Riser를 교환한다.

ⓒ Trigger를 내리고 Anvil과 Riser 사이에 Cable을 삽입하고 Trigger를 올리면 장력이 표시된다. (Riser에 따라 도표를 확인하여 장력을 읽는다)

② C-8 Type Tension Meter(Direct Reading Type) : Cable의 Size와 Tension을 측정할 수 있다.

ⓐ Handle을 내려 고정한 후 Cable Size 측정기를 반 시계 방향으로 Stop Bar까지 돌린다.

ⓑ Cable을 삽입하고 Handle을 풀었다 Handle을 다시 고정하고 Cable Size를 읽는다.

ⓒ 지시계를 돌려 측정한 Cable Size의 "0" 위치에 맞춘다.

ⓓ Handle을 압축하여 Cable을 삽입한 후 Handle을 풀어서 Tension 눈금을 읽는다.
Tension Meter의 수치가 잘안보일 경우에는 고정 Button을 눌러서 Tension Meter를 분리 후 장력을 읽는다.

주제

(2) 온도 보정표에 의한 보정

평가 항목

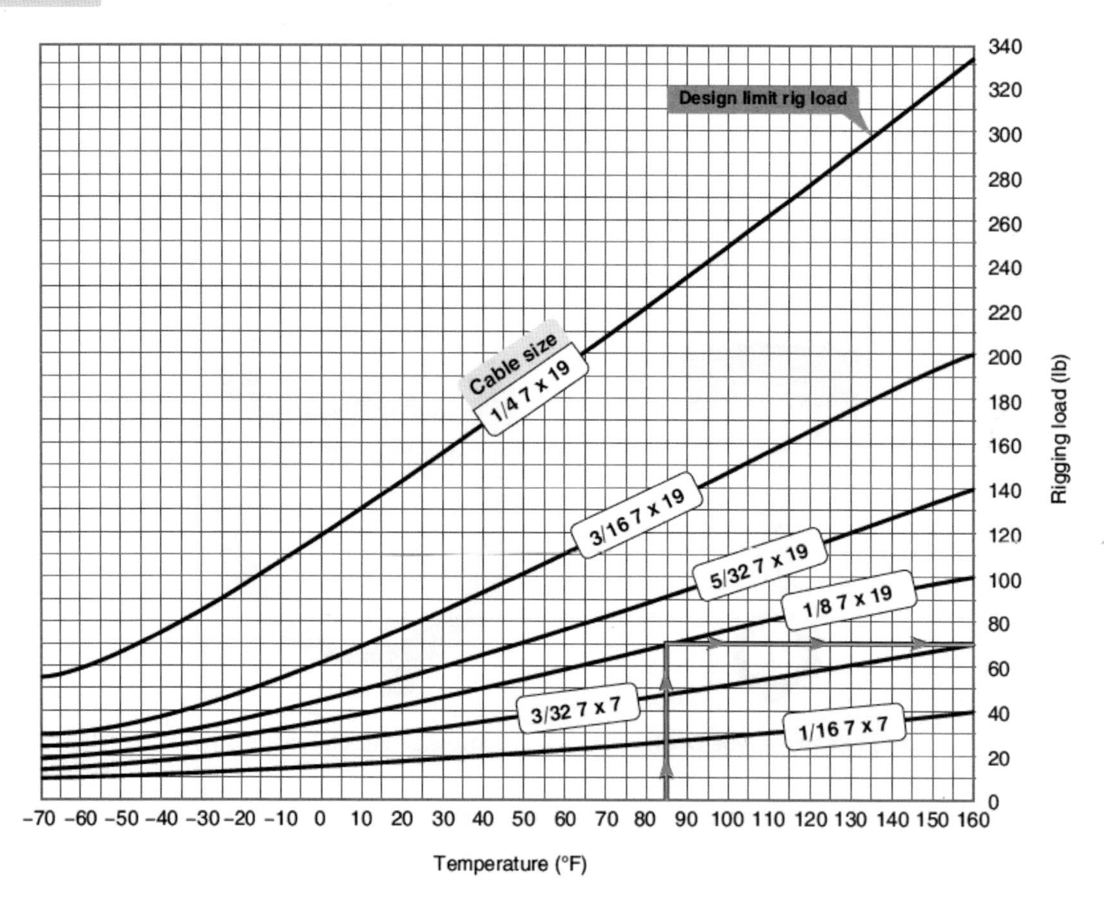

① 온도 보정표는 조종계통, 착륙장치 또는 모든 Cable 조작계통의 Cable의 장력을 측정할 때 사용하며 조절하는 Cable과 외기온도를 알아야 한다.

② 작업장의 온도와 Cable Size를 확인하고 Cable Tension은 온도 보정표에 맞추에 조절한다.

주제

(3) Turnbuckle의 안전결선

평가 항목

① Turnbuckle : 나사산을 낸 2개의 Terminal과 Barrel로 구성된 기계용 Screw 장치이며, Cable Tension을 조절한 후 풀림 방지를 위하여 안전결선을 한다.

ⓐ 한쪽은 오른나사, 반대쪽은 왼나사로 된 Barrel의 끝부분에 Groove로 왼나사를 구분한다.

ⓑ Turnbuckle Barrel의 양쪽에서 Terminal의 나사산이 3개 이상 노출되지 않도록 한다.

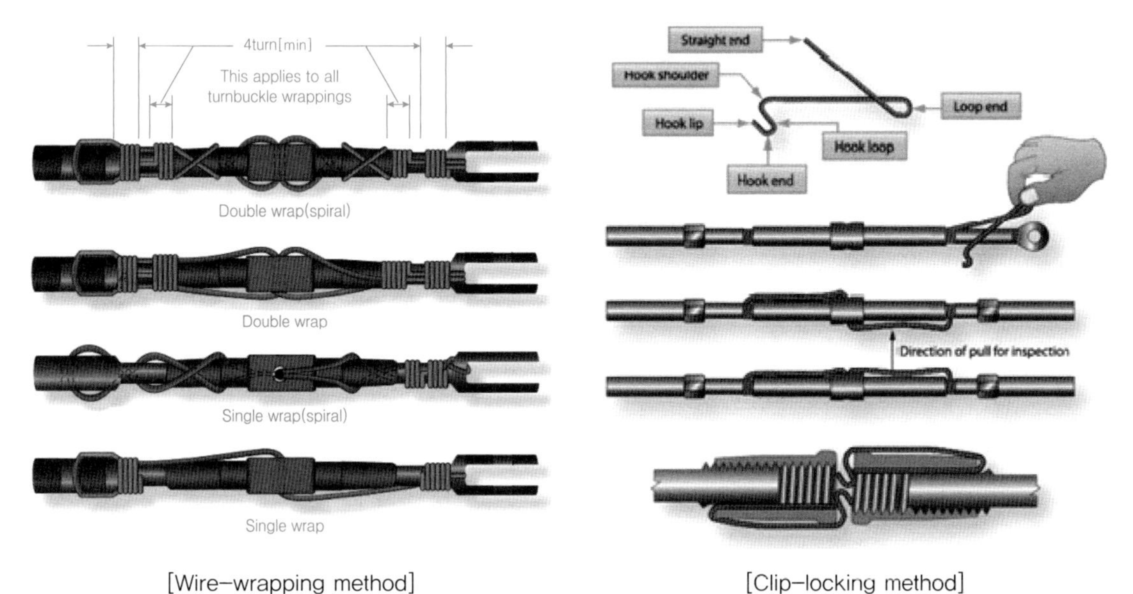

[Wire–wrapping method] [Clip–locking method]

② Turnbuckle의 안전결선

ⓐ Single Wrap : Size가 3/32 inch 이하 Cable에 적용되며 Turnbuckle의 중앙 Hole을 거쳐 Wire를 통과시키고 서로 반대 방향의 끝으로 Wire를 구부리고 Cable Eye나 포트 또는 Swaging Terminal에 있는 Hole에 각각의 Wire를 통과시키고 Shank 주위에 4회 이상 감아준다.

ⓑ Double Warap : Size가 1/8 inch 이상 Cable에 적용

- Turnbuckle의 중앙 Hole을 거쳐 Wire를 통과시키고 Wire 길이의 1/2정도 끼우고 서로 반대 방향으로 구부리고 두번째 Wire도 Barrel에 있는 Hole을 통과시키고 첫번 Wire와 반대 방향으로 barrel을 따라 구부린다.
- 방향의 끝으로 Wire를 구부리고 Cable Eye나 포트 또는 Swaging Terminal에 있는 Hole에 각각의 Wire를 통과시키고 Shank와 함께 감싸면서 첫 번째/두번째 Wire를 4바퀴 감아주고 반대쪽도 같은 절차로 수행한다.

ⓒ Clip Locking : 최신 항공기에 자주 사용하며, Barrel과 Terminal Hole이 있는 경우만 사용

주제

(4) 리깅(Rigging) 후 점검

평가 항목

보통 Flight Time에 따라 정시 점검에 포함되거나 조종사가 요청할 때 수행
① Rigging이 완료되면, 조종 기구를 점검해 장착 상태를 확인한다.
② Control Rod End는 조종 로드에 있는 검사 구멍에 핀이 들어가지 않을 때까지 조종 로드에 장착
③ Turn Buckle 단자의 나사산이 턴버클 배럴 밖으로 3개 이상 나와서는 아니 된다.
④ 케이블 안내 기구의 2 inch 범위 내에 케이블 연결 기구나 접합 기구가 있지 말아야 한다.

주제

(5) 케이블 손상의 종류와 검사방법

평가 항목

① 항공기 케이블(Aircraft Wire) : "항공기 케이블"이라는 용어는 대략 0.047″~0.375″ Size의 Wire Rope와 7×7 및 7×19를 나타내는데 사용되는 총칭이다.
전선을 Cable로 가닥을 잡는 것은 강도와 유연성을 제공하는 검증된 방법이며, 이는 항공기 Cable을 현대 항공기에 사용하기에 적합하게 만든다.
항공기 Cable Size는 1/32 inch ~ 3/8 inch이며, Cable의 치수는 1×7, 1×19, 7×7, 7×19이다.

치 수	의 미
1×7	7개의 가닥으로 1줄의 Cable로 구성
1×19	19개의 가닥으로 1줄의 Cable로 구성
7×7 (가요성)	7개의 가닥으로 엮은 Cable 7개를 엮어 1줄의 Cable로 구성
7×19 (초가요성)	19개의 가닥으로 엮은 Cable 7개를 엮어 1줄의 Cable로 구성

② Cable 손상의 종류

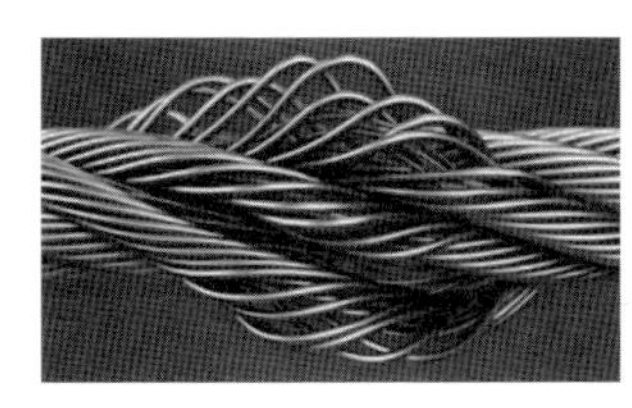

[Birdcaging]

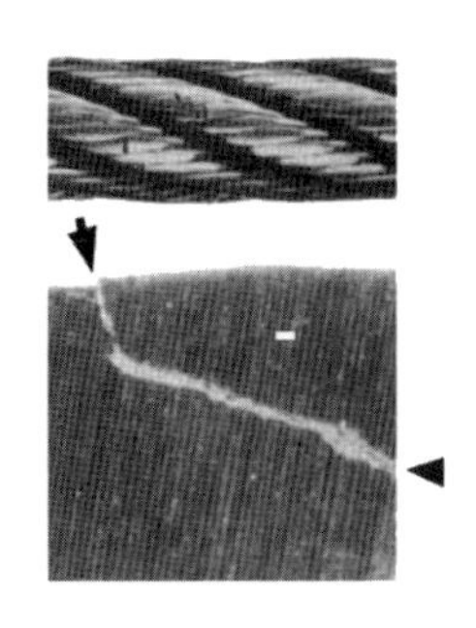

[Peening]

ⓐ 외부 마모 : 케이블이 움직이는 곳에 발현

ⓑ 내부 마모 : 풀리 or 쿼드런트 등의 위를 지나는 곳에 발현

ⓒ 부식 : 내부 부식은 무조건 교환

ⓓ Kink Cable : 케이블이 빳빳하지 않고 굽어져 있다.

ⓔ Bird Cage : 비틀림이나 꼬임이 새장처럼 부풀어 올랐다.
(원인 : 잘못된 설치, 취급 불량, 느슨한 상태에서 당겨짐 등)

ⓕ Peening : 두둘김을 받아 생기는 손상, 케이블이 들뜨는 것

③ 케이블 손상 검사법

ⓐ 깨끗한 천으로 문질러서 끊어진 가닥을 감지한다.

ⓑ 반복된 구부림 응력이 가해지는 부분(풀리, 페어리드)에 1개라도 단선이 발생하면 경과를 관찰하여 단선 수가 제한치에 이르기 전에 교환한다.
- 인치당 7×7은 3가닥 / 7×19은 6가닥이 제한치이다.
- 마멸은 7×7은 6가닥 / 7×19은 12가닥이 제한치이다.

ⓒ 외부 부식이 발생하면 M/M(Maintenance Manual)에 의거 제거하고 내부 부식은 교환한다.

ⓓ 쉽게 닦을 수 있는 먼지나 녹은 마른 헝겊으로 닦아낸다.
- 오래된 방부제나 오일은 솔벤트나 케로신을 이용하여 닦아낸 후 세척하여 반드시 부식방지 처리를 한다.

ⓔ 케이블 변형 발견 시 교환한다.

3. 안전결선(Safety Wire) 사용 작업(구술 또는 실작업 평가)

주제

(1) 사용 목적, 종류

평가 항목

- 사용 목적 : 항공기에 사용하는 나사 부품이 비행 중에 심한 진동을 받아 느슨해지고, 풀림을 방지하기 위한 Wire이다.

주제

(2) 안전결선 장착 작업(Bolt or Nut)

평가 항목

① 안전결선(Safety wire) 작업 방법 및 유의사항

ⓐ 한 번 사용한 안전결선용 와이어(Safety Wire)는 다시 사용해서는 안 된다.

ⓑ Safety Wire를 펼 때 피막에 손상을 입혀서는 안 된다.

ⓒ Safety Wire를 꼬을 때에는 부품이 조이는 방향으로 팽팽한 상태가 되도록 해야 한다.

ⓓ Pliers로 과도하게 당기지 않아야 한다.

ⓔ Safety Wire를 자를 때에는 자른 면이 직각이 되도록 하여 날카롭지 않게 한다.

ⓕ Safety Wire를 자를 때 남은 부분(Pig Tail)이 #32 Wire의 경우 1/2 inch(4~6회) 꼬임이 되도록 자른다.

ⓖ Safety wire를 할 경우 Wire Hole 크기의 75% Safety Wire가 되어야 한다.

ⓗ Safety wire는 부품재질과 같은 재질을 사용하여 이질금속간의 부식을 방지한다.

ⓘ 주위 환경이 부식성이 강한 경우 인진결신(Safety wire)은 내식강 또는 모넬 재질로 선택한다.

ⓙ Safety Wire 지름이 0.8~1mm(0.032~0.04 inch)이면 25.4mm(1 inch)당 6~8번 꼬아야 한다.

ⓚ Safety wire 작업은 가능한 한 손으로 작업하며 필요 시 사용되는 공구는 Wire Twister 또는 안전결선용 플라이어(Safety Wiring Pliers를 사용한다.

② Safety Wire의 종류

ⓐ #20 Wire : Safety Wire의 지름이 0.020 inch

ⓑ #32 Wire : Safety Wire의 지름이 0.032 inch

ⓒ #40 Wire : Safety Wire의 지름이 0.040 inch

주제

(3) 싱글 랩(Single Warap) 방법과 더블랩(Double Warap) 방법의 사용 구분

평가 항목

① 단선식(Single Wrap)

ⓐ 3개 이상 좁은 간격으로 Bolt or Nut가 모여 있고, 복선식이 곤란한 곳에 사용한다.

ⓑ 최대 결선 길이는 24 inch를 초과해서 안 된다.

ⓒ 주로 Shear Wire를 사용한다.(전기계통, 비상장치 Switch Cover 등)

※ Single Wrap은 심한 진동(Vibration) 또는 열(Heat)이 있는 곳은 사용할 수 없다.

ⓓ Safety Wire를 자를 때 남은 부분(Pig Tail)이 #32 Wire의 경우 1/2 inch(4~6회) 꼬임이 되도록 자른다.

② 복선 식(Double Wrap)

ⓐ Safety Wire의 기본 방식이며 Bolt or Nut를 최대 3개까지 연결할 수 있다.

ⓑ 최대 결선 길이는 24 inch를 초과해서 안 된다.

ⓒ Safety Wire 지름이 0.8~1mm(0.032~0.04 inch)이면 25.4mm(1 inch)당 6~8번 꼬아야 한다.

ⓓ Safety Wire를 자를 때 남은 부분(Pig Tail)이 #32 Wire의 경우 1/2 inch(4~6회) 꼬임이 되도록 자른다.

ⓔ Safety wire 작업은 가능한 한 손으로 작업하며 필요 시 사용되는 공구는 Wire Twister 또는 안전결선용 플라이어(Safety Wiring Pliers)를 사용한다.

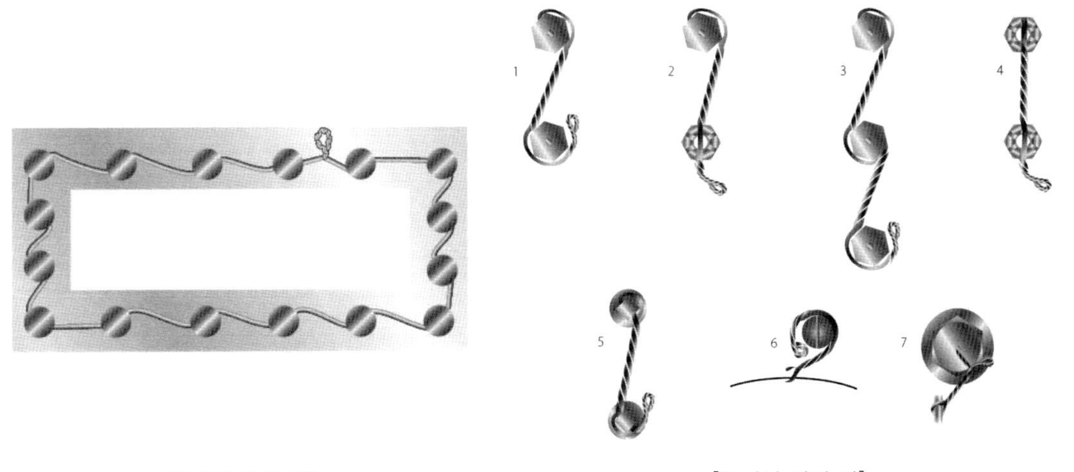

[단선식 결선 법]　　[복선식 결선 법]

③ 사용 구분

ⓐ 단선식(Single Wrap)은 Safety Wire의 선 하나로 여러개의 Bolt or Nut의 Wire Hole을 통과시켜 연결하는 결선 방법이다.

ⓑ 복선식(Double Wrap)은 표준방식으로 대부분 안전선에 사용하며, Wire Hole에 Wire를 끼우고 두 선을 겹쳐 꼬아서 다른 Wire Hole에 연결하는 결선 방법이다.

4. 토크(Torque) 작업(구술 또는 실작업 평가)

참조 Torque의 종류

① Run-on Torque : Bolt and Nut가 체결되기 전 Bolt or Nut가 돌아가는데 필요한 Torque로 Self Locking Nut Tail이 Bolt 끝부분에 2.5 Threads이상 나왔을 때, 장착 방향으로 가해지는 최대 Torque이다. (Self Locking Nut의 사용 가능 여부를 확인하는 절차이다.)

② Run-out Torque : Bolt가 체결되기 전 Bolt or Nut가 2.5 Threads 이상 나왔을 때 Remove 방향에 가해지는 최대 Torque이다.

③ Final Torque : Bolt and Nut를 최종 장착하는 Torque로 Manual에 명시되어 있다.

④ Group Torque : Engine의 Flange 등 180~200개 이상의 Bolts and Nuts를 대각선 방향으로 Torque 할 수 없으므로 8~18개씩 Group으로 나누어 Group을 하나로 삼아 대각선 방향으로 Torque 하는 방법으로 해당 Manual을 참조하여 작업한다.

⑤ Break Loose Torque : Bolt oe Nut가 완전하게 체결되어 항공에 운영된 후 장탈 시 처음 Loose 시키는 Torqueque로 통상 Final Torque의 3배 이상이 된다.

⑥ Breake away Torque : Break Loose Torque로 Loose된 상태에서 Removal Cycle 동안의 Torque로 통상 Final Torque의 1.5배 정도이다.

참조 STANDARD TORQUE SPECIFICATIONS(Non-Lubricated, Dry and Wet Torque)

① Non-Lubricated Torque : Bolt and Nut의 Threads에 Oil 또는 Anti-seize Compound로 Lubrication을 하지 않고 Final Torque하는 절차

② Dry Torque : Bolt와 Nut가 고착되는 것을 방지하기 위해 Silver Coating 또는 Anti-seize Compound를 칠하여 Final Torque하는 절차

③ Wet Torque : Bolt와 Nut가 고착되는 것을 방지하기 위해 Oil 등으로 Lubtication하여 Final Torque하는 절차

주제

(1) 토크(Torque)의 확인 목적 및 확인 시 주의 사항

평가 항목

① 토크(Torque)의 확인 목적 : Bolts or Nuts가 요구되는 힘으로 장착하기 위함으로 Manual에 주어진 값으로 동일한 토크의 값을 주어야 한다.

② Torque Wrench의 종류

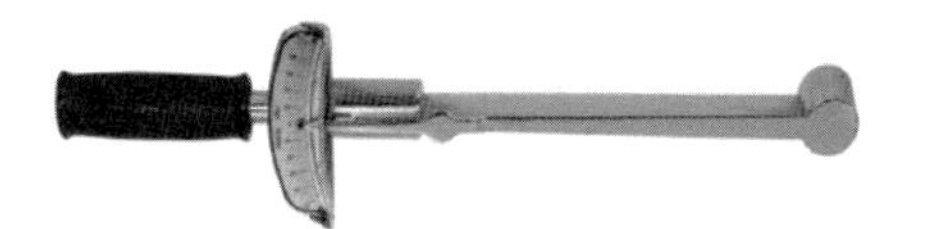

[Deflecting Beam Torque Wrench]

[Rigid Frame Torque Wrench]

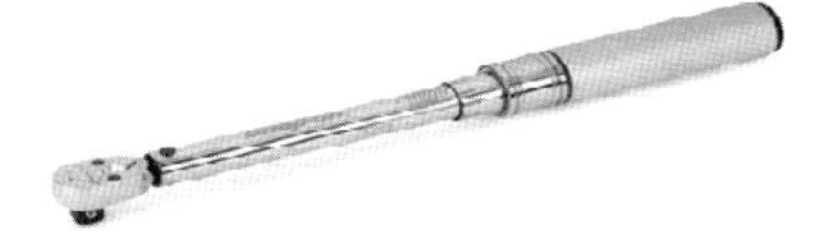

[Audible Indicating Torque Wrench]

[PRE-Set Torque Wrench]

③ 토크(Torque) 확인 시 주의 사항

ⓐ 사용 전에 Calibration Date(검/교정 일자)를 확인하고, “0”점 조정을 한다.

ⓑ Torque Wrench를 떨어트리면, 다시 검/교정을 받는다.

ⓒ Torque 시 사용한 공구를 계속 사용하고, 중간에 다른 공구로 교체하면 안 된다.

ⓓ Torque Wrench 사용 후에는 최소 눈금으로 돌려 스프링 손상을 방지해야 한다.

ⓔ Bolt or Nut의 Thread 손상과 변형, 이물질 등에 주의해야 한다.

ⓕ Torque 시 천천히 일률적으로 하며, 지정 Torque까지 Tight 한다.

ⓖ 지시식의 경우는 눈금을 바로 위에서 봐서 시각적인 오차를 줄여야 한다.

ⓗ 지정 Torque를 넘으면, 완전히 풀고 다시 Torque 한다.

ⓘ 통상 Torque는 Nut에서 하며 Bolt에 할 경우 Manual을 확인하여야 한다.(Bolt에 Torque 시 Bolt와 Hole 사이의 마찰저항으로 약 10% 정도 Torque를 더해야 하므로 반드시 Manual을 확인할 것)

ⓙ Torque 작업 후에는 Torque Seal을 한다.

주제

(2) 익스텐션 바(Extension Bar) 사용 시 토크(Torque) 환산법

평가 항목

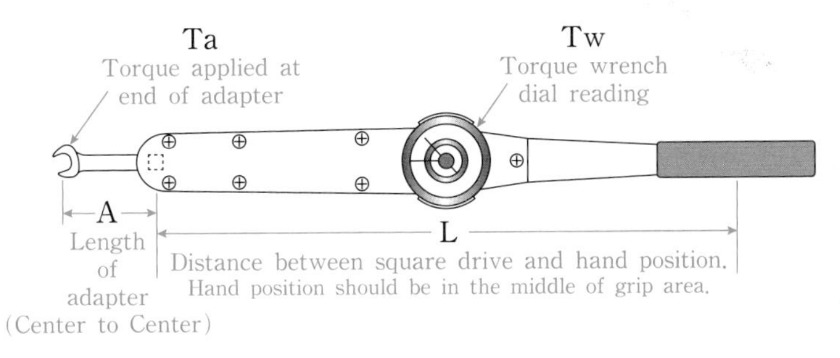

[Torque Extension Calculator*]

Tw=Ta×L/L+A	
Ta : 실제 토크 값	Tw : 토크 렌치 지시 값
L : 토크 렌치 암(arm) 길이	A : Extensipn Bar의 길이

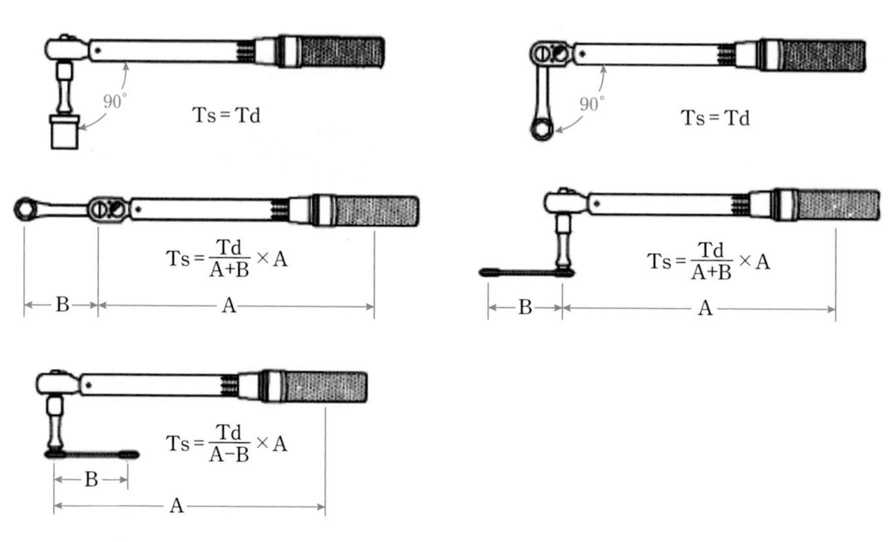

[Extension Bar 사용 시, TQ 계산(Torque Wrench Adapter Formulas)]

TORQUE FORMULA LEGEND	
Ts : Torque wrench setting	A : Torque wrench length
Td : Fastener Torque desired	B : Torque adapter length

주제

(3) 덕트 클램프(Duct Clamp) 장착작업

평가 항목

① Duct Clamp(C–Clamp) 장착 후 Manual에 주어진 Torque 값을 적용한다.

② Manual에 명시된 Clamp와 구조물 간격을 유지한다.(통상 1 inch 이상)

③ Clamp 장착 시 소프트 해머로 Clamp 외부를 가볍게 두드려 정확하게 장착되도록 한다.

주제

(4) Cotter Pin 장착작업

평가 항목

① 코터 핀(Cotter Pin) : 일반적으로 Castle Nut, Pin 등이 풀리거나 빠지는 것을 방지하기 위해 부품에 사용하며, Cotter Pin은 재사용하면 안된다.

② Cotter Pin 작업 방법

ⓐ 우선식(Preferred method) : Cotter Pin의 한 가닥은 Bolt 끝부분의 위로, 다른 가닥은 Washer 쪽으로 구부린다.

ⓑ 대체식(Optional Method) : Cotter Pin의 끝부분을 Nut의 양쪽 방향으로 구부린다.

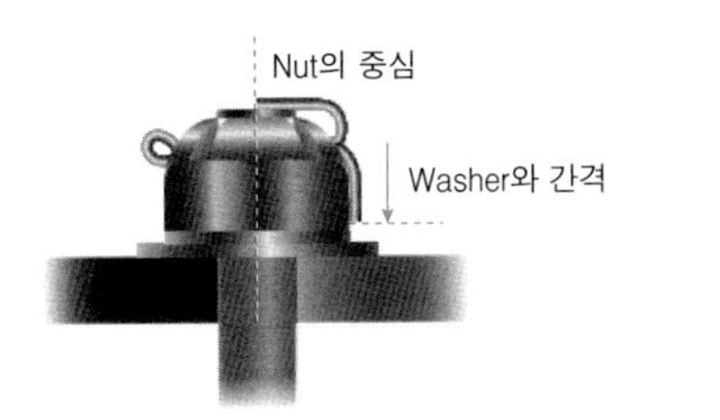

[우선식 방법(Preferred Method)]

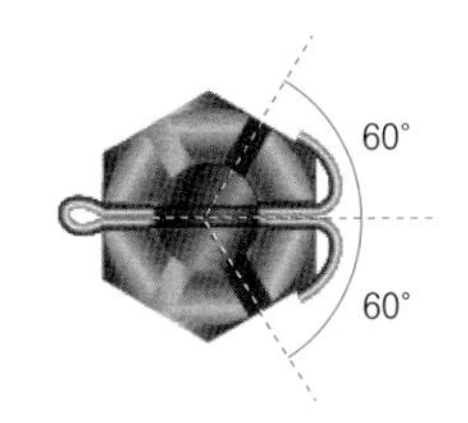

[대체식 방법(Optional Method)]

② 코터 핀 작업 시 주의 사항

ⓐ 위로 구부러진 가닥은 볼트 지름을 초과해서 안 된다.

ⓑ 아래쪽으로 구부러진 가닥은 와셔 표면에 닿으면 안 된다.

ⓒ 한번 사용한 코터핀을 재사용하면 안 됩니다.

ⓓ 코터핀 끝을 절단 시, 끝을 감싸 칩이 튀지 않게 해야 한다.

ⓔ 절단면이 직각이 되게 절단해야 한다.

5. 볼트, 너트, 와셔(구술 평가)

주제

(1) 형상, 재질, 종류 분류

(2) 용도 및 사용처

평가 항목

① 볼트(Bolt) : 반영구적 구조부에 체결되는 부재이며, Wrench로 Nut와 한 쌍으로 체결한다.
큰 하중을 받는 부분에 반복해서 분해와 조립이 필요한 곳이나 Rivet 또는 Welding이 부적당한 결합부분에 사용한다.

ⓐ Bolt의 머리 모양에 의한 분류

- 육각 머리 볼트(Hex Head Bolts) : 인장과 전단 하중이 걸리는 곳에 사용되는 가장 일반적인 볼트
- 드릴 헤드 볼트(Drill Head Bolts) : Safety Wire를 할 수 있는 Bolt Head에 Hole이 있다.
- 정밀 공차 볼트(Close-tolerance Bolts) : 정밀하게 가공되어 반복 운동과 심한 진동에 잘 견뎌 1차 구조 부재에 사용
- 내부 렌치 볼트(Internal-wrenching Bolts) : L 렌치로 체결되며, 고강도강, 큰 인장과 전단력이 작용하는 부분에 사용

- 외부 렌치 볼트(Externak wrencing Bolts or Double Hex Bolts) : 머리가 12각으로 이루어져 있어 큰 인장 하중이 작용하는 부분에 사용
- 클레비스 볼트(Clevis Bolt) : 머리가 둥글어 Screw Wrench로 체결이 가능하도록 머리에 홈이 있고, 전단 하중이 걸리는 조종 계통에 많이 사용
- 아이 볼트(Eye Bolt) : 외부 인장 하중이 많은 곳에 사용되며, 턴버클이나 케이블 길이에 걸리게 제작
- 조-볼트(Jo-bolt) : 조-볼트(Jo-bolt)는 상표명으로서 내부에 나사산이 있으며, 3 부분으로 구성된 리벳(rivet)의 일종이다. 조-볼트는 나사산을 낸 합금강볼트, 나사가 있는 강철너트, 그리고 확장되는 스테인리스강 슬리브(Stainless steel sleeve) 세 부분으로 구성된다.
- 고정 볼트(Lock-bolts) : 고정 볼트는 2개의 부품을 영구적으로 체결할 때 사용하며, 경량이고 표준 볼트에 준하는 강도를 가진다.
  미군 규격(MS : Military Standard)에 따라 제작하며, MS규격에서는 생크(Shank)의 지름과 연계된 고정 볼트의 머리 크기, 재질에 대하여 명시하고 있다.

ⓑ Bolt의 규격

- Bolt 길이 : Grip 길이+나사 길이(Grip 길이 : 나사가 없는 Bolt 길이)
- Bolt 지름 : 볼트의 규격은 기본적으로 나사산이 있는 부분의 외경
- Bolt & Nut에 사용되는 Tool Size는 Bolt Head 또는 Nut 외경

참조 Bolt의 규격

■ Bolt의 규격

① AN : Air Force-Navy Aeronautical Standard 계열의 Bolt
② BACB : Boeing Aircraft Bolt 계열
③ MS : Military Aeronautical Standard 계열의 Bolt
④ NAS : National Aircraft Standard 계열의 Bolt

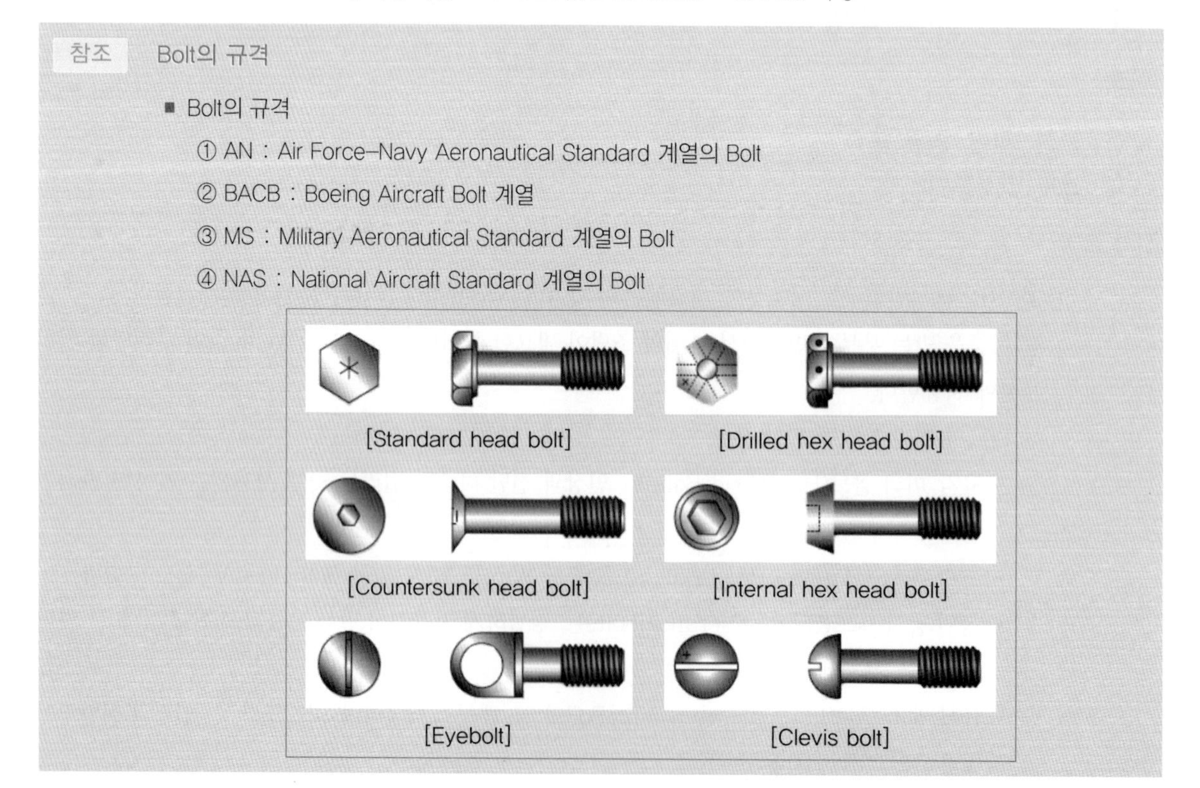

[Standard head bolt] [Drilled hex head bolt]
[Countersunk head bolt] [Internal hex head bolt]
[Eyebolt] [Clevis bolt]

■ Bolt의 식별

예 AN 3 DD H 5A

- AN : 규격(AN 표준기호 → Air Force–Navy)
- 3 : Bolt 직경 → 3/16 inch
- DD : Bolt 재질 → 알루미늄 합금 2024(C → 내식강, 표시가 없으면 Cd 도금강)
- H : Bolt Head 구멍 유우/무(H가 있으면 Head에 구멍이 있다)
- 5 : Bolt 길이 → 5/8 inch
- A : 나사 끝에 Hole 유/무(A=Hole 없음, 무 표시=구멍 있음)

② 너트(Nut) : Bolt와 함께 체결되는 부재로 Non–self locking과 Self locking Nut가 있다.

ⓐ Non–self locking Nut : 비 구조 체결용

사용 장소에 따라 강도나 내식, 내열에 적합한 지정된 부품 번호의 너트를 사용한다.

Top view		Profile view	Top view		Profile view
	AN310			AN315	
	AN320			AN335	
	AN340			AN316	
	AN345			AN350	

- Plain Nut(평 너트) : 인장 하중을 받는 곳에 사용하며, 풀림 방지를 위해 Checl Nut 또는 고정 와셔 등의 고정 장치가 필요하다.
- Castle Nut(캐슬 너트) : 큰 인장 하중을 잘 견디고, 상대적 운동을 하는 Bolt에 사용되며, Bolt Hole은 Cotter Pin 체결 시에 사용된다.
- 나비 너트 : 맨손으로 조일 수 있으며, 장/탈착을 자주 하는 곳에 사용된다.
- Check Nut(잼 너트) : Nut와 Rod end 및 기타 풀림 방지용 Nut로 쓰인다.
- 캐슬 전단 너트 : Castle Nut에 비해 얇지만, 큰 전단응력에 대해 뛰어난 Nut이다.

ⓑ Self locking Nut : 심한 진동을 받는 부분에 주로 사용된다.

[Boots aircraft nut]

[Elastic anchor nut]

[Flexloc nut]

[Fiber locknut]

[Elastic stop nut]

Cotter Pin이나 Safety Wire 작업이 필요 없어 작업 속도가 빠르지만, 감항성에 위험이 있는 부분, 회전성이 있는 부분 또는 수시로 여닫는 곳에 사용하면 안 된다. 사용되는 부분의 온도에 따라 절대 온도 250°, 450°, 800°, 1200° 용으로 구분되어 주의해야 한다.
금속(Metal)과 파이버(Fiber) Type으로 나뉜다.

- 금속 타입(Metal Type) : 고정 장치가 모두 금속 이상의 고온에 사용하며, 입구보다 출구가 작아 금속의 탄성과 마찰력이 생긴다.
- 파이버 타입(Fiber Type) : 내부에 Ring모양의 나일론 컬러가 있고, 절대 온도 250℃ 내의 온도에 사용하며, Nut 안쪽에 Fiber Collar를 끼워 넣어 탄성력을 이용하여 Elastic Stop Nut 라 한다. Nut 상태에 따라 다르나 Fiber의 경우 15회, 나일론의 경우 200회 사용 횟수가 있으며, Run-on Torque로 정한다.

※ Run-on Torque : Self locking Nut의 재사용 판단 시에 기준이 되는 Torque로 Nut 장착 후, Manual에 적혀진 Thread(보통 2~5)가 나왔을 때의 토크 값이며, 규정치 이상이면 재사용이 가능하다.

참조 Nut의 규격

① AN : Air Force-Navy Aeronautical Standard 계열의 Nut
② BACN : Boeing Aircraft Nut 계열
③ MS : Military Aeronautical Standard 계열의 Nut
④ NAS : National Aircraft Standard 계열의 Nut

예 Code Number AN310 D 5 R

- AN310=Aircraft castle nut
- D=2024-T Aluminum alloy
- 5=5/16 inch Diameter
- R=Right-hand threaded

③ 와셔(Washer) : Bolt Head 또는 Nut 쪽에 부착시켜 체결하는 부재이다.
하중을 분산시키거나 그립 길이를 조절할 때, 구조물과 부품 간 충격과 부식으로부터 보호하며 고정 와셔 같은 경우는 볼트나 너트 풀림 방지한다.

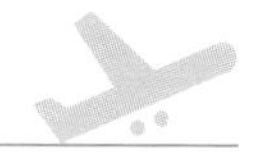

ⓐ Washer의 종류

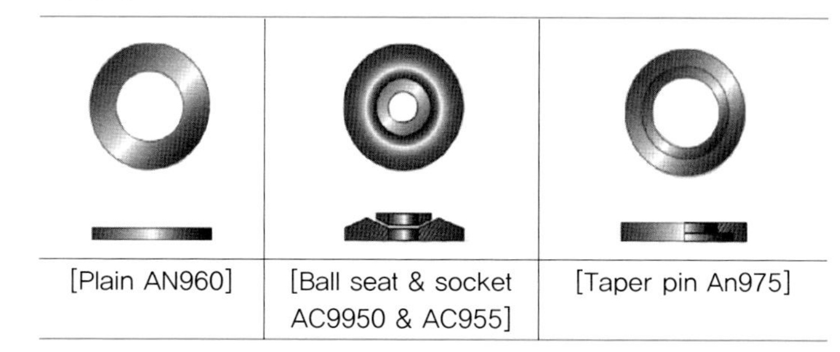

[Plain AN960]	[Ball seat & socket AC9950 & AC955]	[Taper pin An975]

특수와셔(Special washers)

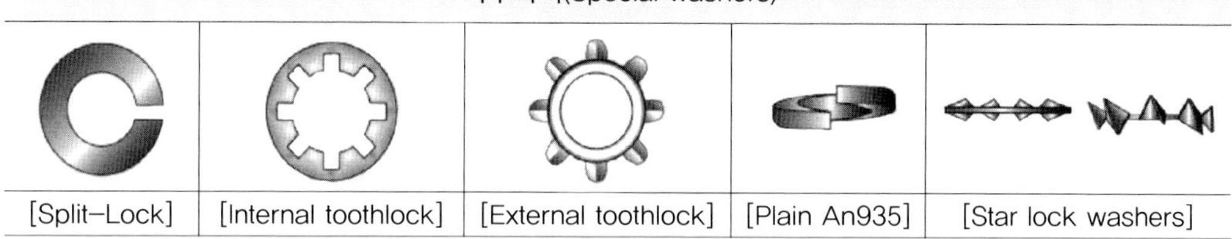

[Split-Lock]	[Internal toothlock]	[External toothlock]	[Plain An935]	[Star lock washers]

- 평 와셔(Plain Washer) : 구조물이나 장착 부품의 조이는 하중을 분산시켜주며, 장착 부품의 부식방지 및 Nut 장착 시에 Grip길이 조정으로 Cotter Pin Hole을 조정한다.
- Counter sunk Washer : Bolt Head 쪽에 장착하며, 구조물이나 장착 부품의 조이는 하중을 분산시켜주며, 장착 부품의 부식방지의 용도이다.
- 락 와셔(Lock Washer) : Self-locking Nut 또는 Cotter Pin, Safety Wire를 할 수 없는 곳에 Bolt or Nut의 풀림을 방지한다.
- 탭 와셔(Tap Washer) : 셰이크 프루프 고정 와셔(Shake proof Lock Washer)라고 하며 Nut를 제자리에 고정 시키기 위하여 육각 너트 또는 볼트의 측면을 따라 위쪽 방향으로 구부릴 수 있는 탭(Tap) 또는 립(Lip)을 가진 둥근 와셔이다. 종류로 외부 탭(External Tab)과 내부 탭(Internal Tap) Washer가 있다.
- 특수 와셔(Special Washer) : 특수한 표면에 맞도록 제작된 Washer로 고강도 Washer와 Ball seat와 Socket Washer가 있다. 고강도 와셔는 고장력이 걸리는 곳에 내부 렌치 볼트와 같이 사용해 구조물이나 부품 파손을 방지하고, 조임면에 대해 평평한 면을 갖게 해준다.
  볼 시트와 소켓 와셔는 볼트가 표면에 비스듬히 장착되는 곳이나 표면이 완전히 일치하게 체결해야 하는 곳에 사용한다.

참조 Bolt, Nut, Washer 사용 시 주의 사항

① 부식방지를 위해 같은 재질의 Bolt, Nut 및 Washer 사용
② Bolt Grip 길이는 체결하는 물체의 두께와 같거나 약간 길어야 한다.
③ Washer는 최대 3개까지 허용한다.(Bolt 쪽 1개, Nut 쪽 2개)
④ Bolt는 Nut가 풀려도 떨어지지 않도록 가능한 한 위쪽에 장착한다.

3 항공기 재료 취급

1. 금속 재료(구술 평가)

주제

(1) AL 합금의 분류, 재질 기호 식별

평가 항목

① 알루미늄 : Steel에 비해 가벼운 특징이 있어 항공기에 사용하며 순수 알루미늄은 뛰어난 내식성을 가지고 있지만 강도가 약해 항공기에 직접 사용하지 않고 합금을 하여 사용한다.

② AL 합금의 표준 : 알루미늄 합금을 국가별로 여러 가지 표준규격을 정해 사용하며 항공분야에 사용하는 규격은 AA 와 ALCOA(미국 알루미늄 제조사)의 규격을 사용한다.

③ AL합금의 특징

ⓐ 전성이 우수하여 성형 가공성이 좋다.

ⓑ 적절한 처리로 내식성이 양호하다.

ⓒ 합금의 비율에 따라 강도를 조절할 수 있고 상온에서 기계적 성질이 좋다.

ⓓ 시효경화성이 있다.

④ Al 합금의 종류

ⓐ 고강도 알루미늄

- 2014 ➜ 과급기, 임펠러에 사용
- 2017, 2024, 7075 ➜ 강도가 가장 높아 주날개외피에 사용

ⓑ 내열 알루미늄

- 2218 ➜ 내열성을 높인 것으로 Y 합금이라고도 부른다.
- 2618 ➜ 100~200° 온도에서 강도가 높아 콩코드 여객기에 사용했었다.

ⓒ 내식 알루미늄

- 1100 ➜ 순수 알루미늄으로 내식성은 높지만 인장강도가 낮아 구조 부분에 사용하지 못한다.

⑤ AL합금의 분류

ⓐ 1XXX : 순수 알루미늄

ⓑ 2XXX : 구리, 시효경화되는 것이 특징

ⓒ 3 XXX : 망간, 3003이 대표적이며, 가공특성이 우수

ⓓ 4XXX : 규소, 다른 알루미늄에 비해 더 낮은 ~~용융~~온도를 갖는다.

ⓔ 5XXX : 마그네슘, 내식성이 우수하다.

ⓕ 6XXX : 마그네슘 ,규소 / 6061이 대표적이다.

ⓖ 7XXX : 아연 / 7075가 대표적이며 강도가 가장 우수하다.

참조 AA 2024 - T6

- AA : 규격기호
- 2 : 주 합금원소(알루미늄 - 구리합금을의미)
- 0 : 합금의 개량번호(개량 처리하지 않은 합금이다.)
- 24 : 합금의 분류번호(합금의 종류가 24임을 나타냄)
- T6 : 열처리방법(담금질후 인공시효 처리한 것)

⑥ 가공상태 기호

ⓐ F : 가공한 그대로의 상태

ⓑ W : 담금질한 상태

ⓒ O : 풀림처리를 한 상태

ⓓ H : 냉간가공한 상태

ⓔ T4 : 담금질 후 상온시효

ⓕ T6 : 담금질 후 인공시효

주제

(2) AL 합금판(Alclad) 취급(표면 손상 보호)

평가 항목

① 알루미늄의 부식방지법

ⓐ Alclad(알크레드) : 순수 알루미늄은 강도 증가를 위해 만들어진 알루미늄 합금에 비해 내 부식성을 가지고 있으므로 알루미늄 합금 표면에 두께의 5.5% 정도의 순수 알루미늄을 코팅 처리하여 순수 알루미늄으로 보호 처리된 표면은 부식에 양호한 저항성을 가지며 알크레드(Alclad)라 한다.

- 표면손상 보호 : 알크래드 표면 세척 시 손상이 되지 않도록 주의해야 하며, 내부의 알루미늄 합금이 노출되지 않도록 세심한 관리가 필요하다.

ⓑ Anodizing(양극 산화 처리) : 알루미늄의 주성분은 알루미나로 이루어져 있고 그 특성은 산소와 결합되기 쉬우면 공기와 접하면 매우 얇은 산화피막을 형성한다.

- 산화피막 : 산소와 화합하여 만들어진 얇은 막을 뜻하며 이 막이 알루미늄을 보호해주지만 매우 얇기 때문에 환경에 따라 쉽게 부식되기도 한다. 확실한 알루미늄의 표면을 보호 방법으로 양극 산화 처리 즉, 아노다이징을 한다.
- 양극 산화 처리(표면처리) 방법 : 알루미늄 산화막 형성은 대상을 전해조 안에서 담고 전기를 공급해 양극에서 발생하는 산소에 의해 산화피막이 형성되는 방법으로 부식을 방지하고, 도료의 밀착성을 증가시킨다.
- 양극 산화 처리(표면처리) 후 추가 작업
  - 아노다이징 처리 후 프라이머와 페인트 작업이 바로 진행되어야 한다.

- 표면은 낮은 전도성 특성을 가지므로 본딩의 연결이 필요할 경우, 피막을 제거 후 장착해야 한다.
- 알크래드 표면에 페인트 도포가 필요한 경우, 알크래드 표면에 양극 산화 처리 후 페인트 도포 작업으로 도료의 접착성을 높인다.

주제

(3) Steel 합금의 분류, 재질 기호

평가 항목

① Steel 합금의 분류

ⓐ 저 탄소강 : 0.10~0.30% Carbon 함유로 안전결선, 너트, 케이블 부싱 등에 사용

ⓑ 중 탄소강 : 0.30~0.50% Carbon 함유로 기계 가공이나 단조 가공용, 로드 엔드와 경량 단조품

ⓒ 고 탄소강 : 0.50~1.05% Carbon 함유로 항공기에 제한적으로 사용, 판 스프링이나 코일 스프링

ⓓ 니켈강 : 볼트, 터미널, 키, 클레비스, 핀 등에 사용

ⓔ 크롬강 : Ball or Roller Bearing에 사용

ⓕ 고장력강 : 탄소강에 탄소 이외의 원소를 소량으로 더한 강으로 내식성이 좋지 않아 일반적으로 카드뮴(Cd) 또는 니켈-카드뮴(Ni-Cd)으로 피복한 것을 사용하며, 항공기 동체 응력 튜브, 엔진 마운트, 착륙 장치 등에 사용

ⓖ 내식강 : 기본적으로 크롬을 다량 함유한 강으로 금속 부식 현상을 개선하기 위한 강이다. 크롬 계열 스테인리스강은 내식성과 강도를 요구하는 가스 터빈 엔진 흡입 안내 깃 및 압축기 깃 등에 사용한다. 크롬-니켈 계열 스테인리스강은 내식성이 우수해 엔진 부품이나 방화벽, 안전결선, 코터핀 등에 사용 및 크롬 18%와 니켈 8%의 18-8 스테인리스강이 항공기에 널리 사용

② Steel 합금의 재질 기호

ⓐ 1XXX : 탄소강
ⓑ 2XXX : 니켈강
ⓒ 3XXX : 니켈-크롬강
ⓓ 4XXX : 몰리브덴강
ⓔ 5XXX : 크롬강
ⓕ 6XXX : 크롬-바나듐강
ⓖ 7XXX : 니켈-크롬-몰리브덴강
ⓗ 8XXX : 실리콘-망간강

참조 철강 재료의 부식방지 방법

ⓐ Parkerizing(파커라이징) : 철강 재료 표면에 흑갈색의 인산염을 석출 경화시키는 부식방지법

ⓑ Bonderizing(본더라이징) : Parkerizing을 개량한 것으로 재료 표면에 구리를 석출 경화시키는 부식방지법

ⓒ Coating(도금) : 화학적 또는 전기적 방법에 의해 금속 표면에 다른 금속 막을 형성시키는 것으로 내식성, 내마모성 연소방지 치수 회복을 목적

주제

(4) Alodine 처리

평가 항목

① Alodine(알로다인) : 전기를 사용하지 않고 크롬산 계열의 화학약품 속에서 알루미늄에 산화피막을 입히는 것으로 내식성 또는 밀착성을 양호하게 하기 위한 표면의 화학적 부식방지 작업이다.
아노다이징에 비해 피막이 약해 내식성은 저하 되지만 공정이 단순하고 경제적이므로 많이 사용한다.

ⓐ Alodine 절차

- 산성 또는 알칼리성 클리너로 세척하는 전처리 작업이 필요하다.
- 전처리 작업에 사용된 클리너는 10~15초 동안 깨끗한 물로 세척 한다.
- 완전히 세척 후 알로다인은 담금처리, Spray 또는 Brushing 하여 도포 한다.
- 온수/냉수로 15초 정도 세척
- 알칼리성으로 중화시키고 알로아인 표면을 얇게 만들어 건조하기 위한 목적으로 Deoxylyte Bath에 추가로 15초 동안 담그고 건조시켜 작업을 마무리한다.

참조 Alodine 처리 시 주의 사항

ⓐ 알로다인(Alodine) 1,000#의 경우 용액이 크롬산 등을 포함함으로 공해방지 처리가 필요하며, 자연 발화 우려가 있으므로 잘 닦아야 한다.
ⓑ 마그네슘에 사용하면 마찬가지로 발화위험이 있어 사용을 금지한다.
ⓒ 알로다인 용액이 도포 중에 건조될 우려가 있으면 용액을 더 입혀 세척할 때까지 표면이 건조되지 않도록 주의해야 한다.

2. 비금속 재료(구술 평가)

주제

(1) 열가소성과 열경화성 구분

평가 항목

① 열가소성 수지 : 유연해질 때까지 가열시키고, 원하는 모양으로 성형하여 냉각시키면 그 모양이 유지되며, 재료의 화학적 손상을 일으키지 않고도 여러 차례 성형이 가능한 수지이다.
폴리염화비닐(전선 피복, 절연 테이프, 객실 내장재, 튜브, 각종 용기류), 아크릴(윈드실드, 스위치 커버, 객실 내 각종 Placard), 테프론, 폴리에틸렌 수지가 있다.

② 열경화성 수지 : 열을 가하면 연화되지 않고, 경화되어 재가열하더라도 다시 다른 모양으로 성형할 수 없는 수지이다. 페놀(풀리 등), 에폭시(레이돔, 안테나 커버, 에어 덕트, 물 탱크, 접착제, 도료), 폴리에스테르(도어, 화물실 등), 실리콘(전선 피복, 전기 절연제, 윤활제, 작동유, 방습 콤파운드), 폴리우레탄 수지(스폰지, 방음/진제, 도료 등)가 있다.

주제

(2) 고무제품의 보관

평가 항목

① 노화 원인인 오존과 빛, 열, 산소 침입을 방지해야 한다.(노화되면 탄성이 없어지고, 균열 발생)

② 온도는 24℃ 이하이고, 습도는 50~55%인 암실에 보관해야 한다.

③ 두꺼운 종이 등으로 밀폐시켜야 한다.

④ 고무에 굴곡이나 늘임 등의 일그러짐이 생기지 않게 보관해야 한다.

주제

(3) Sealant 등 접착제의 종류와 취급

평가 항목

① Sealant : 부재 상호 간 접합부나 빈틈에 사용되어 기밀을 유지해 연료와 공기(특히 여압) 등의 누설 방지와 외부 습기나 공기 침투를 방지해 부식방지를 위한 2가지 이상의 성분을 적절한 비율로 혼합한 액체 형태의 접착제이다.

② 종류

ⓐ 클로로프렌계 : 컨테이너(방수)와 덕트 작업에 사용한다.

ⓑ 부틸계 : 금속 재질과 콘크리트 밀폐용 접착제로 사용한다.

ⓒ 폴리우레탄, 실리콘, 아크릴계 : 건축물의 모든 연결부의 탄성 접착과 밀폐에 사용한다.

ⓓ 코킹계 : 합성 고무를 주성분으로 상온과 가열 경화용으로 항공기 문 안쪽과 바깥쪽 패널 등에 사용한다.

③ Sealant 취급

ⓐ 유효 기간이 넘은 것은 사용을 금지한다.

ⓑ 어둡고, 서늘한 곳에 보관한다.

ⓒ 완전 혼합 여부 검사 시, 평평한 면에 얇게 펴서 전부 같은 색인지 확인한다.

ⓓ 낡은 실란트는 실란트 제거제(PR-38 등)로 제거한다.

ⓔ 제거한 부분은 완전히 닦아내고, 표면 처리하여 건조 시킨다.

ⓕ 실란트를 가열해 경화 촉진이 가능하나 온도와 습도에 주의해야 한다.

ⓖ 취급 시 독성이 있으므로 주의하고, 피부에 닿았을 경우 즉시 세척 한다.

④ Cure Time : 실란트가 도포되어도 바로 굳어 효과가 나오는 것이 아니어서 도포하고 실란트가 굳어져 역할을 할 때까지의 시간이다.

주제

(4) 복합소재(Composite)의 구성 및 취급

평가 항목

① 복합소재(Composite) : 2종류 이상의 물질을 인위적으로 결합시켜 본래의 성질보다 뛰어나거나 새로운 성질을 갖도록 만들어진 재료로, 하중을 담당하는 고체 형태인 보강재와 모재로 구성된다.

② 복합소재(Composite)의 장점

ⓐ 무게 당 강도 비율이 좋으며 복잡한 형태 공기역학적인 곡선 형태의 제작이 용이하다.

ⓑ 제작이 단순하고 비용이 절감되며 유연성이 크고 진동에 강해서 피로 응력의 문제를 감쇄한다.

ⓒ 부식이 되지 않고 마모가 줄어든다는 장점이 있다.

③ 모재(Matrix)

ⓐ 액체나 분말형이 있으며 강화재와 결합하고 하중을 강화재에 전달하는 기능을 한다.

ⓑ 모재의 종류 : FRP(Fiber Reinforce Plastic), FRM(Fiber Reinforce Matallic), FRC(Fiber Reinforce Ceramic), C/C(Carbon Ceramics)가 있다.
C/C의 경우 내열성이 가장 우수하며 FRC ➜ FRM ➜ FRP 순이다.
요즘 대부분의 항공기에선 CFRP를 가장 많이 사용한다.

ⓒ FRP의 종류 : CFRP / GFRP / BFRP

- CFRP : 모재의 종류 중 하나로 Carbon Fiber Reinforce Plastic 탄소섬유 강화플라스틱이다.

④ 강화재

ⓐ 입자형, 섬유형(항공기에 사용)이 있으며 하중을 담당하는 역할을 한다.

ⓑ 강화재의 종류 : 유리 섬유(Fiber glass), 탄소/흑연 섬유(Carbon/Graphite), 아리미드 섬유(Aramid), 보론 섬유(Boron), 세리믹 섬유가 있다.

ⓒ 각각의 특징

- 유리 섬유(Fiber glass) : 백색이 특징이며 가격이 저렴하고 넓은 이용성을 갖고 있다.
금속에 비해 약한 강도로 주 구조부재보단 2차 구조부재에 주로 사용한다.
유리섬유에도 E-glass, S-glass, D-glass가 있다.
  - S-Glass : 무게 대비 강도가 커서 항공기에 많이 사용한다.
  - D-Glass : 전자적인 성능이 우수해 항공기 레이돔에 많이 사용한다.
- 탄소 섬유(Carbon/Graphite Fiber) : 높은 강도를 갖고 있어 1차 구조부재에 사용한다.
단점으로 가격이 비싸며 충격에 약하다.
- 아라미드 섬유 : 케블러(Kevlar)라고 하며 경량, 유연성, 높은 진동과 응력에 이상적이다.
단점으로 압축과 전단력 및 수분에 취약하다.
- 보론(Boron) : 강한 강도와 응력에 견딜 수 있다. 단점으로 성형이 어렵고 가격이 비싸며 가공이 어렵다.

- 세라믹 섬유(Ceramic Fibers) : 고온에서도 거의 원래의 강도와 유연성을 유지하며 내열성이 커서 열 분산이 빠르며 주로 금속 모재와 함께 사용한다.
- 번개 보호 섬유(Lightening Protection Fibers) : 알루미늄 재질로 제작된 항공기는 전도성이 매우 우수하여 번개 조우 시 발생하는 고압 전류를 신속히 소멸시킬 수 있다.
  일반적으로 항공기 외부로 노출된 복합 소재 구조물에는 벼락 조우 시의 손상을 방지하기 위해 전도성 우수한 재질의 층 또는 겹을 위치시킨다.

3. 비파괴 검사(NDI : Nondestructive Inspection) (구술 평가)

주제

(1) 비파괴 검사(NDI : Nondestructive Inspection)의 종류와 특징

평가 항목

① NDI(Nondestructive Inspection) : 비파괴 검사. 재료나 제품의 원형과 기능을 전혀 변화시키지 않고, 성질과 상태, 내부 구조 등을 알아내는 검사이다. 신뢰성 향상과 제조 기술 개선, 원가 절감 등의 효과를 볼 수 있다.

ⓐ 육안 검사(Visual Inspection) : 주로 표면의 흠을 찾아내는 데 이용하며 확대경, 손전등, 거울 등을 이용하여 검사 할 수도 있다.

ⓑ 내시경 검사(Bore Scope Inspection) : 직접 눈으로 확인할 수 없는 기체의 구조나 엔진의 내부 등 검사에 효과적이다.

ⓒ Radiography(방사선 검사-RT) : 방사선을 이용해 물체 내부를 검사하는 방법이다.
방사선을 이용하기 때문에 인체에 유해하여 검사 시에 접근을 금지한다.
자성체와 비 자성체에 사용하고 내부 균열 검사에 사용하며 모든 구조물 검사에 적합하다.
판독시간이 많이 소요되고 가격이 비싸며 고도의 숙련이 요구된다.

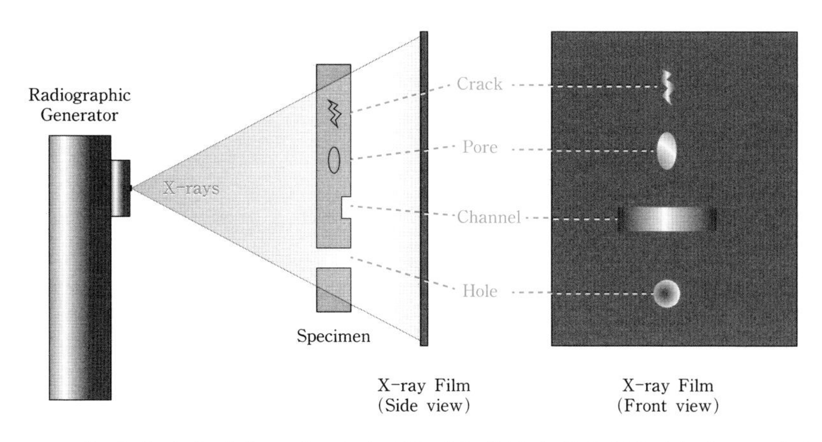

ⓓ Ultrasonic(초음파 탐상 검사-UT) : 초음파를 이용해 물체 내부에 불연속적으로 반사된 초음파를 측정 및 검출하여 물체 내부를 검사한다. 검사비용이 저렴하고, 균열과 같은 평면적인 결함 검사에 적합하며, 감사 대상물의 한면 만 노출 되면 검사가 가능하고 판독이 객관적이라는 장점이 있다.

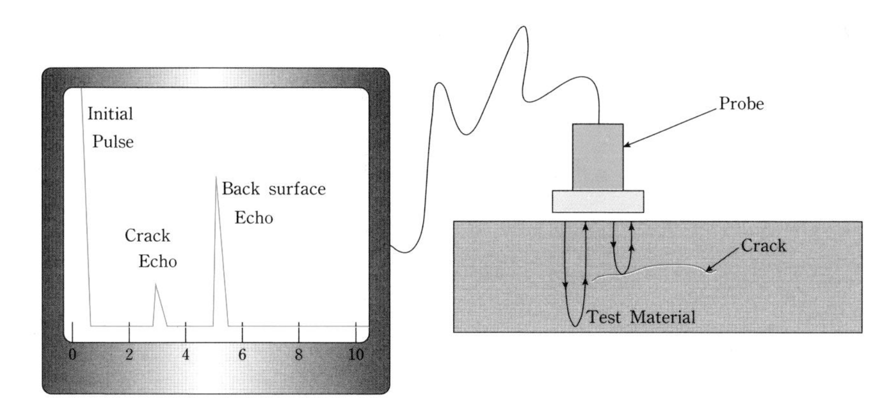

ⓔ Magnetic particles Testing(자분탐상 검사-MT) : 강성체로 된 표면과 표면 바로 밑을 검사하는 방법으로 자화 후에 손상된 곳에 자분을 뿌리면, 자속이 손상된 부위를 피해가려고 넓게 흘러가 손상 부위를 알려준다.

자성체의 표면결함 및 바로 밑의 결함 발견에 효과적이며 검사비용이 저렴하고 높은 숙련도를 지니지 않아도 가능하다. 비 자성체에는 적용할 수 없다.

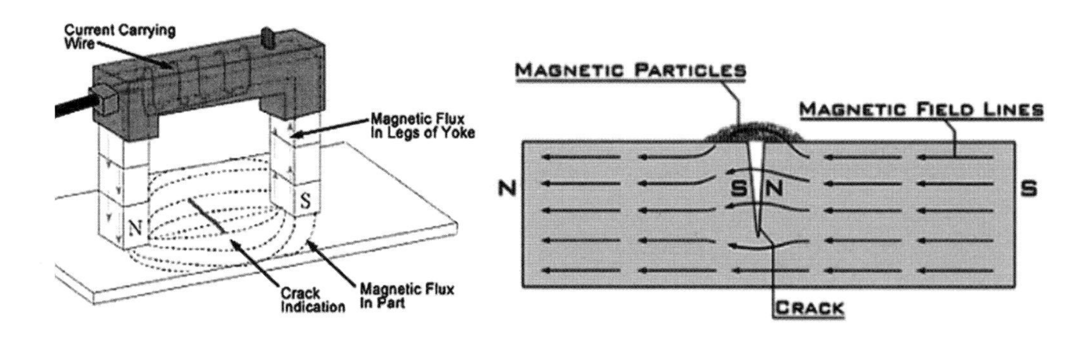

ⓕ Liquid Penetrant Testing(액체 침투 탐상 검사-PT) : 형광 또는 염색 침투제를 이용해 손상된 부위를 탐상한다. 비용이 적게 들고, 고도의 숙련이 필요하지 않으며, 검사물 크기에 무관하게 미세한 균열 등은 판독이 비교적 쉽지만, 거친 다공성 표면 검사로는 적합하지 않고, 온도에 특히 민감하며, 표면 검사만 가능하다.

• 방법 : 전처리 ➜ 침투 처리 ➜ 세척 ➜ 건조 ➜ 현상 ➜ 검사 ➜ 후처리 순이다.

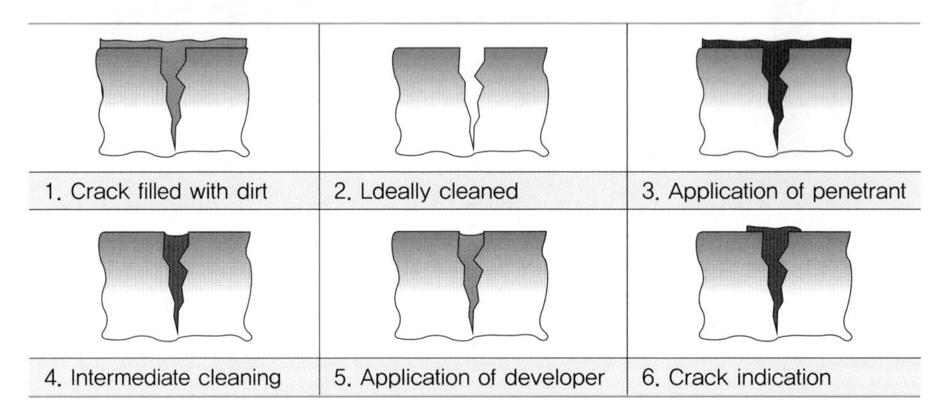

ⓖ Electro Magnetic Induction Testing(와전류 검사-ET) : 교류가 흐르는 코일을 전도체에 가까이 하여 주위에 발생된 자계가 도체에 작용해 자속 방향은 시간적으로 변하고, 이 기전력에 의해 와전류(교류 전류)가 생겨 손상된 표면에 와전류가 집중되어 검사 한다. 자성체와 비 자성체 검사가 가능하며, 제트엔진의 터빈 축, 베인, 날개 외피, 점화플러그 구멍 등의 균열에 효과적이다.

직접 전기 출력으로 검사결과가 얻어지므로 자동화 검사가 가능하며 검사 속도가 빠르고 검사비용이 저렴하다.

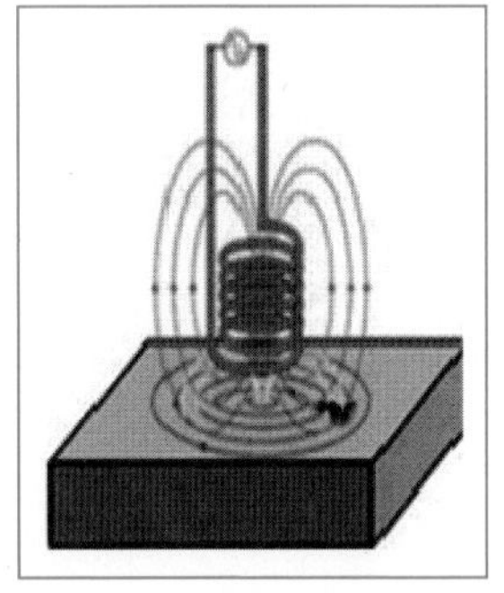

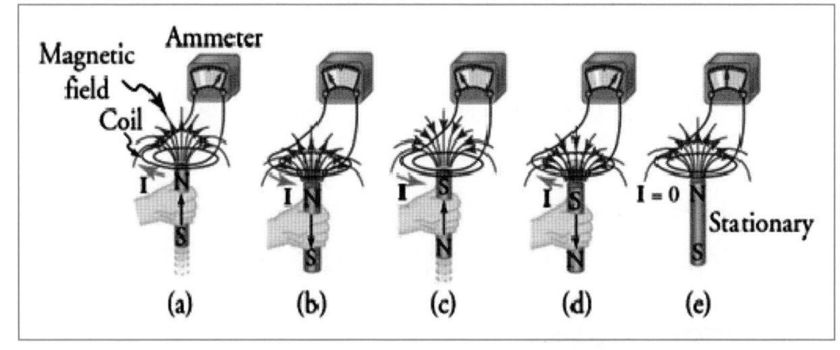

주제

(2) 비파괴 검사 방법 및 주의사항

평가 항목

① 검사 부위는 철저하게 세척 한다.

② 검사 장비의 검, 교정을 확인한다.

③ 방사선에 피폭되면 인체에 매우 유해하므로 방사선을 취급할 때는 세심한 주의를 기울여야 하며, 정비 안전 관련 내용을 완전히 숙지하여야 한다.

비파괴 검사(NDI : Nondestructive Inspection)의 장·단점

방법	장점	단점
Visual Inspection	• 저 비용이며 휴대가 간편하다. • 즉각적 결과 확인 • 최소의 훈련	• 표면결함(Discontinuities)만 탐지 • 일반적으로 큰 결함만 탐지 • 긁힘(Scratches)을 Crack으로 오인 가능
Dye Check	• 저 비용이며 휴대가 간편하다. • 매우 작은 결함도 검출 가능 • 최소한의 검사기능으로 30분 이내 검사	• 표면결함만 탐지 • 거칠거나 다공성 표면의 검사는 곤란 • 검사부품의 Sealant 제거 및 높은 청결도
Magnetic Particles	• 저 비용이며 휴대가 간편하다. • 매우 작은 결함도 검출 가능 • 즉각적인 검사결과 확인 • 중간 정도의 검사기능	• 표면결함만 탐지 • 거칠거나 다공성 표면의 검사는 곤란 • 검사부품의 Sealant 제거 및 높은 청결도 • 강자성체 부품만 검사 • 검사 후 반드시 탈자 작업 요함
Eddy Current	• 휴대가 가능하다. • 매우 작은 결함도 검출 가능 • 즉각적인 검사결과 확인 • 표면과 재료 내부 결함 검출 가능	• Probe가 표면에 접근할 수 있을 것 • 거칠거나 다공성 표면의 검사는 곤란 • 전기 전도성 검사체에 적용 • 검사기능 및 훈련이 필요 • 넓은 구역 검사는 많은 시간이 소요
Ultrasonic	• 저 비용이며 휴대가 간편하다. • 매우 작은 결함도 검출 가능 • 표면과 재료 내부 결함 검출 가능 • 즉각적인 검사결과 확인 • 검사준비가 거의 불필요 하다.	• Probe가 표면에 접근할 수 있을 것 • 거칠거나 다공성 표면의 검사는 곤란 • 고도의 결함검출, 해석능력 및 경험이 필요 • 결함의 깊이가 나타나지 않는다.
X-Ray Radiography	• 표면과 재료 내부 결함 검출 가능 • 영구적 기록 보관 • 검사준비가 거의 불필요하다.	• 방사선 위험 • 고비용 느린 프로세스 • 고도의 결함검출, 해석능력 및 경험이 필요 • 결함의 깊이가 나타나지 않는다.
Isotope Radiography	• 휴대가 가능하다. • X-Ray보다 낮은 비용 • 표면과 재료 내부 결함 검출 가능 • 영구적 기록 보관 • 검사체 준비가 최소	• 방사선 동위원소 안전 위험 • 고도의 결함검출, 해석능력 및 경험이 필요 • 결함의 깊이가 나타나지 않는다.

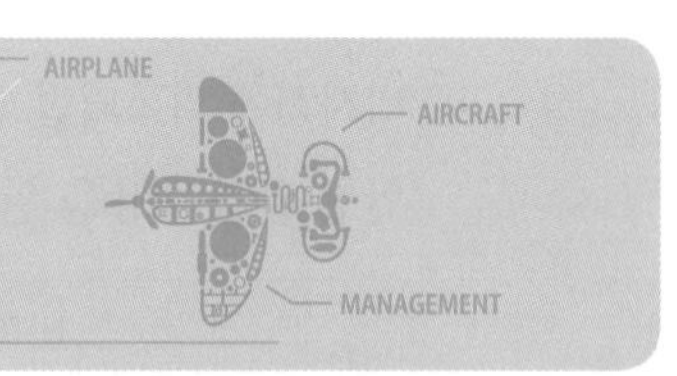

1 기체 취급

1. Station Number 구별(구술 평가)

주제

(1) Station No. 및 Zone No. 의미와 용도

평가 항목

① Station Number : 항공기 각 부위의 정확한 위치 및 설계 제작에 필요한 항공기 구조 부재의 위치를 inch 또는 cm로 표시한다.(제작사에서 지정)

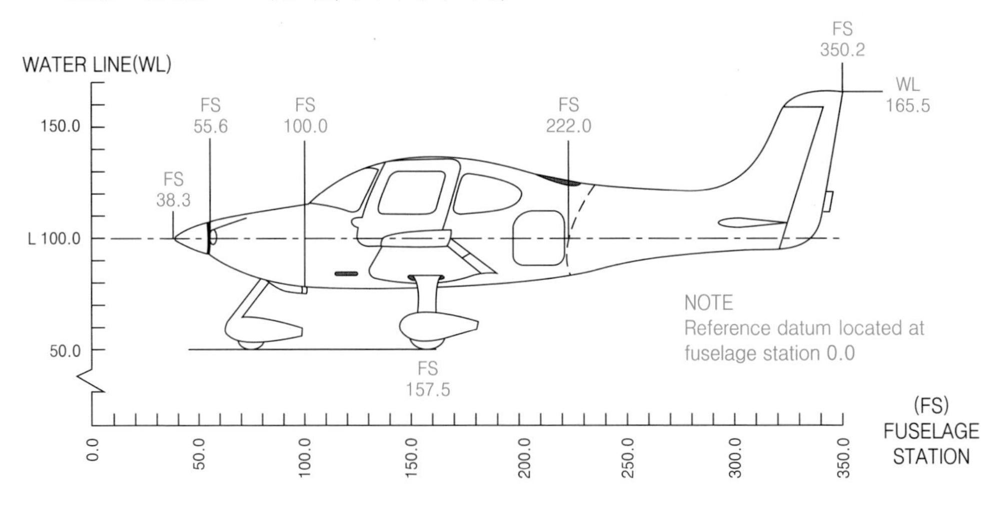

ⓐ Fuselage Station No : Body Station No라고도 하며 항공기의 Forward에서 After까지 위치를 명확하게 나타내기 위해 항공기 제작사에서 Datum Line(기준선)을 기준으로 수평 거리를 inch 또는 cm로 표시한다.

- 상업용 항공기 Station Number Datum Line(기준선) : 상업용 항공기는 통상 Nose Radome 전방 임의의 가상선을 지정하여 시작점("0")으로 제작사에서 명시한다.
- 경항공기 Station Number Datum Line(기준선) : 경항공기는 통상 Engine After Fire Wall을 기준으로 지정한 시작점("0")으로 전방은(−), 후방은(+)로 inch 또는 cm로 표시한다.

ⓑ Water Line(워터 라인) : 항공기를 들어 올린 상태의 임의의 가상선을 지정하여 시작점("0")으로 바닥에서 위쪽으로의 거리인 높이를 나타내며 제작사에서 명시한다.

ⓒ Buttock Line(버턱 라인) : 항공기 동체 중심선을 기준으로 좌/우거리를 나타낸 Line으로 inch 또는 cm로 표시한다.

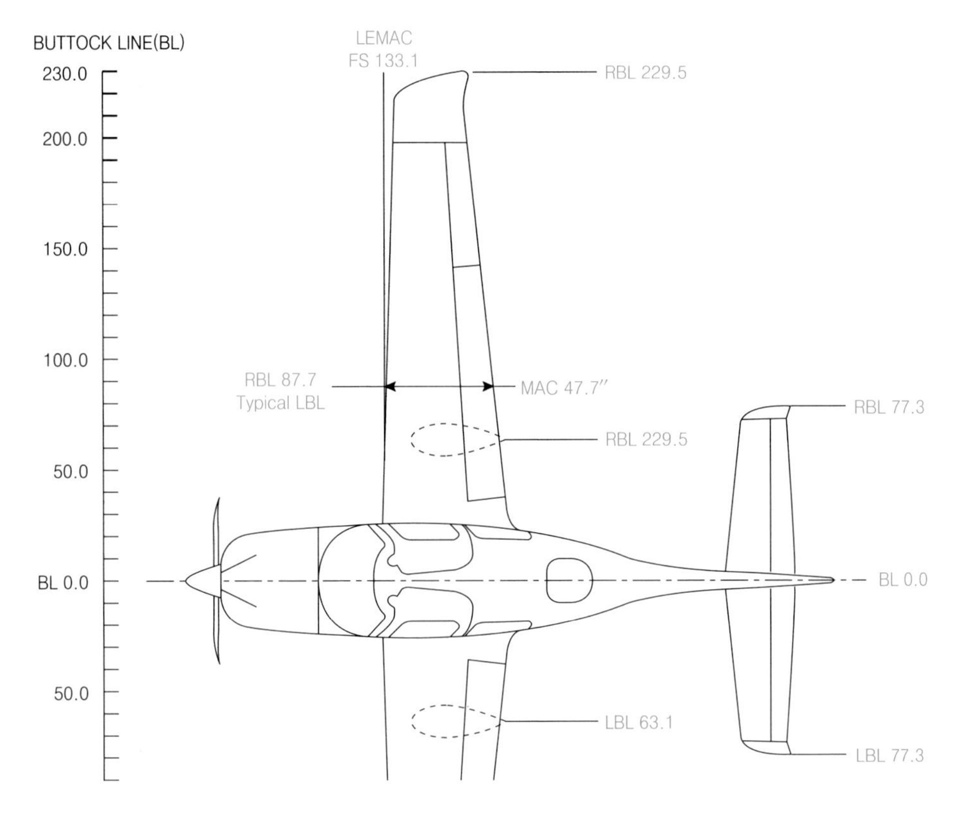

ⓓ Wing Station : Spar와 직각인 기준면부터 날개 끝 방향으로 나타낸 Station으로 inch 또는 cm로 표시한다.

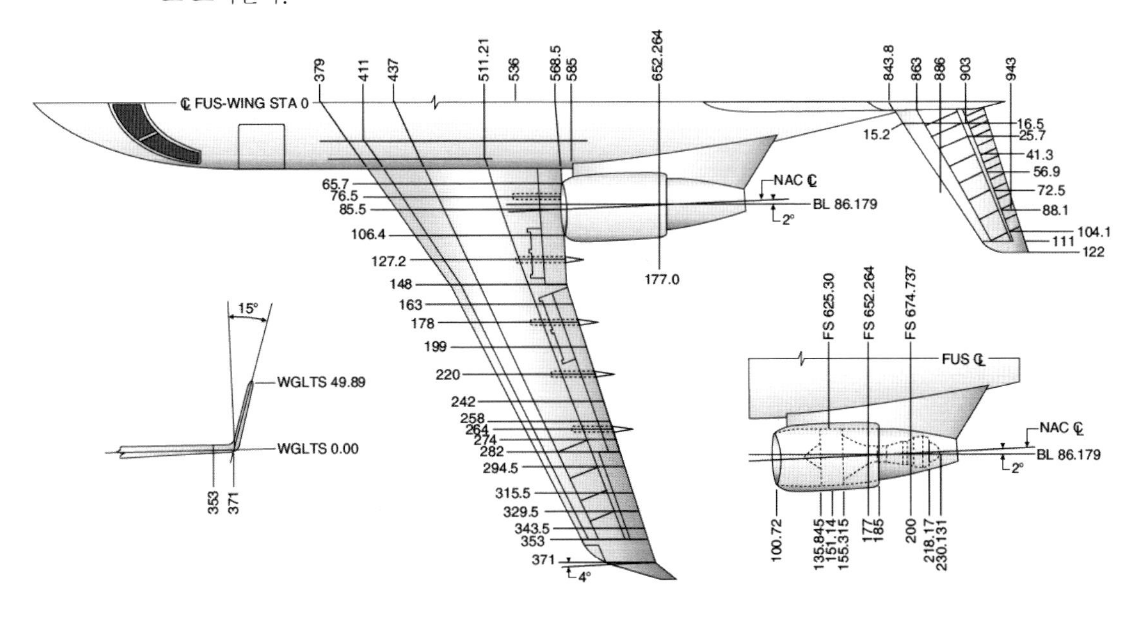

② Zone Number : 항공기의 구성품 위치를 쉽게 식별할 수 있도록 항공기의 기체를 여러 구역으로 나눈 것으로 Major Zone으로는 크게, Sub Zone은 세부적으로 나타낸다. ATA에서 정비를 목적으로 Access door나 Panel 등을 장/탈착하기 위해 쉽게 식별이 가능하게 숫자로 지정한 것이며, 기종마다 차이가 있다.

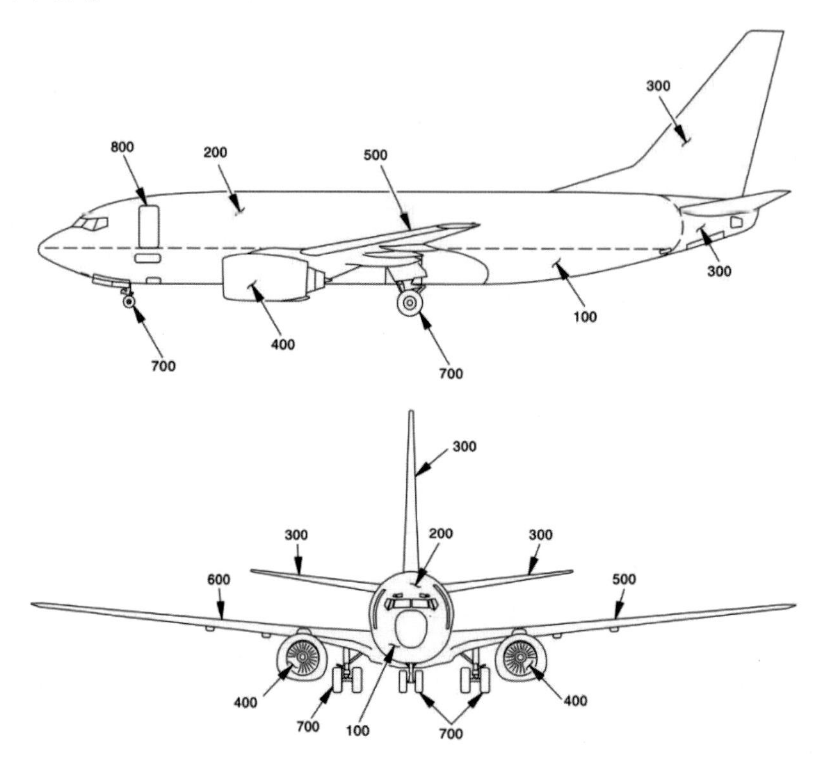

ⓐ Major Zone Number

- 100 – Lower half of the fuselage
- 200 – Upper half of the fuselage
- 300 – Empennage
- 400 – Power plant & Nacelle struts
- 500 – Left wing
- 600 – Right wing
- 700 – Landing gear & L/G doors
- 800 – Door & Windows
- 900 – Lavatory & galley

주제

(2) 위치 확인요령

평가 항목

① Station No 와 Zone No의 위치 확인

ⓐ Station No : 비행기에서 각 부위의 정확한 위치를 알기 위한 것

ⓑ Zone No : 정비를 목적으로 작업 부위나 부분품의 장착 위치를 식별하기 위한 것

2. 잭업(Jack up) 작업(구술 평가)

주제

(1) 자중(Empty Weight), Zero Fuel Weight, Payload 관계

평가 항목

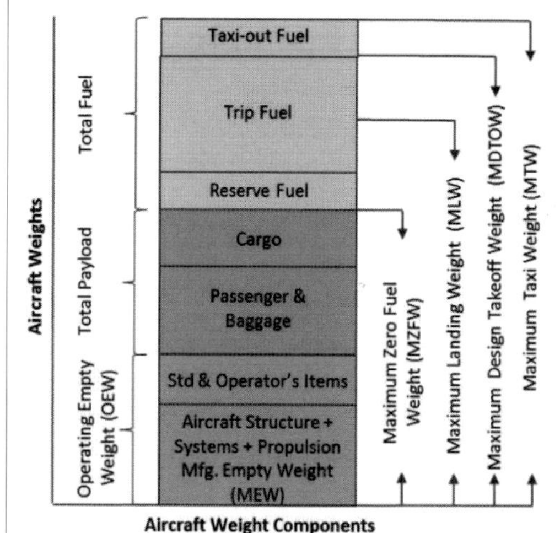

Aircraft Weight Definitions

Maximum Taxi Weight (MTW) : The maximum weight for ground maneuver as limited by airplane strength and airworthiness requirements.

Maximum Design Takeoff Weight (MDTOW) : The maximum certified weight at which the aircraft can take-off as limited by airplane strength and airworthiness requirements. Often lower MDTOWs are deliberately certified for a particular aircraft, and these lower values are referred to as simply MTOW.

Maximum Landing Weight (MLW) : The maximum weight for landing as limited by airplane strength and airworthiness requirements.

Maximum Payload: The maximum zero fuel weight minus the operational empty weight.

Maximum Zero-Fuel Weight (MZFW) : The maximum weight permitted before usable fuel and other specified are loaded. MZFW is limited by strength and airworthiness requirements The MZFW minus the OEW equals structural payload.

Operator's Empty Weight (OEW) : The weight of the aircraft prepared for service and is composed of the MEW plus operator items.

Manufacturer's Empty Weight (MEW) : The weight of the aircraft as it has been built by the manufacturer, excluding any operator items.

① Maximum Weight(최대 중량)

ⓐ Maximum Taxi Weight(MTW) : Ground에서 주기 및 Taxiing하는 동안 적재 가능한 최대 무게

ⓑ Maximum Take-off Weight(MTOW) : 항공기가 이륙활주 시작할 때 허용 가능한 최대 중량

ⓒ Maximum Landing Weight(MLW) : 항공기가 정상적으로 착륙할 수 있는 최대 중량

ⓓ Maximum Zero Fuel Weight(MZFW) : Fuel and Oil을 탑재하지 않은 상태로 승객 및 화물의 최대 적재 중량

② 자중(Empty Weight) : 항공기에 장착되어 작동되는 모든 장비 중량, 배출 불가능한 잔류연료 및 Oil 포함을 포함한 항공기 자체 중량

ⓐ SOW(Standard Operation Weight) : 항공기 표준운항 자중(Basic Empty Weight+Operation Item)

- Operation Item : 승무원, 음식, 서비스 품목, 기내 물품 등
- Standard Item : Engine Oil, Generator Oil, Detachable Item 등

③ 유용 하중(Usefule Load), 유상 하중(Pay Load)

ⓐ 유용 하중(Usefule Load) : 자중에 포함되지 않는 액체, 승객, 조종사, 부조종사, 승무원

ⓑ 유상 하중(Pay Load) : 유상으로 탑재하는 승객 및 화물

④ 무부하 중량(Tear Weight) : 항공기 tail Wing이 처진 항공기는 수평 자세를 확보하기 위해 Jack으로 Lift 시키며, Jack이 저울 위에 올라갈 경우, Jack은 항공기의 무게에 포함이 안된다. 따라서 이 Jack, Wheel Chock & Ground Lock Pin을 Tare Weight라 한다.

주제

(2) Weighing 작업 시 준비 및 안전 절차

평가 항목

① Weighing 작업 : 항공기의 무게를 측정하고 무게중심을 찾기 위한 작업으로 운항관리사는 자중과 무게중심을 기준 하여 유상하중, 연료량 등을 산출한다.

② Weighing 작업 준비 : 정확한 중량측정, 무게중심을 측정하기 위해 다음 사항을 준비한다.

ⓐ 저울, 기중기, 잭, 수평 측정기

ⓑ 저울 위에서 항공기를 고정하는 Chock, 반침대

ⓒ 항공기 설계 명세서와 중량과 평형 계산 양식

③ Weighing 작업 시 안전 절차

ⓐ 중량측정은 Hangar 내에서 수행한다.(옥외에서 측정은 바람과 습도의 영향이 없는 경우 가능)

ⓑ Fuel System은 Fuel을 배출한다.(배출 불가한 계통 및 잔존연료 제외)

ⓒ Oil System은 1978년 이후 제작된 항공기는 Oil을 최대로 보급한다.
1978년 이전에 제작된 항공기는 Oil을 배출하거나, Oil Quantity를 점검해 산술적으로 빼준다.

ⓓ 조종계통 각 조종면 위치는 제작사 지시에 따른다.

ⓔ 비행 시, 정기적으로 탑재하지 않는 장비와 수화물은 제거한다.

ⓕ 항공기를 세척 후 실시한다.(과도한 먼지와 Oil, Grease, 습기 제거)

ⓖ 수준기 등으로 항공기 수평 상태를 확인하면서 천천히 조심스럽게 실시한다.

ⓗ 통상 저울은 Landing Gear 수 만큼 장착

ⓘ 자중에 포함되는 것들의 정위치 확인 및 불요한 것은 제거한다.

ⓙ 각종 점검 창과 Fuel/Oil Tank Cover, Engine Cowl, Door 등은 정상 비행 상태로 유지한다.

ⓚ Brake를 풀어준다.

3. 무게중심(C.G) (구술 또는 실기 평가)

주제

(1) 무게중심 한계의 의미

평가 항목

① 무게중심(CG : Center Gravity)

ⓐ 항공기의 모멘트의 합이 "0"이 되는 지점으로 항공기의 가로축, 세로축 및 수직축이 만나는 지점이다.

ⓑ 무게중심은 항공기의 총 모멘트의 합을 총 무게로 나눈 것으로서 안전성에 큰 영향을 미치며 C.G=Total Moment / Total Weight로 나타낸다.

ⓒ 항공기의 무게중심은 평균 공력시위(MAC : Mean Aerodynamic Center)의 백분율이나 항공기의 기준선에서 inch나 cm로 나타낸다.

ⓓ 앞 바퀴형 항공기의 경우 C.G가 항공기의 Main L/G 전방에 위치하여야 항공기의 안전성이 보장된다.

② 무게중심 한계의 의미

ⓐ 무게중심 한계 : 최대와 최소 무게중심 한계가 있고 C.G를 설정할 때 한계선을 의미하며 항공법상 이 범위 안에 무게중심이 위치하여야 하며 무게중심 한계를 벗어날 시 연료량 증가, 안전성 감소 등이 발생될 수 있다.

ⓑ Mean Aerodynamic Center(평균 공력 시위) : 항공 역학적 특성을 대표하는 시위로, 항공기 날개 앞전에서 뒷전까지의 평균 길이를 말하며 Weight and Balance check 시 사용하며 무게 중심 한계를 설정할 시 사용한다.

MAC 25%라는 의미는 날개의 무게중심이 MAC가 앞전(L/E) 에서 25%에 위치를 의미한다.

주제

(2) 무게중심 산출 작업(계산)

평가 항목

① 항공기 명세서(Aircraft specification)와 형식 증명 자료집(Type certificate data sheet)의 자료를 참고하여 기준면을 확인한다.

② 기준면에서 무게측정 지점까지의 거리를 파악하고, 거리를 알 수 없으면, 이전 측정 기록을 확인하거나 실측한다.

③ 실측 시, 추를 기준점과 무게 측정지점에서 늘어뜨려 바닥에 표시하고, 거리를 측정한다.

④ 각 지점의 무게를 측정하고 기록한다.

⑤ 모멘트를 구하면 무게 중심위치를 계산한다.

참조 C152 항공기 CG 측정

① CG 측정의 기준선은 Propeller Spinner Cone 끝부분인 경우

ⓐ 수평자를 사용하여 항공기의 수평 상태를 확인한다.

ⓑ 추를 사용하여 Spinner Cone 끝의 위치를 Floor에 Marking 한다.

ⓒ Nose L/G Axile Shaft 중심을 Floor에 Marking 한다.

ⓓ R/H Main L/G Axile Shaft 중심을 Floor에 Marking 한다.

ⓔ L/H Main L/G Axile Shaft 중심을 Floor에 Marking 한다.

ⓕ Spinner Cone 끝의 위치에서 Nose L/G Axile Shaft 중심까지 수평 거리를 측정한다.

ⓖ Spinner Cone 끝의 위치에서 R/H Main L/G Axile Shaft 중심까지 수평 거리를 측정한다.

ⓗ Spinner Cone 끝의 위치에서 L/H Main L/G Axile Shaft 중심까지 수평 거리를 측정한다.

참조 예 C152 항공기 CG 계산

순번	명 칭	Weight(kg)	거리(cm)	Moment Weight(kg·cm)
1	Nose L/G	220		
2	R/H Main L/G	270		
3	L/H Main L/G	260		
4	Total	750		

① CG 계산=Total Moment Weight÷Total Weight

2 조종 계통

■ 비행조종시스템(Flight Control Systems)

주 비행조종시스템(Primary Flight Control System)과 보조 비행조종시스템(Secondary Flight Control System)으로 구성된다.

① 주 비행조종시스템(Primary Flight Control System) : 느린 속도에서는 그 느낌이 부드럽고 둔하며, 그에 따라 항공기의 반응 또한 조종한 것에 비해 느리다.

빠른 속도에서는 조종하는 느낌이 상대적으로 무거우며 항공기 반응 또한 더욱 빠르다.

- 항공기에 장착된 3가지의 주 비행조종면(Aileron, Elevator or Stabilator, Rudder)의 움직임이 공기 흐름과 Airfoil 주변의 압력이 변하게 된다.
- Airfoil or Control Surface의 운동으로 생성되는 양력(Lift)과 항력(Drag)에 영향을 주며, 조종사는 이러한 3축 운동으로 항공기를 조종한다.

② 보조 비행조종시스템(Secondary Flight Control System) : Flaps, Leading Edge Device, Spoilers, Trim Tap 등으로 구성된다.

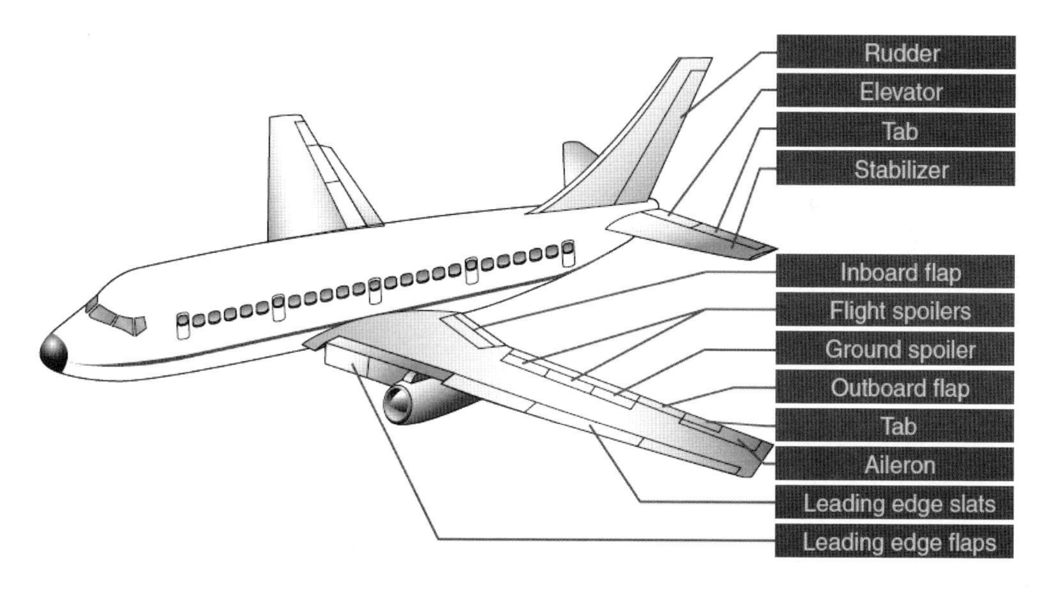

1. 주 조종 장치(Aileron, Elevator, Rudder) (구술 또는 실기 평가)

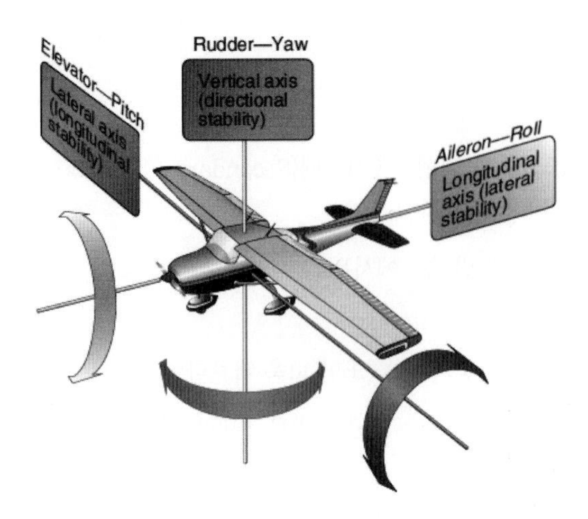

Primary Control Surface	Airplane Movement	Axes of Rotation	Type of Stability
Aileron	Roll	Longitudinal	Lateral
Elevator/ Stabilator	Pitch	Lateral	Longitudinal
Rudder	Yaw	Vertical	Directional

① Aileron : Aileron은 종축(Longitudinal Axis)에 대한 Roll을 조종한다.

ⓐ Aileron은 각 날개의 뒤쪽 끝부분에 달려 있으며 좌측과 우측이 서로 반대 방향으로 움직인다.

ⓑ 조종간을 우측으로 움직이면 오른쪽 에일러론은 위쪽으로, 왼쪽 에일러론은 아래로 움직인다.
즉, 오른쪽 Aileron은 Camber를 감소시켜 결국 오른쪽 날개의 양력(Lift)을 감소시킨다.
또한, 왼쪽 Aileron은 Camber를 증가시켜 왼쪽 날개의 양력(Lift)을 증가시킨다.
양력(Lift)이 증가된 왼쪽 날개는 위로 올라가고 양력(Lift)이 감소된 오른쪽 날개는 아래로 내려가므로 결국 비행기는 오른쪽으로 롤(Roll)이 들어가게 된다.

② Elevator : Elevator는 횡축(Lateral Axis)에 대한 Pitch를 조종한다.

ⓐ 조종간을 뒤로 잡아당기면 Elevator의 끝이 위로 올라간다.

ⓑ Elevator의 끝이 위로 올라가면 Elevator의 Camber가 감소하게 되고 아래쪽을 향한 공기역학적 힘(Aerodynamic Forces)이 발생한다. 비행기가 수평 직진 비행을 할 때보다 더 많은 아래 쪽 방향으로의 힘이 생겨 비행기의 꼬리 부분을 누르게 되는 효과가 발생한다.
즉, 무게중심을 기준으로 기수(Nose)는 위로 올라가게 되는 피치(Pitch) 운동이 일어난다.
반대로 조종간을 밀면 Elevator의 끝이 위로 올라가고 기수(Nose)는 아래로 내려가는 피치(Pitch) 운동이 발생한다.

③ Rudder : Rudder는 항공기를 수직축(Vertical Axis)을 중심으로 좌/우로 회전시킨다. 이 운동을 Yaw 운동이라 한다.

ⓐ Rudder는 항공기의 수직 꼬리날개의 뒤쪽에 Hinge로 연결되어 있으며 조종석의 Pedal로 좌측이나 우측으로 조작한다.

주제

(1) 조작 및 점검사항 확인

평가 항목

명칭	기준	안정	역할	Control
Aileron	세로축	가로	Rolling	조종간을 좌/우로 돌린다.
Elevator	가로축	세로	Pitching	조종간을 밀거나 당긴다.
Rudder	수직축	방향	Yawing	좌/우 Pedal을 밟는다.

① Cable Rigging : Rigging Pin을 이용해 중립 위치를 찾아 조종 장치를 움직인 만큼 조종면이 움직이는지 각도기로 확인하고, 조종사의 조종에 맞게 움직이게 Cable Tension을 조정하는 작업

② Cable Rigging 점검 방법 : 보통 Flight Time에 따라 정시 점검에 포함되거나 조종사가 요청할 때 수행한다.

ⓐ Rigging이 완료되면, 조종 기구를 점검해 장착 상태를 확인한다.

ⓑ Control rod end는 Conrol Rod에 있는 Inspection Hole에 Pin이 들어가지 않을 때까지 Control Rod에 장착한다.

ⓒ Turnbuckle 단자의 Thread가 Turnbuckle Barrel 밖으로 3개 이상 나오면 안 된다.

ⓓ Cable 안내 기구의 2 inch 범위 안에 Cable 연결 기구나 접합 기구가 없어야 한다.

ⓔ Turnbuckle Barrel 안전결선(Safety Wire) 시, Wire 끝을 4회 이상 감아야 한다.

참조 Trim과 Rigging

① Trim : 일종의 "0"점 조절로 고도 또는 속도에 따른 힘, 진동, 반동, 쏠림현상 등으로 조종사가 조종간을 중립상태에 놓는다 해도 비행기는 똑바로 날지 못할 수 있다. 이것을 보상하기 위해 현대 항공기는 컴퓨터로 항공기 상태를 파악 후 Trim을 조작하여 "0"점 조정을 한다. 비행기는 공중에서 3차원 공간 속을 운동하는 물체가 된다.

ⓐ Rudder Trim : 기수 방향(Yawing or Yaw) 조절

ⓑ Aileron Trim : 기체의 좌/우 경사(Bank) 조절

ⓒ Elevator Trim : 기수 위치의 상하(Pitch) 조절

기체의 전후, 좌우, 상하 3개의 축에 작용하는 공기력 모멘트(moment)를 각 방향으로 중심점을 통해서 각각 X축, Y축, Z축이라고 보면 X축은 전후 축(Longitudinal Axis), Y축은 좌우 축(Lateral Axis), Z축은 상하 축(Vertical Axis)이 되며 각각 Roll(X축), Pitch(Y축), Yaw(Z축)으로 부른다.

② Rigging : 가장 효율적인 조종(비행) 특성을 얻기 위해 조종간을 움직이는 만큼 조종면이 잘 움직일 수 있도록 Cable의 장력을 조절하는 작업이다. 항공기 기체는 고정된 보기(부품)의 정확한 배열을 위해 Rigging을 한다.

2. 보조 조종 장치(Flaps, Slat, Spoiler, Horizontal Stabilizer 등) (구술 평가)

주제

(1) 종류 및 기능

평가 항목

① Flaps : 고양력 장치로 Leading Edge Flap과 Trailing Edge Flap이 있다.

Flaps은 날개의 Camber를 증가시키기 위해 아래쪽으로 움직이며, 큰 양력을 제공하며 더 느린 속도에서 착륙하도록 해 주고 이륙과 착륙 시에 활주 길이를 단축한다. Flaps의 펼쳐진 크기와 날개와 이루는 각도의 크기는 조종석에서 선택할 수 있으며, 대표적으로 Flaps은 45°~50° 정도로 확장할 수 있다.

ⓐ Leading Edge Flap(앞전 플랩) : Slot & Slat, Kruger Flap, Droop Flap이 있다.

- Slat : Leading Edge에 장착되어 날개의 전방으로 연장/축소되어 공기역학적 특성(양력 계수)을 증가시키는 역할을 한다.
- Slot : Slat과 Leading Edge 사이의 공간으로, 공기의 흐름을 제어하여 박리를 지연시켜 양력을 증가시키는 역할을 한다.

ⓑ Trailing Edge Flap(뒷전 플랩) : Plain Flap, Split Flap, Slot Flap, Fowler Flap이 있다.

- Spoiler : 고항력 장치로 날개의 Trailing Edge에 장착되어 있다. 비행 중에 사용하는 Flight Spoiler(도움날개 움직임 보조)와 지상에서 사용하는 Ground Spoiler(제동거리 축소)로 나눈다.

ⓒ Taps : 조종사의 조종력을 경감시켜주는 장치이다.

비행 중에 속도가 증가하면 관성의 법칙에 따라 힘도 비례 증가하여 조종 장치를 통해 조종사에게 힘이 전달되어 조종이 힘들어진다. Taps은 1차 조종면과 같이 움직이도록 하여 조종력을 경감시켜 준다.

- Trim Taps : 조종면 Hinge Moment를 감소시켜 조종력을 "0"으로 만들어 준다.
- Balance Taps : 1차 조종면이 움직일 때 반대로 움직여 Tap에 작용되는 힘이 평형이 될 때까지 조종면을 움직이게 해준다.
- Servo Taps : 대형 항공기에 주로 사용하며, 조종 장치와 직접적으로 연결되어 Taps만 작동시켜 조종면을 움직이게 해준다.
- Spring Taps : Spring 장력으로 조종력을 조절해준다.

주제

(2) 작동 시험 요령 → Cable Rigging 방법 참조

평가 항목

① 리깅 후 점검 : 보통 Flight Time에 따라 정시 점검에 포함되거나 조종사가 요청할 때 수행한다.

ⓐ Rigging이 완료되면, 조종 기구를 점검해 장착 상태를 확인한다.

ⓑ Control rod end는 조종 로드에 있는 검사 구멍에 핀이 들어가지 않을 때까지 조종 로드에 장착한다.

ⓒ Turnbuckle 단자의 나사산이 Turnbuckle barrel 밖으로 3개 이상 나와서는 안 된다.

ⓓ 케이블 안내 기구의 2″ 범위 내에 케이블 연결 기구나 접합 기구가 있지 말아야 한다.

3 연료 계통(Fuel System)

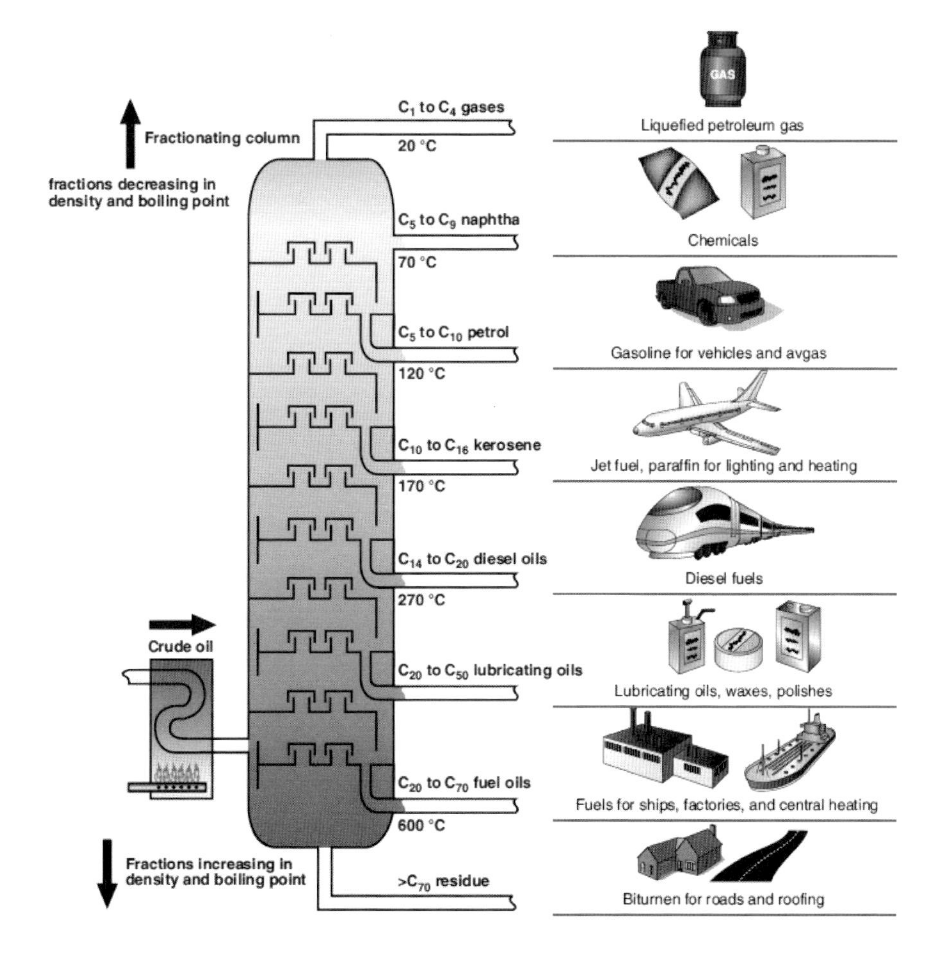

1. 연료 보급(구술 평가)

■ 연료 보급방식 : Manual(중력식)과 Single Point Refueling(압력식)이 있다.

① Manual(중력식) : 경항공기에 적용되며 정비사가 Wing 위쪽에 위치한 연료 캡을 열고 보급한다.

② Single Point Refueling(압력식) : 연료보급 포트에 가압급유 Nozzle을 연결하여 연료 트럭의 Fuel Pump에 의해 가압된 연료를 보급한다.

주제

(1) 연료량 확인 및 보급절차 체크

평가 항목

① 연료량 확인 : 조종석의 FQI(Fuel Quantity Indicator)로 확인하며, 고장 시 정비사가 직접 확인하며, Left Wing에 있는 Fueling Control Panel에서 확인한다.

② 보급절차

ⓐ 연료차의 Hose를 항공기의 연료주입구에 있는 Receptacle을 장착 후, Fuel Control Panel의 Boost Pump S/W를 "ON" 시킨다.

ⓑ 연료가 넘치거나 모자라지 않게 잘 주시하며 보급한다.

ⓒ 소량 보급 시 수동 펌프로 보급한다.

ⓓ 연료의 종류가 정확한지 확인, 주위에 스파크를 일으킬 만한 물질을 정리할 것

ⓔ 연료 보급 시 CO_2 소화기를 비치한다.

주제

(2) 연료의 종류 및 차이점

평가 항목

① 항공기 연료의 종류 : 왕복 엔진 연료와 가스터빈 엔진 연료로 구분하며 연료 성분이 다르다.

ⓐ 왕복 엔진 연료(AV Gas : Aviation gasoline)

- 왕복 엔진 연료 : 항공기용 Gasoline으로 순수성분인 노말 헵탄 성분이 자체 발열량이 높아 Detonation, Knocking, Pre-ignition 등의 비정상 연소 현상을 일으킬 수 있다.
- Octane number(옥탄가) : 휘발유의 성능 특성을 나타내는 수치로, Knocking(노킹)에 대한 저항성을 의미한다.
  옥탄가는 휘발유 속 옥탄의 함량을 뜻하는 것이 아니라 실험실에서 시료 휘발유를 Test하여 이소옥탄과 비교했을때 그 연료의 노킹 저항성이 얼마나 되는지를 상대적으로 나타내는 수치이다. 즉 비정상 연소현상을 줄이기 위해 이소옥탄을 첨가하여 지나친 발열량을 낮추고 이소옥탄 함유량에 따라 분류하는 것이다.
- 퍼포먼스 수(PN : Performance Number) : CFR(Cooperative Fuel Reserch Engine)에 연료를 연소시켰을 때, 성능을 Test 해 나온 수치로 옥탄가 100이 넘어갈 경우이다.

참조 비정상 연소 현상

① Detonation(디토네이션) : 왕복 엔진 Cylinder 내에 남아있는 미 연소 Gas가 자연 발화 온도에 도달 했을 때, 발화되는 현상으로 폭발음과 충격파 발생에 엔진에 심한 진동을 일으킨다.

② Knocking(노킹) : Detonation 발생 시 발생되는 충격파가 Cylinder 내부 전체에 Gas 진동을 일으키고 Cylinder와 함께 공진하여 금속음(노크음)을 일으키는 현상이다.

③ Pre-ignition(조기 점화) : 점화 시기가 너무 빠르거나, 엔진의 불완전 연소로 Cylinder 또는 Ignition Plug에 Carbon이 축적되어 자연발화 하는 현상이다.

④ After Fire(후기 연소) : 엔진 내에서 완전히 연소하지 않은 가스가 배기 가스관 안에서 폭발적으로 연소하는 현상을 말한다. 소리가 대단히 크며 심할 때는 소음기나 배기 장치가 손상된다.

⑤ Back Fire(역화) : 혼합가스의 분출속도가 연소속도보다 느릴 때 불꽃이 Intake 속으로 유입되어 연소하는 현상이다.

ⓑ Gas turbine Engine Fuel

- Gas turbine Engine 연료의 분류 : 등유계열인 Kerosene Type과 등유와 Gasoline 혼합물인 Wire cut Type(와이드 컷트계)로 분류한다.(JET계는 상업용 항공기, JP계는 군용으로 사용)
- Wide cut Type(와이드 컷트계) : 등유와 가솔린의 혼합물로 인화점이 낮고 발화점이 높다.
  종류 : JET-B(빙점 : -72℃), JP-4(빙점 : -60℃)
- Kerosene Type(케로신계) : 순수 등유 성분으로 인화점이 높고 발화점이 낮다.
  종류 : JET-A, JET-A1, JP-3, JP-5, JP-6, JP-8
  ▶ JET-A1 : 상업용 항공기에 사용(빙점 : -47℃)
  ▶ JP-8 : 공군에서 사용(빙점 : -47℃)

참조 연료의 구비조건 및 첨가제

ⓐ 연료의 구비조건

- 발열량이 적당할 것
- 기화성이 적당할 것(지나친 기화성은 Vapor Lock 현상으로 연료 흐름 방해)
- 유동성이 좋을 것
- 온도변화에 따른 점도 변화가 작을 것
- 점도지수가 높을 것
- 내식성과 화학 안정성이 높을 것
- 빙점이 낮을 것(고고도 비행 시 연료의 빙결 방지)
- 연소계통의 각종 작동부품에 적절한 윤활작용을 할 것
- 지상 및 비행 중 시동성이 좋을 것

ⓑ 연료 첨가제(Gas turbine Engine)

- Anti-Oxidant(산화 방지제) : 연료가 공기에 장기간 노출되어 변질(용해, 불용해 산화물)되는 목적으로 사용
- Metal Deactivator(금속 불활성제) : 연료속에 존재하는 부유금속(동 및 동화합물)이 반응하여 연료의 안정성을 해치지 않도록 격리하는 역할

- Corrosion Inhibitor(부식 방지제) : 연료계통의 구성품 표면에 피막을 형성시켜 부식을 방지하는 목적으로 사용
- Anti-icing Additive(빙결 방지제) : 연료 중에 포함된 수분의 빙결온도를 낮추고 연료의 동결을 방지하는 목적으로 사용
- Anti-static Additive(정전기 방지제) : Electrical Conductivity Additive라고도 하며 연료가 Tank 내에서 흔들리거나 계통 내를 흐를 때, 발생할 수있는 정전기의 축적을 방지하는 목적으로 사용
- Micro bicide(미생물 살균제) : 연료를 먹고 자라는 박테리아가 계통(Filter, Orifice 등)을 막거나 부식을 조장하지 않도록 박테리아를 살균하는 목적으로 사용

2. 연료탱크(구술 평가)

참조 Tank, Reservoir, Sump & Bottle

ⓐ Tank : 수리순환이 가능하며 소모성 물품을 보관 또는 비운 상태에서 사용 후 다시 채우거나 비우는 저장 용기(예 Fuel Tank, Oil Tank, Water Tank, Lavatory Tank 등)

ⓑ Reservoir : 수리순환이 가능하며 비소모성 물품을 보관하는 저장 용기(예 Hydraulic Reservoir)

ⓒ Sump : Tank 또는 Bearing 작동부의 가장 낮은 부분의 웅덩이로 배유되는 유체를 수집하는 공간 (예 Tank 하부, Engine의 Bearing Sump 등)

ⓓ Bottle : 유체(액체 또는 기체)를 저장하고 운반하는 다양한 모양과 크기의 불투과성 물질로 만들어진 좁은 목의 용기(예 Oxygen, Nitrogen Bottle)

주제

(1) 연료탱크(Fuel Tank)의 구조, 종류

평가 항목

① 연료탱크(Fuel Tank)의 기본적인 형태

- Fuel Tank는 일반적으로 Vent Line을 통해 Tank 압력을 조절하며 항공기의 자세 변화에 따라 연료의 자유로운 이동을 막기위해 Baffle이 장착된다.
- Sump : Fuel Tank 밑면에 위치하며 연료보다 무거운 오염물질, 물 등이 침전되어 비행 전 정비사가 점검 시에 배출시킬 수 있는 배출 Valve를 갖추고 있다.

② 연료탱크(Fuel Tank)의 종류

ⓐ Integral Fuel Tank(일체형 연료탱크) : Wing or Fuselage Structure의 일부분을 Fuel Tank로 사용하기 위해 Sealant로 밀봉한다. Wet Tank라 하며, Wing 자체가 Fuel Tank이며 대부분 운송용 항공기의 전형적인 연료탱크 형식으로 Access Panel을 통해 Tank 들어가 정비하며 정비 전에 De-fuling, Purging, Respirator, Supervisor의 확인한다.

ⓑ Bladder Fuel Tank(부낭형 연료탱크) : 강화 열가소성 재질로 만들며 Wing 사이에 고무제의 Tank를 삽입하여 Clip 또는 고정장치로 기체 구조물에 고정한다. 주름이 펴진 상태로 장착하며, 바닥면의 주름은 배출구에 오염물질이 침전될 수 있으므로 반드시 매끄럽게 펴서 장착한다. Leak 발생 시 M/M에 의거 누출부위를 덧대어 수리한다.

ⓒ Rigid Removable Tank(경식 분리형 연료탱크) : 기체구조에 끈으로 묶어 고정하며 Tank에 문제 발생 시 장탈하여 수리하므로 정비가 용이하다.

주제

(2) 누설(Leak) 시 처리 및 수리 방법

평가 항목

① 육안점검(Visual Inspection)

ⓐ Gasoline : 육안으로 점검이 가능하다.

ⓑ Jet Fuel : 초기 탐지는 힘드나 기화성이 낮아 먼지 또는 불순물이 많이 점착된다.

- 불순물 직경 기준 Leak 확인
  - 0~3/4 inch 이하(Stain) : 얼룩진 상태
  - 3/4~1.5 inch(Seep) : 젖은 상태
  - 1.5~4 inch(Heavy Seep) : 젖어서 방울이 맺힌 상태
  - 실제로 항공기에서 연료가 떨어지는 상태(Running Leak) : 즉시 비행 정지 및 정비
- Pre-entry Check List를 작성(소지한 공구 등을 기록)
- Defuel ➜ 잔존연료는 Drain Sump Valve로 배출한다 ➜ 퍼징을 통해 독성과 유증기를 배출한다.
- Resiprator 착용 후 외부 감시지 1인 배치 ➜ 진입하여 Filter 상태를 확인한다. ➜ Fillet은 비눗물을 도포한 후 가압하면 거품이 발생한다.(상태가 안좋으면 Sealant Remover로 제거한다.) ➜ Aluminum 수세미로 이물질 제거 후 Vaccum Source를 이용해 이물질을 제거한다. ➜ 아세톤 등을 이용하여 세척 후 건조시켜 다시 Sealing 한다. ➜ 누출검사로 마무리한다.

주제

(3) 연료탱크(Fuel Tank) 작업 시 안전 주의사항

평가 항목

① Tank 작업 전 Defuling을 한다.

② Tank 내부로 진입하기 전에 반드시 Purging 작업 실시 및 산소농도 측정

③ 방독면 착용 및 공기호스를 연결하여야 하며 외부에 안전요원을 배치하여야 한다.

④ 화학섬유 옷은 정전기 발생 위험이 있으므로 반드시 면섬유 옷 착용 및 지퍼 및 단추가 없을 것

⑤ 내부 진입 시 반지, 시계 등 착용금지 및 주머니의 날카로운 물건 휴대 금지

⑥ 화재 안전(Fire safety)을 위해 반드시 소화기(CO_2 fire extinguisher)를 비치한다.

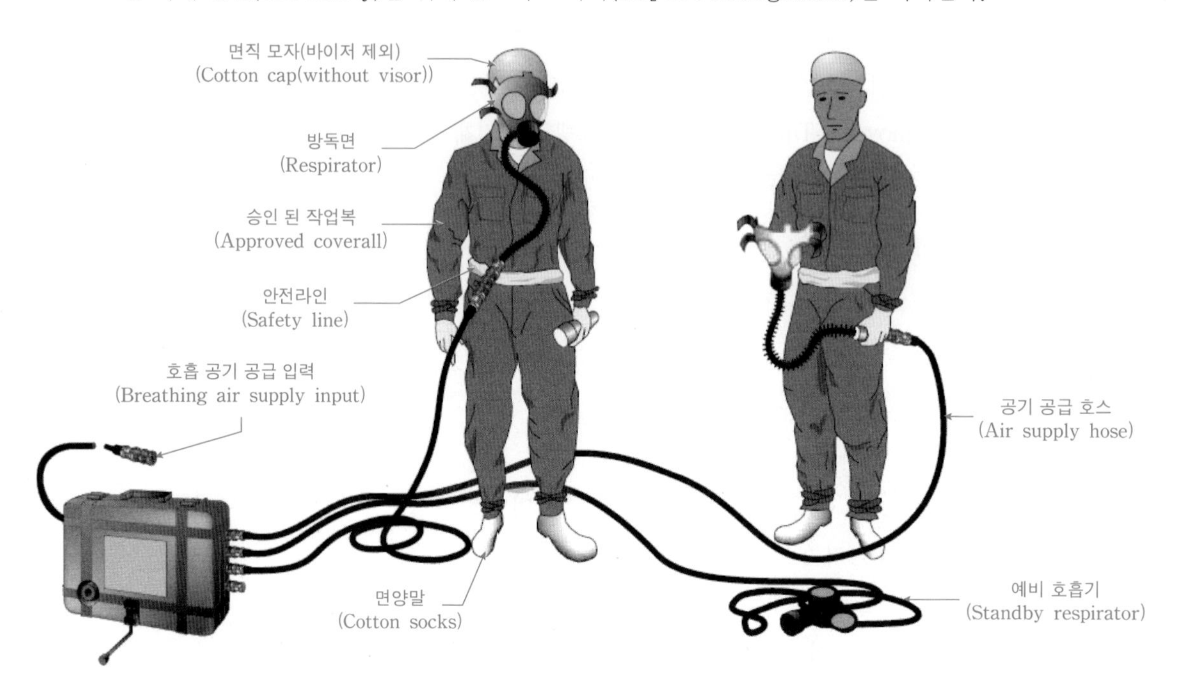

4 유압 계통(Hydraulic System)

1. 주요 부품의 교환 작업(구술 또는 실기 평가)

주제

(1) 구성품의 장탈/착 작업 시 안전 주의사항 준수 여부

평가 항목

① 모든 공구와 작업대와 시험장비를 청결하고 먼지가 없는 상태로 유지한다.

② 부분품을 장탈 및 분해 시 떨어지는 작동유를 받을 수 있도록 적당한 용기를 준비한다.

③ 유압 라인 및 Fitting을 분해하기 전에 Solvent로 해당 부위를 세척 한다.

④ 조립하기 전에 모든 부분품을 Solvent로 Dry cleaning 한다.

⑤ Cleaning 후, 완전히 말리고 해당 유압유로 윤활 시킨다.

⑥ 모는 Seal과 Gasket은 재조립 중 새로운 것으로 교환해야 한다.

⑦ 모든 Fitting과 Line은 해당 항공기 정비 Manual에 의거 장/탈착 한다.

⑧ 모든 유압 공급 장비는 깨끗이 유지하고 양호한 작동 상태를 유지한다.

주제

(2) 작업 실시요령

평가 항목

① O-ring의 장착

ⓐ O-ring을 제거하거나 장착할 때, 구성품의 표면에 긁힘이나 훼손 또는 O-ring에 손상을 줄 수 있는 뾰족하거나 예리한 공구는 사용하지 말아야 한다.

ⓑ O-ring이 장착되는 부위는 오염으로부터 깨끗한지 확인해야 한다.

ⓒ 새로운 O-ring은 밀봉된 패키지에 보관되어 있어야 한다.

ⓓ 장착 전에 O-ring은 적절한 조명과 함께 4배율 확대경을 사용하여 흠이 있는지 검사한다.

ⓔ 장착 전에 깨끗한 유압유에 O-ring을 담근 후 장착한다.

ⓕ 장착 후에 O-ring의 뒤틀림을 바로 잡기 위해서는 손가락으로 O-ring을 서서히 굴린다.

② Filter 정비

ⓐ 주로 Filter와 소자의 세정 또는 Filter 세정과 소자의 교환으로 이루어진다.

ⓑ 미크론형 소자는 적용지침서에 따라 주기적으로 교체되어야 한다. Reservoir Filter는 미크론 형이기 때문에 주기적으로 교환되든지 세정을 해야 한다.

세정 시에는 정밀한 검사도 같이 이뤄져야 한다.

※ Filter는 CUNO Type과 Micron Type이 있다.

- CUNO Type Filter : Auto Cleaning Metal Filter Cartridge는 회전 가능한 Metal Shaft에 조립된 균일한 두께의 교대 금속 Discs, Spacers or Stack으로 구성되고, Spacer의 두께는 여과 정도를 결정하며, 계통에서 떼어낼 필요 없이 작동 중에 세척 할 수 있다.
- Micron Type Filter : 주로 Reservoir 입구의 귀환 관에 장착하고, 크기가 10 micron 이상의 작은 이물질을 제거할 수 있다.

ⓒ Filter 소자를 교환할 때, Filter 볼에 압력이 없는지 확인한다.

ⓓ 교환 시 유압유가 눈에 접촉되지 않도록 방호복과 안면 보호대를 착용해야 한다.

ⓔ Filter 소자를 교환 후 재조립 부위는 "Leak Check"를 하여야 한다.

ⓕ Pump와 같은 주요 구성품이 고장이 났을 경우 고장난 구성품뿐만 아니라 유압계통 내의 Filter 소자도 교환해야 한다.

참조 Micron Cartridge Filters Ratings

모든 Cartridge Filters는 제거할 수 있는 가장 작은 크기의 입자를 나타내는 미크론 등급(Micron Ratings)을 가지고 있다.

그리스 문자 μ 로 상징되는 1 micron은 1 / 1,000,000 m 즉, Mili-micron으로도 알려져 있다.

1μ=0.000039 inch

제1편

참조 항공기용 Filter의 규격

ⓐ Screen : 통상 100 micron 이상의 Mash 굵기로 통상 Metal로 제작되며 Cleanable이다. 거친 고체의 이물질을 걸러내며 액체는 통과한다.

ⓑ Coarse Filter : 50~100 micron Mash 굵기로 Paper Type이 많으며 Non-cleanable이다. 사용처는 Fuel, Oil의 이물질을 Filtering 한다.

- 통상 항공기 Engine에 사용되는 Filter 규격
  - Main Fuel Filter → 70~75μ
  - Main Oil Filter → 60~65μ

ⓒ Fine Filter : 50 micron 이하 Mash 굵기로 Paper Type이 많으며 Non-cleanable이다. 사용처는 Hydraulic System에 사용한다.

③ 축압기(Accumulator) 정비

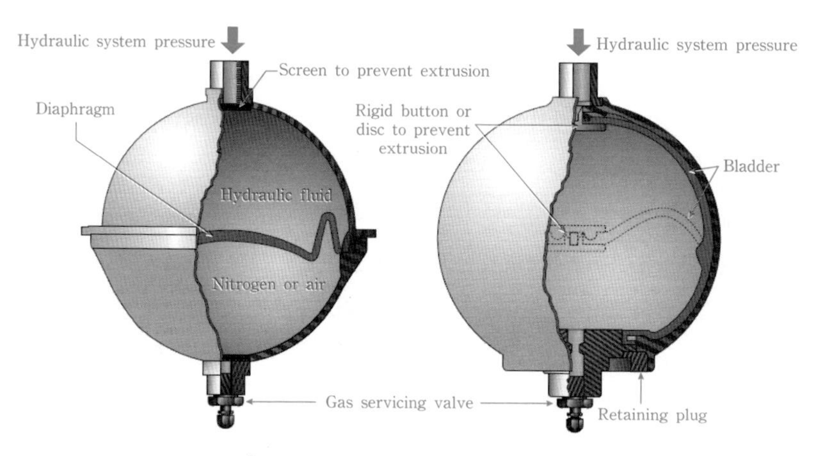

[Diaphragm Type Accumulator]

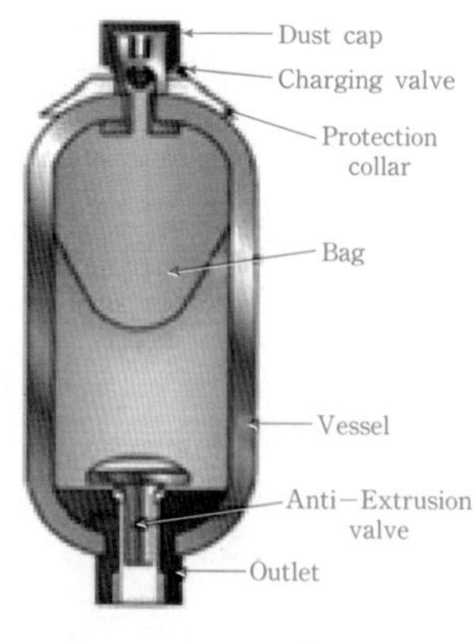

[Bladder Accumulator]

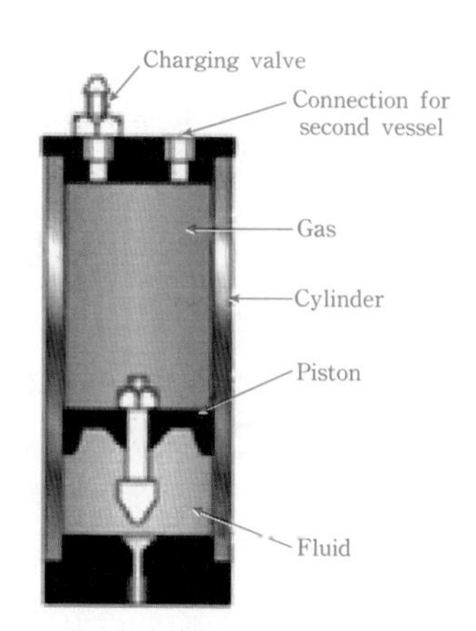

[Piston Accumulator]

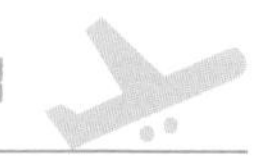

ⓐ Accumulator 정비에는 검사, 소수리, 구성요소의 교체, 그리고 시험이 있다.

ⓑ Accumulator 정비는 위험요소가 있으므로 인명피해 및 항공기 손상을 방지하기 위해 작업 안전 사항을 엄격히 준수해야 한다.

ⓒ Accumulator는 분해하기 전에, 모든 공기압은 제거되어야 한다.

2. 작동유 및 Accumulator Air 보충(구술 평가)

주제

(1) 작동유의 종류 및 취급 요령

평가 항목

① 작동유의 종류

ⓐ 식물성유 : 파란색으로 착색 및 천연고무 Seal로 사용되며, 부식성과 산화성이 있다.

ⓑ 광물성유 : 적색으로 착색 및 합성 고무 Seal로 사용되며, 인화점(65°F~160°F)이 낮아 과열 시 화재 위험이 있다. 완충 장치나 소형기 브레이크 시스템에 사용한다.

ⓒ 합성유 : 자주색으로 착색 및 Butyl(부틸) 또는 Teflon Seal, Silicon Rubber로 사용되며, 1100°F에서 발화해 현대 항공기에 주로 사용한다. 하지만 독성이 존재해 인체와 페인트, 고무 제품에 접촉을 금지해야 한다.

② 작동유의 취급

ⓐ 작동유를 취급할 때에는 항상 적절한 보호 장갑과 보호 안경을 사용해야 한다.

ⓑ 증기 노출 가능성이 있을 때 방독면을 착용해야 한다.

ⓒ 다른 종류의 작동유를 혼합해서 사용하면 안 된다.

주제

(2) 작동유의 보충 작업

평가 항목

① 작동유의 부족 또는 유량계에 부족으로 표시되면, Wing Root 부분의 Accessory Door 또는 Landing Gear의 Wheel Well Door의 Hose를 꺼내 Hydraulic Reservoir에 연결하여 Full 표시까지 보급한다.

② 대부분 항공기는 Reservoir의 바닥에 있는 분리가 빠른 보급 포트를 통해 보급한다.

③ 작동유 보급을 위해 장착된 별도의 Hand Pump를 이용해 용기로부터 작동유를 Reservoir에 주입한다.

④ 작동유를 보급할 경우, 정비지침서를 따라야 하며, 유량 Level을 점검할 때, 또는 Reservoir에 작동유를 보급할 때에는 항공기의 자세 및 상태가 정비 Manual을 준수해야 한다.

⑤ 작동유 보급 전 확인 사항

ⓐ Spoiler는 작동되지 않아야 한다.

ⓑ Landing Gear가 Down 되어 있어야 한다.

ⓒ Landing Gear Door는 Close 되어 있어야 한다.

ⓓ Thrust Reverser(역추력장치)는 작동되지 않아야 한다.

⑥ Parking Brake Accumulator의 Pressure는 적어도 2,500 psi를 유지해야 한다.

참조 Hydraulic System

ⓐ Hydraulic : 모든 Fluid(유체)의 압력 Energy를 기계적 Energy로 변환하는 장치이다.
항공기에서 ATA 29 Chapter에 명시된 것은 Hydraulic Fluid에 관련된 System이다.

ⓑ Surge : 유체(액체 또는 기체)가 Pipe(관) 안에서 발생하는 압력의 파동을 의미한다.
이러한 압력의 파동을 제거하는 중요한 장치에 Accumulator가 있다.

ⓒ Accumulator : 비압축성인 Fluid 압력의 파동을 기체의 압축성을 이용한 Cylinder 또는 Bottle을 장착하여 유체의 파동을 제거한다.

5 착륙장치 계통

1. 착륙장치(구술 평가)

■ Landing Gear System(렌딩기어 시스템)

지상에서 항공기 하중을 지지하며, 항공기를 정지시키는 제동장치 역할을 하고, Landing 시 항공기에 가해지는 충격 에너지를 흡수하는 완충 역할을 한다.

주제

(1) 메인 스트러트(Main Strut or Oleo Cylinder)의 구조 및 작동원리

평가 항목

① 착륙장치 구조(Landing Gear Structure)

ⓐ Trunnion(트러니언) : Landing Gear의 Down, Up의 Hinge 부분

ⓑ Torsion link(토션 링크) : Cylinder와 Piston에 연결되어 Wheel Shaft의 회전을 막고 Piston이 과도하게 빠지는 것을 방지한다.

ⓒ Bungee spring(번지 스프링) : Landing Gear의 Down Lock을 보조한다.

ⓓ Equalizer rod(이퀼라이져 로드) : 항공기 전진 시 앞바퀴의 하중 부담을 줄이기 위해 뒷바퀴와 평행하게 하중 부담을 시키기 위한 장치

ⓔ Shimmy damper(시미 댐퍼) : Nose Tire의 진동을 감쇄하는 장치

ⓕ Snubber(스누버) : Centering Cylinder의 급격한 작동방지, Taxing 시 진동 감쇄

ⓖ Centering cam(센터링 캠) : 이륙 후 Landing Gear의 Steering으로 인한 Landing Gear의 Wheel well과 부딪히는 것을 방지한다.

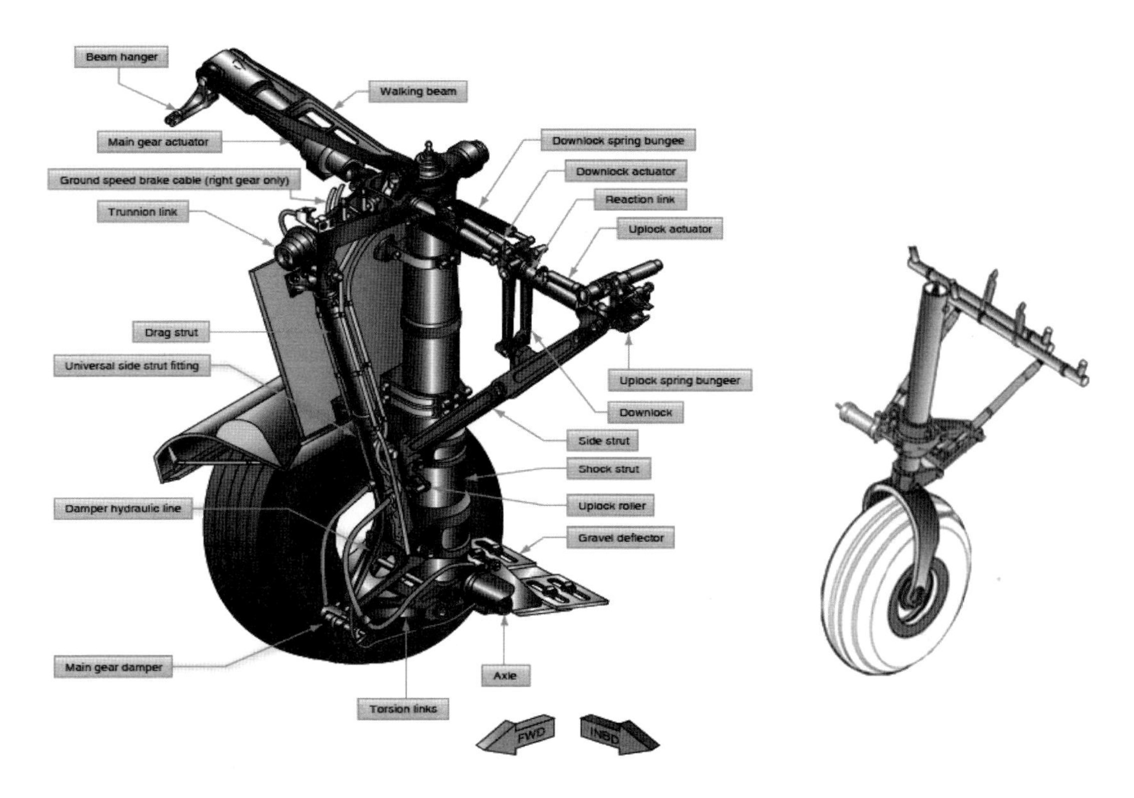

② 작동원리 : 항공기 착륙 전에 Inner Cylinder는 착륙장치의 자중과 압축공기의 영향으로 완전히 하부에 위치하며 착륙 접지 시에 아래쪽으로부터 충격하중이 전달되어 Inner Cylinder는 Shock Strut의 상부로 움직인다.

이때 작동유는 Metering Pin에 의해 형성되는 Orifice를 통하여 압축공기가 있는 상부 Chamber로 유입되며 1차 충격을 흡수한다. 이후에 Outer Cylinder의 상부 공기실로 들어가는 작동유에 의해서 공기실의 부피가 감소 되면서 2차 충격을 흡수한다.

충격하중이 해소되면 압축된 공기는 다시 원래대로 팽창하여 Hydraulic은 Orifice를 통하여 하부 Chamber로 밀려 내려가 Inner Cylinder를 원위치시킨다.

ⓐ 항공기가 지상 활주 시 불규칙한 활주로 노면 상태로부터 유발되는 미세진동은 상부 Chamber의 공기 압축성에 의해서 흡수가 되며 Recoil Valve는 공기의 압축과 팽창에 의한 반동이 일어나는 것을 방지하는 것이 목적이다.

ⓑ 착륙 시 Cylinder 하부의 Hydraulic이 Orifice와 Metering Pin 사이를 통과하여 공기를 압축시키며 유입되어 Gas의 압축성이 충격을 흡수한다.

주제

(2) 작동유 보충 시기 판정 및 보급방법

평가 항목

① 작동유 보급 시기 판정 : Landing Gear 내부 Strut의 작동유 보급 시기는 Inner Cylinder의 노출된 길이를 보고 판단하여 팽창된 길이가 규정 값보다 짧으면 Wheel well door에 있는 Servicing Chart에 따라 작동유와 질소 또는 Dry Air를 충전하여 Dimension A에 맞춘다.

※ Dimension A : Oleo Strut의 Hydraulic Fluid의 부족으로 인해 낮아진 Cylinder 높이를 맞추는 것으로 Strut 내의 공기압력과 함께 참고하는 기준

② 작동유 보급방법 : Cessna 560 기준

ⓐ 내부 Cylinder의 노출된 길이를 확인한다.

ⓑ 노출 길이가 규정 값보다 짧으면, Wheel well door의 Servicing Chart를 확인한다.

ⓒ 항공기를 Jack up 한다.

ⓓ Landing Gear 상부 Cylinder의 Air Valve를 풀어 압축공기를 모두 배출한다.

ⓔ 작동유 Service Port가 있는 Panel을 열고, Metering pin을 장탈한 자리에 Reducer를 꽂아 유압 호스를 장착한다.

ⓕ Dimension A 값이 0.55 inch가 될 때까지 Inner Cylinder를 압축한다.

ⓖ Pump로 새로운 작동유를 10~30 psi로 공급해 새 작동유가 넘칠 때까지 공급한다.

ⓗ 공급이 왕료되면 Hose 및 Reducer를 장탈하고 Panel을 닫는다.

ⓘ Air Valve를 통해 압축공기를 보급하고 Valve를 “Close” 후, 팽창 길이를 재확인한다.

참조 착륙장치(Landing Gear)의 종류

① 사용 목적에 따른 분류 : Tire Type, Sky Type, Float Type

② 장착 방법에 따른 분류 : 고정형(Fixed Type), 접개 들이 형(Retractable Type)

③ Wheel 수에 따른 분류 : 단일식, 이중식, 보기식

④ 부착 위치 따른 분류 : 앞바퀴형, 뒷바퀴형

참조 Shock Strut(완충 장치)

착륙 시 항공기의 충격을 흡수 및 완화 시켜 구조물의 손상을 방지한다.

① Shock Strut의 종류 : 고무 완충식, 평판 스프링식, Oleo Type.

ⓐ Rubber absorber(고무 완충식) : 주로 경비행기에 사용하며, 고무의 탄성을 이용한 것으로 고무를 좌/우측 Landing Gear 안쪽에 설치하여 고무의 인장력이 충격을 흡수한다. 감쇠성이 좋은 고무는 내구성이 낮아 주기적으로 교환해 주며 완충 효율은 50% 이하이다.

ⓑ Elastic Shock Absorber(평판 스프링식 완충 장치) : Spring 판의 탄성을 이용하며 감쇄성이 없어 반동이 크게 작용하므로 Damper를 같이 사용하며 주로 경비행기에 사용한다. 일반적으로 완충 효율은 50% 정도이다.

ⓒ Oleo Type Shock Absorber(올레오식 완충 장치) : Gas의 압축성과 비압축성인 작동유의 흐름을 제어하여 충격을 흡수한다. 일반적인 완충 효율은 약 75%이며 대부분의 현대 항공기에 사용한다.

② Oleo Strut의 작동원리 : 착륙 시 충격을 받으면 바깥쪽 Cylinder 아래부분의 Hydraulic Fluid가 Orifice와 Metering pin 사이를 통하여 압축시키면서 상부의 Gas Cylinder로 유입되면서 Gas의 압축성이 충격을 흡수한다.(Gas : 질소 또는 수분이 제거된 압축공기)

③ Oleo 완충 장치의 확인 방법 : 안쪽 Strut의 팽창된 길이를 측정하여 확인한다.(팽창 길이는 표에 따라 측정)

④ Oleo Strut의 작동유 확인 방법

ⓐ Seal을 보고 확인한다.

ⓑ Name Plate에서 확인(주로 MIL – H – 5606 사용)

⑤ Torsion Link(관절 기구)의 역할

ⓐ Cylinder가 상대 운동을 할 수 있도록 한다.

ⓑ 안쪽과 바깥쪽 Cylinder의 회전 방지 및 In/Out Cylinder의 분리 방지

ⓒ 앞바퀴 조향장치를 작동시킨다.

ⓓ 장탈/착 방법 : Bolt or Pin 작업

⑥ 접개들이 식 착륙장치의 작동 : 유압 작동 Cylinder

ⓐ 작동 순서 : 선택 손잡이 Up/Down → Selector Valve → Sequence Valve → 작동 Cylinder(Door Open) → Gear Up/Down

ⓑ 지시 계통(Indication System)

- Up → No Light
- 작동 중 → Red
- Down → Green

ⓒ Gear Indicator Tape Type 지시 계통

- Up → "Up" 이라는 글자
- Gear 작동 중 → White, Red Color의 대각선 Line
- Down → Gear 모양의 그림

⑦ Oleo 완충 장치의 Air Bleeding 방법

ⓐ Wing에 Jack 작업(삼각 잭) 후 Landing Gear에 Axle Jack을 고인다.

ⓑ Air Valve를 열어 Gas를 배출시킨다.

ⓒ Air Valve를 장탈하고 Fitting과 Hose를 연결한다.

ⓓ Hydraulic Fluid를 Hose를 통해 배출한다.

ⓔ New Hydraulic Fluid(MIL–M–5606)를 보급하고 Jack을 제거한다.

ⓕ Hose와 Fitting을 제거하고, Air Valve를 장착하고 표에 따라 Nitrogen Gas(질소)를 공급한다.

참조 기타 장치

① Anti-Skid System : 항공기가 착륙 후 Tire의 빠른 회전속도에 대하여 무리하게 제동을 걸면 Tire가 미끄러지면서 심하게 마모되는 현상을 방지하기 위헤 분당 수 천번 Brake를 작동시키는 장치
② Shimmy damper : 항공기가 지상 활주 중 앞바퀴의 흔들림과 합성진동(Shimmy 현상)을 방지
③ Sequence Valve : Landing Gear와 Landing Gear Door를 순차적으로 Open/Close하는 Valve
④ Shuttle Valve : 정상 Brake System이 고장일 경우, 비상계통 또는 보조계통 Brake Pressure를 선택하여 주는 Valve
⑤ Relief Valve : 통상 Spring의 힘으로 압력을 조절하며 계통 내의 압력이 규정치 이상이면 배출하여 제거하는 Valve
- Fluid : Pump Inlet 또는 Tank로 귀화시킨다.
- Air : 외부로 배출한다.

⑥ Check Valve : 유체의 흐름을 한 방향으로만 흐르게 하는 Valve(역류 방지)
⑦ Orifice : 통로를 작은 Hole로 만들어 유체의 흐름을 제한하여 천천히 흐르게 하여 Surge 현상에 의한 계기 지시치의 흔들림 현상 등을 방지한다.
⑧ Side Strut(옆 버팀대) : Landing Gear "Down" 상태에서 옆으로 작용하는 하중을 지지하고 "UP" 될 때 Link 기구로 작동한다.
⑨ Drag Strut(항력 지주) : 전/후방향의 하부를 지지한다.
⑩ Latch : Landing Gear를 정해진 위치에 안전하게 고정시키는 장치(Up/Down Latch)
⑪ Bungee spring(번지 스프링) : Over Center Link를 기계적으로 작동하여 Landing Gear의 Down Lock을 보조한다.
⑫ Bungee Cylinder : Over Center Link를 유압으로 작동한다.
⑬ Snubber : Centering Cylinder의 급격한 작동을 방지하며, Taxing 시 진동 감쇄시킨다.
⑭ Brake Equalizing Rod(제동 평형 로드) : Truck의 앞/뒤 바퀴에 균일하게 하중을 분산시킨다.
⑮ Torque Link : Piston이 과도하게 빠지지 못하도록 하며, 바퀴가 옆으로 돌지 않도록 하는 장치
⑯ Truck : 여러 개의 바퀴를 장착한 장치

참조 작동유의 종류

① 식물성 : Blue [천연고무(청색)]
② 광물성 : Red [MIL-H-5606 → Brake에 사용(빨간색)]
③ 합성유 : Purple [MIL-H-8446 → 대형 항공기에 사용, 부틸고무, 테프론(자주색)]

참조 윤활유의 종류

① PG-MIL-G-6711 → 흑연 가루
② GG-MIL-G-7711 → 일반 목적용 Grease
③ GA-MIL-G-25760 → 항공기 바퀴용 Grease
④ GH-MIL-G-23827 → 항공기 및 계기용 Grease

2. 제동계통(구술 또는 실기 평가)

주제

(1) Brake 점검(마모 및 작동유 누설)

평가 항목

① Brake Wear(마모) 점검

ⓐ Brake를 밟은 상태에서 Brake Housing과 압력판 사이의 Wear Indicator로 Dimension L을 측정해 Lining이 마모되면 돌출 길이가 짧아지므로 측정값이 "0"이면 Brake를 교환한다.

ⓑ Rear Indicator가 없으면 Brake를 작동시켜 Disk와 Housing사이의 간격을 측정한다. Lining이 마모되면 이 사이의 간격이 커진다.

② Leak(누설) 점검

ⓐ 유압 Gauge가 3,000±200 psi가 되어야 하며, 왼쪽과 오른쪽 Brake Pedal을 5회 동안 작동 후 Release 한 후 누설을 확인한다.

ⓑ 작동하지 않을 시의 누설 양이 1 Drop/minute 이상, 작동 시 누설 양이 5 Drop/minute 이상이면 반드시 매 비행 전 점검 후에 빠른 시일 내로 수리하거나 교환해야 한다.

주제

(2) Brake 작동 점검

평가 항목

① Brake 이상 현상

ⓐ Dragging : Pedal을 밟은 후 제동력을 제거해도 Brake가 중립위치로 회복되지 않는 현상으로 작동 기구(Return spring)의 결함, 과도한 Lining 마모와 Disk 손상으로 이어진다. 따라서 반드시 Air Bleeding 작업을 해야 한다.

ⓑ Grabbing : Brake Lining과 Pad에 유류 또는 오염 물질이 부착되어 제동이 원활하지 못한 상태로 제동이 거칠어지고, 제동 거리가 길어지는 현상이며, Landing Gear 작동유 LEAK 검사를 해야 한다.

ⓒ Fading : Brake System의 과열로 Brake Lining과 Pad 등이 손상되어 제동 효과가 감소 되는 현상이다.

ⓓ Sponge 현상 : 계통 내에 공기가 차 있어, 공기의 압축성 때문에 제동력이 약화되는 현상으로 Pedal을 밟았을 때 푹신푹신한 느낌이 드는 현상이다. Air Bleeding 작업을 해야 한다.

- 공기 유입의 원인 : Reservoir 유량이 적거나 Lining 내에서 Leaking에 의한다.
- Air Bleeding 작업 방법 : 투명 Hose를 Brake Air Poet에 연결한 후, Brake를 잡아준 상태로 기포가 안 보일 때까지 Bleed 하며, Nut를 잠근 후, Port를 제거한다.

② Brake 정비작업 시 주의사항

ⓐ 누설 점검 시 작동하는지 확인해야 한다.

ⓑ Pipe Fitting을 Tight할 때 계통에 압력이 없는 상태에서 수행한다.

ⓒ Air bleeding 시 압력식은 Reservoir 상부에 장착된 Valve에서 수행하고, 중력식은 페달을 밟아 압력이 걸렸을 때 공기를 빼낸다.

참조 Air Bleeding

Dragging과 Sponge 현상으로 인한 작업이다.
계통 내의 공기를 제거해 조종사의 작동에 Brake가 즉각적으로 작동하게 하기 위한 작업으로 압력식과 중력식이 있다.

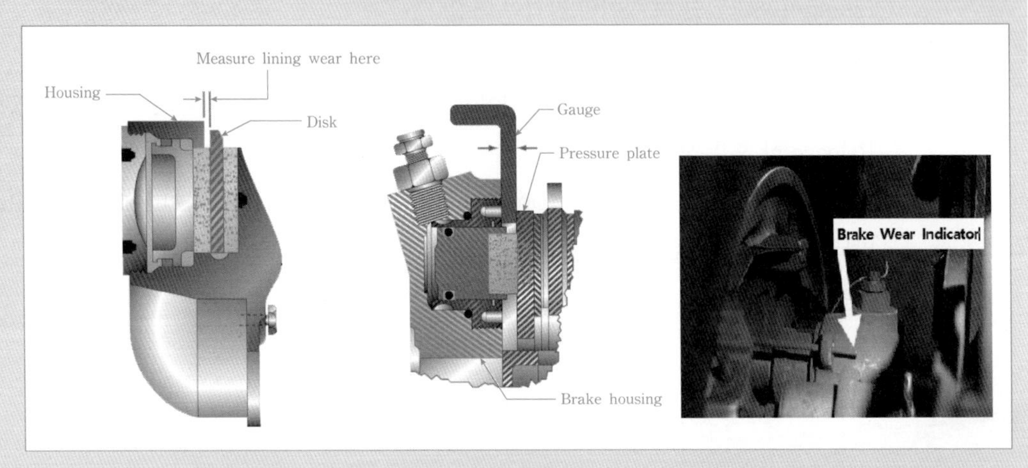

ⓐ 압력식 : Reservoir에 Hose를 연결해 압력을 가하면 Reservoir와 Master Cylinder를 통해 작동유를 다른 준비된 곳으로 배출하여 공기를 배출시켜주며, 소형기에만 사용한다.

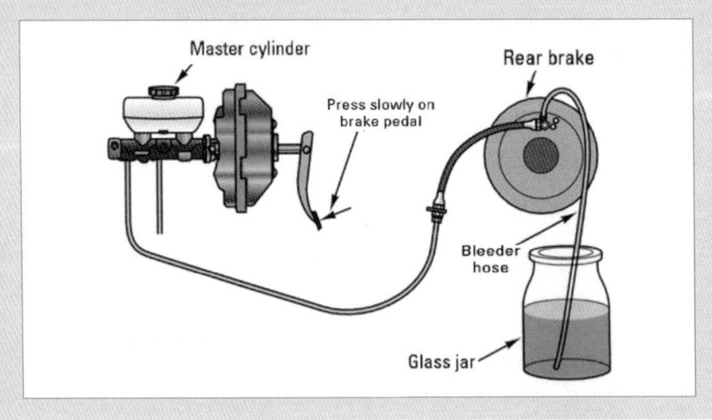

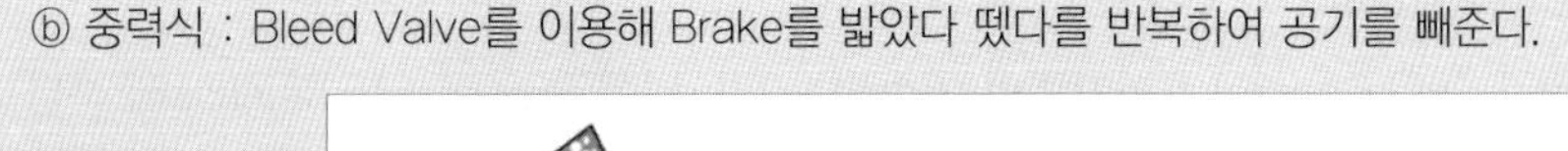
ⓑ 중력식 : Bleed Valve를 이용해 Brake를 밟았다 뗐다를 반복하여 공기를 빼준다.

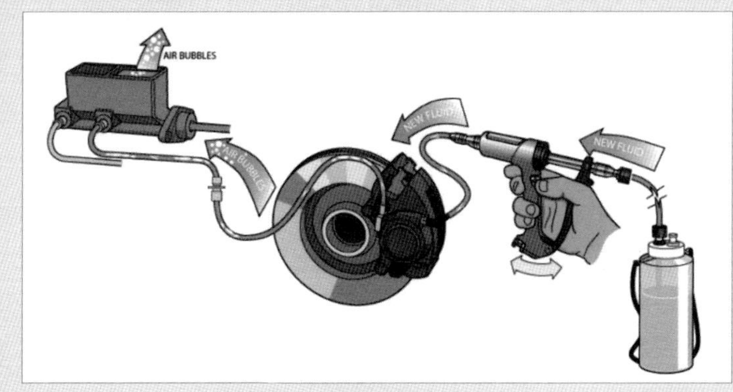

③ Brake Drum의 표면 균열 허용값 ➜ 1 inch 끝부분으로 확대하지 않을 것

④ 안티 스키드(Anti Skid System) : 항공기가 착륙 직후 빠른 속도에서 Brake를 밟았을 때 Tire에 제동이 걸려 바퀴가 회전하지 않고 지면에 Tire는 미끄러지므로 열이 과도하게 상승하여 Tire가 팽창하거나 부분적으로 닳아서 Tire가 파열될 수 있으므로 Brake의 제동 압력을 분당 수 1,000회 반복하여 Tire의 파손 방지 및 제동효과를 높인다.

ⓐ Anti Skid System(안티 스키드 계통) : Wheel Speed Sensor, Control Unit, Control valve로 구성된다.

- Wheel Speed Sensor : Wheel의 회전속도에 따라 AC or DC Current가 회전수에 비례하여 발생한 Electrical Signal을 제어장치로 보낸다.
- Control Unit : Anti-skid System의 Controller는 비교회로를 통하여 미끄럼 제어 신호가 어느 Wheel에서 발생한 결과를 확인하여 Control Valve로 보낸다.
- Control valve : Control Unit로부터 압력에 반응하는 Elecrical로 Control 되는 유압 밸브의 일종으로 각각의 Brake Assembly마다 위치한다.

ⓑ Anti Skid 종류

- Normal Skid : Landing 시 Brake를 풀었다가 잡았다가 하는 기본 Skid
- Fail-safe Protection : Fail-safe Protection은 시스템 작동이 고장 나면 수동으로 작동할 수 있도록 하는 Fail Safe 구조
- Toutch-down Protection : Landing Gear가 Toutch-down하기 전에 Brake를 밟아도 Skid의 효율을 위해서 Brake가 작동이 안 된다.
- Lock Wheel Skid Protection : 여러개의 Wheel 중에 하나의 Wheel Brake가 세게 잡혀있다면 Wheel이 Lock을 걸어, Thread가 Skid 현상에 의해 한쪽 면만 Wear 되므로 이 현상을 방지하기 위해서 Wheel에 Lock을 풀어주는 장치

ⓒ Anti Skid System의 기능

- Normal Skid Control : 미끄럼이 예상되는 Wheel에 Pressure를 Release해 준다.
- Touch Down Protection : 착륙 접지 전에 Brake를 밟아도 작동이 안 되도록 한다.
- Lock Wheel Protection : 앞/뒤 Wheel의 Rotation이 30% 이상 차이가 나면 Release하여 회전속도를 맞춘다.
- Fail-safe Protection : System Fail 시, 자동적으로 System이 Manual Mode로 작동하도록 하며, Protection 작동 시, 경고등이 "ON" 된다.

ⓓ Anti Skid Brake 와 Auto Brake의 차이점

- Anti Skid Brake : Hyd' Brake System에 의해 Brake에 작용하는 유압을 제한하여 Wheel이 Skidding 되는 것을 방지
- Auto Brake : Landing 시 조종사의 업무부담을 줄이기 위해 Brake를 자동으로 ABS 등을 작동시킴

주제

(3) Landing Gear에 Wheel과 Tire 부속품 제거, 교환 장착

① Jacking : 항공기를 Jack-up하여 Landing gear 작동 성능 점검(Retrack & Extend) 및 Tire 교환 시에 수행한다.

ⓐ Jack Up 시 주의사항

- 바람의 영향을 받지 않는 곳에서 수행한다. (Hangar 또는 풍속 35mph 미만의 장소)
- 작동유의 누설 또는 손상된 Jack을 사용하면 안 된다.
- Jack 작업은 4명 이상의 작업자가 수행하며 위험한 장비 또는 연료를 제거한 후 수행한다.
- Jack Pad에 하중이 균일하게 분포하도록 한다.
- 항공기 Jack Up 중에는 항공기 주위에 안전 표시를 하여야 한다.
- Drain Master Circuit Breaker를 "Open"시켜 방빙계통 회로를 차단한다.
- Jack Up 전에 CG가 허용한계치 이내에 있어야 한다.
- Jacking 전 Landing Gear에 Down Lock Pin을 장착하여 Landing gear의 작동을 방지해야 한다.

ⓑ Single Base Jack(단일 잭) : 항공기 Wheel & Tire 교환 및 Bearing에 Grease를 주입할 경우 한 바퀴만 Jack Up할 때 사용한다.

- Jack Up 전에 항공기가 움직이지 않도록 다른 모든 바퀴에 Chocking을 하여야 하며 항공기 꼬리 바퀴가 있을 경우 반드시 고정 시켜야 한다.

3. 타이어계통(구술 또는 실기 평가)

주제

(1) 타이어 종류 및 부분품 명칭

평가 항목

① Tire : 항공기의 이 착륙 시 충격을 흡수하고 지상 이동이나 제동 및 정지를 위하여 필요한 마찰작용을 한다.

ⓐ 항공기 Tire는 Tire 장착 수에 따라 단일식(1개), 이중식(2개), 보기식(4개)이 있다.

ⓑ Tube의 유무에 따라 Tube Type과 Tubeless Type이 있다.

ⓒ Ply의 모양과 접착 방법에 따라 Bias 형과 Radial 형으로 구분한다.

- Bias Tire : 전통적 구조방식으로 45° 전후 사선 방향으로 Cord가 엇갈리게 구성되고 무게가 무거우며 Sidewall이 두꺼워 충격 흡수성이 약하고 Service Life가 짧으므로 항공기에는 많이 사용하지 않는 Type이다.
- Radial Tire : 현대 항공기에 가장 많이 사용하는 Tire이며 Carcass를 구성하는 Cord의 배열이 Radial(방사형)로 되어있으며 Bias Tire에 비해 무게가 가볍고, 진동흡수가 좋으며, 긴 수명의 장점이 있고 가격이 비싸다.

② Tire의 구조

ⓐ Tread : 홈의 모양, 마멸측정, 제동 효과 증대

ⓑ 브레이커(Breaker) : Tread와 Cor Body 중간으로 외부 충격 완화 및 열 차단

ⓒ Core body : 고압 공기로부터 견디고, 충격에 따른 변형 률이 크고 내열성이 크다.

ⓓ Wire bead : 바퀴 Flange로부터 빠지지 않게 한다.

ⓔ Thermal Fuse : Tire의 과도한 압력이 발생 시 녹아서 압력을 배출한다.

③ Tire의 형식 및 규격

ⓐ Tire 규격 : H 49×19.0-22 32PR 235 mph

- H : Wheel to Tire Section Width Ratio(평편도)
- 49 : Normal Diameter ➜ 49 inch(Construction Code=Bias)
- 19.0 : Nominal Section Width=19 inch
- 22 : Norminal Rim Diameter=22 inch
- 32PR : Ply Rating
- 235mph : Speed Rating(235 mile/hr)

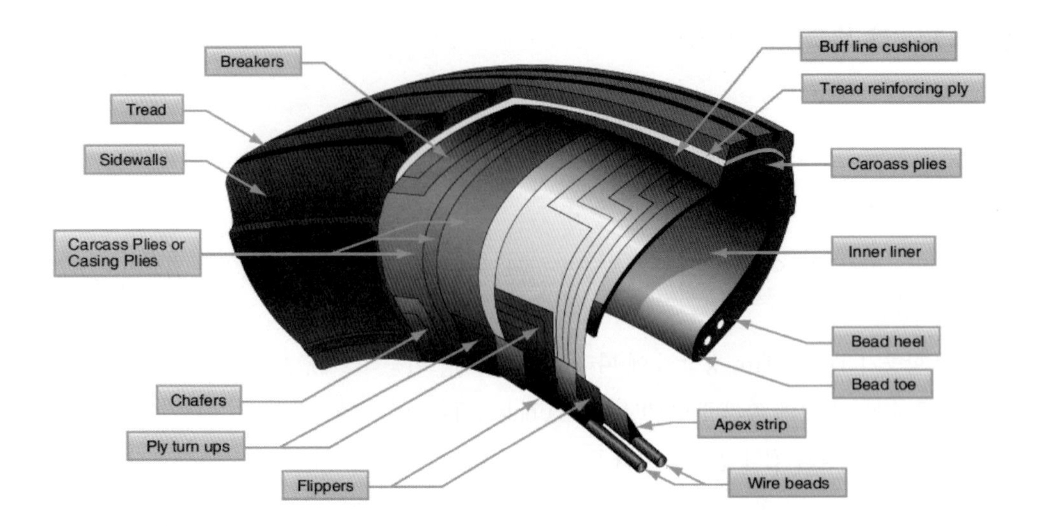

주제

(2) 마모, 손상 점검 및 판정 기준 적용

평가 항목

① Tire 손상 방지법 : 느린 Taxing, 이/착륙거리 단축, Tire의 적절한 팽창, Brake를 적게 밟음

② Tire Wear Check

ⓐ Tread의 깊이 확인 및 측정한다.[Dip Stick(마멸 지시핀)을 이용하여 마모 정도를 검사함]

ⓑ Tire의 이상 마모 발생, 과압력 시 Tread의 중앙 부분이 마모, 저압력 시 Side Wall의 마모가 심하다.

주제

(3) 압력 보충 작업(사용 기체 종류)

평가 항목

① Tire 압력 검사 시기 : 저온 최소 2시간, 고온 3시간

② Tire Pressure Check : Fuse Plug(Thermo Fuse)의 상태와 Tire 마모의 형태를 확인한다.

ⓐ Tire 압력이 규정치 보다 낮을 때의 현상 : Tire 측면의 마모가 심하다.

ⓑ Tire 압력이 규정치 보다 높을 때의 현상 : Tire 중앙 마모가 심하다.

③ Tire 장착

ⓐ Tire 교환 시 Brake를 풀어준다.(교환된 Tire의 원활한 장착을 위함)

ⓑ 항공기 Tire에 적정압력의 공기주입 후, 12~24 시간 후에 장착한다.(Tire 체적이 증가하여 압력 강하 및 누설 발생 확인)

④ 항공기 Tire에 사용하는 기체 : 산소 사용 시 Brake Head에 의한 Tire가 폭발할 수 있으므로 Tire의 폭발방지를 위해 질소를 사용한다.

주제

(4) Tire 보관

평가 항목

① Tire 보관법 : 어둡고 직사광선, 습기, 오존을 피해야 한다.

ⓐ 습한 공기 : 산소와 오존의 공급을 증가시켜 고무의 수명을 단축시킨다.

ⓑ 전기 Motor, Battery 충전기 등은 오존을 발생시키므로 Tire 보관장소에서 멀리해야 한다.

ⓒ 가능한 Tire Rack에 수직으로 세워서 보관해야 한다.

② Tire 세척법

ⓐ 유압유가 묻었을 시 비눗물로 세척

ⓑ Grease가 묻었을 시 화학적으로 고무를 급속히 파괴시키므로 즉시 중성 세제와 더운물로 세척

4. 조향장치(구술 평가)

주제

(1) 조향장치 구조 및 작동원리

① 조향장치 : 지상에서 항공기의 진행 방향을 바꾸기 위한 장치로 일반적으로 Nose Landing Gear가 담당한다.

ⓐ 소형항공기 : Nose Wheel Steering 장치에 Cable과 Push-pull Rod에 의하여 조향 역할을 하는 경우도 있으나, 대부분의 항공기는 유압작동기를 이용한 조향장치를 사용한다.

ⓑ 경항공기 : Nose Wheel Steering 능력을 제공하기 위하여 단순한 Mechanical Linkage에 방향키를 이용한다.

ⓒ 대형 항공기 : Nose Wheel Steering System에 유압 작동기를 이용한 동력 조향장치를 많이 이용한다.

② 조향장치의 구성 : Rudder Pedal, Steering Wheel, Metering Valve, Steering Cylinder, Torsion Link 등으로 구성된다.

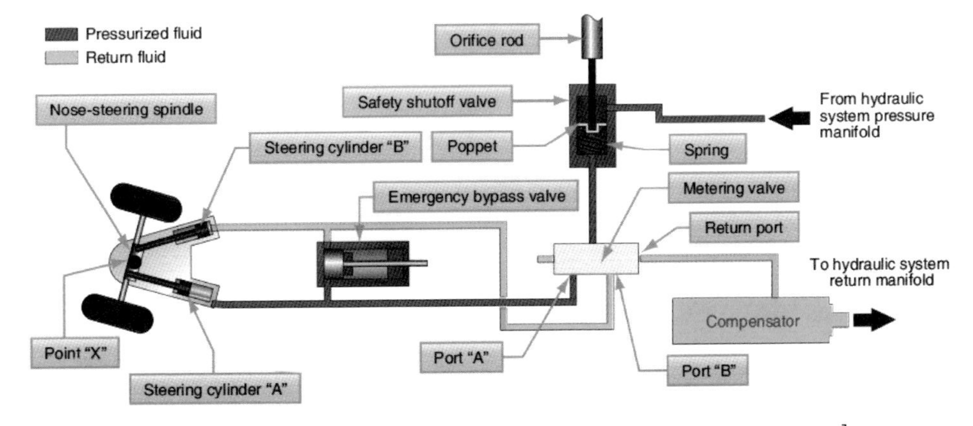

[Hydraulic system flow diagram of aircraft nose wheel steering system]

ⓐ Rudder Pedal : 지상에서 작동할 경우 Steering metering Valve를 작동시키며 작은 각도로 방향을 전환할 때 사용한다.

ⓑ Steering Wheel : 항공기의 방향을 크게 전환할 때 사용하며 약 70~80° 회전이 가능하다. 일반적으로 65° 이상 회전이 필요한 경우 Torsion Link를 분리하여 인위적으로 회전시킬 수 있다.

ⓒ Steering metering Valve : Rudder Pedal, Steering Wheel과 Cable로 연결되며 Steering metering Valve는 조향장치의 Steering Cylinder에 작용하는 유압에 의해 작동한다.
Steering metering Valve의 내부에는 Spring Piston 형태의 유압 보정기(Compensator)가 내장되어 있다.
Compensator가 내장되지 않은 착륙장치는 Shimmy 현상을 방지하기 위해 Shimmy Damper를 장착한다.

- Compensator : 유압의 파동(Surge)를 흡수하고 항공기 진행 시 Nose Landing Gear가 좌/우로 진동하는 것을 막아준다.

주제

(2) 시미댐퍼(Shimmy Damper) 역할 및 종류

평가 항목

① Shimmy : 항공기의 이/착륙 시 빠른 속도로 활주하므로 Landing gear가 좌/우로 흔들리는 현상

② Shimmy Damper : Hydraulic Orifice를 통과하므로 Shimmy 현상을 막아주며 Damper는 Nose landing gear System의 일부로 제작되어 활주, 착륙, 이륙 중에 앞바퀴의 Shimmy 현상을 방지한다.

③ Shimmy Damper의 종류

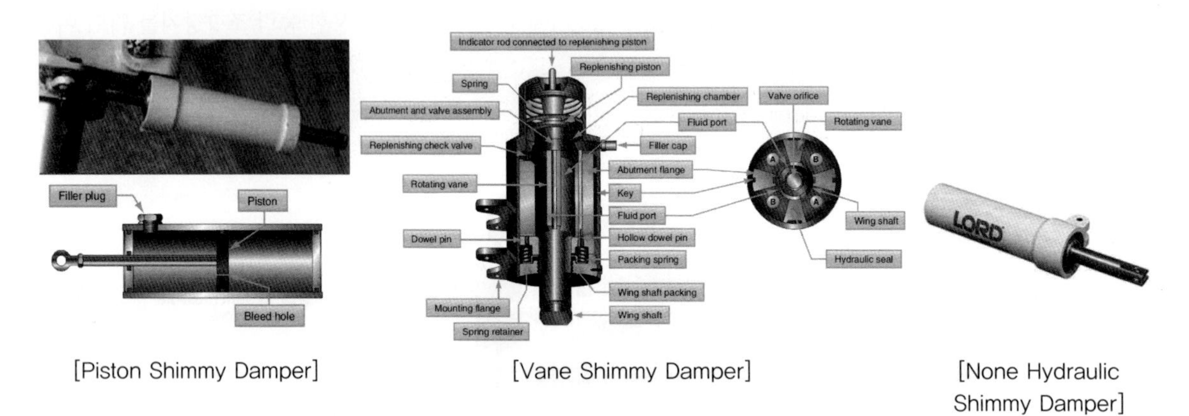

[Piston Shimmy Damper] [Vane Shimmy Damper] [None Hydraulic Shimmy Damper]

ⓐ Piston Type

ⓑ Vane Type

ⓒ 무 유압형 : Piston Type과 유사하나 유체를 사용하지 않고 윤활제를 포함하는 고무 Piston을 사용하기도 한다.

④ Steering Cylinder : Torsion Link와 연결되어 조향 역할을 담당하며 좌/우 한쌍으로 장착되며 Metering Valve를 통해 유입되는 유압에 의해 작동된다.

⑤ Torsion Link

- 상부 Torsion Link : Steering Cylinder와 연결되며 외부 Strut을 Shaft로 회전한다.
- 하부 Torsion Link : 내부 Strut에 연결되며 Torsion Link의 회전을 내부 Cylinder에 전달하여 착륙기어가 방향을 전환하도록 한다.

⑥ Emergency Bypass Valve : Steering Cylinder의 좌/우 유압 라인을 열린 상태로 만드는 Valve이다. 항공기 견인 시 반드시 Emergency Bypass Valve Pin을 꽂아야 한다.

- Note : 항공기 견인 시 유압을 가하지 않지만 방향전환 시 Steering Cylinder에 축적된 유압이 방해하며 이 힘은 항공기 견인차와 연결된 견인 봉에 무리한 힘이 가해져 위험하다.

6 추진 계통

1. 프로펠러(구술 평가)

주제

(1) 블레이드(Blade) 구조 및 수리 방법

평가 항목

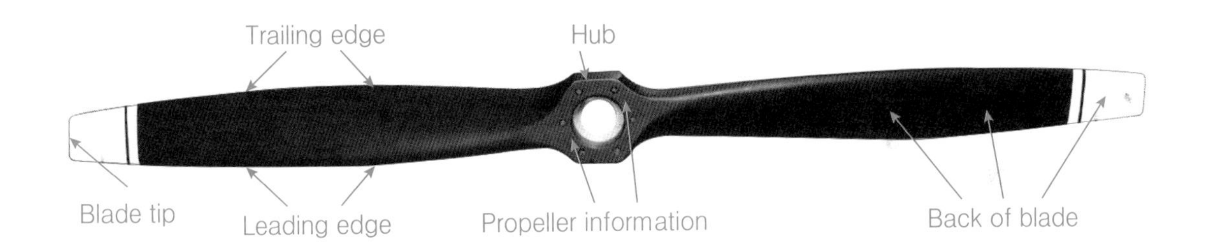

① Propeller Blade 구조

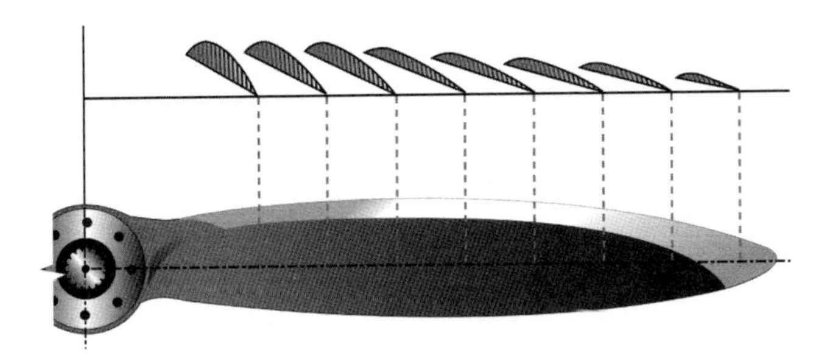

ⓐ Propeller는 Hub, Shank, Blade, Pitch Control 부분으로 구성된다.

- Blade : Engine으로부터 동력을 전달받아 회전하므로 비행에 필요한 Thrust(추력)를 발생시킨다.
- Hub : Propeller의 중심 부분으로 Engine Shaft 또는 Reduction Gear에 연결된 부분

ⓑ Propeller의 Blade 구조는 길이 방향으로 Blade Shank, Blade Tip으로 나뉜다.

- Blade Shank : Blade의 Root 부분으로 Hub와 연결되며 Thrust를 발생시키지 않는 부분
- Blade Tip : Blade의 가장 끝부분으로 특별한 색깔로 칠하여 Propeller의 회전 범위를 나타낸다.
- Blade Back : Blade의 Camber 후면, 즉 Convex 부분
- Blade face : Blade의 Camber 앞면, 즉 Concave 부분
- Blade Cuffe : 출력을 증가시키기 위해 Blade Tip에서 Hub까지 날개꼴 모양을 유지하도록 한다.
- Blade Station : Hub에서 Blade Tip까지 위치를 표시한 것으로 일정한 간격으로 나누어 정하며 일반적으로 6 inch 간격으로 나누어 표시한다.
- Blade Angle : Propeller의 회전면과 시위선이 이루는 각으로 Root 부분은 각이 크고 Tip 부분으로 갈수록 작아진다.(공기 받음각을 맞추기 위함) 일반적으로 Hub에서 75% 되는 지점의 Blade Angle을 측정한다.
- Pitch Angle : 비행속도와 Blade의 선속도를 합해 하나의 합성속도로 만든 것과 회전면이 이루는 각이다.
- Blade Disk : Blade의 회전으로 생기는 원을 의미한다.

참조 기하학적 Pitch, 유효 Pitch, Slip(무효 Pitch)

ⓐ Geometric(기하학적) Pitch : Propeller가 1회전으로 Propeller가 전진할 수 있는 이론적인 거리
ⓑ Effective(유효) Pitch : Propeller가 1회전으로 항공기가 실제로 전진한 거리
ⓒ Slip(무효 Pitch) : 기하학적 Pitch와 유효 Pitch의 차이이며 "무효 Pictch"라고도 한다.

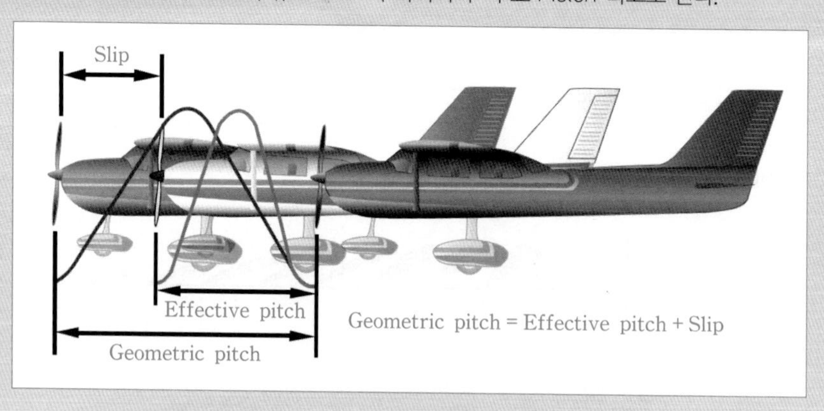

② Propeller Blades 수리 : Propeller의 상태 검사는 일일 검사와 주기 검사 시에 수행한다.

ⓐ Hub와 Blades 표면, Tip 부분에 Nick(찍힘)과 Scratch(긁힘), Crack(균열) 등이 있는지 확대경으로 관찰한다.

ⓑ 결함이 있거나 의심 되는 곳은 색연필로 표시한다.

ⓒ Blades 표면에 Nick(찍힘)이나 Scratch(긁힘) 등은 Manual에 명시된 수리 한계 내의 경미한 결함이면, 줄이나 사포 등으로 완만하게 갈아낸다.

ⓓ Blade 굽힘 측정은 굽힘 중심선에서 각각 1 inch 떨어진 접촉면에서 굽힘을 측정한다.

ⓔ Blade 두께가 1.1 inch 이상인 Propeller는 굽힘을 허용하지 않으며, 두께가 약 1/6 inch 미만인 Blade는 굽힘각도가 20° 내면, Mallet Hammer 등으로 펴서 사용할 수 있다.

ⓕ Blade Tip이 손상되면 허용 범위 내에서 깎아 내거나 절단해 수리한다.

주제

(2) 작동절차–작동 전 점검 및 안전사항 준수

평가 항목

① Propeller 점검 및 정비 개요

ⓐ Propeller는 주기적으로 검사되어야 하며 점검 주기는 제작사에서 제시되며 Propeller에서 수행된 모든 작업은 Propeller 업무일지에 기록되어야 한다.

ⓑ 일일점검은 Propeller Blades, Hub, Control System에 대한 Visual Inspection(육안점검)과 주변 부분품들의 장착 상태 등에 대한 일반적인 점검이다.

② Visual Inspection of Propeller(프로펠러 육안점검)

ⓐ Blades, Spinner 외부 표면에 Oil 및 Grease 유출 흔적 점검

ⓑ Blades, Spinner, Hub의 Nick(찍힘) Scratch(긁힘) 등의 결함 흔적 점검

ⓒ Spinner 또는 Spinner Dome 외곽이 Bolt 또는 Locking 상태 점검

참조 Propeller의 종류 및 점검

① Inspection of Wood Propeller(목재 프로펠러의 점검)

- 감항성 보장을 위해 자주 검사 한다.
- Crack, Nick, 뒤틀림, De–bonding(접착제 손상), 박리 등의 결함 여부를 검사하고 장착 Bolt가 Loose되어 Propeller와 Flange 사이에 탄화 현상 등을 검사한다.
- 금속 Sleeve에 근접한 복재부의 Crack(균열) 검사

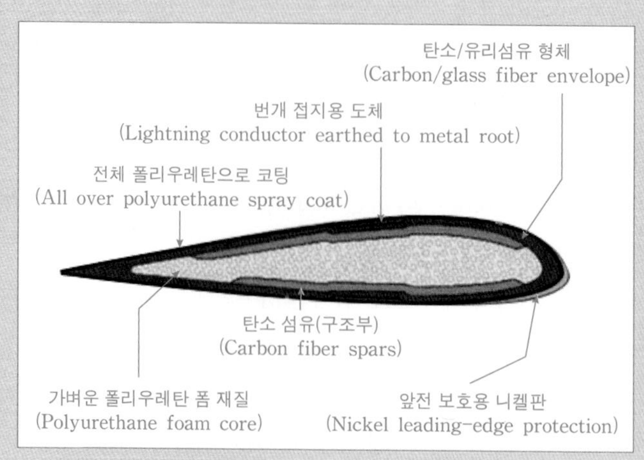

[Composite Blade 구조]

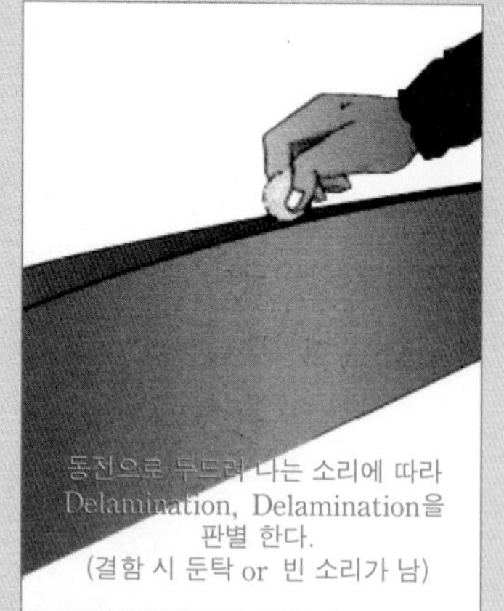

[Tap Test]

② Inspection of Metal Propeller(금속재 프로펠러의 점검)

- Nick, Broken, Scratch 등의 검사(응력의 집중으로 피로 파괴에 영향이 있다)
- 육안검사, 형광침투 검사, 자분탐상 검사 등의 검사방법이 있다.
- RPM의 검사는 매우 중요하므로 100 hrs 또는 1 year 중 먼저해당 시기에 점검한다.
  (RPM의 부정확한 작동은 제한된 Engine 작동과 높은 응력에 의한 손상 유발)

③ Inspection of Aluminum Propeller(알루미늄 프로펠러의 점검)

- Crack, Dent 등의 결함 여부를 주의하여 검사한다.
- Blades의 가로 방향의 Crack 및 Nick 결함은 허용되지 않는다.
- Blade의 Leading Edge 및 면의 깊은 Nick와 Dent 등의 결함은 허용하지 않는다.
- Crack은 침투탐상검사를 한다.

④ Inspection of Composite Propeller(복합소재 프로펠러의 점검)

- Nick, Dent, Material Damage, Errosion, Crack 및 Lighting Strike(낙뇌)에 대한 육안검사를 한다.
- 박리와 같은 접착 부위 결함에 대해 Tap Test를 한다.
- 더욱 정밀한 검사는 초음파탐상검사 등과 같은 비피괴검사(NDI)를 수행한다.

주제

(3) 세척과 방부처리 절차

평가 항목

① Propeller 윤활 : Propeller는 100 hrs 또는 12 month를 초과하지 않는 시기에 윤활 작업을 한다. 하지만 높은 습도, 소금기와 같은 불리한 대기 조건에서 작동 또는 보관되면, 윤활 주기는 6 month로 단축한다.

② Propeller 세척

- 알루미늄과 강재 Propeller Blade, Hub는 보통 솔이나 헝겊을 Solvent와 함께 사용해 세척 한다.
- 산성이나 부식성이 있는 재료는 사용하지 않는다.
- Blade의 Scratch(긁힘) 등의 손상을 초래하는 강모(Steel Wool)나 강철 솔(Steel Brush) 등을 사용하면 안 된다.
- 만약, 고광택이 필요하면, 좋은 등급의 공업용 금속 광택제를 사용한다.
- 광택 작업을 완료한 후, 광택제의 흔적은 즉시 제거한다.
- Blade가 깨끗한 상태에서 엔진 오일로 깨끗하게 피막을 입힌다.
- 목재 Propeller는 솔이나 헝겊, 따뜻한 물, 자극성과 부식성이 없는 비누를 사용해 세척 한다.
- 어떤 재질의 Propeller든지 소금물에 접촉하면, 깨끗한 물로 소금을 완전히 씻어내고, Engine Oil이나 동등한 것으로 금속 부분에 피막을 입힌다.
- Propeller 표면의 Grease나 Oil을 제거하려면, Solvent를 깨끗한 헝겊에 묻혀 깨끗하게 닦아낸다.
- 물로 충분히 헹구고, 건조 시킨다.

2. 동력전달장치(구술 평가)

주제

(1) 주요 구성품 및 기능점검

평가 항목

① Propeller Reduction Gear(프로펠러 감속기어) : Engine의 높은 RPM이 그대로 Propeller에 전해지면 Blades Tip에서 Stall(실속)이 일어나 효율이 급격하게 떨어지는 것을 방지하기 위해 권장 RPM으로 조절해 Propeller로 전달하는 장치이다.

Propeller Reduction Gear는 Steel로 제작되며, 유성기어와 평기어가 있다.

참조 Propeller Tip의 회전속도가 음속을 돌파하지 못 하는 이유

물체의 속도가 음속을 돌파할 경우 Sonic Boom과 충격파가 발생한다.

따라서 Propeller Reduction Gear를 장착하여 회전속도를 낮추어 Propeller에 전달한다.

- Sonic boom

  음속폭음(音速爆音)은 물체가 초음속 비행에서 발생하는 폭발음을 의미한다.

  소닉붐은 큰 에너지를 발생시키며, 폭발음을 낸다.

  음속은 지상에서 340m/s이며, 물체의 크기와 모양에 따라 발생 속도가 다르며 Sonic Boom은 물체에서 발생한 소리의 속도보다 빠르게 진행할 경우 매질(공기)의 밀도가 급격하게 압축되면 이와 같은 불안정한 상태에서 안정한 상태로 가기 위해 공기가 폭발하게 되며 이 과정에서 굉음이 발생하며 수증기의 띠가 발생히는 것을 Sonic Boom이라 한다.

② Tracking(트래킹) : Blades가 회전 시에 정상 궤적을 판단하기 위한 작업이다. 궤적의 오차가 커지면 Propeller의 효율이 떨어져 정상 궤적을 맞추기 전에 수행한다.

③ Governor(조속기) : Engine 회전속도를 일정하게 유지하기 위해 부하 변동에 따른 회전속도 변화를 검출하여 연료 공급량을 조절해주는 장치이다.

주제

(2) 주요 점검사항 확인

평가 항목

① Hunting(난조)와 Surging(서징)

ⓐ Hunting(난조) : 요구되는 속도 부근에서 Engine RPM이 주기적으로 변하는 상태로 Hunting 현상이 발생되면 Governor, Fuel Control Unit, Synchronizer 등을 점검한다.

ⓑ Surging : Jet Engine의 Compressor Blades 또는 Vanes Angle이 맞지 않아 발생하는 압력의 파동으로 결함 발생 시 VBV(Variable Bleed Valve) 또는 VSV(Variable Stator Vane)의 Rigging 점검을 한다.

② 고도에 따른 Engine 속도 변화

ⓐ 고도에 따라 밀도, 온도, 속도가 다르므로 작은 변화는 정상이다.

Feathering이 안 되는 Propeller 항공기 속도가 증/감하는 동안 Engine 속도의 증/감은 다음의 경우에 발생할 수 있다.

- Governor가 Propeller Oil의 체적을 증/감시키지 못하는 경우
- Engine Power 전달 Bearing, Blades Bearing, Pitch 변환장치에서의 과도한 마찰

ⓑ Feathering : Engine Fail 시 항공기가 진행하면 상대풍에 의해 Propeller가 지속적으로 회전하여 Engine의 손상을 초래할 수 있으므로 Propeller Blades의 Angle을 90°로 맞추어 회전하지 않도록 하는 장치

ⓒ Feathering 불능 또는 느려지는 Feathering

- 만약 공기 충전이 아니 되었거나 충전도가 낮다면 정비지침서를 참조한다.
- Propeller Governor의 조종 연결장치가 적절하게 연결된 상태, 장착 상태 또는 Rigging 상태를 점검한다.
- Governor의 배출 기능을 점검한다.
- Blades Bearing 또는 Pitch 변환장치에서 과도한 마찰을 초래하는 잘못된 조절, 또는 내부 부식을 점검한다.

7 발동기 계통(Engine System)

참조 Prime Mover, Power plant, Engine의 분류

① Prime Mover(원동기) : 존재하는 모든 Energy를 기계적 Energy로 변환하는 장치의 총칭하며. 존재하는 모든 Energy, 즉 중력(수력), 풍력, 조력, 파력, 태양광, 원자력, 열 등의 Energy를 기계적 Energy로 변환하는 장치

② Power Plant(동력 장치) : 발전소라고도 하며 Prime Mover 또는 Engine 및 Generator, Pneumatic, Hyd Pressure, 및 보조하는 주변 시설을 포함한다.

③ Engine : Heat Energy(열에너지)를 기계적 Energy로 변환하는 장치로 External Combustion Engine과 Internal Combustion Engine으로 구분한다.

ⓐ External Combustion Engine : 연료를 Boiler 내에서 연소시키고 발생하는 연소 가스의 열을 보일러 물에 전하여 증기(Steam)를 만들고 이 증기에 의하여 증기터빈을 작동시킨다.

ⓑ Internal Combustion Engine : 연료를 Engine 내부 연소실(Combustor)에서 연소시키고 발생하는 연소 가스의 힘이 Engine을 작동시킨다. Reciprocating Engine, Rotary Engine, Jet Engine으로 구분한다.

1. 왕복 엔진(구술 또는 실기 평가)

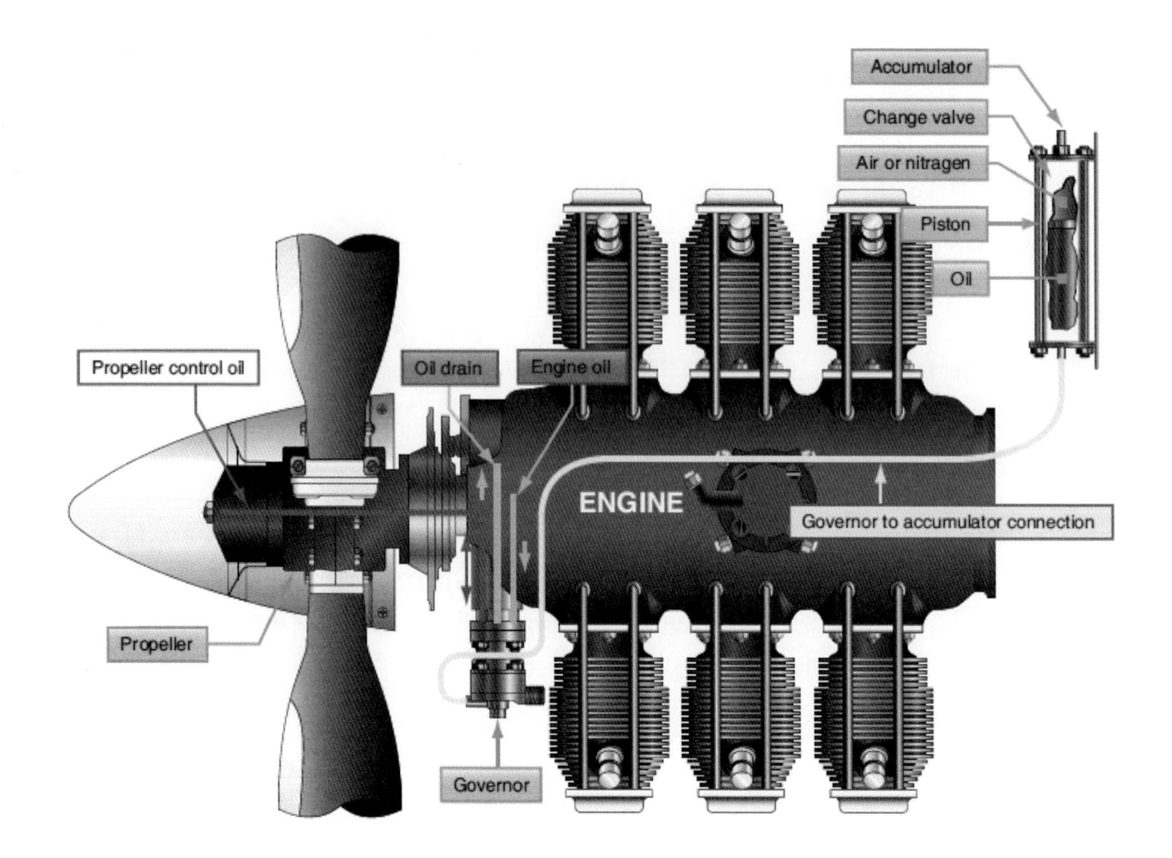

주제

(1) 왕복 엔진의 작동원리, 주요 구성품 및 기능

평가 항목

① 왕복 엔진 작동 원리(Reciprocating Engine Operating Principles)

ⓐ 기체의 압력, 부피 및 온도의 관계는 엔진 작동의 기본적인 원리이다.

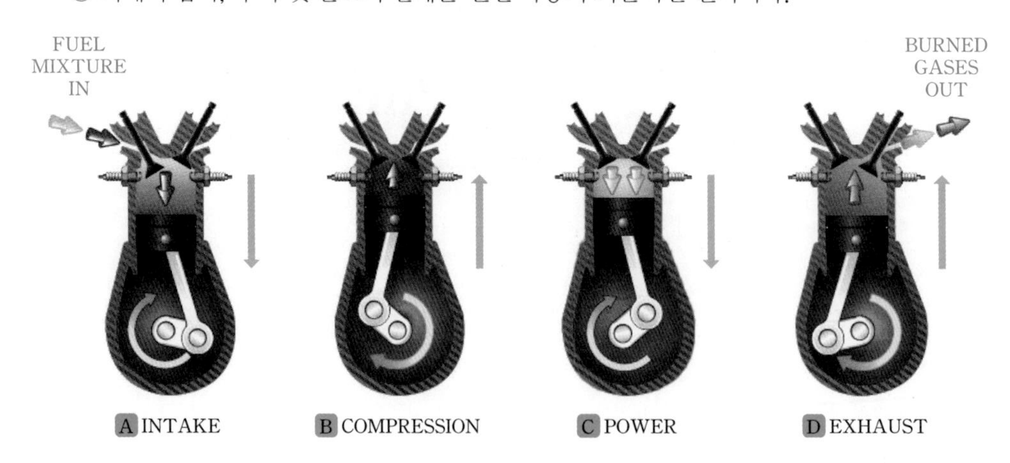

ⓑ 작동 순서 : 4행정 Engine = 흡입 ➜ 압축 ➜ 팽창 ➜ 배기행정 순으로 Crank Shaft가 2회전 점화는 압축 상사점(TDC) 전에 1회 일어난다.

ⓒ Fuel이 기화하여 공기와 혼합되고 Cylinder 안으로 유입되어 Piston에 의해서 압축되고 Electric Ignition(전기 점화) 또는 Compression Ignition(압축 점화)로 점화된다. 에너지가 기계에너지로 변환되고, 다시 일로 바뀌는 것은 Cylinder에서 이루어진다. 왕복 엔진의 작동 Cycle은 필요한 일련의 일이 연속적으로 발생하는데, Cylinder 내에서 연료/공기의 혼합물을 흡입, 압축, 점화, 연소 그리고 팽창시키고, 연소 작용의 진행 과정에서 생긴 부산물을 제거, 배출하는 것들을 포함한다.

ⓓ 압축된 혼합가스가 점화될 때, 연소 결과로 생기는 가스는 매우 빠른 속도로 팽창하여 Piston을 Cylinder Head로부터 밀게 한다.
Piston의 왕복운동은 Connecting Rod를 통하여 Crank Shaft에 작용하며 Crank Shaft에 의한 회전운동으로 변환된다.

ⓔ Cylinder Head에 있는 Intake Valve는 공기 또는 혼합공기를 흡입하고, Exhaust Valve는 연소가스가 배출되도록 열리고, Piston은 Crank Shaft와 Propeller의 Momentum에 의해 Cylinder 내에서 Cycle의 다음 작용을 할 수 있는 곳까지 다시 Piston을 밀어낸다.
이 Valves는 밸브작동기구에 의해서 적절한 시기에 기계적으로 열리거나 닫힌다.

ⓕ Stroke(행정) : Cylinder의 한쪽 끝에서 다른쪽 끝까지 Piston이 움직이는 거리이며, 즉 상사점(TDC)에서 하사점(BDC), 또는 하사점에서 상사점까지의 거리를 말한다.

② 왕복 엔진의 주요 구성품 및 기능

■ 주요 구성품 : Cylinder, Cylinder Head / Piston, Piston Ring, Piston pin / Intake Valve, Exhaust Valve / Connecting Rod / Crank Shaft, Crank Case / Locker Arm, Push Rod / Magneto, Ignition Lead Line, Spark Plug / Carburetor 등이 있다.

ⓐ Cylinder : Piston이 왕복운동을 하고 동력을 발생시키는 부분이다. Cylinder는 Cylinder Head 와 Cylinder Barrel로 이루어진다.

- Cylinder Head : 열전도성이 좋고 가벼우며 높은 온도에서도 기계적 강도가 큰 알루미늄 합금으로 만들며 모양은 반구형, 원뿔형 등이 있다. Cylinder Head에는 흡/배기 Valve 및 Manifold, 점화 Plug, Temp Sensor 등이 장착되며 공랭식 Engine은 냉각을 위해 외부에 Cooling Fin이 있다.
- Cylinder barrel : 내열성과 내마멸성이 큰 합금강으로 만들며 냉각을 위해 외부에 Cooling Fin이 있다. 내부에는 질화처리 또는 크롬 도금된 Cylinder Liner가 장착된다.

ⓑ Piston : Cylinder 안의 연소가스 압력에 의해 직선 왕복운동을 하여 Connecting Rod를 통해 Crank Shaft에 회전운동으로 전달하며 혼합가스를 흡입하고 배기가스를 배출한다.
열팽창이 작고 열을 Cylinder 벽 또는 Oil에 전달한다. 재질은 강하고 내마멸성이 큰 알루미늄 합금이며, 구성은 Piston Head, Piston skirt, Piston Ring, Piston Pin으로 구성된다.

- Piston Head : 평면형, 오목형, 컵형, 돔형, 반원뿔형 등이 있으며 Head 안쪽에 Cooling Fin이 있어 구조를 튼튼히 하고 열을 잘 방출 시킨다.
- Piston Ring : Compression Ring(압축 링)과 Oil ring(오일 링)으로 구성되며 기밀작용, 열전도작용, 윤활유 조절작용을 한다.
  - Compression Ring(압축 링) : Cylinder Head쪽에 2~3개가 위치하며 기밀작용과 열을 Cylinder 벽에 전달한다.
  - Oil ring(오일 링) : Cylinder 벽에 윤활유의 공급 및 제거하며 Piston Skirt 부분에 1~2개가 위치한다.
- Piston Pin : Piston에 작용하는 높은 압력의 힘을 Connecting Rod에 전달한다. 강철 또는 알루미늄 합금으로 만들며 내마멸성을 높이기 위해 표면경화처리를 하고 무게감소를 위해 속이 비어있다.(고정식, 반부동식 또는 전부동식이 있다)

ⓒ Valve 기구와 Valve 개폐 기구 : Valve는 Cylinder에 혼합가스의 유입 또는 배기가스의 배출을 제어하며 흡기밸브와 배기밸브가 있다.

- Intake Valve(흡기밸브) : 보통 규소-크롬강으로 만들며 Cylinder에 유입되는 혼합가스를 제어하며, 튤립형이 많이 사용된다.
- Exhaust valve(배기밸브) : Cylinder의 연소가스 배출을 제어하며 내열, 내마멸성의 강한 재료로 만들며 버섯형을 많이 사용한다. Exhaust valve는 속이 비어있으며 금속나트륨이 채워져 있어 냉각 효과를 증대시킨다.
- Valve Guid : Valve Stem을 지지하고 안내 역할을 하며 통상 수축법으로 장착한다.
- Valve Seat : Valve Face와 맞닿은 부분으로 Gas 누출을 방지하며 초경질 합금 스텔라이트 도금으로 마멸을 방지한다. 알루미늄, 청동 또는 내열강 재질이고 30°, 45°의 각도를 사용한다.
- Valve Spring : Valve를 닫아주는 역할을 하며 방향과 크기가 서로 다른 2개의 Spring으로 장착되어 작동 중에 Valve의 회전 및 진동을 감소 시키며 1개의 Spring이 부러져도 안전하게 작동시킨다.
- Locker Arm 및 Push Rod : 흡기 및 배기 행정에서 Crank Case안의 Cam에 의하여 Valve의 개/폐를 하는 장치이다.

ⓓ Connecting Rod : Piston의 왕복운동을 Crank Sfaft의 회전운동으로 바꾸어주기 위한 힘을 전달하며, 고탄소강 또는 크롬강으로 만든다.
"H"형 또는 "I"형의 단면 모양으로 만들며, Plain Connecting Rod Type(평형 컨넥팅 로드형)은 직렬형, 대향형 Engine에 사용되고 Master-and-articulated Type(마스터 관절형)은 성형 Engine에 사용된다.

ⓔ Crank Case : Crank Shaft 및 여러 기계장치 내장 및 Oil Tank 역할을 하며 외부에 Cylinder, Magneto, Reduction Gear, Filter, Charger(과급기), Starter 등이 장착된다.

ⓕ Crank Shaft : Piston 및 Connecting Rod의 왕복 운동을 회전 운동으로 바꾸어 Propeller에 회전 동력을 제공하며 크롬-니켈-모리브덴 함금강으로 만든다. Main Jounal, Crank Arm, Crank Pin으로 구성되며 Main Journal과 Crank Arm은 Main bearing으로 지지한다.

Crank Pin은 Connecting Rod의 대단부에 연결된 부분으로 속이 비어있어 무게 경감, 윤활유 통로 및 슬러지 Chamber 역할을 한다.

ⓖ Magneto Ignition System : Magneto, Distributer, Ignition Lead Line, Spark Plug로 구성되며 Engine의 회전속도가 일정속도 이상에서 Magneto가 발전기 역할을 한다.

- 압축 상사점(TDC : Top Dead Center) 전에 점화를 시킨다.
- 점화 시기 조절은 내부 점화 시기와 외부 점화 시기로 나뉜다.

ⓗ Charger(과급기) : 과급을 위해 흡입 공기를 압축하는 방식에 따라 엔진 축에 공기 압축기를 연결하는 방식을 슈퍼차저(Supercharger)라고 하고 배기가스의 압력으로 공기 압축을 이용할 때를 터보차저(Turbocharger)라고 한다.

ⓘ 연료 공급 장치 : Gasoline과 공기의 혼합비율은 운전상태에 따라 다르며, 중량 비율로는 Gasoline 1에 공기 15이고, 부피는 Gasoline의 약 50배의 공기가 필요하다. 기화기로 기체를 만드는 방법은 분무의 원리와 같다.

- Carburetor(기화기) 방식 : Gasoline Engine에 기계적으로 Cylinder 안에 연료와 공기를 일정한 비율로 주입 시켜주는 장치이다. 중요한 구성품은 Gasoline의 높이를 일정하게 하는 Float, 혼합기를 만드는 Venturi Tube, Jet Nozzle, cylinder에 공급되는 혼합기의 양을 가감하여 출력을 제어하는 Throttle valve, Engine이 냉각되어 있을 때 과농 혼합기를 공급하기 위한 Chock Valve가 있다.
- Injection 방식 : Carburetor(기화기) 방식과 같은 역할을 하지만 Computer로 Engine에 필요한 연료의 양을 조절하여 분사하는 방식이다. 보통 공기 흡입량과 엔진의 회전수에 따라 분사량과 분사시기를 정한다. 기존의 Carburetor(기화기)를 대체하여 개발된 방식으로 고성능 엔진에만 적용되었으나 현재는 대부분의 Engine에 쓰이고 있다.

ⓙ Propeller Reduction Gear : Engine의 출력은 RPM에 비례며 Propeller의 선단속도가 음속에 가까워지면 Stall(실속)이 발생하므로 Propeller의 회전속도를 줄이기 위하여 감속 기어가 필요하다.

참조 Reciprocating Engine의 분류

① 회전속도에 의한 분류

ⓐ 저속 Engine : 200 rpm 이하의 회전속도이며 통상 Piston의 지름보다 행정 거리가 길며 농업용 Diesel Engine이 많이 사용되었다.

ⓑ 중속 Engine : 200~800 rpm의 회전속도이며 통상 Piston의 지름과 행정 거리가 비슷하다.

ⓒ 고속 Engine : 800 rpm 이상의 회전속도이며 통상 Piston의 지름보다 행정 거리가 짧다.

② 냉각방식에 의한 분류

ⓐ Liquid Cooled Type(액랭식) : 물이나 냉각액을 이용하여 Engine을 냉각시키는 방식으로 자동차나 선박기관에 주로 사용하는 방식으로 구조가 복잡하고 무거워 항공기용으로 거의 쓰이지 않는다. 물재킷이나 에틸렌 글리콜을 사용하여 냉각시킨다.

ⓑ Air Cooled Type(공랭식) : Propeller 후류나 Fan에 의해 강제통풍을 시켜 비행 시 들어오는 공기로 Engine을 냉각시키는 방식으로 냉각 효율이 우수하고 제작비가 싸며 정비하기 쉬운 장점이 있다.

③ Stroke Cycle(행정)에 의한 분류

ⓐ 2 Stroke Cycle Engine : Crank Shaft가 1회전, 즉 2행정 사이에 ① 팽창, 배기, 흡입과 ② 압축의 사이클을 행한다. Piston이 왕복하며 Valve 기구를 대신하므로 구조가 간단하고 소형제작이 가능하다.

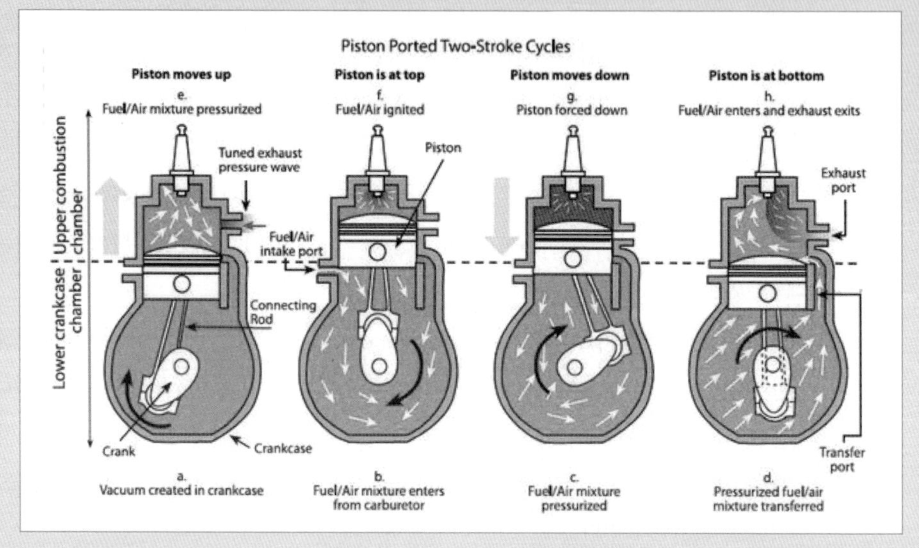

ⓑ 4 Stroke Cycle Engine : Crank Shaft의 2회전, 즉 4행정 사이에 ① 흡입, ② 압축, ③ 팽창, ④ 배기의 Cycle을 행한다.

④ 점화방식에 의한 분류

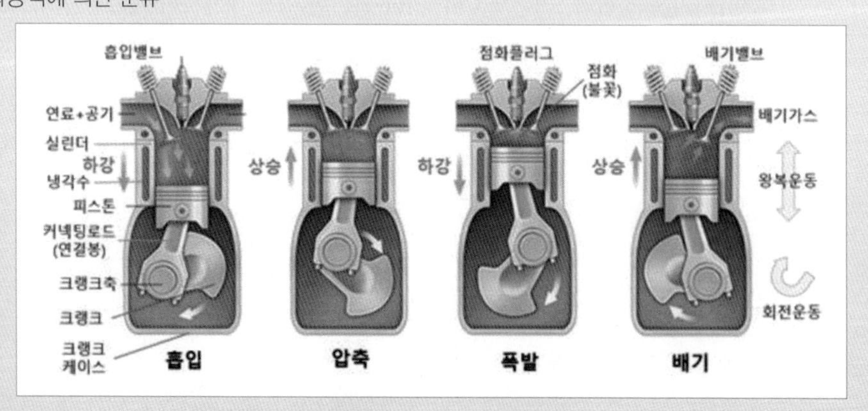

ⓐ 전기 점화 : 공기 와 연료의 혼합가스를 Cylinder 내에 유입하고, 압축 후 Ignition Plug(점화 플러그)로 점화하는 방식

ⓑ 압축 점화 : 엔진에서 공기를 고온이 될 때까지 압축하고 거기에 적당량의 연료를 분사해서 자연히 점화 연소시킨다.

⑤ 사용 연료에 의한 분류

ⓐ Gasoline : Gasoline, LPG(액화 석유가스) 등을 연료로 사용하며 통상 Spark 점화방식의 Engine에 사용된다.

ⓑ Diesel : 중유, 경유, 혼합유(경유에 소량의 윤활유를 섞은 것) 등을 연료로 사용하며 통상 압축 점화 방식의 Engine에 사용된다.

⑥ Cylinder 배열 방법에 의한 분류

ⓐ 대향형(Opposed type) : 소형 Engine용으로 400 hp까지 동력을 낼 수 있다. Cylinder 수는 4개, 6개 등 짝수로 구성된다.
수평대향형, 수직대향형(회전익 항공기에 사용)

ⓑ V형 : 열형에 비해 마력당 중량비를 줄일 수 있다. 같은 Crank Pin에 2개의 Connecting Rod가 연결된다.

ⓒ 열형(In-lined type) : Engine의 전면 면적이 작아 공기의 저항을 줄일 수 있지만 Engine의 숫자가 많으면 냉각이 어려워 보통 6기통으로 제한한다.
직립형(Upright), 도립형(Inverted position)

ⓓ 성형(Radial type) : 중형 및 대형 항공기에 사용되며 Cylinder 수에 따라 200~3,500 hp 정도의 동력을 낼 수 있다.

주제

(2) 점화장치 작업 및 작업 안전사항 준수 여부

평가 항목

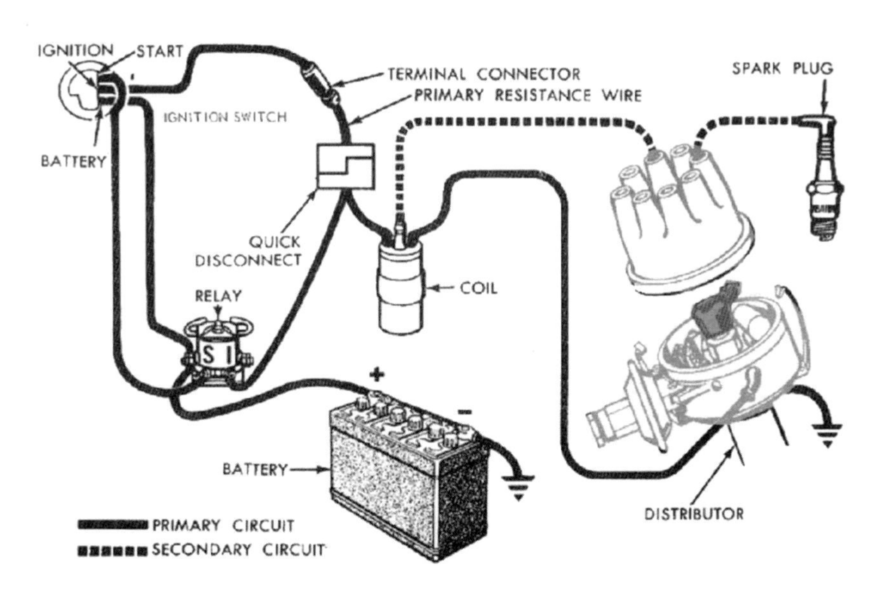

① Ignition Plug(점화 플러그) 세척 및 검사 : Ignition Plug(점화 플러그)가 제대로 Spark가 안 일어나 점화가 안 되거나 기관의 출력 저하가 의심될 때 수행한다.

ⓐ Ignition Plug(점화 플러그)에서 점화 도선을 분리한다.

ⓑ Mount에서 점화 플러그를 장탈하고, 연소실 번호에 맞게 Numbering 해둔다.

ⓒ 점화 플러그 간극 표면 재료를 검사하고, 검사 전에 마른 헝겊을 사용해 셀 외부 찌꺼기를 제거한다.

ⓓ 점화 플러그 Thread와 절연체, 전극의 침식 또는 손상이 일어났는지 육안검사를 한다.

ⓔ 점화 플러그를 세척 전에 점화 플러그 세척 및 Tester에 압축 공기와 전력을 공급한다.

ⓕ 점화 플러그 Thread 직경을 Vernier Calipers로 측정하여 맞는 고무 Adapter를 끼워주고, 점화 플러그 세척기에 장착하여 Fastner로 고정한다.

ⓖ Abrasive Blast로 3~5sec 정도 돌려주며 세척 한다.

ⓗ Air Blast로 Abrasive Blast의 알갱이 제거를 위해 3~5sec 정도 돌려주며 세척 한다.

ⓘ 고무 Adapter에서 장탈하여 세척이 제대로 되었는지 확인한다.

ⓙ 점화 테스트 전에 간극에 따라 압축공기 세팅 값도 달라지기 때문에 간극을 두께 또는 간극 게이지로 측정한다.

ⓚ 점화 플러그 테스트기에 점화 플러그를 매뉴얼에 명시된 토크 값으로 조인 후, 고 전압 전선을 연결한다.

ⓛ 점화 플러그 간극에 맞게 압력계기로 압력을 맞춘다.(간극이 작으면 녹색 호선 값이 크고, 크면 녹색 호선 값이 작다.)

ⓜ 테스트 스위치를 눌러 점화 플러그를 장착한 바로 아래의 유리로 스파크가 정상적으로 일어나는지 확인한다.

ⓝ 녹색 호선에서 스파크가 튀면 재사용이 가능하고, 노란색 호선은 부분적, 빨간색 호선은 교환해야 한다.

ⓞ Test 후 Spark Plug를 장탈하여 Cylinder에 장착해 제작사에서 명시한 Ignition Plug를 Torque 한다.(보통 14mm는 240~300 in-lb, 18mm는 360~420 in-lb)

② 점화 계통 작업 안전사항

ⓐ 작업 전에는 조종실의 모든 스위치를 "OFF"에 위치시킨다.

ⓑ 마그네토, 점화 플러그 등에 물이나 윤활유가 묻지 않게 주의해야 한다.

ⓒ 작업 중 마그네토 2차 회로에 손이나 공구가 닿지 않게 주의해야 한다.

ⓓ Propeller가 회전할 수 있으므로 안전 조치를 취해야 한다.

ⓔ 점화 플러그 Thread 부분이 파손되지 않게 주의해야 한다.

ⓕ 점화 플러그를 한 번이라도 떨어트리면 절연체에 균열이 갈 수 있어 주의해야 한다.

ⓖ 반드시 점화 플러그는 테스트나 연소실에 장착할 때는 매뉴얼에 명시된 토크 값으로 Torque하여 열팽창에 의한 손상을 방지해야 한다.

주제

(3) 윤활장치 점검(기능, 작동유 점검 및 보충)

평가 항목

① 윤활의 목적 : 작동되는 장비품에 적절한 윤활, 냉각, 밀폐, 청결, 부식방지, 완충 작용

② Reciprocating Engine(왕복 엔진) Oil의 작용

ⓐ Lubrication(윤활) : 금속 마찰 면에 유막을 형성하여 마찰을 줄인다.

ⓑ Cooling(냉각) : Piston의 열을 Cylinder에 전달 및 흡수하고 Engine 부품의 열을 흡수하여 Air or Fuel Heat Exchanger(열교환기)에서 냉각하여 순환한다.

ⓒ Sealing(기밀) : Piston과 Cylinder 사이에 유막을 형성하여 Gas 누출 방지한다.

ⓓ Clean(청결) : 점성에 의해 접촉면에 발생한 이물질을 흡수하여 Filter(여과기)에서 걸러준다.

ⓔ Corrosion Proof(부식방지) : 금속 표면에 Oil로 도포되어 산소와 결합을 차단하므로 부식을 방지한다.

ⓕ Buffer(완충) : 금속면 사이에서 Oil의 탄성에 의한 충격을 흡수한다.

③ 윤활작용(Lubrication)

참조 Sump의 구분

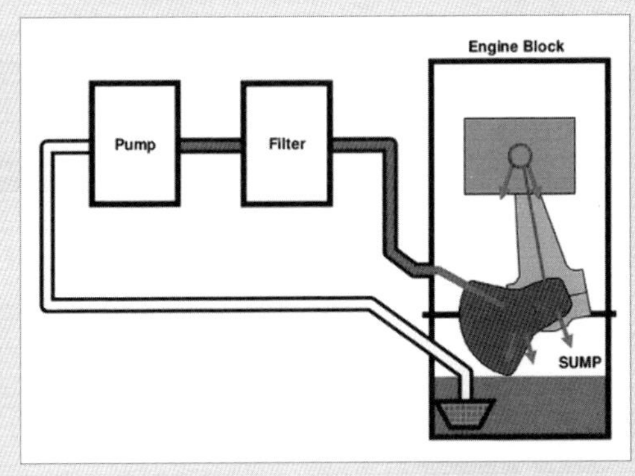

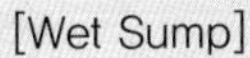

[Wet Sump]

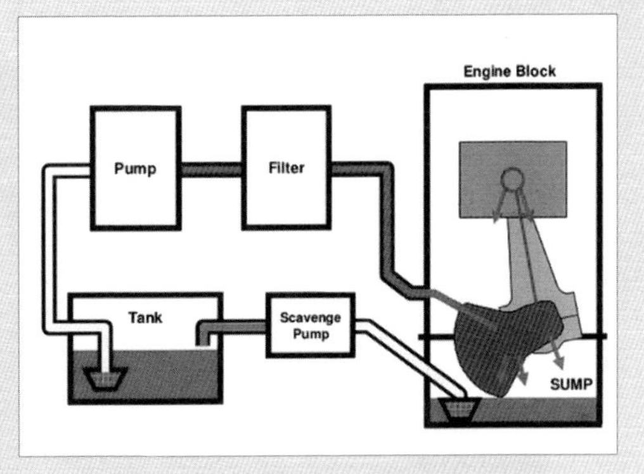

[Dry Sump]

ⓐ Wet Sump : Crank Case의 바닥에 Oil을 중력에 의해 모으는 가장 간단한 저장 계통으로 곡예비행 Engine에는 부적합하다.

ⓑ Dry Sump : Engine 본체 외부에 Oil Tank를 부착하여 Oil Supply and Scavenge를 Pump로 작동하므로 항공기의 자세에 무관하게 작용한다.

ⓐ Oil은 Tank 또는 Sump에서 Pump에 의해 Engine의 각 윤활 장소로 공급되고 중력 또는 Pump에 의해 Tank 또는 Sump로 회귀한다.

ⓑ 유압은 Oil Pressure Control Valve에 의해 조절되고 온도는 Air/Oil Heat Exchanger에서 냉각된다.

④ 점검 및 보충

ⓐ Cockpit의 Oil Q'TY Indicator와 Engine 상부에 붙어 있는 Deep Stick을 보고 알 수 있으며 비행 전에 육안으로 양을 점검한다.

ⓑ Oil 교환 및 Metal Ckeck(윤활 계통 정비)

- Oil 교환 : 운용 중에 Gasoline의 찌꺼기, 수분, 탄소, 먼지 및 금속 등이 윤활 기능 및 Engine에 중대 결함을 유발할 수 있으므로 정기적으로 교환한다.
- Oil Filter Check : 주기적으로 Filter Element를 점검하여 확인하며, Metal이 발견되면 Engine 내부의 손상이 우려되므로 제작사 Manual을 적용한다. 필요 시 Oil을 채취하여 윤활유 분광검사(SOAP : Spectrometric Oil Analysis Program)을 한다.
- Oil에 불순물 등으로 오염되었을 경우 : Engine Oil을 교환한다.
- Oil Tank 부식 : Oil Tank가 침전물에 의해 부식 또는 균열발생으로 Oil이 Leak될 경우 Tank의 수리 또는 교환하고 Oil을 보급하여 2분간 Engine을 작동시켜 이상 유무를 확인한다.
- Hose 및 Tube가 노후 또는 누설의 경우 New Part로 교환한다.

주제

(4) 주요 지시계기 및 경고장치 이해

평가 항목

① RPM indicator(회전 속도계) : Engine의 분당 회전수를 표시하는 계기이다.

② Fuel Flow Indicator(연료 유량계) : 연료계통 내 연료 흐름 상태를 측정하는 계기이다.
분당 또는 시간 당 연료가 흐르는 양을 표시하며, 단위는 GPM(Gallon Per Minute) 또는 PPM(Pound Per Minute)이 있으나 대부분 PPM을 사용한다.

③ Oil Pressure Indacator(윤활유 압력 지시계) : Engine에 흐르는 윤활유 압력을 지시하며, 단위는 PSI(pound per Square Inch)이다. 압력이 낮거나 높을 때 마찰열에 의해 Engine 손상이나 화재가 일어나 Cylinder가 깨질 우려가 있어 Reciprocating Engine에서 제일 먼저 확인해야 한다.

④ Oil Temperature Indicator(윤활유 온도 지시계) : Engine에 흐르는 윤활유 온도를 지시하며, ℃(섭씨)와 ℉(화씨) 온도를 지시하는 두 종류가 있다.

⑤ Fuel Pressure Indicator(연료 압력계) : Engine에 흐르는 연료 압력을 지시하며, 단위는 PSI(Pound per Square Inch)이다.

⑥ Cylinder Head Temperature Indicator(실린더 헤드 온도계) : Cylinder Head 부분에 구리와 콘스탄탄으로 제작된 Thermo couple(열전쌍)에 의해 측정된 온도를 전기적 Signal로 변환시켜 계기에 표시해준다.

주제

(5) 연료계통 기능(점검, 고장탐구 등)

평가 항목

① 항공기용 Gasoline은 발열량이 크고 기화성이 좋으며 Vapor Lock(증기폐쇄) 현상이 적고 Anti-knock(안티 노크성) 및 안정성이 높으며 내식성도 좋다. 연료계통은 연료펌프의 압력에 의해 일정한 압력으로 필요한 양의 연료를 기화기 및 그 밖의 연료 조절 계통에 공급한다.

② 연료계통의 구성 : Fuel Tank, Electric Fuel Booster Pump, Fuel Filter, Fuel Shut-off & Selector Valve, Engine Driven Fuel Pump, Primer 및 Carburetor 등으로 구성된다.

③ 최근 항공기 대부분의 고장탐구는 Cockpit의 CDU(Cockpit Display Unit)를 통해 결함 부위를 찾아내는 방식이다. Fuel System도 Fuel Leak 등 직접 눈으로 확인되지 않는 Valve, Sensor, Cntorller 등은 CDU(Cockpit Display Unit)에서 결함을 찾아 수정한다.

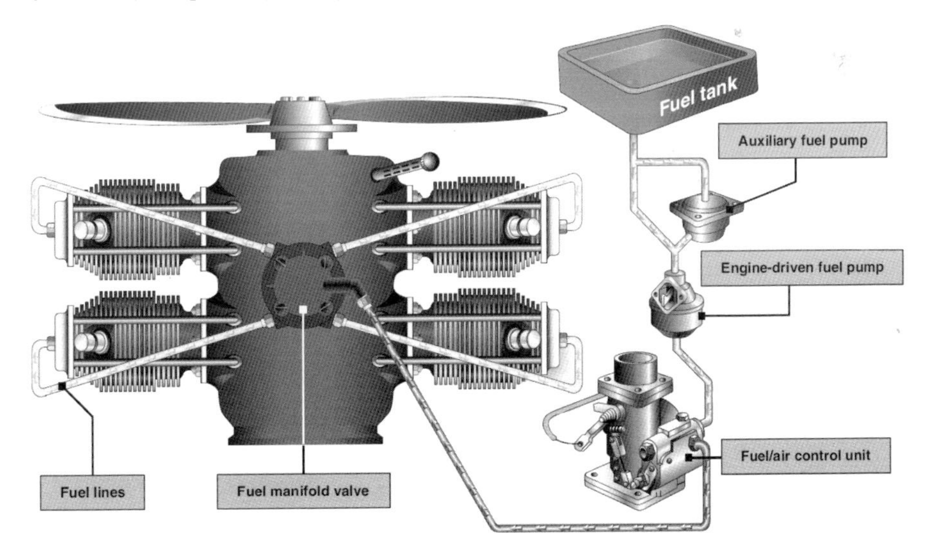

주제

(6) 흡입 및 배기 계통(Intake & Exhaust System)

평가 항목

① Intake Strock(흡입 행정) : Cylinder 내부로 출력을 낼 수 있는 연료와 공기를 넣어주는 행정이다.

ⓐ 기화기(Carburator) 방식 : 혼합기를 Cylinder에 공급하는 방식이다.

ⓑ 연료 분사 방식(Fuel Injection Type) : 공기를 Cylinder에 공급하고 Injector에서 연료를 분사하는 방식이다.

② Exhaust System : 왕복엔진의 배기 계통은 엔진에서 배출되는 고온, 유독 가스를 함께 모아 처리하는 계통으로 Manifold에서 각 Cylinder에서 배출되는 Gas를 모으고 Uffler(소음기)에서 소음을 경감하여 배출한다.

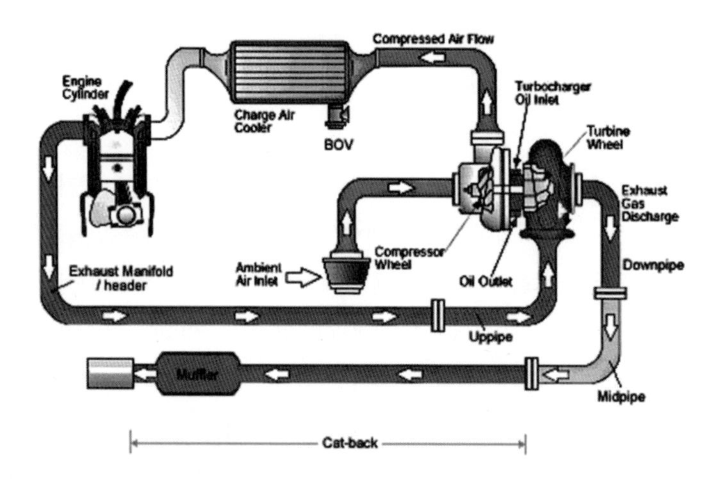

2. 가스터빈 엔진(구술 또는 실기 평가)

주제

(1) 작동원리, 주요 구성품 및 기능

평가 항목

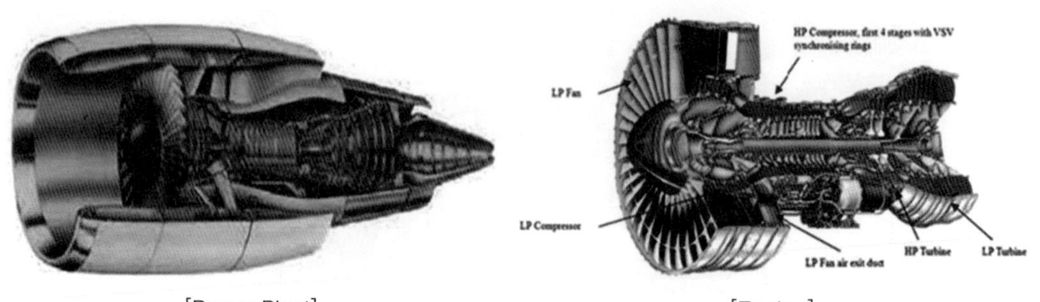

[Power Plant] [Engine]

① 연료를 연소시켜 발생한 고온/압의 연소 가스를 이용해 Turbine을 회전시켜 회전 동력이나 분사 추진력을 발생시키는 Heat Engine이다.

② 주요 Engine 구성품

ⓐ Compressor : 공기를 압축시키는 부분으로 원심형과 축류형 압축기로 구분한다.

ⓑ Diffuser : 공기 속도 에너지를 압력 에너지로 변환시키는 부분으로 공기와 연료가 잘 혼합되어 연소되게 해주는 부분이다.

ⓒ Combustion Chamber : 연소가 일어나는 연소실로, Can형, Cannular형, Annular형이 있다.

ⓓ Turbine : 연소 가스에 의해 회전하여 연결된 압축기나 액세서리를 구동하며, 나머지 에너지로 추력을 만든다.

ⓔ Accessory Gear Box : Engine Shaft와 Gear 및 Shaft로 연결되며 각종 Engine 구동 Component가 장착된다.

ⓕ Engine 작동 Components : Fuel System, Oil System 및 Ignition System 이다.

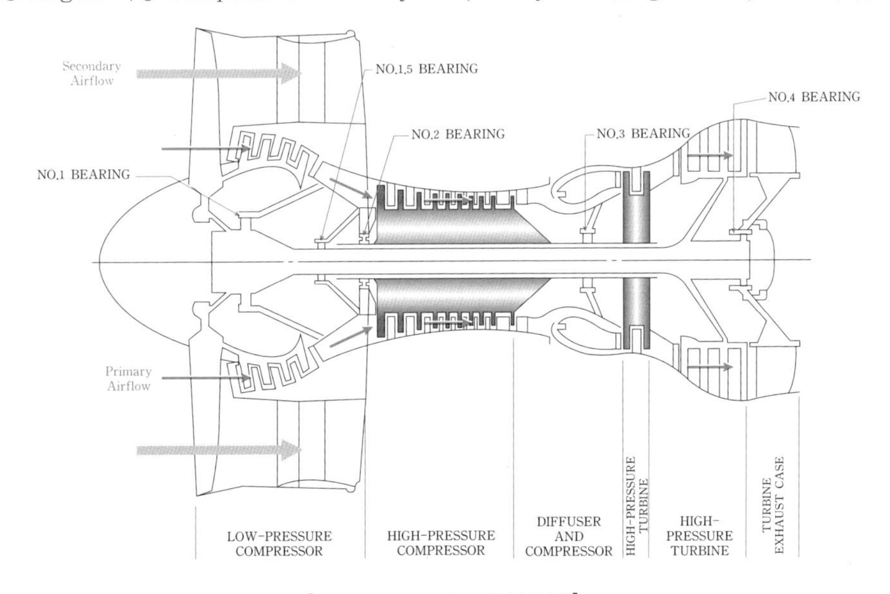

[Turbofan engine PW4000]

③ 주요 Power Plant 구성품

ⓐ Engine : Compressor, Diffuser, Combustor, Turbine 및 Accessory Gear Box 등 Engine의 기본 구성품과 Fuel System, Oil System 및 Ignition System 등이다.

ⓑ Air Inlet Duct : 공기 흡입구로 아음속에서는 확산형(Divergent)을 초음속에서는 수축-확산형(Convergent-Divergent) 흡입구를 사용한다,

ⓒ Exhaust System : 배기계통으로 수축형(Convergent)으로 배기 가스의 속도를 증가시키고 압력을 감소시킨다. 주요 구성품으로 Turbine Sleeve와 Tail Plug가 있다.

ⓓ Engine Cowl : Engine 및 부분품의 보호를 위한 외부 Cover이다.

주제

(2) 점화장치 작업 및 작업 안전사항 준수 여부

평가 항목

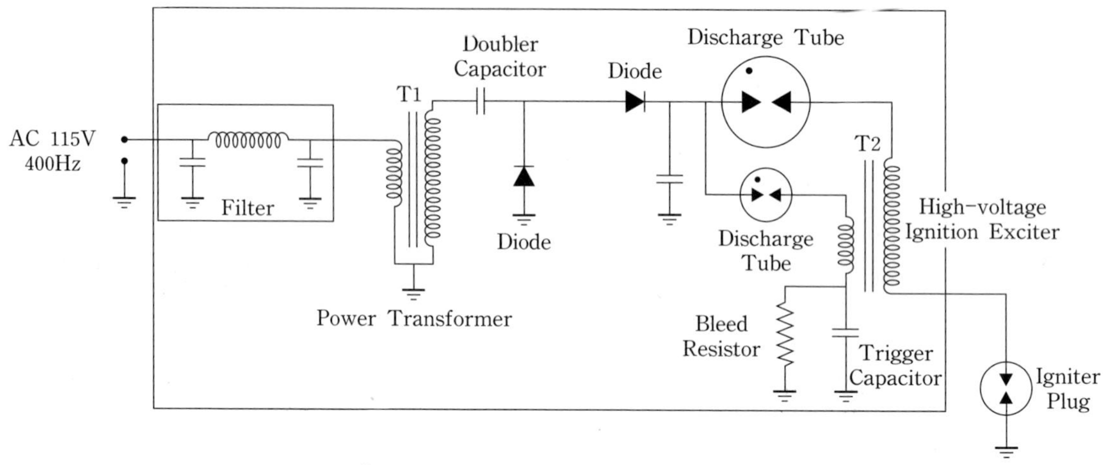

[High-Energy Ignition Exciter System]

① 전형적인 Turbine Engine의 Ignition System의 정비는 근본적으로 Inspection, Test, Trouble shooting, Remobal 및 Installation으로 이루어진다.

ⓐ 검사(Inspection)

- 점화도선 단자 검사에서, 세라믹 단자는 Arcing, 탄소 축적 및 Crack이 없어야 한다.
- [그림]같이 Grommet Seal은 Flash over와 탄소 축적이 없어야 한다.
- Wire Insulator는 절연체를 통한 Arcing 흔적 없이 유연성이 있어야 한다.
- 구성품 장착 상태 또는 고전압 Arcing 및 연결부 풀림 등 전체 계통을 검사한다.

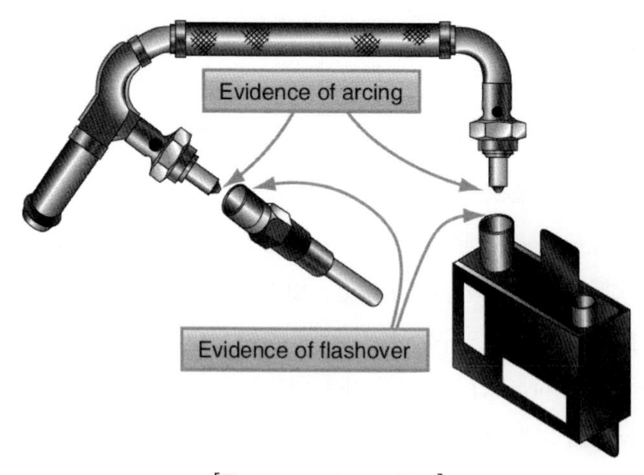

[Flash over Inspection]

② 계통의 작동 점검(Check System Operation) : Igniter는 Engine이 Starter에 의해 구동할 때 Ignition SW를 "ON" 하면 "딱, 딱" 하는 소리를 들음으로 점검할 수 있다.

③ 수리(Repair) : 점검 결과에 따라 수정 및 결함이 많은 구성 부분과 배선을 교체하고 안전장치를 한다.

④ 점화 계통 구성품의 교환 장착 : 다음의 지침은 여러 Engine 제작사에서 권장하는 절차이며 점화 계통 정비를 수행하기 전에 적용할 수 있는 제작사 지침을 참고한다.

ⓐ 점화 계통의 도선(Ignition System Leads)

- Engine에 Ignition Lead를 고정하는 Clamp를 장탈 한다.
- Exciter Unit에서 Safety Wire를 제거하고 전선 연결부를 분리한다.
- Igniter Plug에서 Safety Wire를 제거하고 도선을 분리한다.
- 계통에 충전된 모든 전하를 접지시키는 방법으로 방전시키고 Engine에서 점화 도선을 분리한다.
- 인가된 Dry Cleaning 용제로 도선을 세척 한다.
- 연결부의 손상된 나사산, 부식, 절연체의 균열, 그리고 연결핀이 휘었거나 부러졌는지 검사한다.
- 도선이 마모, 소손, 찍힘, 벗겨짐 또는 오래되어 재질이 퇴화 상태를 검사한다.
- 점화 도선의 도통 시험을 수행한다.
- 장탈 절차의 역순으로 도선을 다시 장착한다.

ⓑ Igniter Plugs 교환

- Igniter Plug에서 점화 도선을 분리시킨다.
  → 점화 도선을 분리하기 전에 효과적인 절차는 Ignitor Unit 으로부터 저전압 1차 도선을 분리하고, Igniter로부터 고전압 Cable을 분리하기 전에 저장된 에너지를 방출하도록 적어도 1분간은 기다린다.
- Mount에서 Igniter Plug를 장탈 한다.
- Igniter 간극의 표면 재료를 검사한다.
  - 검사 전에, 마른 헝겊을 사용하여 Cell 외부에서 찌꺼기를 제거한다.
  - 저전압 Igniter의 전극은 세척하지 않는다.
  - 고전압 Igniter의 전극은 세척하여 검사에 도움이 되도록 한다.
- Igniter의 Shank 부분에 마찰에 의한 손상이 있는지 검사한다.
- Igniter 표면이 미세하게 찍힘 또는 다른 손상이 있으면 Igniter를 교환한다.
- 더럽거나 그을음이 많은 Igniter를 교환한다.
- 장착 Pad에 Igniter를 장착한다.
- Combustion Chamber Liner와 Igniter 사이의 Gap이 적절한지 점검한다.
- 제작사에서 명시한 Torque로 Igniter를 Torque 한다.
- Igniter에 Safety Wire를 한다.

주제

(3) 윤활장치 점검(기능, 작동유 점검 및 보충)

평가 항목

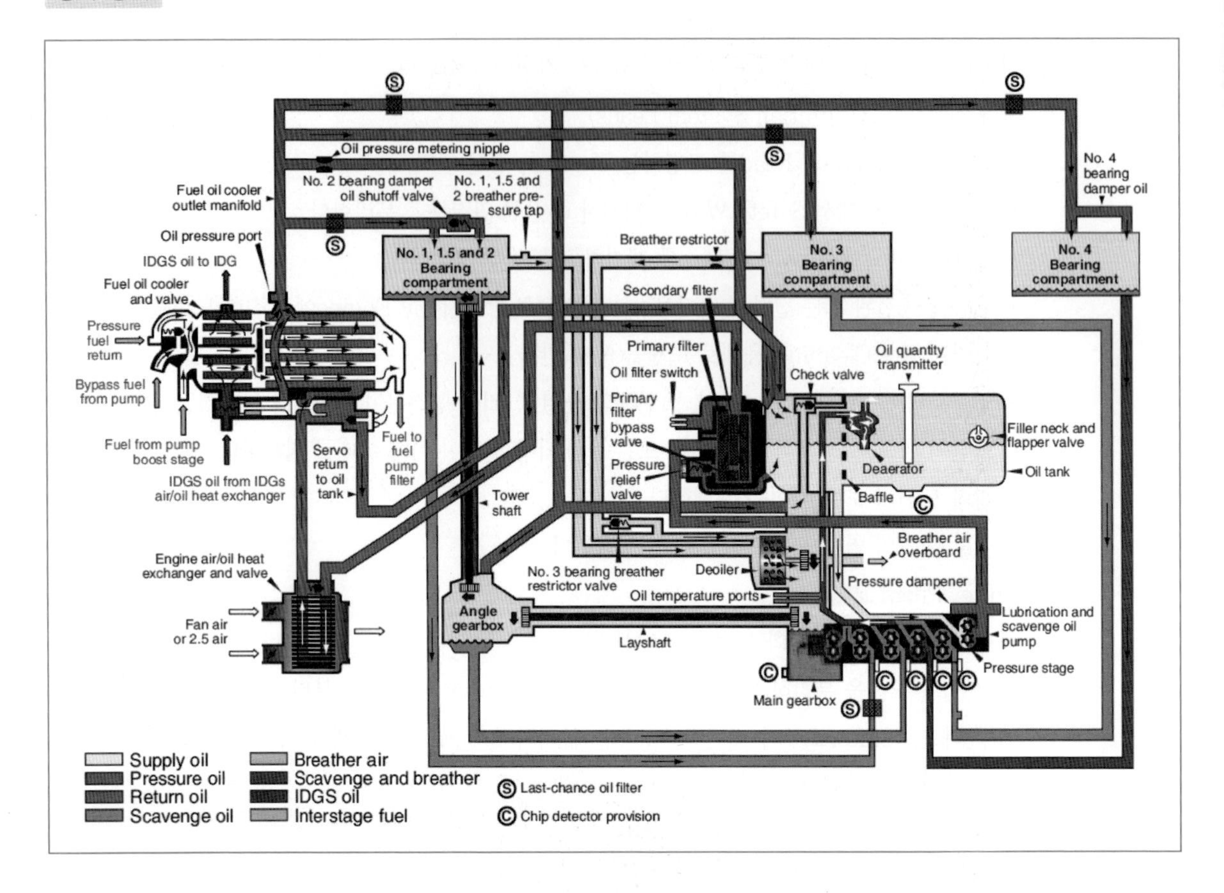

① 윤활의 목적 : 작동되는 장비 품에 적절한 윤활, 냉각, 밀폐, 청결, 부식방지, 완충 작용

② Jet Engine(제트 엔진) Oil의 작용

ⓐ Lubrication(윤활) : 금속 마찰 면에 유막을 형성하여 마찰을 줄인다.

ⓑ Cooling(냉각) : Piston의 열을 Cylinder에 전달 및 흡수하고 Engine 부품의 열을 흡수하여 Air or Fuel Heat Exchanger(열교환기)에서 냉각하여 순환한다.

ⓒ Sealing(기밀) : Piston과 Cylinder 사이에 유막을 형성하여 Gas 누출 방지한다.

ⓓ Clean(청결) : 점성에 의해 접촉면에 발생한 이물질을 흡수하여 Filter(여과기)에서 걸러준다.

ⓔ Corrosion Proof(부식방지) : 금속 표면에 Oil로 도포되어 산소와 결합을 차단하므로 부식을 방지한다.

ⓕ Buffer(완충) : 금속면 사이에서 Oil의 탄성에 의한 충격을 흡수한다.

참조 Oil의 구비조건

ⓐ Viscosity Index(점도지수)가 높을 것 : 온도변화에 따른 윤활유의 점성률(점도) 변화를 표시하는 지수로 온도에 따른 점도 변화가 적어야 한다.

ⓑ Pour Point(유동점)가 낮을 것 : 응고점 1보다 2.5℃ 높은 온도를 유동점이라 하며, 낮은 온도에서 원활한 작동이 되어야 하므로 유동점이 낮아야 한다.

ⓒ Oilness(유성)가 좋을 것 : Oil이 금속 면에 점착하는 성질로 유성이 좋으면 경계마찰을 감소시킨다.

ⓓ Carbon Formation(탄화성)이 낮을 것 : Engine 작동 중에 각부에 Carbon 및 Sludge가 퇴적하므로 Oil에서 Carbon이 석출되는 것을 최소화해야 금속표면의 부식방지 및 유로의 막힘이 없다.

ⓔ Oxidative Stability(산화 안정성)가 좋을 것 : 산소의 존재에서 가열 산화시켜 산화 전/후의 성상 변화산소 흡수량 등을 측정하여 판정하며, Oil이 산화되면 산, Sludge 등의 생성, 유성 저하, 부식 및 마멸이 촉진된다.

ⓕ Anti-corrosion(부식방지성)이 좋을 것 : Engine Oil의 산화물 또는 연소 생성물 등은 부식을 유발 및 촉진시킨다.

ⓖ Flash Point(인화점)가 높을 것 : 화염에 근접했을 때 연소 또는 폭발할 수 있는 최저 온도이므로 인화점이 높아야 한다.

ⓗ Ignition Point(발화점)가 높을 것 : 물질 스스로 타기 시작하는 최저 온도로 발화점이 높아야 한다.

ⓘ Forming(기포 발생)이 적을 것 : Oil에 기포가 발생하면 Pump의 기능 저하 및 Vapor-Lock 현상이 발생하므로 기포 발생이 적어야 한다.

② 윤활장치 점검(기능, 작동유 점검 및 보충)

ⓐ 윤활장치 점검

구성품의 일일점검 및 주기점검 시에 수행하며 윤활유의 오염 상태를 점검한다.

- 윤활유 점검 : 이상 발견 시 윤활유를 교환한다.(윤활유의 색깔, 탁도 등)
- Oil Filter 점검 : 침전물 발견 시 침전물의 종류 및 이상 부위를 확인 및 정비하고 Filter를 교환한다.
- 각종 Valve 및 Pump 점검 : 외부 육안 점검 및 기능을 점검하여 결함 수정 또는 교환한다.
- Hose 및 Tube 점검 : 누설 및 상태 점검하여 결함 수정 또는 교환한다.

③ 윤활작용

ⓐ Engine Oil은 Tank에서 Pressure Pump에 의해 Engine의 각 윤활 장소로 공급되고 Scavenge Pump에 의해 Tank로 회귀하며 Oil Tank 압력은 Engine 제작사마다 다르다.

(예 GE Engine ➜ 5~9 psi 정도, P & WA Engine ➜ 8~12 psi 정도이다.)

참조 Jet Engine의 Oil Tank Type 및 구성품

① Oil Tank Type

ⓐ Cold Tank : Engine 제작사 GE에서 사용되며, Oil Cooling System(Fuel/Oil or Air/Oil Heat Exchanger)이 Scavenge Pump와 Oil Tank 사이에 위치하여 Cooling이 된 Oil이 Oil Tank에 저장된다.

- Oil 흐름도

Oil Tank → Main Oil Pump → Oil Filter → Oil Nozzle → Engine Bearing & Gear Box Bearing → Scavenge Filter & MCD → Scavenge Pump → Fuel/Oil or Air/Oil Heat Exchanger → Dearator & Deoiler → Oil Tank

ⓑ Hot Tank : Engine 제작사 P&WA에서 사용되며, Oil Cooling System(Fuel/Oil or Air/Oil Heat Exchanger)가 Oil Tank와 Pressure Pump 사이에 위치하여 Hot Oil이 Oil Tank에 저장된다.

- Oil 흐름도

Oil Tank → Fuel/Oil or Air/Oil Heat Exchanger → Main Oil Pump → Oil Filter → Oil Nozzle → Engine Bearing & Gear Box Bearing → Scavenge Filter & MCD → Scavenge Pump → Dearator & Deoiler → Oil Tank

② Oil Quantity Transmitter : Oil Tank 내의 Oil 량을 Capacitor Type으로 감지하여 Cockpit에 Indication 한다.

③ Oil Cap & Flaper Valve

- Oil Cap : Filer Neck 로 Tank에 Oil을 보급하는 주유구이다.
- Flaper Valve : Oil Cap아래 부분에 위치하며 Engine 작동 중 Oil Cap이 Open되어도 Oil Tank Pressure에 의해 Valve를 Close하여 Leak를 방지한다.

④ Dearator : 유선형으로 된 관으로 점성에 의해 Scavenge Oil 속에 함유된 기포를 분리한다.

ⓑ Main Oil Pump : 1개의 Pump로 Engine Bearing 및 Gear Box에 Oil을 공급한다.

ⓒ Main Oil Filter : 통상 60~65 micron Coarse Filter로 Non-cleanable이며 Bearing에 공급되는 Oil 속의 이물질을 걸러주며 Filter △P SW, By-pass Valve 및 Pressure Relief Valve가 있다.

- △P SW : Filter 입구 압력과 출구 압력의 차압을 감지하여 Cockpit에 Oil Filter의 막힘상태를 지시한다.
- By-pass Valve : Spring Type Valve로 △Pressure가 기준치 이상이면 Filtering이 않된 Oil을 계통에 공급한다.
- Pressure Relief Valve : 공급되는 Oil Pressure가 규정압력보다 높을 경우 Oil Tank로 귀화시킨다.

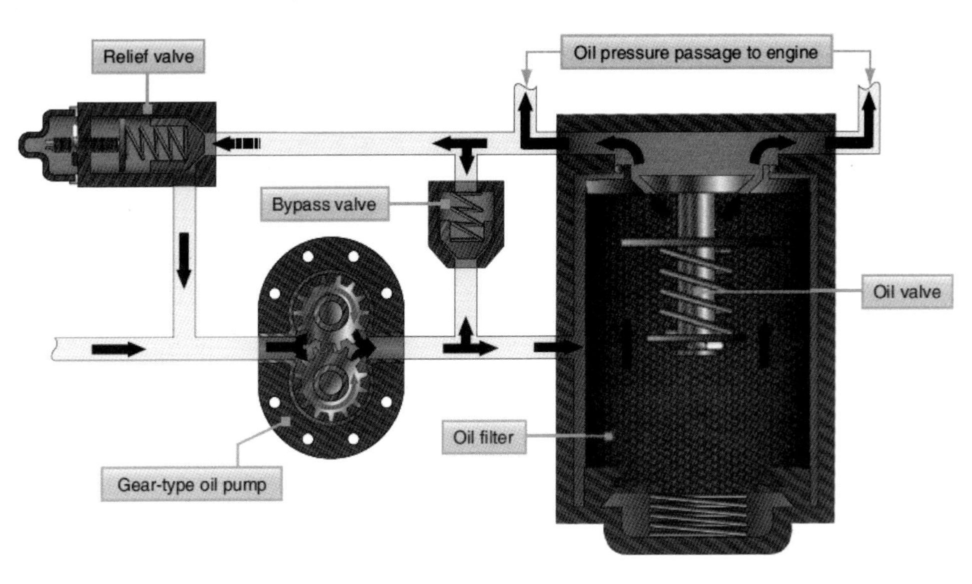

[Engine oil pump and associated units]

ⓓ Bearing : Engine Shaft와 Support를 연결하여 Roller 또는 Ball이 구르면서 접촉하므로 마찰이 작아 고속 회전을 하는 곳에 적합하며 Ball Bearing 또는 Roller Bearing이 있다.

참조 Bearing Sump(Bearing Compartment)의 구성

① Main Bearing : Ball Bearing과 Roller bearing이 있다.

ⓐ Ball Bearing : Thrust Bearing이라고도 하며 Axial Load와 Radial Load를 담당하며 1개의 Shaft에 1개의 Bearing만 허용된다.

ⓑ Roller Bearing : Radial Load만을 담당하며 1개의 Shaft에 필요량의 Bearing을 장착할 수 있다.

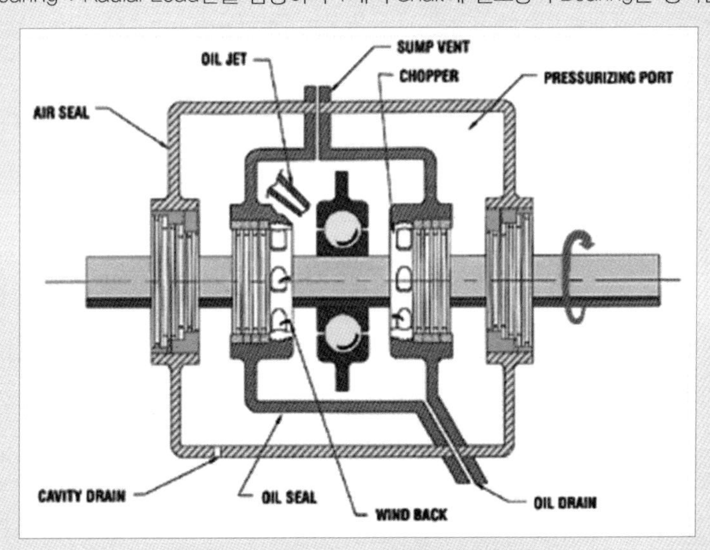

[Tank and Sump Pressurizing System]

② Oil Nozzle : Oil jet라고도 하며 Inner Sump의 중/상부에 장착되며 Bearing에 Oil을 공급한다.
③ Oil Scavenge Port : Inner Sump의 하부에 위치하며 중력에 의하여 모아진 Scavenge Oil을 Scavenge Pump로 보내진다.
④ Seal : Air/Oil Seal과 Air Seal로 나뉜다.
ⓐ Air/Oil Seal : Inner Sump에 위치하며 Oil의 누출을 방지하며 Labyrinth Seal Type과 Carbon seal Typedl 있다.
ⓑ Air Seal : Outer Sump에 위치하며 Engine의 Hot Gas의 유입을 차단하며 Labyrinth Seal Type이다.
⑤ Sump Vent Port : Breather Vent라고도 하며 Sump내의 일정 압력을 유지하며 Accessory(Main) Gear Box로 연결된다.

ⓔ Scavenge Filter & MCD(Magnetic Chip Detector)
- Scavenge Filter : Metal Screen Type으로 Cleanable이며 Scavenge Pump로 유입되는 Oil의 이물질을 Filtering 한다.
- MCD(Magnetic Chip Detector) : Scavenge Oil속에 함유된 철분을 Magnetic이 잡아주므로 Bearing 계통의 결함을 감지한다.

ⓕ Scavenge Pump : Bearing Sump 별 및 Transfer(Angle) Gear Box, Accessory(Main) Gear Box에 개별적으로 주어지며 Scavenge Pump의 총 용량은 Pressure Pump의 용량보다 3.6 GPM (Gallon Per Minute) 정도 크다.

ⓖ Heat Exchanger : Oil을 냉각시키는 장치로 Fuel/Oil Heat Exchanger와 Air/Oil Heat Exchanger가 있다.
- Fuel/Oil Heat Exchanger : Oil은 냉각 시키고 Fuel은 Heating 시키는 장치이다.
- Air/Oil Heat Exchanger : Oil을 Fan Dischare Air로 Cooling 시키는 장치이다.

ⓗ Deoiler & Pressurizing Valve
- Deoiler : Accessory(Main) Gear Box에 위치하며 Centrifugal Type으로 Breahter Air 속에 함유된 Oil의 입자를 원심식으로 분리하여 Air는 Pressurizing Valve를 통하여 외부로 배출한다.
- Pressurizing Valve : De-oiler에서 분리된 Air는 필요한 Breater Pressure를 유지하고 외부로 배출한다.
  - GE Engine : Main Shaft의 중심인 Center Vent Tube를 통해 Engine Tail Pipe로 배출한다.
  - P & WA Engine : Main Gear Box의 전방에 위치하며 Core Cowl 외부로 배출한다.

주제

(4) 주요 지시계기 및 경고장치 이해

평가 항목

① RPM indicator(회전 속도계) : Engine의 분당 회전수를 표시하는 계기이다. 최대 출력일 때 RPM을 100%로 정하고, 단위로는 % RPM을 사용한다.
계기상의 큰 눈금은 1% RPM으로 나타내고, 작은 눈금은 0.1% RPM으로 나타낸다.

② Fuel Flow Indicator(연료 유량계) : 연료 계통 내 연료 흐름 상태를 측정하는 계기이다.
분당 또는 시간 당 연료가 흐르는 양을 표시하며, 단위는 GPM(Gallon Per Minute) 또는 PPM(Pound Per Minute)이 있으나 대부분 PPM을 사용한다.

③ Oil Pressure Indacator(윤활유 압력 지시계) : Engine에 흐르는 윤활유 압력을 지시하며, 단위는 PSI(Pound per Square Inch)이다.
압력이 낮거나 높을 때 마찰열에 의해 Engine 손상이나 화재가 일어나 Cylinder가 깨질 우려가 있어 Reciprocating Engine에서 제일 먼저 확인해야 한다.

④ Oil Temperature Indicator(윤활유 온도 지시계) : Engine에 흐르는 윤활유 온도를 지시하며, °C(섭씨)와 °F(화씨) 온도를 지시하는 두 종류가 있다.

⑤ Fuel Pressure Indicator(연료 압력계) : Engine에 흐르는 연료 압력을 지시하며, 단위는 PSI이다.

⑥ EGT(Exhaust Gas Temperature Indicator) : Turbine Exhaust Temperature를 Thermocouple로 감지하여 기전력으로 바꾸어 Cockpit에 지시한다.

참조 Thermocouple(열전쌍)

① Thermocouple(열전쌍)의 구조

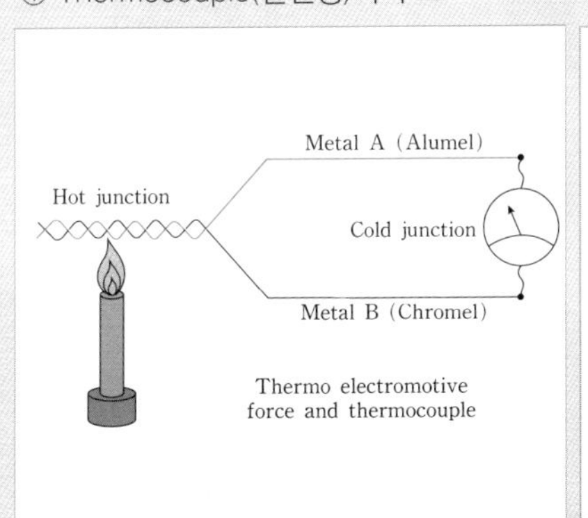

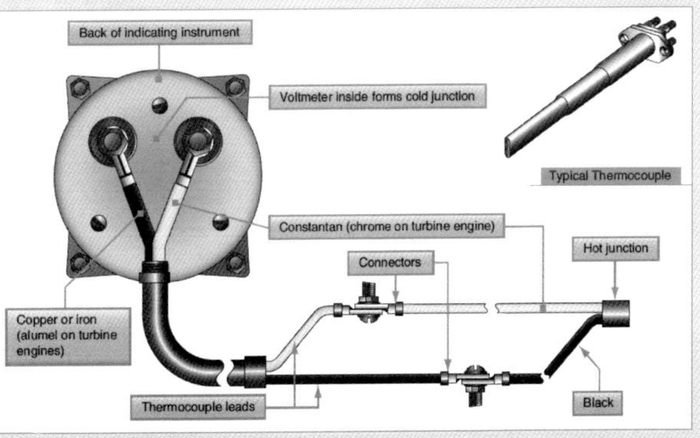

ⓐ Thermocouple(열전쌍) : 2개의 이질 금속으로 된 금속선 양끝을 서로 연결한다. 온도를 측정하는 곳을 Hot junction이라 하고 조종석 계기에 접합하는 곳을 Cold junction이라 한다. Cold junction의 온도는 그대로 있는 상태이며 Hot junction에서 온도가 상승하면 Hot junction과 Cold junction 사이에 온도차가 발생하면 기전력이 발생하여 전류가 Hot junction에서 Cold junction으로 흐른다.

이때의 전류를 열전류라 하고 금속선의 접합을 열전쌍(Thermocouple)이라 하며 열전류를 생기게 하는 기전력을 열기전력이라 한다.

ⓑ 열전쌍의 재료

- 구리 – 콘스탄탄 : 최고 300℃까지 측정 가능하며 왕복 엔진의 Cylinder Head의 온도를 측정하는 데 쓰인다.
- 철 – 콘스탄탄 : 최고 800℃까지 측정 가능하다.
- Chromel(크로멜) – Alumel(아루멜) : 최고 1,400℃까지 측정 가능하며, 현대 Gas Turbine Engine의 고온 측정에 사용한다.
  - Chromel : Nickel 90%와 Chrome 10%의 합금이며 "+"를 지시한다.
  - Alumel : Nickel 95%와 Aluminum과 Silicon 5%의 합금이며 "–"를 지시한다.

주제

(5) 연료계통 기능(점검, 고장탐구 등)

평가 항목

① Engine Fuel System : 지상 또는 비행 중의 모든 조건에서 Engine의 Fuel control System에 Fuel을 공급할 수 있어야 하며, 연속적으로 변화하는 고도와 어떤 기후 조건에서도 원활히 작동할 수 있어야 한다.

② FAR(Fuel Air Ratio) : Engine의 Combustor에서 적당한 연료와 공기의 혼합비로 무게 기준으로 1:15 이며, 부피 기준은 약 1:50 정도이다.

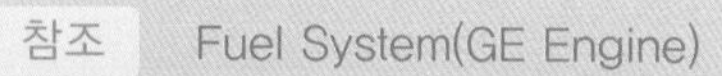
참조 Fuel System(GE Engine)

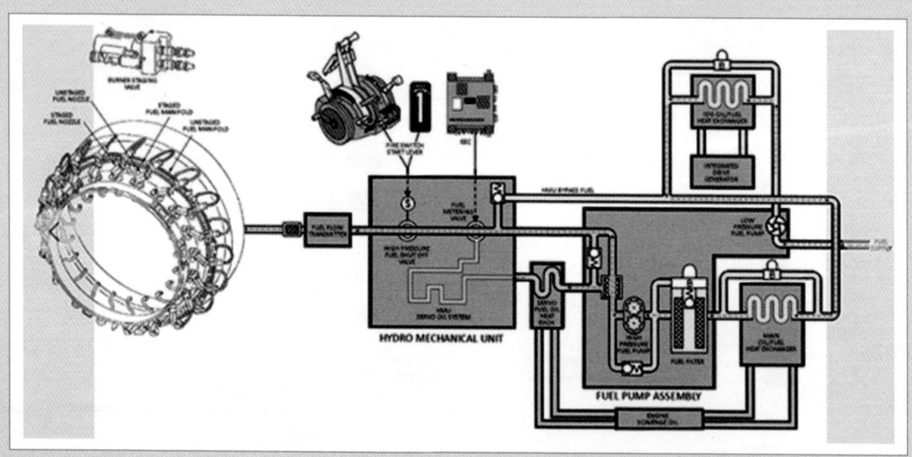

① Fuel Supply System

Fuel Tank → Boost Pump → Selector & Shut-off Valve → Fuel Pump(Boost STG) → IDG Fuel/Oil Heat Exchanger → Fuel/oil Heat Exchanger → Fuel Filter → Fuel Pump(Main STG) → HMU → Fuel Flow Transmitter → Fuel Nozzle → Combustion Chamber

② Fuel Shut-off Valve : Fuel을 System에 공급/차단하는 Valve로 Cockpit의 Lever SW로 작동되며 Cut-off or Run Position과 Ignition SW가 이 있다.

③ Engine Fuel System 구성품

ⓐ Main Fuel Pump : 1차 Boost Pump(Centrifugal Type)과 2차 Main Pump(Gear Type)이 같은 Shaft에 연결된다.

- Boost Pump(1차) : Fuel Tank의 Electric Booster Pump에서 0~30 psi 정도로 가압된 연료를 Centrifugal Type Boost Pump에서 120 psi까지 승압시켜 Heat Exchanger로 공급한다.
- Main Fuel Pump : Heat Exchanger를 거쳐 유입된 연료를 약 1,200 psi까지 승압시켜 HMU(Hydro-Mechanical Unit) 또는 FMU(Fuel Metering Unit)로 공급한다.

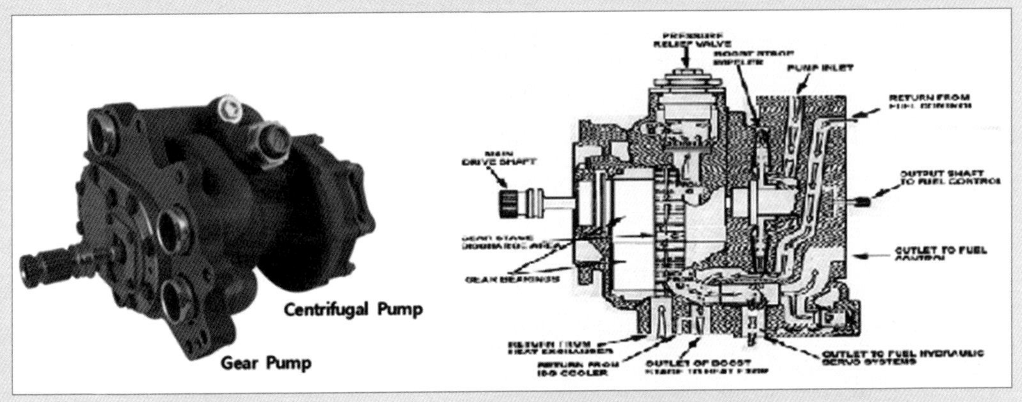

[Main Fuel Pump]

ⓑ IDG & Fuel/Oil Heat Exchanger : 열교환기로 Oil은 Cooling 시키고 Fuel은 Heating 시킨다.

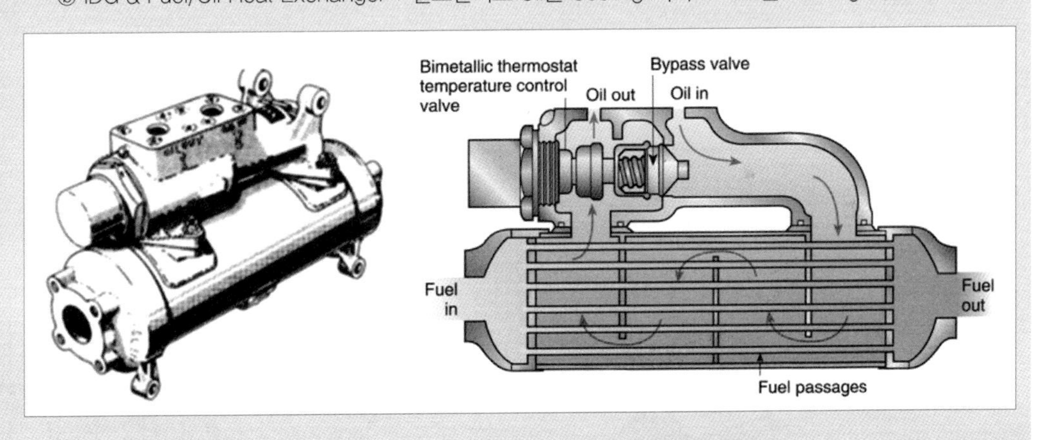

[Fuel/Oil Heat Exchanger and Fuel Filter]

ⓒ Fuel Filter : HMU(Hydro-Mechanical Unit) or FMU(Fuel Metering Unit)에 공급되는 Fuel을 여과하여 공급한다.

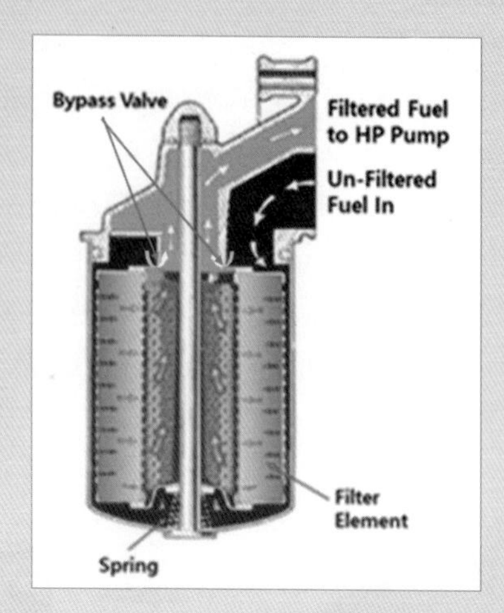

[Fuel/Oil Heat Exchanger and Fuel Filter]

- Filter Element : 통상 70~75 micron Coarse Filter를 사용하여 이물질을 Filtering 한다.
- ΔP SW & By-pass Valve : Filter Inlet Pressure와 Outlet Pressure의 차이가 5.5 psi 이상이면 Cockpit에 Filter Clogged Indication을 하며 12 psi 이상에서 Filtering이 안된 연료를 계통에 공급한다.

ⓓ FADEC(Full Authority Digital Electronic Engine Control) System의 구성

- EEC(Electronic Engine Control)
- Sensors & Solenoid
- Input Signal
- Fuel/Pneumatic Servo Actuator

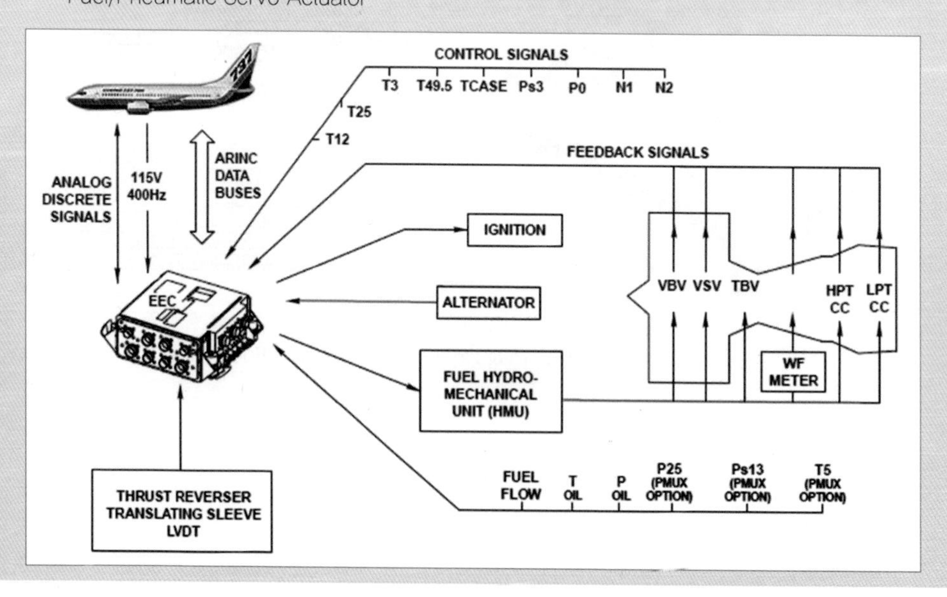

ⓔ EEC(Electronic Engine Control) : Dual Channel로 구성되며 서로 정보를 CCDL(Cross Channel Data Link)을 통해 공유한다.

Cockpit에서 Throttle Lever, Fuel Shut-off Lever 등의 조작과 항공기 Data, Air Data, 외기온도, 속도 및 Engine Data(EGT, RPM, Fuel, Oil, VBV & VSV, Engine Air, TCC, Reverser Etc)를 종합하고 상황에 따라 Engine Operation을 유지한다.

- EEC(Electronic Engine Control)의 주요 기능
  - 각종 Input Signal 유효화 및 처리 : Engine의 Sensor 신호를 수감하고 수집하여 Cockpit Engine 계기에 Engine Condition을 나타내며 Engine Condition Monitoring, Trouble Shooting 및 Maintenance Reporting 기능이 있다.
  - Engine Starting & Shutdown 및 Ignition Control
  - Engine Power Management
  - Reverse Power Control
  - Engine Core Control : N2 rpm, Ps3, Fuel Flow, VSV, VBV 및 TBV Parameter를 한계치 내로 유지하도록 제어
  - HPTACC(HPT Active Clearance Control) & LPTACC(LPT Active Clearance Control)
  - Flight Compartment indication : EEC에서 ARINC Data Buses를 통하여 Cockpit에 Engine Parameter 지시

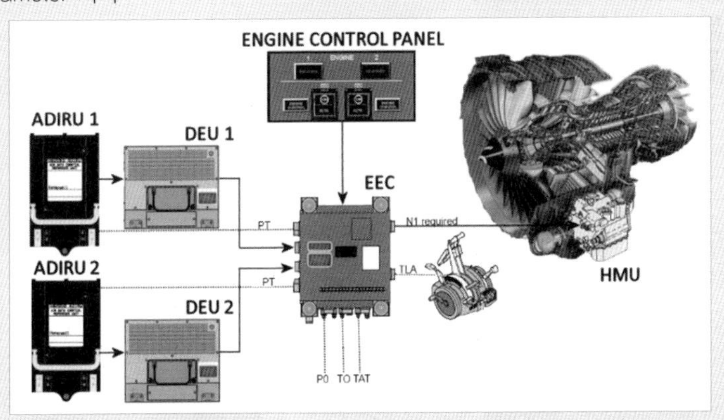

ⓕ HMU(Hydro-mechanical Unit) : Engine 작동을 위한 연소에 적절한 계량된 연료와 Fuel Servo pressure를 EEC(Electronic Engine Control)이 제어한다.

- Metering Fuel : Pump에서 공급받은 최대 1,200 psi의 Pressure가 Regulating Valve에서 약 300 psi로 감압시켜 FMU(Fuel Metering Unit)로 공급된다.
- Servo Fuel : Pump에서 공급받은 최대 1,200 psi의 Hydraulic Pressure를 VBV, VSV 및 Turbine Case Cooling System의 Actuator를 작동시킨다.
  - VBV(Variable Bleed Valve) : 저속에서 2.5 Bleed(LPC Discharge) Pressure를 외부로 방출하는 Valve(N2 RPM 72~84% Modulating)
  - VSV(Variable Stator Vane) : HPC의 Vane Angle을 N2 RPM에 따라 조절한다.
    (N2 RPM 72~84% Modulating)

- TCCS(Turbine Case Cooling System) : High Power에서 Turbine Case를 냉각시켜 Blade Tip Clearance를 줄이므로 효율을 증대시키며 HPTACC(HPT Active Clearance Control)과 LPTACC (HPT Active Clearance Control)이 있다.

⑨ Fuel Flow Transmitter

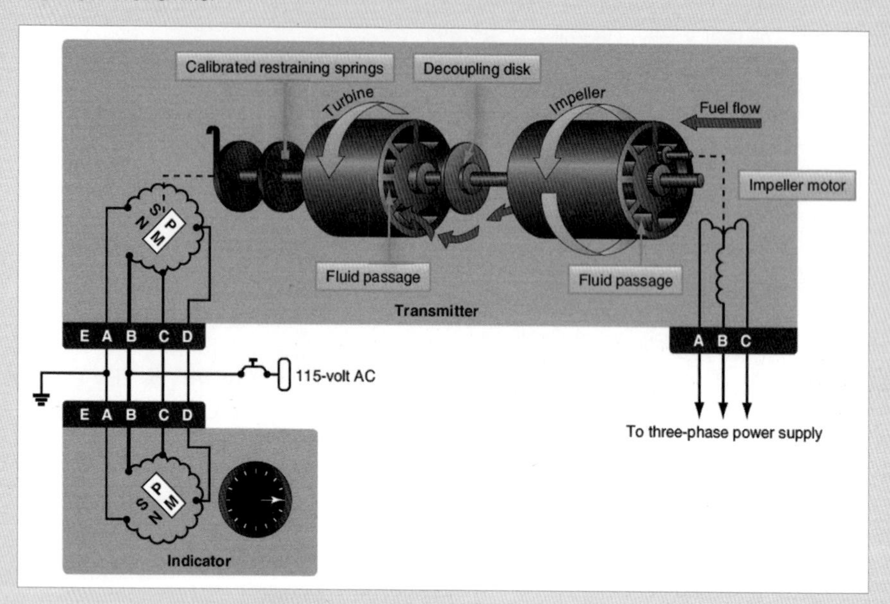

- HMU에서 산정되어 Fuel Nozzle로 공급되는 Fuel Flow, Viscosity를 측정하여 Data를 EEC에 Electrical Signal로 전송한다.

ⓗ Fuel Nozzle : 연소실에 분사되는 연료를 Primary와 Secondary로 분리되어 분사하며 Engine 제작사에 따라 다르다.

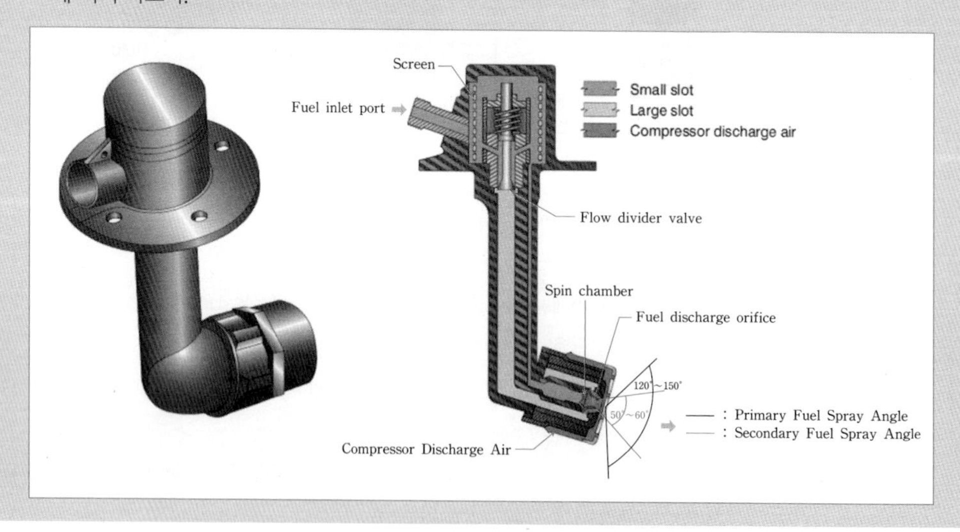

- GE Engine : Fuel nozzle에서 분류된다.
  - Primary Fuel : Engine Starting 시 Fuel Pressure가 200 psi 이하에서 120°~150° Angle로 Nozzle 안쪽에서 분사되기 시작한다.
  - Secondary Fuel : Engine Starting 후 Fuel Pressure가 200 psi 이상에서 50°~60° Angle로 Nozzle 바깥쪽에서 분사되며 Primary Fuel과 함께 분사된다.
- P & WA Engine : P&D Valve에서 분류하여 Manifold를 통해 Fuel Nozzle로 공급된다.
  - Primary Fuel : Engine Starting 시 Fuel Pressure가 200 psi 이하에서 공급되며 Fuel nozzle에서 120°~150° Angle로 Nozzle 안쪽에서 분사되기 시작한다.
  - Secondary Fuel : Engine Starting 후 Fuel Pressure가 200 psi 이상에서 공급되며 Fuel nozzle에서 50°~60° Angle로 Nozzle 바깥쪽에서 분사되며 Primary Fuel과 함께 분사된다.

③ 연료조절장치의 정비(Fuel Control Maintenance) : Turbine Engine의 연료조절장치의 현장 수리는 극히 제한된다. 현장에서 허락되는 유일한 수리는 연료 조정장치의 교환과 교환 후의 조절뿐이다. 이러한 조절에는 보통 Engine Trimming이라하며 Idle RPM 조절과 최대속도의 조절로 제한된다.

ⓐ Engine trimming : 연료조절장치는 Idle rpm, Max rpm, Acceleration 및 Deceleration 등을 점검한다. Engine Trimming 작업을 시작하기 직전에 외기 온도와 해수면이 아닌 비행장 대기압을 확인하는 것으로 수행된다.

ⓑ Engine Indicator 점검 : 연료조절장치의 조절과 동시에 회전계, 연료 흐름량 계기 및 배기가스 온도(EGT) 계기를 관찰하고 기록해야 한다.

- Turbo Fan Engine : N2 RPM은 온도/rpm 곡선에서 경사진 방향으로 나타나는 속도에 의해서 수정된다. 관찰된 회전 속도계의 rpm 값은 곡선에서 얻어진 % Trim Speed로 나눈다. (엔진 트림속도이며 표준 외기 온도, 즉 59°F 또는 15℃로 수정된다.)

④ 연료계통의 점검 및 고장탐구

ⓐ 연료계통의 점검

- 일일점검 및 정기점검 시에 연료계통 내의 물 또는 이물질 등을 검사 및 제거한다.
- Engine Operation 시 Fuel Pressure & Fuel Flow, Fuel Pump 작동 상태, 연료계통의 누설, Tube & Hose 장착 상태, 연료조절기의 작동상태, Fuel Nozzle의 분사 상태 등을 점검한다.

ⓑ 고장탐구 및 수리

- 결함 발견 시 교정 또는 부품을 교환하고 계통 내 압력이 비정상이면 누설검사 후 수리 또는 해당 부품을 교환한다.
- 연료조절장치의 작동상태가 비정상일 경우 교환하고 정확한 Rigging작업을 수행한다.
- Fuel Nozzle의 분사 각도가 이상일 경우 BSI를 통해 Combustor Burning 및 Carbon 축적 등을 확인하고 필요시 교환한다.

주제

(6) 흡입 및 공기 흐름 계통

평가 항목

① Intake(공기 흡입구)의 형식 : 항공기 속도 및 용도에 따라 크게 3가지 형식이 있다.
베르누이 정리(Bernoulli's theorem) 에의해 속도가 음속을 초과하면 압력과 속도의 공식이 반대로 작용하며 Sonic Boom이 일어나 효율이 급격하게 저하된다.

ⓐ Bell Mouth Type : Engine Test-cell 또는 Helicopter와 같이 정지된 상태 또는 저속운행하는 Helicopter 같은 경우 공기의 흡입을 원활하게 하기 위하여 사용한다.

ⓑ Divergent Type : 확산형 흡입구 형식으로 아음속 항공기의 Intake로 Bernoulli's theorem에 의해 속도는 낮아지고 압력이 상승하여 Engine 흡입공기의 효율을 증가시킨다.

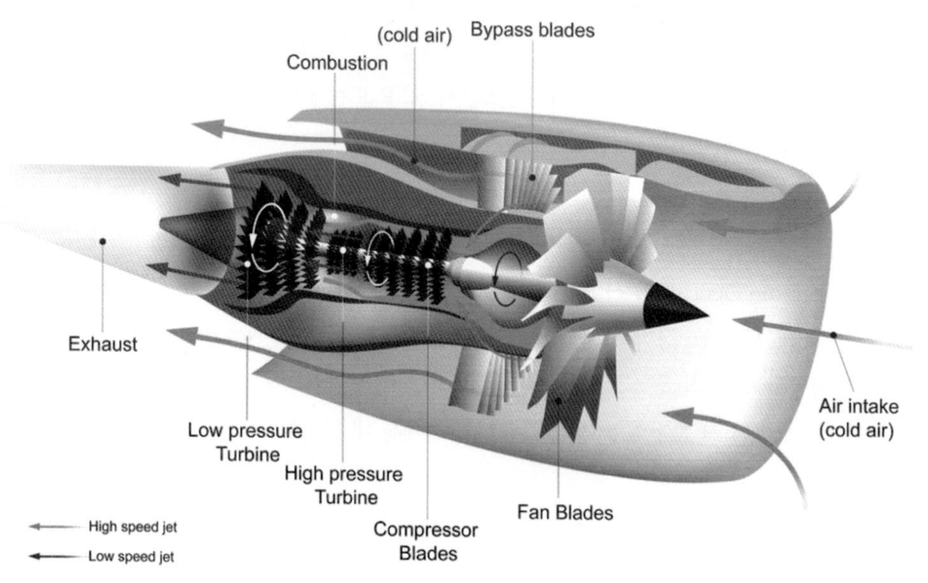

ⓒ Convergent-Divergent Type : 초음속 항공기에 사용하며 Engine에 공기의 속도가 음속을 초과하지 않도록 수축-확산형 형식으로 설계된다.

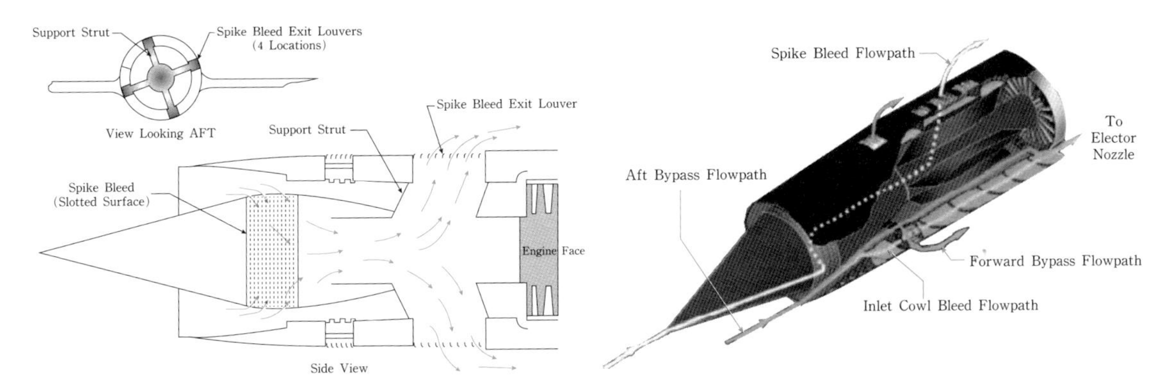

② Intake(공기 흡입구)의 설계 : 압축기에 공기가 유입될 때에 발생되는 항력이나 램 압력에 의한 에너지의 손실이 최소치가 되도록 설계

ⓐ 압축기로 들어가는 공기의 흐름은 최대의 작동효율을 얻을 수 있도록 난류(Turbulence)가 없어야 한다.

ⓑ 적절한 설계는 압축기의 입구 압력에 대한 출구 압력을 증가켜 항공기 성능에 기여하며 이것을 압축기의 압력비라 한다.

ⓒ 엔진을 통과하여 지나가는 공기의 양은 다음 3가지 요소에 달려 있다.

- Temperature(온도) : 대기(주위의 공기)의 온도에 의한 Velocity(밀도)
- Altitude(고도) : 고도에 의한 대기(주위의 공기) Velocity(밀도)
- Speed(속도) : 압축기 회전속도 및 항공기 전진속도

ⓓ 터보팬 엔진의 공기 흡입구는 엔진의 앞부분(A플랜지)에 볼트로 장착되며 엔진은 날개 또는 나셀 후방 동체 및 수직안정판에 장착된다.

- 터보팬 엔진이 거대한 팬은 유입되는 공기가 접촉하는 항공기의 첫 부분이며, 결빙장치가 반드시 구비 되어야 한다.
- 흡입구 앞전(Leading edge)에 형성된 얼음이 떨어져 팬을 손상시키는 것을 방지하기 위하여 따듯한 공기를 압축기에 공급한다.

ⓔ 터보프롭과 터보샤프트 엔진은 흡입되는 얼음이나 파편을 걸러내는 Inlet screen을 사용할 수 있다.

③ Air Intake Section의 정비

ⓐ Air flow에 장애 요인이 될 수 있는 표면 또는 이음부의 거친 상태 / 균열 / 파손 상태를 점검하고 결함 발견 시 Manual에 따라 정비한다.

ⓑ FOD(Foreign Object Damage)에 의한 결함이 발생할 수 있으므로 Anti-icing System 및 Screen 계통을 주의 깊게 확인한다.

주제

(7) Exhaust 및 Reverser 시스템

평가 항목

① Exhaust System

- Exhaust Gas를 효율적으로 외부로 배출하는 장치이며 Duct, nozzle, Tail Cone 등으로 구성된다.
- Turbine 출구 Gas의 흐름을 직선화하고 Convergent Type으로 배기가스 속도를 증가시키고 압력을 감소시켜 추력을 증가시킨다.

ⓐ Exhaust System의 형태

아음속 Exhaust Nozzle : Convergent Type Nozzle로 Turbo Fan / Turbo Prop Engine에 사용되며 내부에 Tail Cone이 장착되어 Gas의 흐름을 원활하게 한다. 외기압력과 Nozzle 내부 압력의 비율(Ratio)이 클수록 배기가스의 속도가 빨라진다.

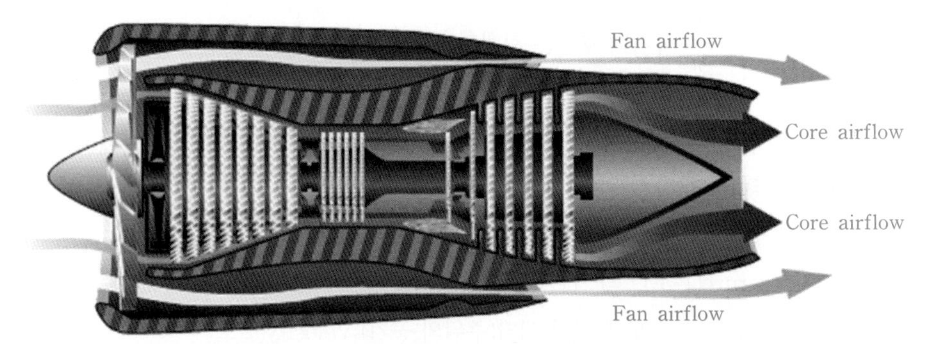

- 초음속 Exhaust Nozzle : Convergent–Divergent Type(수축–확산형) Nozzle이다.
  Nozzle의 형상과 면적이 비행속도와 Engine Thrust에 맞추어 자동적으로 변화하는 Variable Area Exhaust Nozzle을 사용한다.

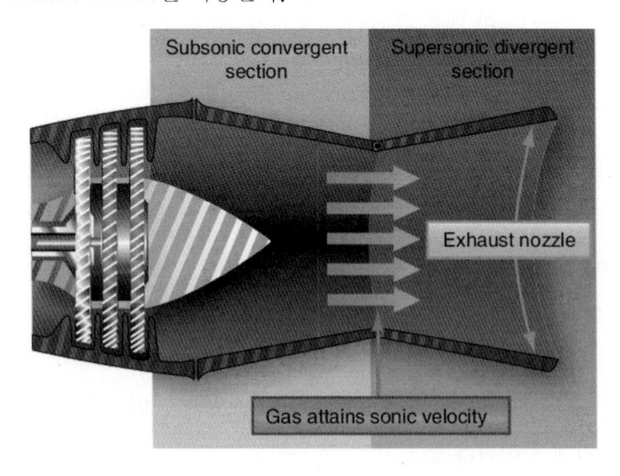

② Thrust Reverser System : 착륙 후 일정 거리 내에서 항공기의 속도를 줄이는 것을 항공기 Brake에만 의존할 수 없으므로 Exhaust Gas의 방향을 반대 방향으로 흐르게 하여 착륙거리를 단축하는 장치이다. Thrust Reverser system은 기계적 차단과 공기역학적 차단으로 나눌 수 있다.

ⓐ 기계적 차단방식

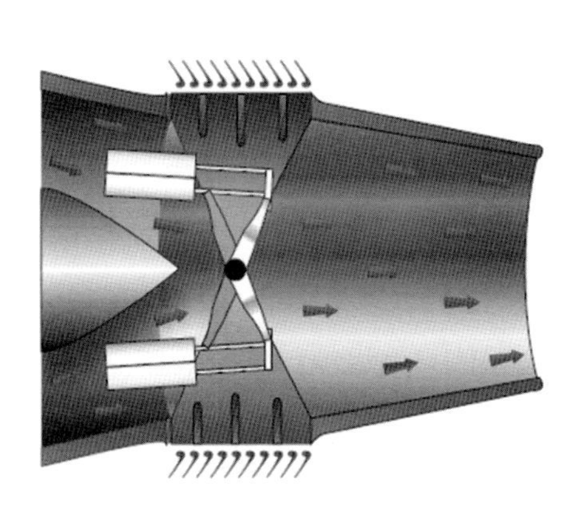

[Forward Thrust]

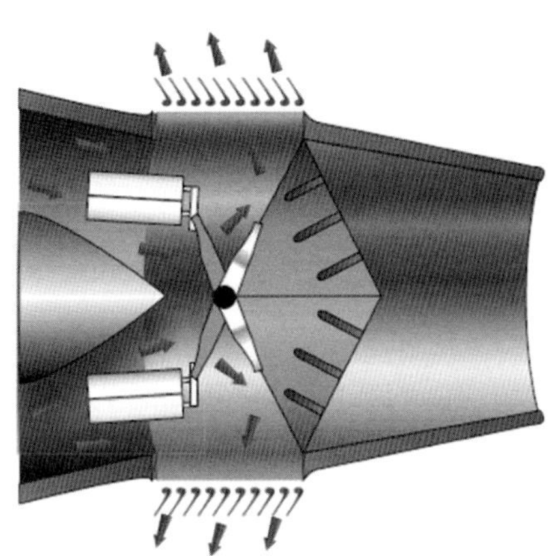

[Reverse Thrust]

- Exhaust Gas 흐름 속에서 움직일 수 있는 방해물을 Nozzle의 약간 뒤에 장치한다.
- 배기가스를 반대 방향으로 흐르게 하기 위하여 장착된 반원이나 조개 모양의 콘에 의해 다른 방해물에 의하여 기계적으로 차단되어 적당한 각도로 역류하게 된다.

ⓑ 공기역학적 차단방식

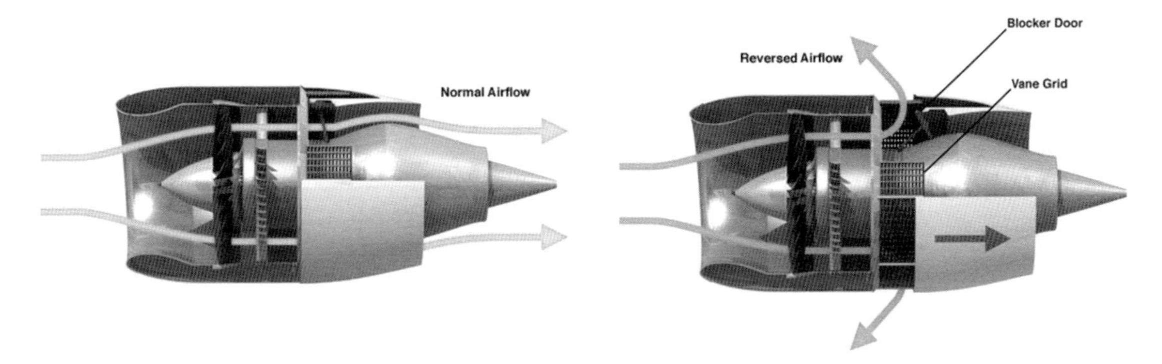

- Fan Thrust Reverser로 Fan Exhaust Air의 흐름 방향을 바꾸는 Translating Cowl, Blocker Door 및 Cascade Vane으로 구성되며 약 120°의 역방향으로 바꾸어 배출시키므로 작동시킨다.
- Thrust Reverser 작동조건
  - Thrust Lever Position : Throttle Lever가 Idle Position이 위치하고 Landing Gear의 Tilt SW가 작동하여 Ground임이 확인되면 N2 RPM이 Ground Idle이 된다.
  - Reverser Lever를 Extend Position으로 당기면 REV Light가 “Red“가 나타나며 Extend 된다.

- 2sec 후 REV Light가 "Green"색으로 바뀐 후 Reverse Power를 작동시킨다.
- Reverse 사용이 종료되면 Reverser Lever를 Stowed Position으로 위치시키면 REV Light가 "Green"으로 바뀌며 Stow 된다.
- 4sec 후 REV Light가 "Off"되며 Throttle Lever를 작동시킬 수 있다.

주제

(8) 세척과 방부처리 절차

평가 항목

① Power Plant Cleaning

ⓐ 가능한 한 Cowl을 Open 또는 장탈 후 수행하며 Kerosene 또는 Solvent Splay를 이용하여 Engine 상부에서부터 Engine Accessory를 세척하며, 필요 시 부드러운 Brush를 사용한다.

ⓑ Rotoe Blade와 Propeller 세척 : 깨끗한 물, 비누 또는 세척용 Solvent를 활용하고 Etching 작업을 제외한 가성물질은 Propeller에 사용하면 안된다.

ⓒ 물 분사, 빗물 및 공기 중의 이물질 등은 Propeller가 회전하는 동안 Blade에 부식 및 Dent 현상이 발생할 수 있으므로 적절한 예방조치를 취한다.

ⓔ Steel Propeller는 AL Alloy Blade보다 Erosion 및 Corrosion에 큰 저항력을 가지며 매 비행 후 윤활유로 잘 관리하여야 한다.

ⓕ Hub는 깨끗한 물, 비누 또는 세척용 Solvent를 헝겊 또는 부드러운 Brush를 사용해 세척 한다.

ⓖ 도금 처리된 부분의 Scratch 및 손상을 막기 위해 연마제 또는 공구 사용을 피해야 한다.

② 부식과 부식의 종류

ⓐ 부식(Corrosion) : 화학적인 작용 또는 전기-화학적인 작용으로 금속의 노화 현상이며, 표면 및 내부에서도 발생한다.

ⓑ 부식(Corrosion)의 종류

- 표면 부식(Surface Corrosion) : 수분 및 산소에 의해 발생하는 표면의 부식
- 점 부식(Pitting Corrosion) : AL Alloy, Mg Alloy, Stainless 표면에 발생하는 부식
- 입자간 부식(Intergranular Corrosion) : 부적절한 열처리에 의한 부식
- 마찰 부식(Fretting Corrosion) : 진동에 의해 마찰이 생기며 발생하는 부식
- 미생물 부식(Microbial Corrosion) : 미생물이 번식에 의해 발생하는 부식
- 필리폼 부식(Filiform Corrosion) : 두 물체의 전위차에 의해 발생하는 부식
- 응력 부식(Stress Corrosion) : 장시간 표면에 응력발생에 의한 부식

③ Corrosion Control(부식처리) : 부식부분을 세척하고 도장 부위를 벗겨낸 후 부식 생성물을 철저히 제거하고 손상된 부분을 전기 도금 또는 용융 금속을 분사시켜 원형을 재생하거나 화학적인 방법으로 부식을 처리한다.

ⓐ 화학적인 처리방법 : Alodine 처리, Anodizing, Parkerizing 등이 있다.

주제

(9) 보조동력장치 계통(APU : Auxillary Power Unit)의 기능과 작동

평가 항목

① Auxillary Power Unit(보조동력장치) : 동체의 Empennage에 장착되어 있으며 소형 Gas Turbine Engine으로 APU는 지상에서 Engine 또는 지상 장비의 보조 없이 필요 동력을 확보하는 장비이며 비행 중 Engine 이상으로 충분한 동력을 얻지 못할 시 보조 동력 즉, Electric Power와 Pneumatic Pressure를 공급한다.

② Operation Procedure

ⓐ Battery SW를 "ON" 하고 APU Master SW를 "ON" 한다.

ⓑ APU Control Panel을 열어 Lamp를 Test 하고 APU Fire Protection System도 Test 한다.

ⓒ Fuel Pump를 "ON" 하여 APU에 Fuel을 공급상태를 확인한다.

ⓓ APU Starter SW를 "ON" 한다.

ⓔ Starter Motor가 APU를 구동할 때 Oil Pressure를 Monitoring 한다.

ⓕ RPM이 50% 되면 Starter Motor SW를 "OFF" 하고 APU RPM이 95% 일 때 Ignition이 "OFF" 되며 "Green" Light가 "ON" 되며 Electric Power 공급이 가능해진다. APU RPM이 100%가 되면 정상운전이 된다.

8 항공기 취급

1. 시운전 절차(Engine Run Up) (구술 평가)

주제

(1) 시동 절차 개요 및 준비사항

평가 항목

① 지정된 장소에 항공기가 바람 방향을 맞추어 주기 한다.

② Engine Intake 주변 FOD(Foreign Object Damage) 물질 제거

③ 접근금지 경고판 배치

④ 시동 장비 확인 [APU(Auxiliary Power Unit) 또는 GPU(Ground Power Unit)]

⑤ 지상비치용 소화기

주제

(2) 시운전 실시

평가 항목

① APU Start : Pneumatic Valve "Open" ➜ Pneumatic Pressure가 30 psi 이상 되는지 확인
② Fuel Pump, Hydraulic Pump SW "ON"
③ Ignition SW의 Position Select 확인(LH/RH/BOTH)
④ Starter SW "ON" ➜ "GRD" 전환. APU로부터 Starter Valve로 Air가 공급된다.
⑤ N2 RPM 계기가 회전을 시작하고, Oil Pressure가 증가하는지 확인한다. 이 때 지상에서 Fan Rotor가 정상적으로 Rotation되는지 확인한다.
⑥ N2 RPM이 25% 일 때 도달하면, Fuel Cut-Off SW를 "RUN POSITION"에 위치한다. 2~10sec 이내에 Light up(EGT 상승) 확인한다.
Fuel Flow가 증가하면서 EGT 상승하는지 확인(CFM56 Engine 기준)
⑦ Engine RPM(N1, N2)이 증가하면서 EGT, Oil Pressure, Fuel Flow, Vibration 계기를 관찰한다.
⑧ Idle RPM(N2 58~62 RPM)까지 도달하는 동안에 각종 계기 지시 상태 확인

참조 Starting의 종류(CFM56 Engine 기준)

ⓐ Normal Start : Starting 시 Idle RPM(N2 58~62%)에 도달 시까지 90sec이내, EGT 725℃ 이내 및 모든 Parameter가 정상인 상태
ⓑ Not Start : Fuel Cut-Off SW를 "RUN POSITION"에 위치하여도 Starting이 안되는 상태(Fuel System 또는 Ignition System 결함)
ⓒ Slow Start : Starting Time이 90~120sec에서 될 경우
ⓓ Hung Start : Starting 시 Idle RPM까지 증가하지 않거나 120sec이상 에서 될 경우
ⓔ Hot Start : Starting Time에 관계 없이 EGT 725℃이상인 경우

주제

(3) 시운전 도중 비상사태 발생시(화재 등) 응급조치 방법

평가 항목

① 화재 발생 시
ⓐ Fuel Cut-off Lever ➜ "CUT-OFF" 위치로 이동
ⓑ Internal Fire : 화재가 소멸될 때까지 Dry Motoring 실시
ⓒ External Fire : CO_2 소화기로 소화한다.
ⓓ 화재진압이 않될 경우 : 소방차 호출 및 안전 거리 만큼 멀리 이동한다.
② 과열시동 : Hot start
ⓐ EGT 허용한계치 초과 시 시동 중단 및 Dry Motoring 실시

③ 결핍 시동 : Hung start

ⓐ Engine이 규정된 시간 안에 Idle RPM까지 도달하지 못하고 낮은 회전수에 머물러있는 현상

→ EGT가 계속 상승할 수 있으므로 Start EGT Red Line에 도달하기 전에 시동을 중단하고 Dry Motoring 한다.

④ 시동 불능 : Not start

ⓐ Engine이 규정된 시간 안에 시동이 되지 않는 경우, 엔진 정지, 연료/점화계통 차단

ⓑ 잔류 연료 제거를 위해 15초간 Dry Motoring 실시

주제

(4) 시운전 종료 후 마무리 작업 절차

평가 항목

① Engine 외부상태 점검, 연결 Fittings, Bolts, Nuts의 Loose 여부 확인

② Oil Leak 흔적 점검

③ Fuel Leak 흔적 점검

④ Oil Filter 점검

⑤ Fuel Filter 점검

⑥ MCD(Magnetic Chip Detector) 점검

⑦ 필요 시 Borescope Inspection

⑧ Electric, Sensing, Fuel & Oil, Pneumatic Line 상태 점검

2. 동절기 취급절차(Cold Weather Operation) (구술 평가)

주제

(1) 제빙유 종류 및 취급 요령(주의사항)

평가 항목

① 제빙액의 사용 : 지속 시간, 공기역학적 성능, 재료적합성에 의해 허용되어야 한다. 제빙액의 색상은 표준화되어 있다.

② 제빙액의 종류

ⓐ 글리콜(무색)

- Type-Ⅰ(오렌지색)
- Type-Ⅱ(백색/엷은 황색)
- Type-Ⅲ(미정)
- Type-Ⅳ(녹색)

주제

(2) 제빙유 사용법(혼합율, 방빙 지속 시간)

평가 항목

① 보통 다량의 얼음과 잔류적설은 제빙액으로 제거되어야 한다.

② 얼어붙은 얼음덩어리를 제거하기 위하여 무리하게 힘을 가하여 깨뜨리고 하지 않아야 한다.

③ 혼합율 결정은 그때의 외기 온도에 따라 정해지며, 저온일수록 온도를 높게 해야 한다.

④ Hold Over Time

ⓐ 제/방빙액을 항공기 표면에 칠하고 효과를 잃기 전까지의 지속 시간이다.

ⓑ 작업 시간은 15~30분이며, 지속 시간은 90~120분이다.

ⓒ 시간이 지나면 다시 제/방빙 작업을 해야 한다.

주제

(3) 제빙작업 필요성 및 절차

평가 항목

① 제빙작업의 필요성 : 항공기 외부에 얼음, 눈 또는 서리가 달라붙어 있으면 날개골 표면 위에 교란된 흐름으로 양력이 감소하고 항공기의 무게 증가로 불평형 상태가 발생한다. 또한 Engine에 FOD (Foreign Object Damage) 위험성이 있다.

② 작업 절차

ⓐ 많이 쌓인 젖은 눈은 부드러운 솔 또는 고무 청소기로 제거한다.

ⓑ 눈에 의해 보이지 않는 안테나, 배출구, 실속경고장치, 와류발생장치 등에 손상을 피하도록 주의한다.

ⓒ 영하의 온도에서는 뜨거운 공기로 녹일 시 녹은 물의 일부가 다시 얼어서 더 많은 작업을 필요로 할 수 있다.

ⓓ 제빙 작업 완료 후, 항공기를 검사한다.(조종면 작동 확인 등)

주제

(4) 표면처리 절차(세척과 방부처리)

평가 항목

① 일반적으로 항공기에 사용하는 세척제는 솔벤트, 비누 그리고 합성세제 등이 있다. 정비 교범에서 제시하는 것들을 사용하여야 한다.

② 외부 세척에는 연마(광택 작업), 습식 세척(물, 유제 클리너 등), 건식 세척(스프레이, 천 등) 3가지가 있다.

③ 부식 방지법 : 화학적과 기계적 부식 방지법으로 분류한다. 또한, 금속에 따라 알루미늄 또는 철강 부식 방지법으로 분류한다.

ⓐ Aluminum Alloy의 화학적 부식 방지법

- 알클래드
- 알로다인
- 아노다이징

ⓑ 철강제품의 화학적 부식 방지법

- 코팅
- 파커라이징
- 본더라이징

3. 지상 운전과 정비(구술 또는 실기 평가)

주제

(1) 항공기 견인(Towing) 일반절차

평가 항목

① Towing 전 작업

- Tow Bar 연결하기 전에 손상 또는 연결장치 등에 이상이 없는지 확인
- 모든 Tire와 Landing Gear Struts가 적당하게 팽창했는지 확인

ⓐ 항공기 주위에 요원을 배치한다.(양날개 1명, 꼬리날개 1명~2명, 감독관 1명, 조종석 2명)

ⓑ 항공기 부품과 항공기 날개와의 평행을 맞춘다.

ⓒ 항행등, 충돌 방지등, 유압, 전압, VHF, 통신장치를 켠다.

ⓓ Tow bar에는 Shear Pin 장착, Nose Landing Gear에는 Ground Lock Pin, By-pass Pin 장착

ⓔ Towing Car와 Nose Landing Gear를 Tow Bar로 연결

② Towing : 항공기 견인 시 8km(보행 속도) 이내로 Towing 한다.

> 참조 각 Pin의 역할
>
> ⓐ Shear Pin : Towing Car가 급정지 시, Tow Bar 중간에서 충격완화, Shear Pin이 Broken되어도 Tow Bar 기능 역할 유지
>
> ⓑ By-pass Pin은 Nose Landing Gear에 유압을 차단하여 Towing Car 방향을 바꿀 수 있도록 한다.
>
> ⓒ Ground Lock Pin은 Nose Landing Gear가 접히는 것을 방지한다.

③ Towing이 끝난 후 : 원하는 곳으로 Towing 후, 각종 Pins을 제거하고 Tires에 Chocking을 한다.

주제

(2) 항공기 견인 사용시 사용 중인 활주로를 횡단할 경우 관제탑에 알려야할 사항

평가 항목

① 자신의 Call Sign을 관제탑에 알려주고 Towing 출발지와 목적지를 통보하며, Run-way Cross 시 통보하여 인가를 받은 후에 건너야 한다.

② Towing 중 관제탑에서 교신이 올 수 있으니 귀를 기울여야 하며 Towing 완료 시에도 Call Sign을 한다.

주제

(3) 항공기 시동 시 지상 운영 Taxing의 일반절차 및 관련된 위험요소 방지절차

평가 항목

① 항공기가 착륙하여 주기장으로 들어올 때는 항공기 조종사에게 정확한 유도를 제공해야 한다.
최근에 개항하는 신공항들은 대부분 시각주기 유도시스템이 설치되어 있어 인력에 의한 수신호를 사용하고 있지 않은 경우가 많다.

② 그러나 아직도 많은 공항에서는 수신호에 의한 항공기 유도가 이루어지고 있고, 비상 상황에서는 수신호에 의해 항공기를 유도해야 할 경우가 발생할 수 있으므로 국제민간항공기구(ICAO)의 표준 유도 신호 동작을 정확히 숙지하고 있어야 한다.

③ 일반적인 통념상 승인된 조종사와 자격 있는 항공정비사만이 항공기를 시동, 시운전 및 유도(Taxi)할 수 있다.
모든 유도조작은 해당 지역의 규정에 준하여 수행되어야 한다.

항공종사자 자격증명 실기시험 표준서 [Practical Test Standards]

항공정비사(Aircraft Maintenance Mechanic)

제2편

실기영역 세부기준

[Part Ⅱ 항공전자·전기·계기]

제1장

법규 및 관계규정

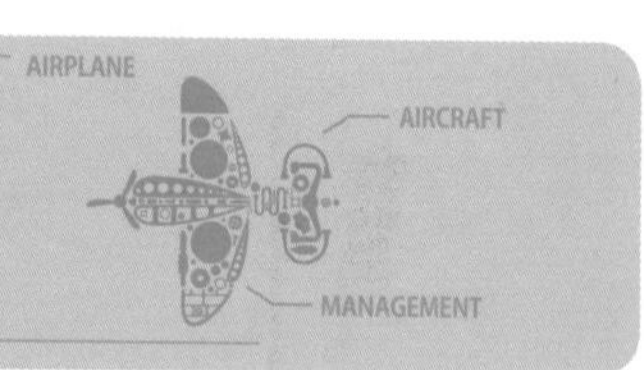

1 법규 및 규정

1. 항공기 비치서류(구술 평가)

주제

(1) 감항증명서 및 유효기간 : 항공안전법 제23조(감항증명 및 감항성 유지)

평가 항목

① 항공기가 감항성이 있다는 증명(이하 “감항증명”이라 한다)을 받으려는 자는 국토교통부령으로 정하는 바에 따라 국토교통부장관에게 감항증명을 신청하여야 한다.

② 감항증명은 대한민국 국적을 가진 항공기가 아니면 받을 수 없다. 다만, 국토교통부령으로 하는 항공기의 경우에는 그러하지 아니하다.

③ 누구든지 다음 각호의 어느 하나에 해당하는 감항증명을 받지 아니한 항공기를 운항하여서는 아니 된다. 〈개정 2017. 12. 26.〉

ⓐ 표준감항증명 : 해당 항공기가 형식증명 또는 형식증명승인에 따라 인가된 설계에 일치하게 제작되고 안전하게 운항할 수 있다고 판단되는 경우에 발급하는 증명

ⓑ 특별감항증명 : 해당 항공기가 제한형식증명을 받았거나 항공기의 연구, 개발 등 국토교통부령으로 정하는 경우로서 항공기 제작자 또는 소유자 등이 제시한 운용범위를 검토하여 안전하게 운항할 수 있다고 판단되는 경우에 발급하는 증명

④ 국토교통부장관은 제3항 각호의 어느 하나에 해당하는 감항증명을 하는 경우
국토교통부령으로 정하는 바에 따라 해당 항공기의 설계, 제작과정, 완성 후의 상태와 비행성능에 대하여 검사하고 해당 항공기의 운용한계(運用限界)를 지정하여야 한다. 다만, 다음 각호의 어느 하나에 해당하는 항공기의 경우에는 국토교통부령으로 정하는 바에 따라 검사의 일부를 생략할 수 있다.
〈신설 2017. 12. 26.〉

ⓐ 형식증명, 제한형식증명 또는 형식증명승인을 받은 항공기

ⓑ 제작증명을 받은 자가 제작한 항공기

ⓒ 항공기를 수출하는 외국정부로 부터 감항성이 있다는 승인을 받아 수입하는 항공기

⑤ 감항증명의 유효기간은 1년으로 한다. 다만, 항공기의 형식 및 소유자 등(제32조 제2항에 따른 위탁을 받은 자를 포함한다)의 감항성 유지능력 등을 고려하여 국토교통부령으로 정하는 바에 따라 유효기간을 연장할 수 있다. 〈개정 2017. 12. 26.〉

⑥ 국토교통부장관은 제4항에 따른 검사 결과 항공기가 감항성이 있다고 판단되는 경우 국토교통부령으로 정하는 바에 따라 감항증명서를 발급하여야 한다. 〈신설 2017. 12. 26.〉

⑦ 국토교통부장관은 다음 각호의 어느 하나에 해당하는 경우에는 해당 항공기에 대한 감항증명을 취소하거나 6개월 이내의 기간을 정하여 그 효력의 정지를 명할 수 있다. 다만, 제1호에 해당하는 경우에는 감항증명을 취소하여야 한다. 〈개정 2017. 12. 26.〉

ⓐ 거짓이나 그 밖의 부정한 방법으로 감항증명을 받은 경우

ⓑ 항공기가 감항증명 당시의 항공기기술기준에 적합하지 아니하게 된 경우

⑧ 항공기를 운항하려는 소유자 등은 국토교통부령으로 정하는 바에 따라 그 항공기의 감항성을 유지하여야 한다. 〈개정 2017. 12. 26.〉

⑨ 국토교통부장관은 제8항에 따라 소유자등이 해당 항공기의 감항성을 유지하는지를 수시로 검사하여야 하며, 항공기의 감항성 유지를 위하여 소유자 등에게 항공기 등, 장비품 또는 부품에 대한 정비 등에 관한 감항성 개선 또는 그 밖의 검사·정비 등을 명할 수 있다. 〈개정 2017. 12. 26.〉

주제

(1-1) 항공안전법 제24조(감항 승인)

평가 항목

① 우리나라에서 제작, 운항 또는 정비등을 한 항공기 등, 장비품 또는 부품을 타인에게 제공하려는 자는 국토교통부령으로 정하는 바에 따라 국토교통부장관의 감항 승인을 받을 수 있다.

② 국토교통부장관은 제1항에 따른 감항승인을할 때에는 해당 항공기 등, 장비품 또는 부품이 항공기기술기준 또는 제27조 제1항에 따른 기술표준품의 형식승인기준에 적합하고, 안전하게 운용할 수 있다고 판단하는 경우에는 감항승인을 하여야 한다.

③ 국토교통부장관은 다음 각호의 어느 하나에 해당하는 경우에는 제2항에 따른 감항 승인을 취소하거나 6개월 이내의 기간을 정하여 그 효력의 정지를 명할 수 있다. 다만, 제1호에 해당하는 경우에는 그 감항 승인을 취소하여야 한다.

ⓐ 거짓이나 그 밖의 부정한 방법으로 감항승인을 받은 경우

ⓑ 항공기 등, 장비품 또는 부품이 감항승인 당시의 항공기기술기준 또는 제27조 제1항에 따른 기술표준품의 형식승인기준에 적합하지 아니하게 된 경우

주제

(2) 기타 비치서류 : 항공안전법 제52조(항공계기 등의 설치·탑재 및 운용 등)

평가 항목

① 항공기를 운항하려는 자 또는 소유자 등은 해당 항공기에 항공기 안전운항을 위하여 필요한 항공계기(航空計器), 장비, 서류, 구급용구 등(이하 "항공계기등"이라 한다)을 설치하거나 탑재하여 운용하여야 한다. 이 경우 최대이륙중량이 600kg 초과 5,700kg 이하인 비행기에는 사고예방 및 안전운항에 필요한 장비를 추가로 설치할 수 있다. 〈개정 2017. 1. 17.〉

② 제1항에 따라 항공계기등을 설치하거나 탑재하여야 할 항공기, 항공계기등의 종류, 설치·탑재기준 및 그 운용방법 등에 필요한 사항은 국토교통부령으로 정한다.

주제

(2-1) 항공안전법 시행규칙 제113조(항공기에 탑재하는 서류)

평가 항목

법 제52조 제2항에 따라 항공기(활공기 및 법 제23조 제3항 제2호에 따른 특별감항증명을 받은 항공기는 제외한다)에는 다음 각호의 서류를 탑재하여야 한다.

ⓐ 항공기등록증명서

ⓑ 감항증명서

ⓒ 탑재용 항공일지

ⓓ 운용한계 지정서 및 비행 교범

ⓔ 운항규정(별표 32에 따른 교범 중 훈련 교범·위험물 교범·사고절차 교범·보안업무 교범·항공기 탑재 및 처리 교범은 제외한다)

ⓕ 항공운송사업의 운항증명서 사본(항공당국의 확인을 받은 것을 말한다) 및 운영기준 사본(국제운송사업에 사용되는 항공기의 경우에는 영문으로 된 것을 포함한다)

ⓖ 소음기준 적합증명서

ⓗ 각 운항승무원의 유효한 자격증명서 및 조종사의 비행기록에 관한 자료

ⓘ 무선국 허가증명서(Radio Station License)

ⓙ 탑승한 여객의 성명, 탑승지 및 목적지가 표시된 명부(Passenger Manifest)
〈항공운송사업용 항공기만 해당한다〉

ⓚ 해당 항공운송사업자가 발행하는 수송화물의 화물목록(Cargo Manifest)과 화물 운송장에 명시되어 있는 세부 화물신고서류(Detailed Declarations of the Cargo)
〈항공운송사업용 항공기만 해당한다〉

ⓛ 해당 국가의 항공당국 간에 체결한 항공기 등의 감독 의무에 관한 이전협정서 사본(법 제5조에 따른 임대차 항공기의 경우만 해당한다)

ⓜ 비행 전 및 각 비행단계에서 운항승무원이 사용해야 할 점검표

ⓝ 그 밖에 국토교통부장관이 정하여 고시하는 서류

2. 항공일지(구술 평가)

주제

(1) 중요 기록사항 : 항공안전법 제52조 및 규칙 제108조

평가 항목

① 항공기 등록 부호와 년 월 일

② 항공기 종류, 형식 및 형식증명 번호

③ 감항 분류 및 감항증명 번호

④ 항공기 제작자, 제작번호 및 제작 연월일

⑤ 발동기와 프로펠러 형식

⑥ 비행에 관한 기록(비행 년 월 일, 승무원의 성명 및 업무, 비행 목적 또는 편명, 출발지 및 출발 시각, 도착지 및 도착시각, 비행시간, 항공기의 비행 안전에 영향을 미치는 사항, 기장의 서명)

⑦ 제작 후 총 비행시간과 최근 오버홀 후 총 비행시간

⑧ 발동기와 프로펠러 장비 교환 기록(장비 교환의 년 월 일 및 장소, 발동기 및 프로펠러의 부품번호 및 제작 일련번호, 장비가 교환된 위치 및 이유)

⑨ 수리/개조 또는 정비 실시 기록(실시 연월일 및 장소, 실시 이유, 수리/개조 또는 정비의 위치 및 교환 부품명, 확인 년 월 일 및 확인자의 서명 또는 날인)

주제

(2) 비치 장소

평가 항목

항공기를 운항할 때 반드시 탑재용 항공일지를 Aircraft Cockpit Door Inside에 탑재하여야 한다.

3. 정비규정(구술 평가)

주제

(1) 정비규정의 법적 근거

평가 항목

항공안전법 시행규칙 제266조에 의거 정비규정을 인가받는다.

① 정비규정(Maintenance Control Manual) : 정비 및 이와 관련된 업무를 수행하는 자가 업무수행에 사용하도록 되어 있는 지시, 절차, 지침 등이 포함되어있는 교범을 말하며항공법 시행규칙에 따라 제/개정되며 국토교통부장관으로부터 신고 및 인가(일부)를 받아야 한다.

② 항공안전법 제266조(운항규정과 정비규정의 인가 등)

ⓐ 항공운송사업자는 법 제93조 제1항 본문에 따라 운항규정 또는 정비규정을 마련하거나 법 제93조 제2항 단서에 따라 인가받은 운항규정 또는 정비규정 중 제3항에 따른 중요사항을 변경하려는 경우에는 별지 제96호 서식의 운항규정 또는 정비규정(변경)인가 신청서에 운항규정 또는 정비규정(변경의 경우에는 변경할 운항규정과 정비규정의 신/구내용 대비표)을 첨부하여 국토교통부장관 또는 지방항공청장에게 제출하여야 한다.

ⓑ 법 제93조 제1항에 따른 운항규정 및 정비규정에 포함되어야 할 사항은 다음 각호와 같다.

- 운항규정에 포함되어야 할 사항 : 별표 36에 규정된 사항
- 정비규정에 포함되어야 할 사항 : 별표 37에 규정된 사항

ⓒ 법 제93조 제2항 단서에서 "최소장비목록, 승무원 훈련프로그램 등 국토교통부령으로 정하는 중요사항"이란 다음 각호의 사항을 말한다.

- 운항규정의 경우 : 별표36 제1호 가목 6)·7)·38), 같은 호 나목 9), 같은 호 다목 3)·4) 및 같은 호 라목에 관한 사항과 별표36 제2호 가목 5)·6), 같은 호 나목7), 같은 호 다목 3)·4) 및 같은 호 라목에 관한 사항
- 정비규정의 경우 : 별표37에서 변경인가대상으로 정한 사항

ⓓ 국토교통부장관 또는 지방항공청장은 제1항에 따른 운항규정 또는 정비규정(변경) 인가신청서를 접수받은 경우 법 제77조 제1항에 따른 운항기술기준에 적합 여부를 확인한 후 적합하다고 인정되면 그 규정을 인가하여야 한다.

항공안전법 시행규칙 [별표 37] 〈개정 2019. 9. 23.〉
정비규정에 포함되어야 할 사항(제266조 제2항 제2호 관련)

내용	항공 운송사업	항공기 사용사업	변경 인가대상
1. 일반사항			
가. 관련 항공법규와 인가받은 운영기준을 준수한다는 설명	○	○	
나. 정비규정에 따른 정비 및 운용에 관한 지침을 준수한다는 설명	○	○	
다. 정비규정을 여러 권으로 분리할 경우 각 권에 대한 목록, 적용 및 사용에 관한 설명	○	○	
라. 정비규정의 제/개정절차 및 책임자, 그리고 배포에 관한 사항	○	○	
마. 개정기록, 유효 페이지 목록, 목차 및 각 페이지의 유효일자, 개정표시 등의 방법	○	○	
바. 정비규정에 사용되는 용어의 정의 및 약어	○	○	
사. 정비규정의 일부 내용이 법령과 다른 경우, 법령이 우선한다는 설명	○	○	
아. 정비규정의 적용을 받는 항공기 목록 및 운항형태	○	○	
자. 지속 감항정비 프로그램(CAMP)에 따라 정비 등을 수행하여야 한다는 설명	○		
2. 항공기를 정비하는 자의 직무와 정비조직			
가. 정비 조직도와 부문별 책임관리자	○	○	
나. 정비업무에 관한 분장 및 책임	○	○	
다. 외부 정비조직에 관한 사항	○	○	
라. 항공기 정비에 종사하는 자의 자격 기준 및 업무 범위	○	○	○
마. 항공기 정비에 종사하는 자의 근무시간, 업무의 인수인계에 관한 설명	○	○	
바. 용접, 비파괴검사 등 특수업무 종사자, 정비확인자 및 검사원의 자격인정 기준과 업무 한정	○	○	○
사. 용접, 비파괴검사 등 특수업무 종사자, 정비확인자 및 검사원의 임명 방법과 목록	○	○	
아. 취항 공항지점의 목록과 수행하는 정비에 관한 사항	○		
3. 정비에 종사하는 사람의 훈련방법			
가. 교육과정의 종류, 과정별 시간 및 실시 방법	○	○	○
나. 강사(교관)의 자격 기준 및 임명	○	○	○
다. 훈련자의 평가 기준 및 방법	○	○	○
라. 위탁 교육 시 위탁기관의 강사, 커리큘럼 등의 적절성 확인 방법	○	○	
마. 정비훈련 기록에 관한 사항	○	○	
4. 정비시설에 관한 사항			
가. 보유 또는 이용하려는 정비시설의 위치 및 수행하는 정비작업	○	○	
나. 각 정비 시설로 갖추어야 하는 설비 및 환경 기준	○	○	

내용	항공 운송사업	항공기 사용사업	변경 인가대상
5. 항공기 감항성을 유지하기 위한 정비 프로그램			
가. 항공기 정비 프로그램의 개발, 개정 및 적용 기준	○		○
나. 항공기 엔진/APU, 장비품 등의 정비방식, 정비단계, 점검주기 등에 대한 프로그램	○		○
다. 항공기, 엔진, 장비품 정비계획	○		
라. 비 계획 정비 및 특별작업에 관한 사항	○		
마. 시한성 품목의 목록 및 한계에 관한 사항	○		○
바. 점검주기의 일시 조정 사항	○		○
사. 경년 항공기에 대한 특별 정비기준	○		○
1) 경녕 항공기 안전강화 기준			
2) 경년 시스템 감항성 향상 프로그램			
3) 기체구조 반복점검 프로그램			
4) 연료탱크 안전강화 규정			
5) 기체구조 수리평가 기준			
6) 부식처리 및 관리 프로그램			
6. 항공기 검사프로그램			
가. 항공기 검사 프로그램의 개정 및 적용 기준		○	○
나. 운용 항공기의 검사방식, 검사단계 및 시기(반복 주기를 포함한다)		○	○
다. 항공기 형식별 검사단계별 점검표		○	
라. 시한성 품목의 목록 및 한계에 관한 사항		○	○
마. 점검주기의 일시조정 기준		○	○
7. 항공기 등의 품질관리 절차			
가. 항공기 등, 장비품 및 부품의 품질관리기준 및 방침	○	○	○
나. 항공 기체, 추진계통 및 장비품의 신뢰성 관리 절차	○		○
다. 지속적인 분석 및 감시 시스템(CASS : Continuing Analysis and Surveillance System) 과 품질심사에 관한 절차	○		○
라. 필수검사항목 지정 및 검사항목	○		○
마. 재확인 검사항목 지정 및 검사 절차	○	○	○
바. 항공기 고장, 결함 및 부식 등에 대한 항공당국 및 제작사 보고 절차	○	○	
사. 정비 프로그램의 유효성 및 효과분석 방법	○		
아. 정비작업의 면제처리 및 예외 적용에 관한 사항	○		○

내용	항공 운송사업	항공기 사용사업	변경 인가대상
8. 항공기 등의 기술관리 절차			
가. 감항성 개선지시, 기술회보 등의 검토 및 수행절차	○	○	
나. 기체구조 수리 평가프로그램	○		
다. 항공기 부식 예방 및 처리에 관한 사항	○	○	○
라. 대수리, 개조의 수행절차, 기록 및 보고절차	○	○	
마. 기술적 판단 기준 및 조치 절차	○		○
바. 기체구조 손상허용 기술 승인 절차	○		○
사. 중량 및 평형 계측 절차	○	○	
아. 사고조사 장비 운용 절차	○	○	
9. 항공기 등, 장비품 및 부품의 정비방법 및 절차			
가. 수행하려는 정비의 범위	○	○	○
나. 수행된 정비 등의 확인 절차(비행 전 감항성 확인, 비상장비 작동 가능상태 확인 및 정비 수행을 확인하는 자 등)	○	○	
다. 계약정비에 대한 평가, 계약 후 이행 여부에 대한 심사 절차	○	○	○
라. 계약정비를 하는 경우 정비확인에 대한 책임, 서명 및 확인 절차	○	○	
마. 최소장비목록(MEL) 또는 외형변경목록(CDL) 적용기준 및 정비 이월 절차(적용되는 경우에 한한다)	○	○	○
바. 제/방빙 절차(적용되는 경우에 한한다)	○	○	
사. 지상조업 감독, 급유, 급유량, 연료 품질관리 등 운항정비를 위한 절차	○	○	
아. 고도계 교정, 회항 시간 연장 운항(EDTO), 수직 분리 축소(RVSM), 정밀접근(CAT) 등 특정 사항에 따른 정비절차(적용되는 경우에 한한다)	○	○	
자. 발동기 시운전 절차	○	○	
차. 항공기 여압, 출발, 도착, 견인에 관한 사항	○	○	
카. 비행시험, 공수비행에 관한 기준 및 절차	○	○	○
10. 정비 매뉴얼, 기술 문서 및 정비기록물의 관리방법			
가. 각종 정비 관련 규정의 배포, 개정 및 이용방법	○	○	
나. 전자교범 및 전자기록 유지 시스템(적용되는 경우에 한한다)	○		○
다. 탑재용 항공일지, 비행일지, 정비일지 등의 정비기록 작성방법 및 관리 절차	○	○	
라. 정비기록 문서의 관리책임 및 보존기관	○	○	○
마. 탑재용 항공일지 서식 및 기록 방법	○	○	○
바. 정비문서 및 각종 꼬리표의 서식 및 기록 방법	○	○	

내용	항공 운송사업	항공기 사용사업	변경 인가대상
11. 자재, 장비 및 공구관리에 관한 사항			
가. 부품 임차, 공동 사용, 교환, 유용에 관한 사항	○		○
나. 외부 보관품목(External Stock) 관리에 관한 사항	○		
다. 정비 측정 장비 및 시험 장비의 관리 절차	○	○	
라. 장비품, 부품의 수령, 저장, 반납 및 취급에 관한 사항	○	○	
마. 비인가품목, 비인가 심의 품목의 판단 방법 및 보고절차	○	○	
바. 구급 용구 등의 관리 절차	○	○	
사. 정전기 민감 품목(ESDS)의 취급 절차	○	○	
아. 장비 및 공구를 제작하여 사용하는 경우 승인 절차	○	○	
자. 위험물 취급 절차	○	○	
12. 안전 및 보안에 관한 사항			
가. 항공정비에 관한 안전관리 절차	○	○	
나. 화재 예방 등 지상안전을 유지 하기 위한 방법	○	○	
다. 인적요인에 의한 안전관리 방법	○	○	
라. 항공기 보안에 관한 사항	○	○	
13. 그 밖에 항공운송 사업자 또는 항공기 사용 사업자가 필요하다고 판단하는 사람	○	○	

주제

(2) 기재사항의 개요

평가 항목

① 일반사항

② 항공기를 정비하는 자의 직무와 정비조직

③ 정비에 종사하는 사람의 훈련방법

④ 정비 시설에 관한 사항

⑤ 항공기 감항성 유지를 위한 정비 프로그램

⑥ 항공기 검사프로그램

⑦ 품질관리 절차

⑧ 기술관리 절차

⑨ 정비방법 절차

⑩ 정비매뉴얼 기술문서 및 정비기록물의 관리방법

⑪ 자재 장비 공구관리에 관한 사항

⑫ 안전 및 보안에 관한 사항

⑬ 그밖에 항공운송 사업자 또는 항공기 사용사업자가 필요하다고 판단하는 사항 등이 기재되어있다.

주제

(3) MEL, CDL

평가 항목

① MEL(Minimum Equipment List) : 최소구비 장비목록으로 항공기의 계통, 부분품, 계기 통신 전자 장비 등 항공기의 안전한 항행을 보장하기 위하여, 다중으로 구성되어 구성품 중 일부가 훼손되거나 이탈되어도 항공기의 안전성에 영향을 주지 않는 신뢰성 보장 목록으로 Category A~D로 나뉜다. 즉 항공기의 안전성과 정시성을 지키기 위해 경미한 결함이나 감항성에 영향을 주지 않는 보기 및 장비교환을 수행 하는데 목적이 있다.("최소구비 장비목록"이며 중요도에 따라 Category A~D로 나뉘며 A에서 D로 갈수록 이월 가능 기간이 길어진다.)

- Category A : 정비 이월 후 차기 Interval 내에 수정작업 필요
- Category B : 정비 이월 후 3일 이내에 수정작업 필요
- Category C : 정비 이월 후 10일 이내에 수정작업 필요
- Category D : 정비 이월 후 120일 이내에 수정작업 필요

ⓐ MEL 기재사항

- 항공기에 장착된 구성품의 숫자
- 비행을 위한 최소 구성 부품의 수, 필요한 조치 내용

② CDL(Configuration Daviation List) "외형변경 목록"이며 항공기 표피를 구성하고 있는 구성품 중 일부가 훼손 또는 이탈된 상태로 운항하여도 항공기 안전성에 영향을 주지 않는 목록을 설정한 것으로 항공기의 정시성을 목적으로 제한적인 비행을 할 수 있도록 한다. 자재, 설비, 시간이 확보되는 경우 즉시 원상복귀 하여야 한다.

예 Static Discharger, 항공기 스킨 등

2 감항증명

1. 감항증명(구술 평가)

주제

(1) 항공법규에서 정한 항공기

평가 항목

① 항공기 : 공기의 반작용(지표면 또는 수면에 대한 공기의 반작용은 제외한다. 이하 같다)으로 뜰 수 있는 기기로서 최대이륙중량, 좌석 수 등 국토교통부령으로 정하는 기준에 해당하는 다음 각 목의 기기와 그 밖에 대통령령으로 정하는 기기를 말한다.

ⓐ 비행기

ⓑ 헬리콥터

ⓒ 비행선

ⓓ 활공기(滑空機)

주제

(2) 감항 검사 방법

평가 항목

① 항공기 감항성을 검사받기 위해 제작사에서 형식 증명 승인을 먼저 받는다.

② 나라별 국적 등록국에서 국적 등록 기호를 받는다.

③ 검사관에게 검사를 받아 싸인을 받으면, 1년 이내의 유효기간을 부여 받는다.

주제

(3) 형식증명과 감항증명의 관계

평가 항목

① 형식증명 : 항공기를 만들고자 하는 사람이 그 설계 항공기가 기술기준에 적합한지에 대한 증명서를 받는 것이다.

② 감항증명 : 만들어진 항공기가 안전하게 운항하기 위한 안전성을 검사하는 것이다.

ⓐ 감항증명 시 그 항공기가 형식증명을 이미 받은 항공기라면 설계에 관한 검사는 생략할 수 있다.

ⓑ 형식증명승인이 있으면 감항증명 시 설계 제작과정에 대한 검사 생략이 가능하다.

- 형식증명승인 : 외국 정부로부터 형식증명을 받은 제작자가 우리나라에 수출하고자 할 시, 외국 정부의 형식증명이 우리나라 기술기준에 적합한지에 대한 승인을 말한다.
- 제작증명 : 항공기 등에 사용할 부품 및 장비품을 제작하려는 자는 기술기준에 적합하게 장비품 또는 부품을 제작할 수 있는 설비, 인력, 기술, 검사체계를 갖추고 국토교통부장관에게 인증을 받아야하는 것이다.

참조 감항증명 및 감항성 유지(항공안전법 제23조, 제24조)

1. 항공안전법 제23조(감항증명 및 감항성 유지)

1) 제1항 : 항공기가 감항성이 있다는 증명(이하 "감항증명"이라 한다)을 받으려는 자는 국토교통부령으로 정하는 바에 따라 국토교통부장관에게 감항증명을 신청하여야 한다.

2) 제2항 : 감항증명은 대한민국 국적을 가진 항공기가 아니면 받을 수 없다. 다만, (국토교통부령으로 정하는 항공기의 경우에는 그러하지 아니하다.)

3) 제3항 : 누구든지 다음 각호의 어느 하나에 해당하는 감항증명을 받지 아니한 항공기를 운항하여서는 아니 된다.

① 표준감항증명 : 해당 항공기가 형식증명 또는 형식증명승인에 따라 인가된 설계에 일치하게 제작되고 안전하게 운항할 수 있다고 판단되는 경우에 발급하는 증명

② 특별감항증명 : 해당 항공기가 제한형식증명을 받았거나 항공기의 연구, 개발 등 국토교통부령으로 정하는 경우로서 항공기 제작자 또는 소유자 등이 제시한 운용범위를 검토하여 안전하게 운항할 수 있다고 판단되는 경우에 발급하는 증명

4) 제4항 : 국토교통부장관은 제3항 각호의 어느 하나에 해당하는 감항증명을 하는 경우 국토교통부령으로 정하는 바에 따라 해당 항공기의 설계, 제작과정, 완성 후의 상태와 비행성능에 대하여 검사하고 해당 항공기의 운용 한계(運用 限界)를 지정하여야 한다. 다만, 다음 각호의 어느 하나에 해당하는 항공기의 경우에는 국토교통부 령으로 정하는 바에 따라 검사의 일부를 생략할 수 있다.

① 형식증명, 제한형식증명 또는 형식증명승인을 받은 항공기

② 제작증명을 받은 자가 제작한 항공기

③ 항공기를 수출하는 외국정부로 부터 감항성이 있다는 승인을 받아 수입하는 항공기

5) 제5항 : 감항증명의 유효기간은 1년으로 한다. 다만, 항공기의 형식 및 소유자 등(제32조 제2항에 따른 위탁을 받은 자를 포함한다)의 감항성 유지능력 등을 고려하여 국토교통부령으로 정하는 바에 따라 유효기간을 연장할 수 있다.

6) 제6항 : 국토교통부장관은 제4항에 따른 검사 결과 항공기가 감항성이 있다고 판단되는 경우 국토교통부령으로 정하는 바에 따라 감항증명서를 발급하여야 한다.

7) 제7항 : 국토교통부장관은 다음 각호의 어느 하나에 해당하는 경우에는 해당 항공기에 대한 감항증명을 취소하거나 6개월 이내의 기간을 정하여 그 효력의 정지를 명할 수 있다. 다만, 제1호에 해당하는 경우에는 감항증명을 취소하여야 한다.

8) 제8항 : 항공기를 운항하려는 소유자 등은 국토교통부령으로 정하는 바에 따라 그 항공기의 감항성을 유지하여야 한다.

9) 제9항 : 국토교통부장관은 제8항에 따라 소유자 등이 해당 항공기의 감항성을 유지하는지를 수시로 검사하여야 하며, 항공기의 감항성 유지를 위하여 소유자 등에게 항공기 등, 장비품 또는 부품에 대한 정비 등에 관한 감항성 개선 또는 그 밖의 검사, 정비 등을 명할 수 있다.

2. 항공안전법 제24조(감항승인)

1) 우리나라에서 제작, 운항 또는 정비등 을 한 항공기 등, 장비품 또는 부품을 타인에게 제공하려는 자는 국토교통부령으로 정하는 바에 따라 국토교통부장관의 감항승인을 받을 수 있다.

2) 국토교통부장관은 제1항에 따른 감항승인을 할 때에는 해당 항공기 등, 장비품 또는 부품이 항공기기술기준 또는 제27조 제1항에 따른 기술표준품의 형식승인기준에 적합하고, 안전하게 운용할 수 있다고 판단하는 경우에는 감항승인을 하여야 한다.

3) 국토교통부장관은 다음 각호의 어느 하나에 해당하는 경우에는 제2항에 따른 감항승인을 취소하거나 6개월 이내의 기간을 정하여 그 효력의 정지를 명할 수 있다. 다만, 제1호에 해당하는 경우에는 그 감항승인을 취소하여야 한다.

① 거짓이나 그 밖의 부정한 방법으로 감항승인을 받은 경우

② 항공기 등, 장비품 또는 부품이 감항승인 당시의 항공기기술기준 또는 제27조 제1항에 따른 기술표준품의 형식승인기준에 적합하지 아니하게 된 경우 수리와 개조(항공안전법 제30조–수리 개조 승인)

ⓐ 감항증명을 받은 항공기의 소유자 등은 해당 항공기 등, 장비품 또는 부품을 국토교통부령으로 정하는 범위에서 수리하거나 개조하려면 국토교통부령으로 정하는 바에 따라 그 수리, 개조가 항공기기술기준에 적합한지에 대하여 국토교통부장관의 승인(이하 “수리, 개조승인”이라 한다)을 받아야 한다.

ⓑ 소유자 등은 수리·개조승인을 받지 아니한 항공기 등, 장비품 또는 부품을 운항 또는 항공기 등에 사용해서는 아니 된다.

ⓒ 제1항에도 불구하고 다음 각호의 어느 하나에 해당하는 경우로서 항공기기술기준에 적합한 경우에는 수리, 개조승인을 받은 것으로 본다.

- 기술표준품 형식승인을 받은 자가 제작한 기술표준품을 그가 수리, 개조하는 경우
- 부품 등 제작자증명을 받은 자가 제작한 장비품 또는 부품을 그가 수리, 개조하는 경우
- 제97조 제1항에 따른 정비조직인증을 받은 자가 항공기 등, 장비품 또는 부품을 수리, 개조하는 경우

3. 항공안전법 제31조(항공기 등의 검사 등)

1) 국토교통부장관은 제20조부터 제25조까지, 제27조, 제28조, 제30조 및 제97조에 따른 증명, 승인 또는 정비조직인증을 할 때에는 국토교통부장관이 정하는 바에 따라 미리 해당 항공기등 및 장비품을 검사하거나 이를 제작 또는 정비하려는 조직, 시설 및 인력 등을 검사하여야 한다.

2) 국토교통부장관은 제1항에 따른 검사를 하기 위하여 다음 각호의 어느 하나에 해당하는 사람 중에서 항공기 등 및 장비품을 검사할 사람(이하 “검사관”이라 한다)을 임명 또는 위촉한다.

① 제35조제8호의 항공정비사 자격증명을 받은 사람

② 「국가기술자격법」에 따른 항공분야의 기사 이상의 자격을 취득한 사람

③ 항공기술 관련 분야에서 학사 이상의 학위를 취득한 후 3년 이상 항공기의 설계, 제작, 정비 또는 품질보증 업무에 종사한 경력이 있는 사람

④ 국가기관 등 항공기의 설계, 제작, 정비 또는 품질보증 업무에 5년 이상 종사한 경력이 있는 사람

3) 국토교통부장관은 국토교통부 소속 공무원이 아닌 검사관이 제1항에 따른 검사를 한 경우에는 예산의 범위에서 수당을 지급할 수 있다.

참조 항공기 정비업(항공사업법 제2절), 항공기 취급업(항공사업법 제3절)

1. 항공사업법 제2절

1) 항공기 정비업을 경영하려는 자는 국토교통부령으로 정하는 바에 따라 국토교통부장관에게 등록하여야 한다. 등록한 사항 중 국토교통부령으로 정하는 사항을 변경하려는 경우에는 국토교통부장관에게 신고하여야 한다.

2) 제1항에 따른 항공기정비업을 등록하려는 자는 다음 각호의 요건을 갖추어야 한다.
① 자본금 또는 자산평가액이 3억원 이상으로서 대통령령으로 정하는 금액 이상일 것
② 정비사 1명 이상 등 대통령령으로 정하는 기준에 적합할 것
③ 그 밖에 사업 수행에 필요한 요건으로서 국토교통부령으로 정하는 요건을 갖출 것
3) 다음 각호의 어느 하나에 해당하는 자는 항공기 정비업의 등록을 할 수 없다. 〈개정 2017. 12. 26.〉
① 제9조 제2호부터 제6호(법인으로서 임원 중에 대한민국 국민이 아닌 사람이 있는 경우는 제외한다)까지의 어느 하나에 해당하는 자
② 항공기 정비업 등록의 취소처분을 받은 후 2년이 지나지 아니한 자. 다만, 제9조 제2호에 해당하여 제43조 제7항에 따라 항공기 정비업 등록이 취소된 경우는 제외한다.

2. 항공사업법 제3절
1) 항공기 취급업을 경영하려는 자는 국토교통부령으로 정하는 바에 따라 신청서에 사업계획서와 그 밖에 국토교통부령으로 정하는 서류를 첨부하여 국토교통부장관에게 등록하여야 한다. 등록한 사항 중 국토교통부령으로 정하는 사항을 변경하려는 경우에는 국토교통부장관에게 신고하여야 한다.
2) 제1항에 따른 항공기 취급업을 등록하려는 자는 다음 각호의 요건을 갖추어야 한다.
① 자본금 또는 자산평가액이 3억원 이상으로서 대통령령으로 정하는 금액 이상일 것
② 항공기 급유, 하역, 지상조업을 위한 장비 등이 대통령령으로 정하는 기준에 적합할 것
③ 그 밖에 사업 수행에 필요한 요건으로서 국토교통부령으로 정하는 요건을 갖출 것
3) 다음 각호의 어느 하나에 해당하는 자는 항공기 취급업의 등록을 할 수 없다. 〈개정 2017. 12. 26.〉
① 제9조 제2호부터 제6호(법인으로서 임원 중에 대한민국 국민이 아닌 사람이 있는 경우는 제외한다)까지의 어느 하나에 해당하는 자
② 항공기 취급업 등록의 취소처분을 받은 후 2년이 지나지 아니한 자. 다만, 제9조 제2호에 해당하여 제45조 제7항에 따라 항공기 취급업 등록이 취소된 경우는 제외한다.

2. 감항성 개선명령(구술 평가)

주제

(1) 감항성 개선지시(Airworthiness Directive)의 정의 및 법적 효력

평가 항목

① AD(Airworthness Directive) : 감항성 개선 명령으로서 항공기의 감항성에 치명적인 영향을 줄 수 있는 중요한 결함, 징후 등에 대하여 개선 명령을 하는 것으로서, 항공기의 제작사가 해당 항공당국(FAA나 EASA)에 보고하면, 해당 항공당국(FAA나 EASA)은 항공기를 운용하고 있는 국가의 항공당국(국토교통부)에 감항성 개선 명령을 내리면 그 국가의 기술기준에 의거 항공기의 운용사에 감항성 개선 명령을 내리는 것으로서, 행정적인 명령이며, 법적인 효율을 갖고 있어 강제성을 띄고 있다.
AD를 만약 수행시간 내에 못한다면 국토교통부 장관에 승인을 받아서 수행 시간을 연장 또는 대체방법으로 전환 가능하다.

② 항공안전법 제23조에 따르면 국토교통부장관은 소유자 등이 해당 항공기의 감항성을 유지하는지를 수시로 검사하여야 하며, 항공기의 감항성 유지를 위하여 소유자 등에게 항공기 등, 장비품 또는 부품에 대한 정비등에 관한 감항성 개선 또는 그 밖의 검사, 정비 등을 명할 수 있다.

주제

(2) 처리 결과 보고절차

평가 항목

① 감항성 개선지시서 발행 및 관리지침 제7조(감항성 개선지시서 발행을 위한 기술검토)

ⓐ 감항 엔지니어는 외국에서 설계하고 승인한 항공제품의 필수 감항정보를 검토한 후 그 결과를 별지 제1호 서식의 감항성 개선지시서(AD) 기술검토서에 작성하여 국토교통부장관에게 보고하여야 한다.

ⓑ 우리나라에서 설계하고 승인한 항공제품에서 불안전한 상태가 확인된 경우 또는 외국에서 수입한 항공제품이 불안전한 상태에 있다고 판단 되지만 해당 국가로부터 필수 감항정보가 발행되지 않은 경우 국토교통부장관은 다음 각호의 절차에 따라 기술검토를 한 후 감항성 개선지시서를 발행할 수 있다.

- 해당 항공제품을 설계한 책임기관의 장에게 정비개선 회보(Service Bulletin)를 제출토록 요구한다.
- 정비개선 회보의 검토가 필요할 경우 설계 책임기관, 전문 검사기관 및 내부 관련자에게 통보하여 의견을 수렴하고, 그 검토 결과를 별지 제2호 서식의 감항성 개선지시서(AD) 기술검토서에 작성하여 국토교통부장관에게 보고하여야 한다.
- 외국에서 설계하고 승인한 항공제품에 대하여 자체적으로 감항성 개선지시서를 발행하려는 경우 사전에 해당 설계국가와 협의한다.

ⓒ 국토교통부장관은 감항성 개선지시서를 발행하기 전에 별지 제2호 서식에 따른 감항성 개선지시서(AD) 기술검토서를 항공기 소유자 등 관계자에게 통보하고, 국토교통부 홈페이지에 게시하여 30일 이내에 의견을 수렴하여야 한다. 다만, 항공안전을 확보하기 위하여 긴급한 경우에는 이를 생략할 수 있다.

ⓓ 제8조(감항성 개선지시서 발행)

- 국토교통부장관은 제7조에 따른 기술검토 결과 항공제품의 안전을 확보하기 위한 정비 등이 필요하다고 판단될 경우 별지 제3호 서식에 따른 감항성 개선지시서를 발행하여야 한다. 다만, 제7조 제1항에 따라 외국에서 발행한 필수감항 정보에 따른 감항성 개선지시서를 발행할 경우 별지 제3호 서식 본문을 해당 필수감항 정보의 원문으로 대체할 수 있다.
- 관리담당자는 감항성 개선지시서를 통합항공안전정보시스템(NARMI)에 입력하여 항공제품 소유자등이 인터넷으로 열람할 수 있게 하고, 이메일, 팩스 또는 우편으로 통보하여야 한다.

다만, 국산 항공제품에 대하여 감항성 개선지시서를 발행한 경우에는 외국에 있는 해당 항공제품의 소유자등 및 소유자 등의 소속 국가에도 통보하여야 한다.

ⓔ 제9조(대체수행방법 등의 신청 및 처리절차)

- 항공기 소유자 등은 감항성 개선지시서에 따른 사항을 수행하기 곤란할 경우 대체수행방법 등을 국토교통부장관에게 신청할 수 있다.
- 국토교통부장관은 제1항에 따른 신청이 있을 경우 감항성 개선지시 유효기간 등을 고려하여 감항 엔지니어, 설계책임기관 및 전문검사기관 등과 협의하여 그 결과를 항공기 소유자 등에게 지체 없이 통보하며 최대 30일을 초과하지 않아야 한다.

제2장 기본작업

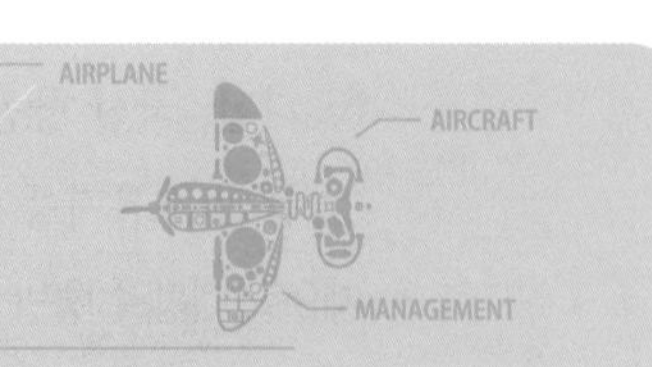

1 벤치 작업

1. 기본 공구의 사용(구술 또는 실작업 평가)

주제

(1) 공구 종류 및 용도

평가 항목

① Hammer : 망치를 사용할 때에는 보안경이나 안면 보호구를 착용하여야 하며 사용할 용도에 따라 망치를 선택한다. 맞는 공구의 표면보다 약 2.54cm 큰 직경의 표면을 한 망치를 선택한다.

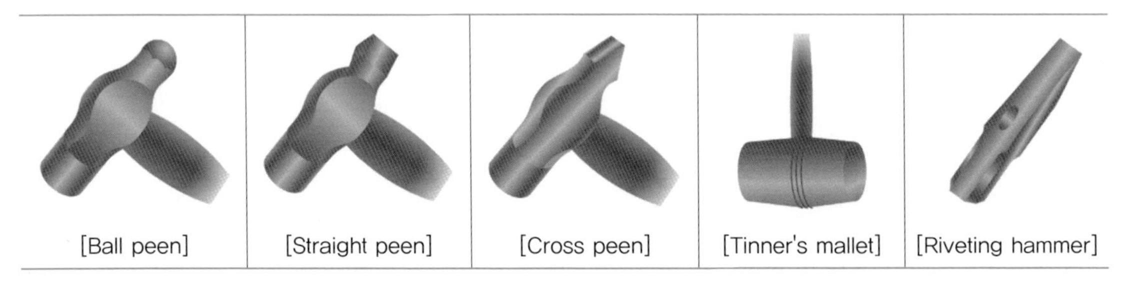

[Ball peen] [Straight peen] [Cross peen] [Tinner's mallet] [Riveting hammer]

② Driver Set

[Screw driver] [Ratchet off-set screw driver] [Off-set screw driver]

③ Pliers Set

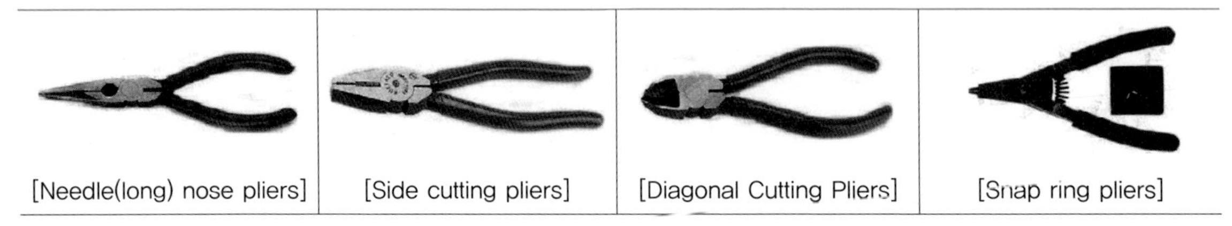

[Needle(long) nose pliers] [Side cutting pliers] [Diagonal Cutting Pliers] [Snap ring pliers]

 [Slip joint pliers]	 [Group joint pliers]	 [Locking joint pliers]	

④ Punch Set

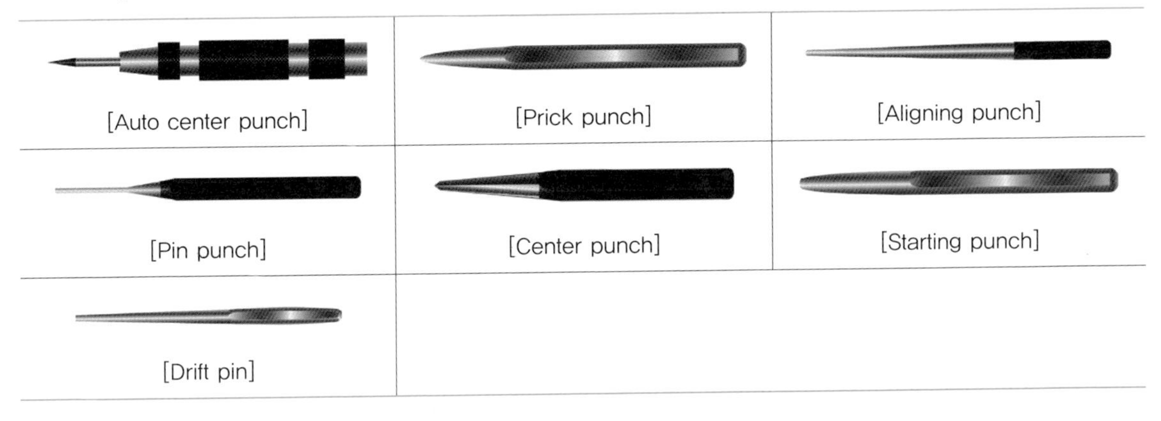

[Auto center punch]	[Prick punch]	[Aligning punch]
[Pin punch]	[Center punch]	[Starting punch]
[Drift pin]		

⑤ Wrench Set

 [Box–end wrench]	 [Allen wrench(L–wrench)]	 [Combination wrench]

 [Socket]	 [Ratchet handle]	 [Hinge handle]
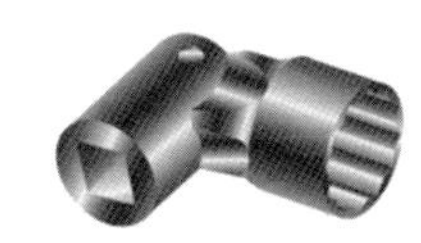 [Socket and universal joint combined]	 [Extension bar]	 [Speed handle]

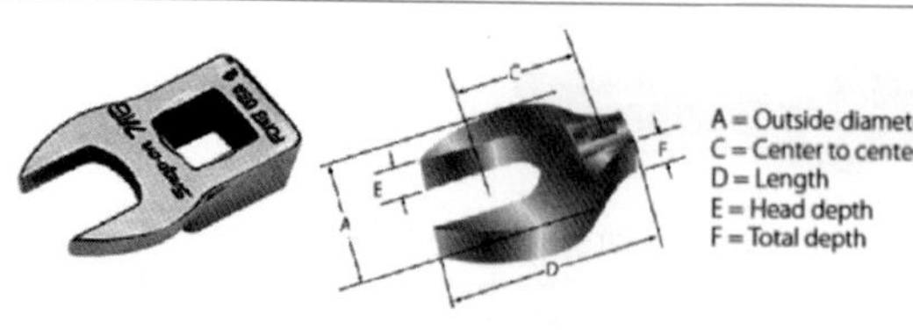

[Crowfoot]

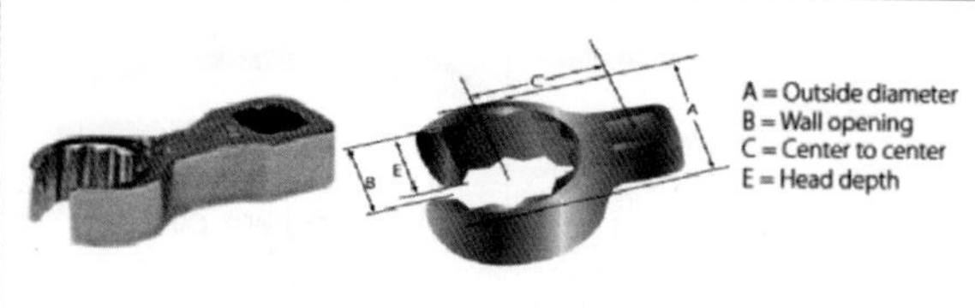

[Flare nut]

⑥ Torque Wrench Set

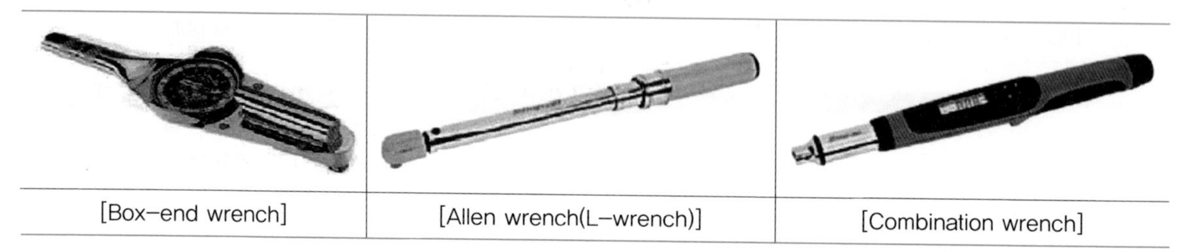

[Box–end wrench]	[Allen wrench(L–wrench)]	[Combination wrench]

⑦ 가위(Scissors)

⑧ Saw

⑨ File

⑩ Drill

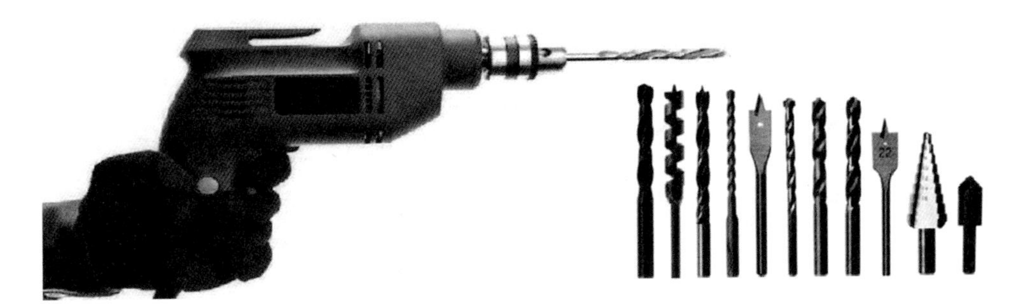

⑪ Reamer(리머)

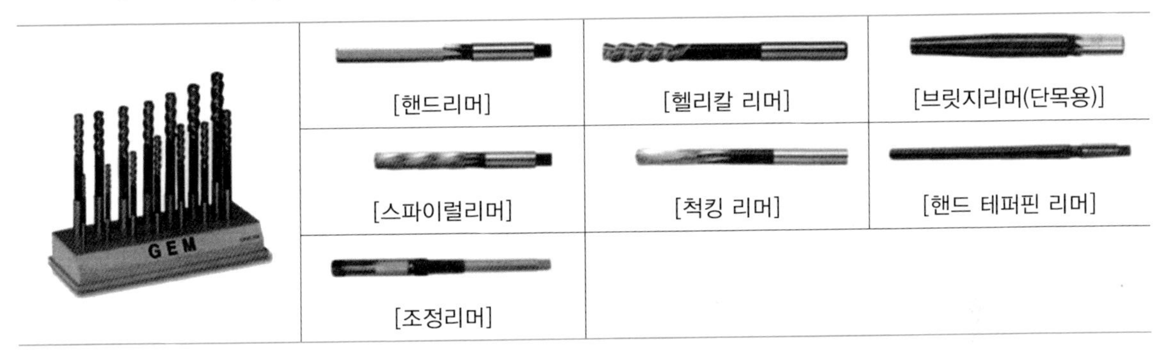

⑫ Tap and Dies

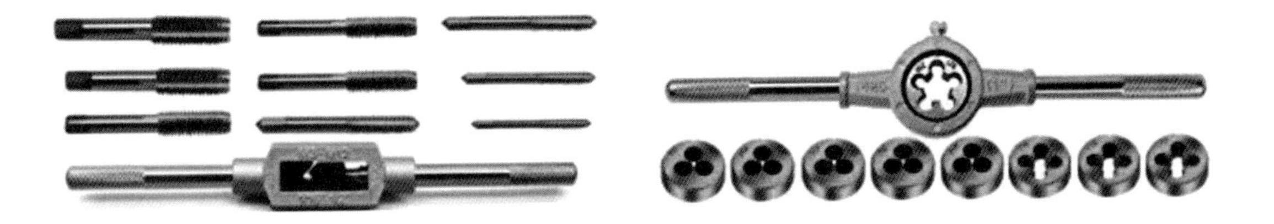

⑬ Ruler(자)

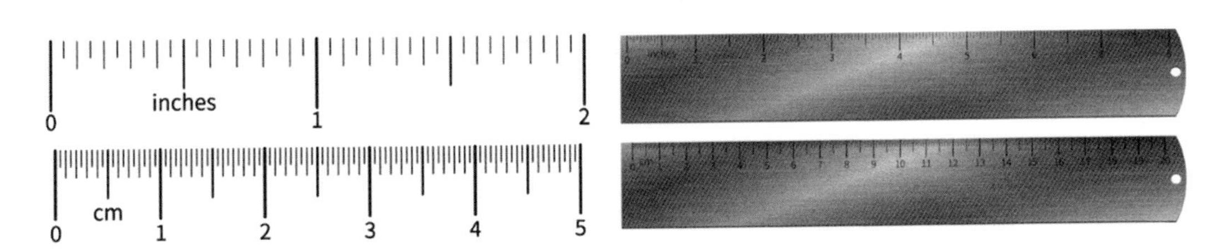

⑭ Calipers

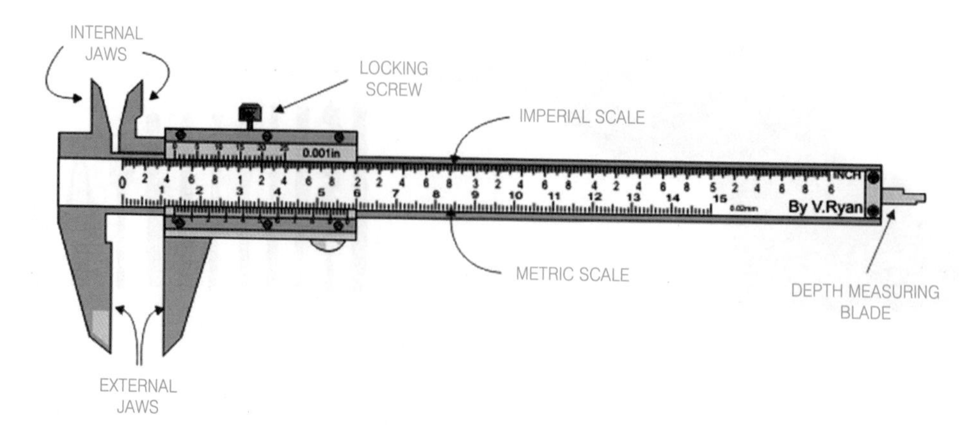

⑮ Micro-meter

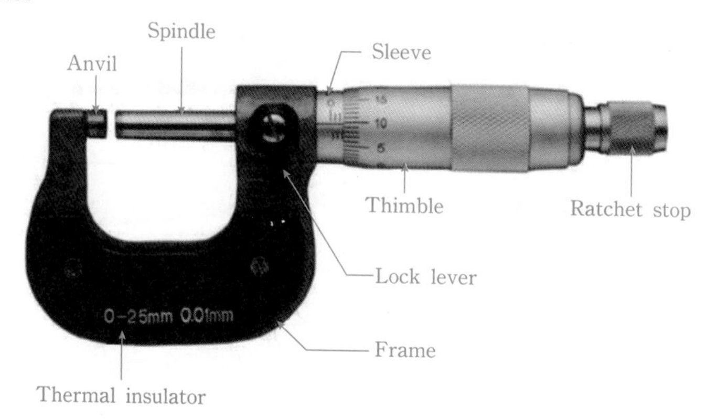

주제

(2) 기본자세 및 사용법

평가 항목

① 공구를 가지고 장난을 해서는 안 된다.

② 해당 작업에 맞는 공구를 사용하여 항공기와 장비에 손상이 가지 않도록 해야 한다.

③ 교정 일자를 확인한다.

④ Pliers류 사용 시 Grip을 정확히 잡아야 하며 그렇지 않으면 미끄러져 다칠 수 있다.

⑤ 공구에 Grease 또는 Oil 등이 묻었을 경우 깨끗이 닦아서 사용한다.

⑥ Cutter 사용 시 피구조물로부터 본인 앞으로 당기지 않는다.

⑦ 작업이 끝났으면 반드시 잘 닦고 Inventory 후 보관한다.

⑧ Drill 작업 전에는 반드시 Center Punch 작업을 해야 한다.

⑨ Drill Machine을 조작할 때는 장갑을 끼어서는 안 된다.

⑩ 작업에 꼭 필요한 공구만 두도록 하고, 사용하기에 편리하도록 잘 정돈되어 있어야 한다.

2. 전자 전기 벤치 작업(구술 또는 실작업 평가)

주제

(1) 배선작업 및 결함검사

평가 항목

① Slack in Wire Bundles(전선 다발의 느슨함)

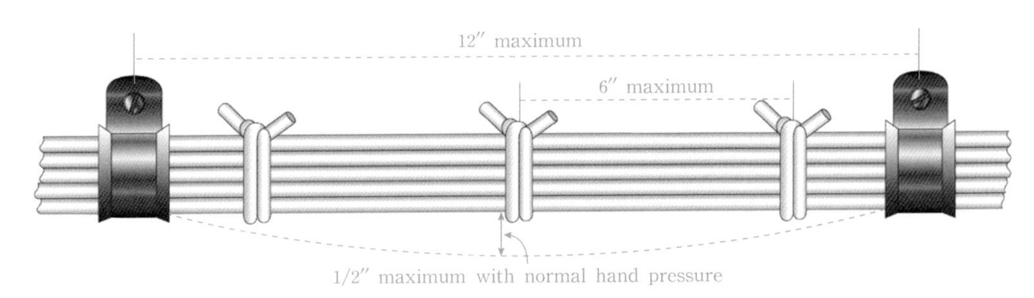

[Slack between supports of a cable harness]

ⓐ 배선은 Wire Bundles과 개별 Wire에 장력이 걸리지 않도록 느슨하고 Wire Bundles이 전선 비틀림(Twisting Wire)이 없이 장착되어야 한다.

ⓑ Maximum Slack, Tie Lap and Clamp Clearance

- Clamp Clearance : Wire Bundles 고정 Clamp의 간격으로 최대 24 inch
- Cable Tie Clearance : Wire Bundles Cable Tie 간격은 최대 6 inch이며, Engine의 경우는 2 inch 이내이다.
- Slack : 고정 Clamp의 간격 12 inch에서 Normal Hand Pressure로 약 1/2″이다.

② Spliced Connections in Wire Bundles(스플라이스 연결)

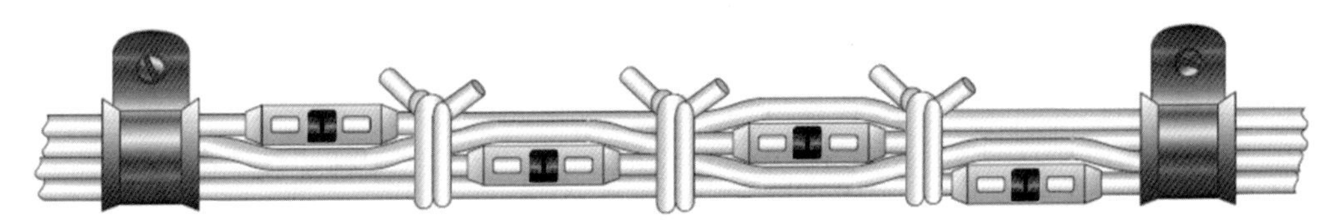

[Staggered splices in wire bundle]

ⓐ Splicing(스플라이싱)

- 배선의 신뢰성과 전기·기계특성에 영향을 주지 않는 한 배선에 허용된다.
- 전력선, 동축 케이블, 복합 버스(Multiplex bus) 및 큰 규격 전선의 Splicing은 인가된 자료를 갖추어야 한다.
- 전선의 Splicing은 최소로 유지하며 극심한 진동이 있는 장소에서는 피해야 한다.

③ Bend Radius(굴곡반경)

ⓐ Bundles에서 굴곡부의 최소 반경은 전선이 말단에서 이탈 또는 Bundle에 역방향인 단말 단자를 제외하고, 가장 굵은 전선 또는 Cable의 Outer Diameter(외경)에 10배 이하가 되어서는 안 된다.

ⓑ 전선이 적절하게 지탱된 곳에서, 반경은 전선 또는 케이블 직경의 3배가 되게 한다.

ⓒ 반경 필요조건(Radius Requirement) 이내로 전선 또는 케이블을 장착하기 어려운 곳에서는 굴곡부가 Insulating Tubing(절연 배관)으로 감싸져야 한다.

ⓓ Thermocouple Wire(열전쌍 도선)에 대한 반경은 제조사의 권고에 따라야 수행되어야 하고 Wire의 초과 손상이 일어나지 않도록 한다.

ⓔ Coaxial cable(동축 케이블)과 Triaxial Cable(3축 케이블)은 RF Cable(무선주파 케이블)은 Cable의 외경에 6배 이상의 반경으로 구부려야 한다.

④ Protection Against Chafing(마찰로부터 보호)

ⓐ 전선과 전선 그룹은 날카로운 표면 또는 다른 전선과 접촉으로 절연체의 마멸 및 벗겨짐이 기체 또는 다른 구성요소에 의해 발생할 수 있는 장소로부터 보호되어야 한다.

ⓑ 절연체에 손상은 단락 회로, 기능 불량 또는 장비의 부적절한 작동의 원인이 된다.

⑤ Protection Against High Temperature(고온으로부터 보호)

ⓐ 배선은 절연체의 변질을 방지하기 위해 고온 장비 또는 고온 전선으로부터 멀리 떨어져 배선되어야 한다.

ⓑ 전선은 도선 온도가 Current carrying Capacity(전류용량)에 관련된 외기온도와 열 상승을 고려할 때 Wire Specification Maximum(최대 전선 사양) 이내로 유지되도록 등급이 매겨져야 한다.

ⓒ 항공기가 장기간 주기될 때 햇빛 노출로 인한 잔열효과도 고려되어야 한다.

ⓓ 화재 시 그리고 화재 후에 작동해야 하는 화재감지계통, 소화계통, 연료차단계통, 플라이 바이 와이어(Fly-By-Wire) 비행조종 계통에 사용되는 전선은 명시된 기간동안 화재에 노출된 후에도 회로 보존성이 제공되도록 등급이 갖추어진 종류로 선택되어야 한다.

ⓔ 전선절연은 고온에 노출되었을 때 급속히 저하므로 절연파괴를 방지하기 위해 저항기, Exhaust Stack(배기통), Heating Duct(열풍 덕트)와 같은 고온 장비로부터 전선을 격리시킨다.

ⓕ 유리섬유 또는 PTFE=Poly Tetra Fluoro Ethylene(폴리 테트라 플루로 에틸렌)과 같은 고온 절연재료로 고열지역을 통과해 지나가야 하는 전선을 절연시킨다.

⑥ Protection Against Solvents and Fluids(용액 및 유체로부터의 보호)

ⓐ 전선과 Metallic Flammable Fluid Line(금속 가연성 유동체 관) 사이에 Arcing Fault는 관에 Arc Hole이 발생하여 화재의 원인이 될 수 있다.

ⓑ 산소, 오일, 연료, 유압유, 또는 알코올을 담고 있는 관과 장비로부터 전선을 물리적으로 분리하여 이러한 위험요소를 방지하도록 노력해야 한다.

ⓒ 배선은 가능하면 6 inch 이상의 최소간격으로 이들 관과 장비 위에 배선되어야 한다. 이런 배열을 할 수 없을 때, Fluid Line(유동체 관)에 평행하지 않도록 배선하며 최소 1/2 inch 이상의 간격을 유지하여야 한다.

ⓓ 고정되었을 때와 유동체 운반 장비에 직접 연결할 때를 제외하고, 배선과 관과 장비 사이는 최소 2 inch는 배선이 유지되어야 한다.

⑦ Clamp Installation(클램프 장착)

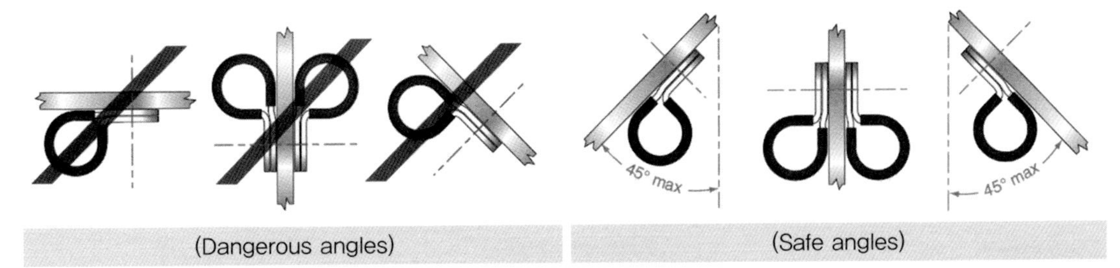

[Safe angle for cable clamps]

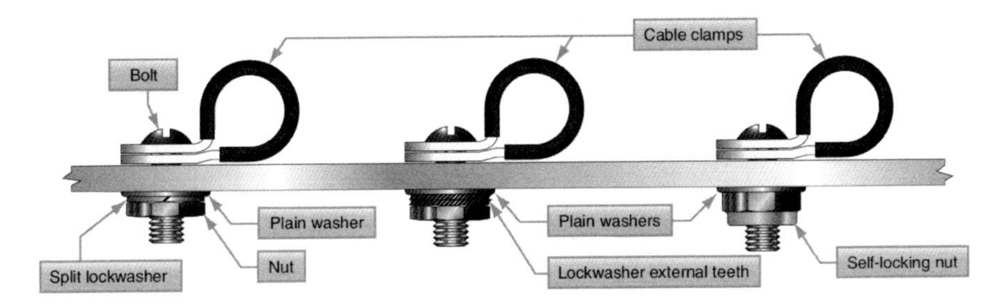

[Typical mounting hard wear for MS-21919 cable clamps]

ⓐ 전선과 전선 다발은 Clamp 또는 Plastic Cable Strap으로 지지 되어야 한다.

ⓑ Clamp와 1차 지지 장치 및 Wire Bundle(전선 다발)은 온도, Fluid Resistance(유체저항), 자외선(UV=Ultraviolet Light)에 노출 또는 물리적 부하 등에 적합한 재료로 구성되어야 한다.

ⓒ Clamp는 24 inch를 넘지 않는 간격으로 체결되어야 한다.
[그림]과 같이, Wire Bundle(전선 다발)에 Clamp는 사이에서 전선이 죄어지지 않고 꼭 맞도록 선택하여야 한다.

ⓓ 동축 무선주파 케이블(Coaxial RF Cable)에 Metal Clamp의 사용은 Clamp 고정이 무선주파 케이블(RF Cable)의 단면을 변형시킬 경우 문제를 일으킬 수 있다.

ⓔ Clamp가 무선주파 케이블(RF : Radio Frequency Cable) 단면의 변형 또는 Cable Clamp의 움직임을 막기 위한 적절한 Size를 선택해야 한다.

ⓕ 다음 [그림]과 같이 Clamp의 뒤쪽 Structural Member(구조부재)에 얹혀 있어야 한다.
Stand-off(격리 애자)는 전선과 구조물 사이에 최소 여유 공간을 유지하기 위해 사용한다.
Clamp는 전선이 진동을 받았을 때 다른 부분에 접촉하지 않도록 장착되어야 한다.

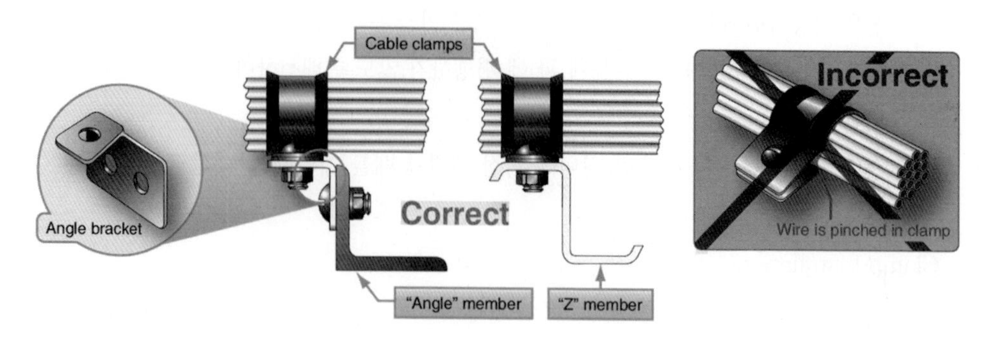

[Installing cable clamp to structure]

ⓖ Wire Bundle(전선 다발)이 Bulkhead(격벽) 또는 다른 구조부재를 거쳐 지나는 곳에 Grommet 또는 적절한 Clamp가 마손을 방지하기 위해 장치되어야 한다.

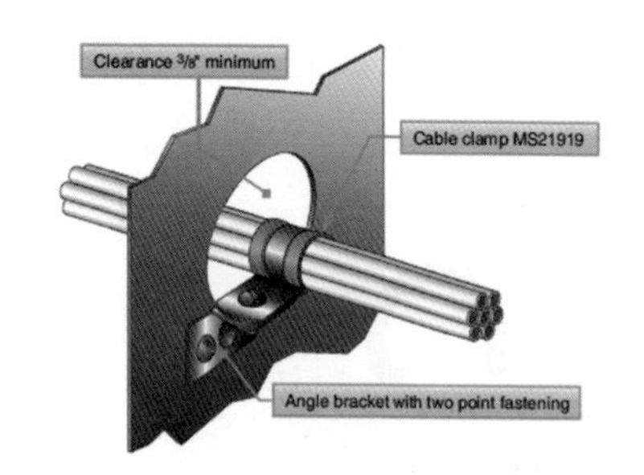

A. Cushion damp at bulkhead hole

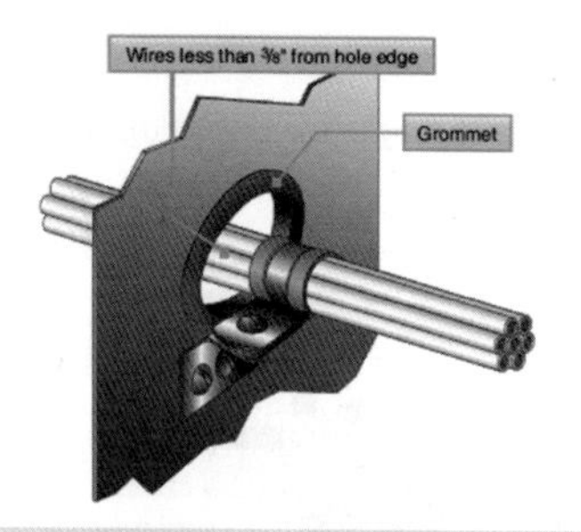

B. Cushion clamp at bulkhead hole with MS35489 grommet

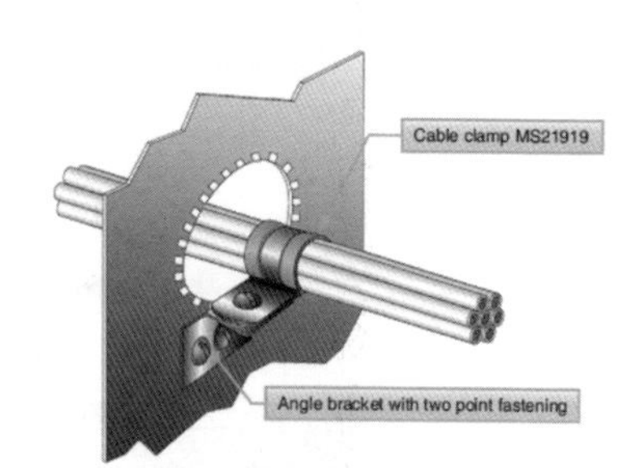

C. Cushion clamp at bulkhead hole with MS21266 grommet

[Clamping at the bulkhead hole]

⑧ Wire and Cable Clamp Inspection(전선과 케이블 클램프 검사)

ⓐ 적당한 조임에 대해 전선과 Cable Clamp를 검사 한다.

ⓑ Cable이 구조물 또는 격벽을 지나가는 곳의 적절한 Clamp와 Grommet에 대해 검사한다.

ⓒ Cable Terminal에 변형을 방지하고 전기 장치 사이에 충분한 느슨함에 대해 검사한다.

ⓓ 전선과 Cable은 최대 24 inch 이하의 간격으로 Clamp, Grommet 또는 다른 장치로 지지 된다.

ⓔ 전선과 구조물 사이에 간격을 유지하기 위해 Metal Stand-off(금속격리 애자)를 사용한다.

ⓕ 테이프 또는 배관은 간격을 유지하기 위해 격리 애자를 대체하는 것은 허용되지 않는다.

⑨ Movable Controls Wiring Precautions(가동 비행조종 전선의 주의사항)

ⓐ Movable Flight Control(가동 비행조종장치) 근처에 배선된 전선의 고정은 Steel Hardware로 부착해야 하고 Single Attachment Point(단일 부착점)의 결합이 조종장치 간섭으로 귀착할 수 없도록 간격을 두어야 한다.

ⓑ 배선과 가동 비행조종장치 사이에 최소간격은 번들이 조종장치의 방향으로 가벼운 손 압력으로 옮겨졌을 때 적어도 1/2 inch는 있어야 한다.

주제

(2) 전기회로 스위치 및 전기회로 보호장치

평가 항목

① 회로 제어장치 : 전자 기기의 기능을 사용하기 위해 필요 시 작동하게 해주는 장치로 Switch, Relay, Resistor 등이 있다.

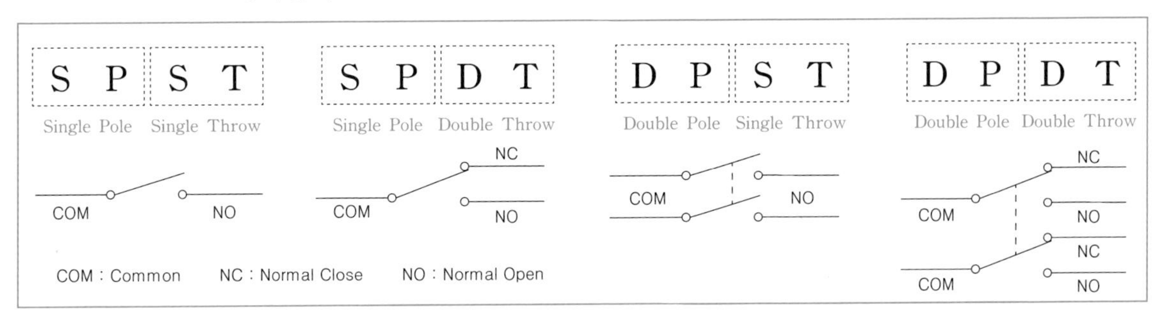

ⓐ Switch : Toggle, Push, Rotary Select, Micro, Proximity Switch 등이 있으며, 접속 방법에 따라 SPST, SPDT, DPST, DPDT가 있다.

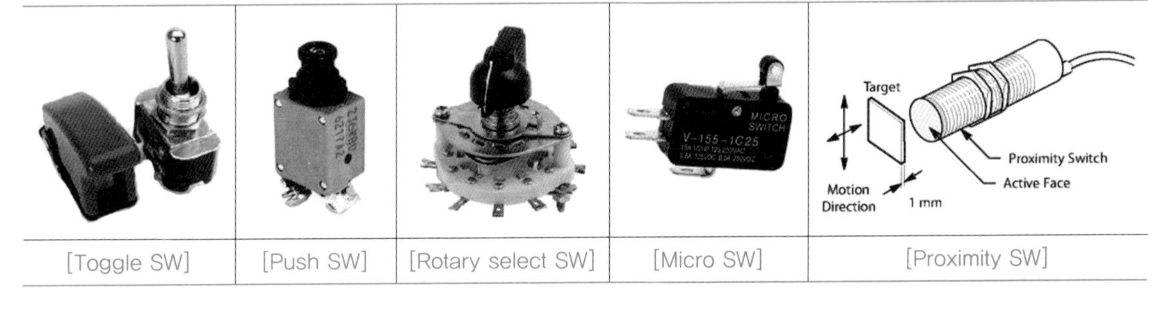

[Toggle SW] [Push SW] [Rotary select SW] [Micro SW] [Proximity SW]

- Toggle SW : SW의 조작은 상/하 또는 좌/우로 선택하며 항공기에서 많이 사용되고 운동 부분이 공기 중에 노출되지 않게 Case에 보호되어 있다.
- Push SW : Push하여 조작하며 Instrument Panel에 많이 사용한다.
- Rotary Select SW : 손잡이를 회전하여 선택하며, 여러 개의 회로의 선택을 한다.
- Micro SW : 약한 힘으로 비교적 큰 전압/전류를 개폐할 수 있는 초소형 SW이다.
  예 Landing Gear, Flap 등을 작동시키는 Motor를 Control 하는 제한 Switch이다.
- Proximity SW : Landing Gear, Entry Door, Cargo Door 등이 완전히 닫히지 않았을 경우에 경고해주는 회로에 사용됩니다.
- Relay : 작은 전류로 Relay를 작동하여 높은 전류회로를 제어하는 Switch 역할을 하는 장치이다. Relay Coil에 전류가 흐르면, COM과 NC를 이어주던 COM 단자가 NO와 붙게 되는 SW 역할을 한다.

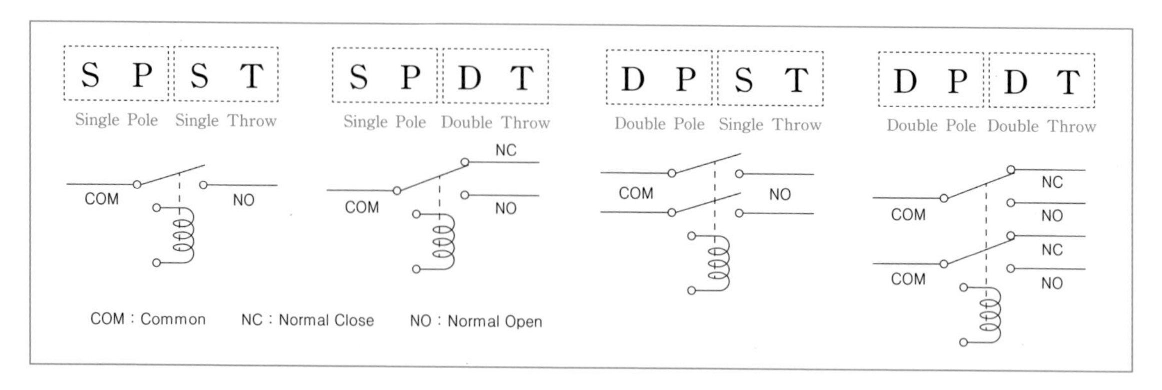

• Resistor : 저항기이며, 회로의 전압을 다양하게 변환하기 위해 전류 흐름을 제어한다.

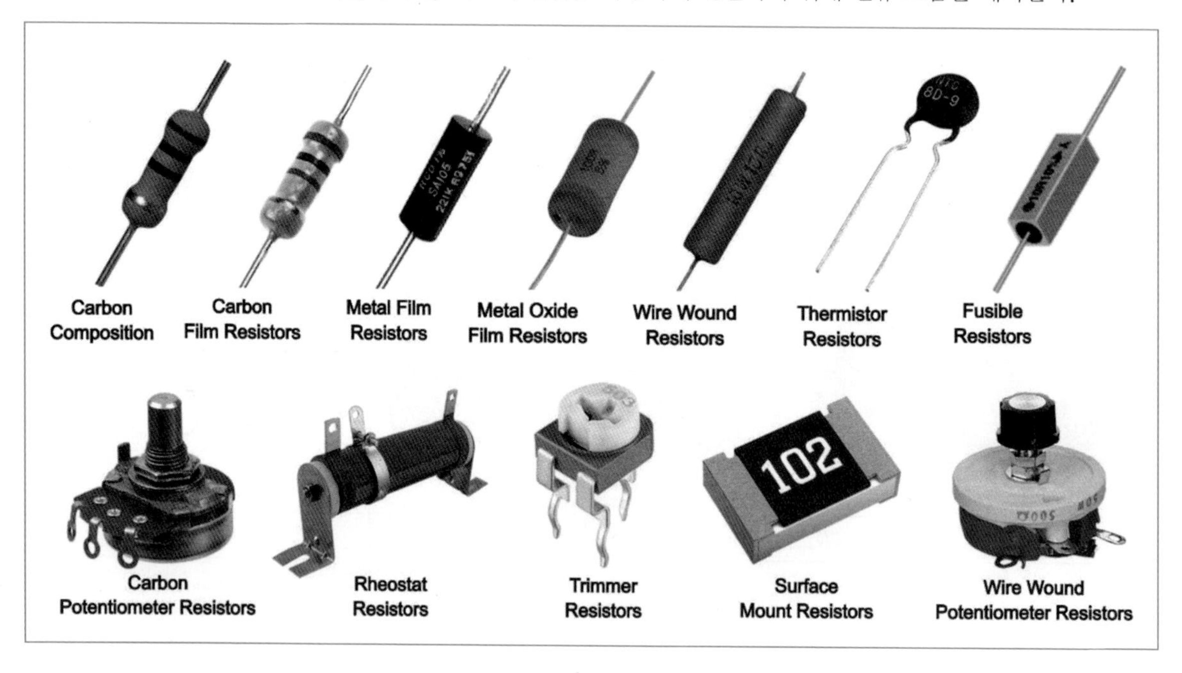

② 회로 보호장치 : Electric Short 현상을 방지해주는 장치이다.

Fuse, Circuit Breaker, Current Limiter(전류 제한기) 등이 있다.

[Fuse]	[Circuit breaker]

ⓐ Fuse : 전류가 규정 값 이상으로 흐르면, Fuse가 녹아 전류를 차단시켜 회로를 보호한다. 납-주석, 주석-비스무트 합금으로 만들어지며, 한 번 작동되면 교환한다.

ⓑ Circuit Breaker : 허용 전류 이상의 전류가 회로에 흐르면, 팽창 계수가 다른 By-metal을 이용해 접점을 떨어트려 회로를 보호한다. 수동이나 자동으로 다시 접속시켜 재사용을 할 수 있다.

ⓒ Current Limiter(전류 제한기) : 비교적 높은 전류를 짧은 시간 동안 허용할 수 있는 구리로 만든 Fuse의 일종이다. 동력 회로와 같이 짧은 시간 내에 과전류가 흘러도 장비나 부품 손상이 되지않는 경우에 사용된다.(Fuse의 일종이므로 한 번 개방되면 교환해야 한다.)

주제

(3) 전기회로의 전선규격 선택 시 고려사항

평가 항목

① 정확한 전선 크기를 선택하는 2가지 필요조건을 부합시키기 위해, 다음 사항을 알아야 한다.

ⓐ 전선의 길이

ⓑ 운반하고자 하는 전류의 Ampere의 수

ⓒ 허용 전압강하

ⓓ 요구되는 Continuous Current(정격전류) 또는 Intermittent Current(간헐적 전류)

ⓔ 예측 또는 측정된 도선의 온도

ⓕ 전선이 전선관과 Bundle 중 어디에 장착되는가?

ⓖ 자유대기에 단선으로 장착되는가?

주제

(4) 전기 시스템 및 구성품

평가 항목

① Diode : Germanium(게르마늄)이나 규소(Si)로 만들어지고, 주로 한 방향으로 전류가 흐르도록 제어하는 반도체 소자로 정류 작용과 역전류 차단 작용을 해주는 부품이다. 정류, 발광 등의 특성을 갖는 반도체 소자이다.

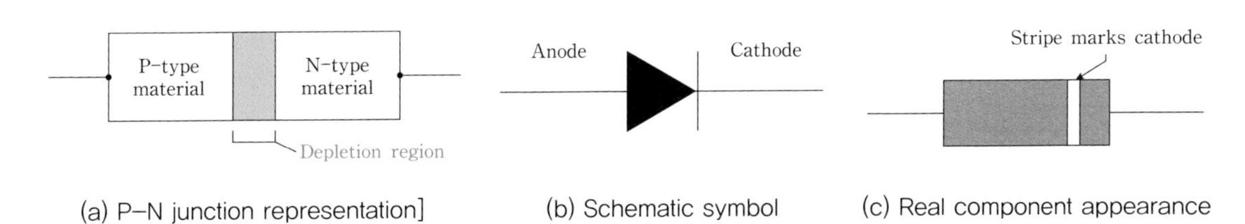

(a) P-N junction representation]　(b) Schematic symbol　(c) Real component appearance

ⓐ 종류 : 정류용, 검파용, 정전압다이오드, 발광다이오드(LED), 터널 다이오드, 가변용량 다이오드 등

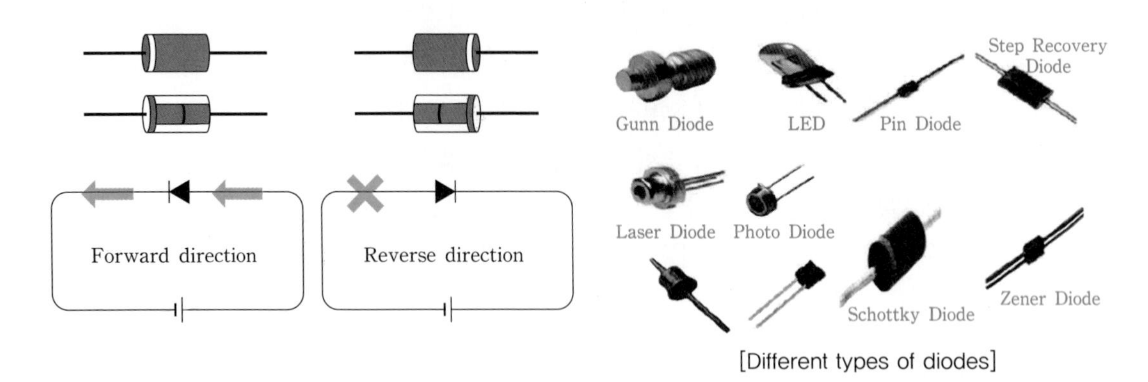

[Different types of diodes]

- PN 접합 다이오드 : 가장 일반적인 Diode 정류 작용과 역 전류 차단 작용을 한다.
- PNPN Diode : 사이리스터(Thyristor)라 하며 PNPN접합의 4층 구조 반도체 소자를 총칭하며 3개의 단자 Anode(A), Cathode(C), Gate(G)로 구성된다. PNPN Transistor Switch, PNPN Switching Diode라고도 한다. 원리는 [그림]과 같이 PNP Transistor와 NPN Transistor를 조합한 복합회로와 등가이다.
- SCR(Silicon Controlled Rectifier) : Silicon 제어 정류 소자로 3극 단방향 사이리스터(Thyristor)이다.
  - P Gate : P형 반도체로부터 게이트 단자를 꺼내고 있는 것을 P 게이트

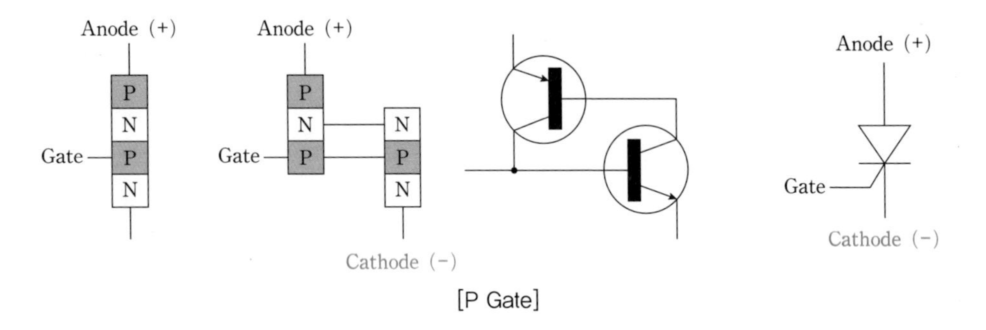

[P Gate]

  - N Gate : N형 반도체로부터 게이트 단자를 꺼내고 있는 것을 N 게이트

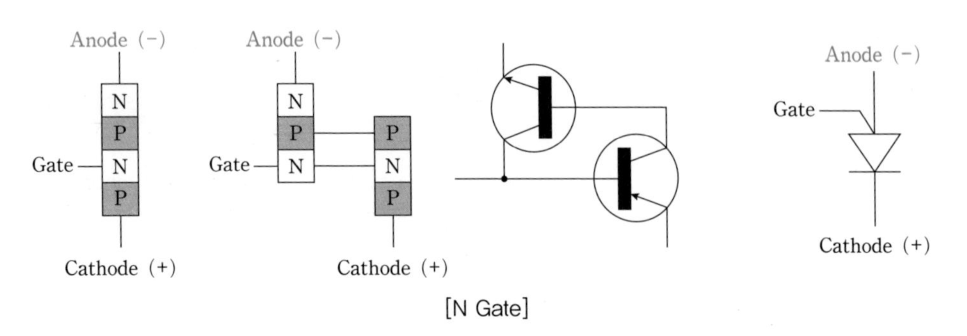

[N Gate]

- TRIAC(쌍방향 사이리스터) : Triaxial Cable은 3극 쌍방향 Thyristor로 Triode AC Switch의 약자이다.(1964년 GE사에서 개발)
  - TRIAC은 AC의 극성을 모두 제어할 수 있다.
    AC 전류일 때 각각의 SCR(Silicon Controlled Rectifier)이 반응하여 (+)일 때는 순방향 바이어스가 걸리는 SCR이 전류를 흘려주고 (-)일 때는 역방향 바이어스가 걸리는 SCR이 전류를 흘려준다.
  - TRIAC은 SCR과 다르게 Gate 전압을 인가하지 않으면 "OFF" 상태가 될 수 있다. AC에서 Relay대신 사용한다.

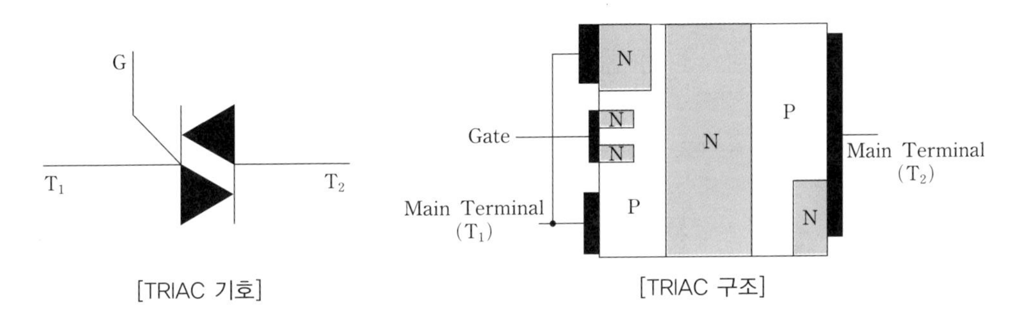

[TRIAC 기호] [TRIAC 구조]

- 역도통(逆導通) 사이리스터(RCT) : Thyristor(사이리스터)와 Diode를 역병렬로 조합하여 한 소자로 구성한 것이다. RCT는 Reverse Conduct Thyristor의 약자다. Chopper(Helicopter), Inverter 회로에 많이 이용된다.
- 광(光) 사이리스터 : 광신호에 의해 직접 점호(点弧)시키는 Thyristor(사이리스터)이다.
- Zener Diode(제너 다이오드) : Silicon Diode의 일종으로 정전압 Diode라고도 한다.

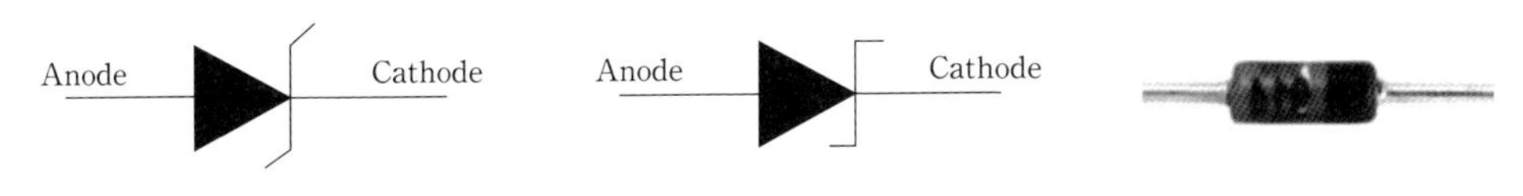

[Circuit symbols of Zener diode]

일반 Diode도 반도체 소자이지만 높은 전압이 가해지면 손상되어 누설전류가 흐른다.
소자가 손상되는 시범의 전압을 항복 전압이라 한다.
하지만 Zener Diode는 그 항복 전압을 역으로 이용하여 회로를 안정시켜주는 역할을 한다.

참조 Zener Diode(제너 다이오드)

① Zener Diode : 일반 Diode와 마찬가지로 PN 접합 반도체로 일반 Diode의 PN 접합 반도체보다 더 많은 불순물이 들어가 있다. PN 반도체 안에 들어있는 불순물의 함량에 따라 항복 전압이 높아지고 낮아진다.
② 불순물의 양을 조절하여 설정된 항복전압 만큼의 전류량을 특별히 반대로 흐를 수 있도록 해주는 역할을 한다.

③ 정방향에서는 일반 Diode와 동일한 특성으로 동작을 하지만 역방향 전압에서는 일반 Diode보다 낮은 전압(항복전압)에서 역방향 전류가 흐르도록 만들어진 소자이다.
④ 제너 항복(Zener Breakdown)과 전자사태 항복(Avalanche Breakdown) 현상을 이용하며, 5.6V 이하에서는 제너 항복이, 그 이상에서는 전자사태 항복 현상이 주 특성이 되므로 넓은 전류 범위에서 안정된 전압특성을 보여 간단히 정전압을 만들거나 과전압으로부터 회로소자를 보호하는 용도로 사용된다.
⑤ 온도보상형 제너 다이오드 : Zener Diode만으로는 온도에 따른 특성변화가 있으므로 직렬로 PN 접합 Diode를 접속하여 온도변화에 대한 전압 안정성을 개선한 소자이다.
⑥ Buried Zener Diode(매립형 제너 다이오드) : Buried Zener Diode는 Zener Diode의 제조방법을 개선하여 일반적으로 이용되는 Band Gap 기준전압보다 우수한 성능을 나타내는 기준전압 소자이다.

- 발광다이오드(LED : Light Emitting Diode) : 순방향으로 전압을 가했을 때 발광하는 반도체 소자이다.

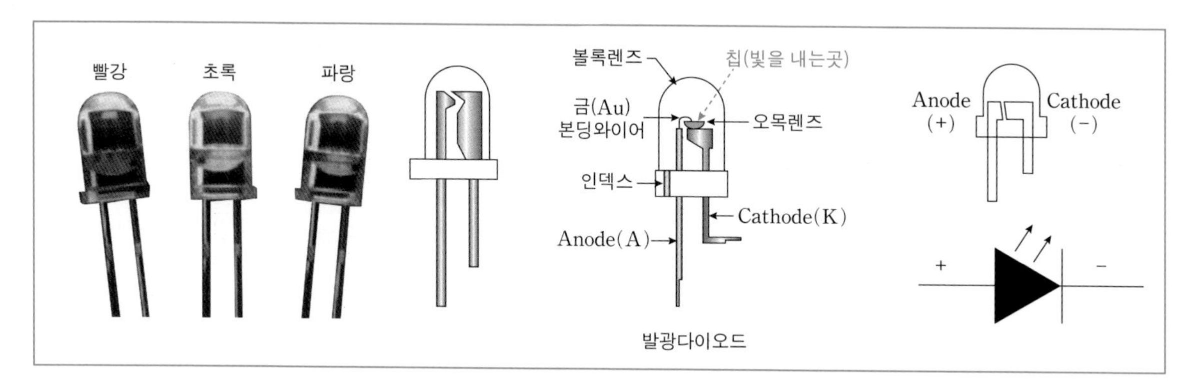

- 발광 원리 : 반도체 중에서 PN접합 등에 의해 주입된 전자 또는 정공이 재결합할 때 발광하는 현상을 이용한 것이다. 전력 소모가 현저히 적고 수명도 백열등보다 더 길다.
- 특징 : LED는 2V 정도의 수십 mA로 충분한 휘도를 얻을 수 있으며 광출력 변조가 쉽고 응답 속도가 빠르고, 수명이 길며, 소형 경량이다.
- 용도 : 광결합소자, 광통신장치 및 각종 표시장치에 널리 사용되고 있다.(적색, 녹색, 황색, 무색이 실용화 되고 있다.) 백색 LED 램프 국내 첫 개발

② Transistor(트랜지스터) : 저마늄, 규소 따위의 반도체를 이용하여 전자 신호 및 전류 신호를 증폭하거나 Switching하는 데 사용되는 반도체 소자로 3개 이상의 전극이 있다.
증폭 작용은 작은 전류를 큰 전류로 만드는 것이 아닌 조작하는 것 즉, 전류가 아닌 신호를 증폭한다는 개념이다. Switch 작용은 전압이 기준 이하거나 이상일 때 회로를 연결 또는 차단하는 작용이다.
Transistor는 소자 배열에 따라 NPN형과 PNP형으로 분류한다.

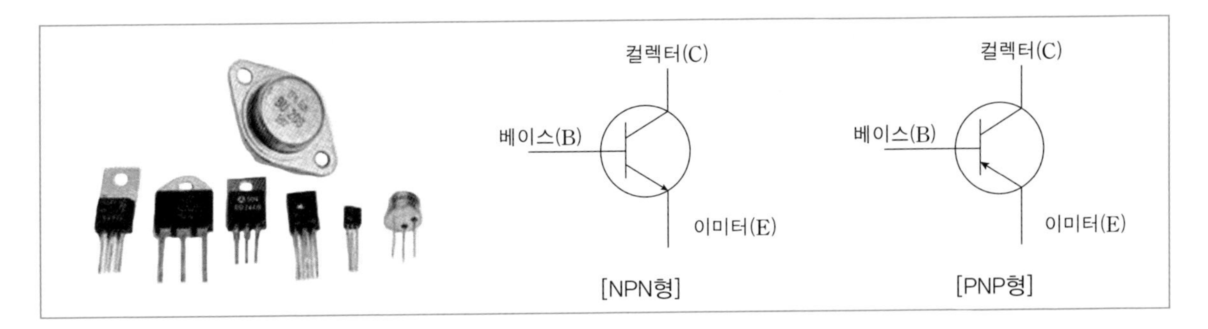

[NPN형] [PNP형]

③ Condenser(콘덴서) : Capacitor 또는 "축전기"로도 불리며 2가지의 기능을 수행한다.

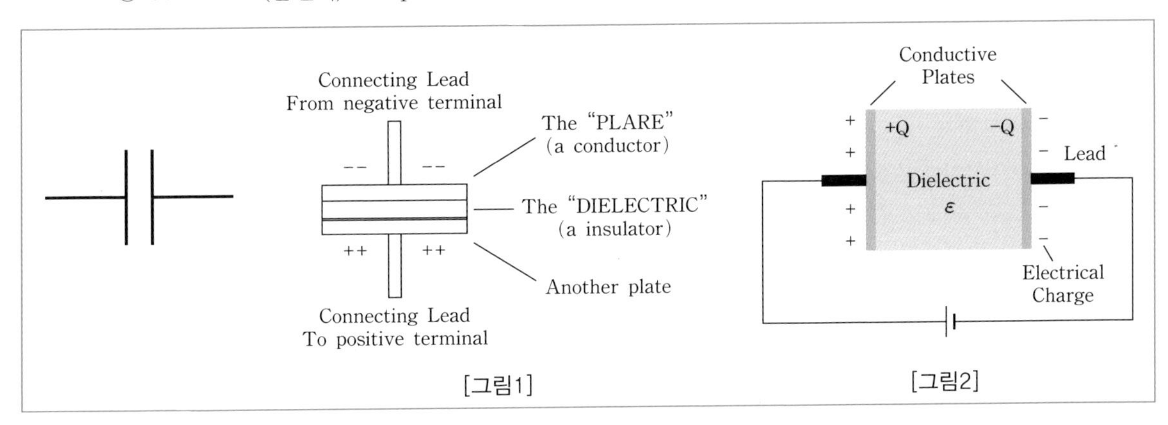

[그림1] [그림2]

ⓐ 직류 전압을 가하면 각 전극에 전기(전하)를 축적(저장)하는 역할(콘덴서의 용량만큼 저장된 후에는 전류가 흐르지 않음)

ⓑ 직류를 차단하고, 교류를 통과시켜준다.

참조 Condenser의 종류

용량, 크기, 온도, 주파수 등의 특성을 위해 유전체를 사용하며, 유전체의 종류에 따라 여러 종류의 콘덴서로 분류한다. 하나의 극으로 이루어진 단극성 콘덴서와 양극으로 이루어진 양극성 콘덴서가 존재한다.

극성이 있는 콘덴서는 긴 리드선이 (+)극, 짧은 리드선이 (–)극을 갖는다.

[전해 콘덴서]	[탄탈 콘덴서]	[세라믹 콘덴서]	[칩 세라믹 콘덴서]	[적층 세라믹 콘덴서]	[슈퍼 콘덴서]
[마일러 콘덴서]	[스티롤 콘덴서]	[폴리프로필렌 콘덴서]	[마이카 콘덴서]	[트리머]	[바리콘]

ⓐ Electrolytic Condenser(전해 콘덴서) : 유전체를 얇게 할 수 있어 작은 크기에도 큰 용량을 얻을 수 있다는 장점이 있다. 양극(+)성 콘덴서가 있으며 극, 전압, 용량 등이 콘덴서 표면에 적혀있다.
주로 전원의 안정화, 저주파 바이패스 등에 활용되며 극을 잘못 연결할 경우 터질 수 있으므로 주의해야 한다.

ⓑ Tantalum Condenser(탄탈 콘덴서) : 전극에 탄탈륨이라는 재질을 사용한 콘덴서로, 용도는 전해 콘덴서와 비슷하며 오차, 특성, 주파수 특성 등이 전해 콘덴서보다 우수하다.

ⓒ Ceramic Condenser(세라믹 콘덴서) : 유전율이 큰 세라믹 박막, 티탄산바륨 등의 유전체를 재질로 콘덴서이다. 박막형이나 원판형의 모양을 가지며 용량이 비교적 작고, 고주파 특성이 양호하여 고주파 Bypass에 흔히 사용된다.

ⓓ Chip Ceramic Condenser(칩 세라믹 콘덴서) : 칩 모양의 콘덴서로 소형화를 위해 탄탈륨을 유전체로 하는 콘덴서이다.

ⓔ 적층 세라믹 콘덴서(MLCC=Multi Layer Ceramic Capacitor) : 유전체로 고유전율계 세라믹을 다층구조로 사용하는 콘덴서로 특성이 양호하고 소형이라는 특징이 있다. 단극 콘덴서로, 온도, 주파수 특성이 양호하므로 바이패스용이나 온도변화에 민감한 회로에 주로 사용된다.

ⓕ Super Condenser(슈퍼 콘덴서) : 전기용량이 큰 콘덴서를 말한다. 용량이 크며 비교적 크기가 작으므로 전지로 사용된다.

ⓖ Film Condenser(필름 콘덴서) : 필름 양면에 금속박을 대고 원통형으로 감은 콘덴서이다.

ⓗ Mylar condenser(마일러 콘덴서) : 폴리에스테르 필름 콘덴서라 하며 폴리에스테르 필름의 양면에 금속박을 대고 원통형으로 감은 콘덴서이다. 극성이 없고, 용량이 작은 편에 속한다.
고주파 특성이 양호하기 때문에 바이패스용, 저주파, 고주파 결합용으로 사용된다.

ⓘ Styrol Condenser(스티롤 콘덴서) : Polystyrene Film(폴리스티렌 필름)을 유전체로 사용하는 콘덴서이다. 필름을 감은 구조이므로 고주파에는 사용할 수 없으며 필터 회로 또는 타이밍 회로 등에 주로 사용한다.

ⓙ Polypropylene Film Capacitor(폴리프로필렌 필름 콘덴서) : 폴리프로필렌 필름을 유전체로 사용하는 콘덴서로 높은 정밀도가 요구되는 곳에 사용한다.

ⓚ Mica Condenser(마이카 콘덴서) : 운모(Mica)를 유전체로 하는 콘덴서로 주파수 특성이 양호하며 안정성, 내압이 우수하다는 장점이 있다. 주로 고주파에서의 공진회로나 필터 회로 등을 구성할 때, 고압 회로를 구성할 때 사용한다.

ⓛ Variable Condenser(가변용량 콘덴서) : 용량을 변화시킬 수 있는 콘덴서로 주파수 조정에 사용하며 Trimmer(트리머), Varicon(바리콘)이 있다.
- Trimmer(트리머) : 세라믹을 유전체로 사용한 가변용량 콘덴서로 주로 이동통신 및 방송 시스템에 필요한 주파수에 따라 용량 값 조정에 사용된다.
- Varicon(바리콘) : 공기를 유전체로 사용한 가변용량 콘덴서로 라디오 방송을 선택하는 튜너 등에 사용한다.

④ Rectifier(정류기) : 교류를 직류로 바꾸기 위한 전기적 장치이다.

ⓐ Rectification(정류) : 교류(신호)를 직류(신호)로 바꾼다.(AC to DC)

- 보통 Diode를 사용하며 교류 전압 진폭이 단 방향성(맥동성 직류)만을 갖게 하고 이를 Capacitor 평활회로를 거치게 하면 직류 출력을 얻게 된다.(평탄성 직류)

ⓑ 정류기의 구분 : 정류된 파형에 따라 분류한다.

- 반파 정류기(Half-wave Rectifier)

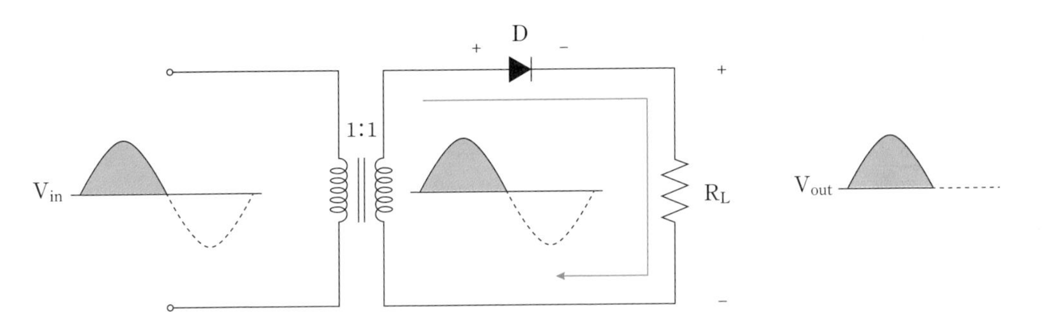

- 전파 정류기(Full-wave Rectifier)

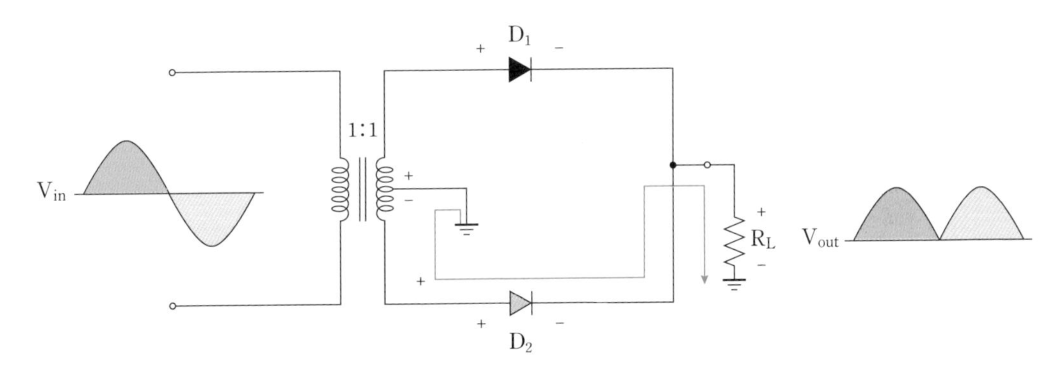

ⓒ 도통 제어 방식에 따른 분류

- 입력 전압 극성에 따라 도통 결정 : Diode Rectifier(교류 → 일정 직류)
- 도통 시점 제어에 따라 도통 결정 : 위상제어 정류기(교류 → 가변 직류)
- 교류 입력 전압의 위상 제어 : 교류 전력을 가변 직류 전력으로 변환하며 주로 사이리스터(Thyristor)를 이용한 전원 주파수 위상제어에 사용
- 완전 제어형 : PWM 정류기

ⓓ 입력 전원에 따른 분류

- 단상 정류기
- 3상 정류기 및 3상 6 Pulse 정류기

⑤ Inverter(인버터) : 정류기와 반대로 직류 전력을 교류 전력으로 변환시켜주는 장치이다.
교류발전기 고장 시에 배터리의 직류 전력을 공급받아 교류 전력으로 변환시켜 최소한의 교류 장비를 작동시켜준다.

ⓐ Inverter(인버터)의 형식 : 회전형과 고정형이 있다.

- 회전형 : 출력에 비해 무겁고, 회전하기 때문에 정기적인 점검이 필요하다.
- 고정형 : 회전형보다 소형으로 고출력이며 정비가 간단하고 긴 수명과 조용하게 작동된다.

⑥ Transformer(변압기) : 전압을 승압 및 감압하는 장치이다.

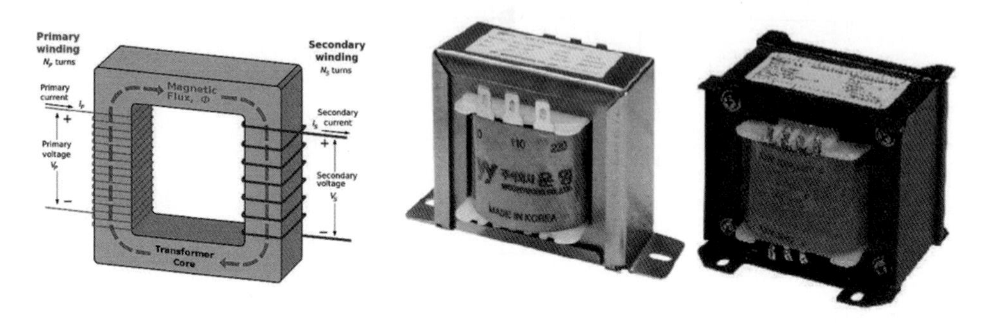

ⓐ Transformer(변압기)의 형식 : 단권 변압기와 복권 변압기가 있다.

- 단권 변압기 : Core에 하나의 권선만 감겨 있으며 권선 중간부에 탭을 낸 구조이다.
  1차 전압과 2차 전압이 2배 이내의 경우에 주로 사용되며 1차 Coil과 2차 Coil이 분리되지 아니하고 권선수의 비율에 따라 승압 및 감압 된다.
- 복권 변압기 : Core에 2개 이상의 권선이 감겨 있는 변압기이다.
  1차와 2차 권선이 전기적으로 분리되어 있으며 권선수의 비율에 따라 승압 및 감압 된다.

ⓑ Dyna motor(다이나 모터) : Motor-generator(전동 발전기)라 하며 전동기와 발전기를 기계적으로 연결하여 전력 주파수, 전압, 위상을 변환하는 장치이다. 전력 공급선에서 전기 부하를 분리하는 데에도 사용될 수 있다.

⑦ Motor(전동기) : 전기 에너지를 기계 에너지로 바꿔 주는 장치이다. 자기장 내의 도체에 전류가 흐를 때 힘이 작용해 도체가 움직여서 회전하게 된다.

ⓐ Motor(전동기)의 종류 : 공급 전원에 따라 직류와 교류 전동기로 분류한다.

- 직류 전동기(DC Motor) : 고정자와 회전자, 정류기와 Brush로 구성되며 직권, 분권, 복권식이 있다.
  - 직권식 : 계자와 전기자가 직렬 연결이며, 기동 토크가 크고 부하 감소 시 속도가 증가해 시동기에 많이 쓰인다.
  - 분권식 : 계자와 전기자가 병렬연결이고, 부하 변화에 따라 속도 변화가 작다.
  - 복권식 : 계자와 전기자가 직/병렬로 연결되어 있고 무부하가 되어도 속도가 증가하지 않는다.

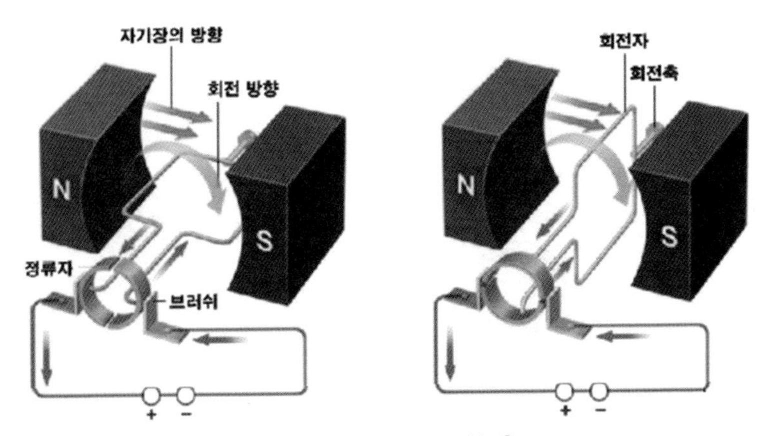

[직류 전동기의 회전 원리]

- AC Motor(교류 전동기) : 고정자와 회전자, 정류기로 구성되며 유도식, 동기식, 유니버셜식이 있다.

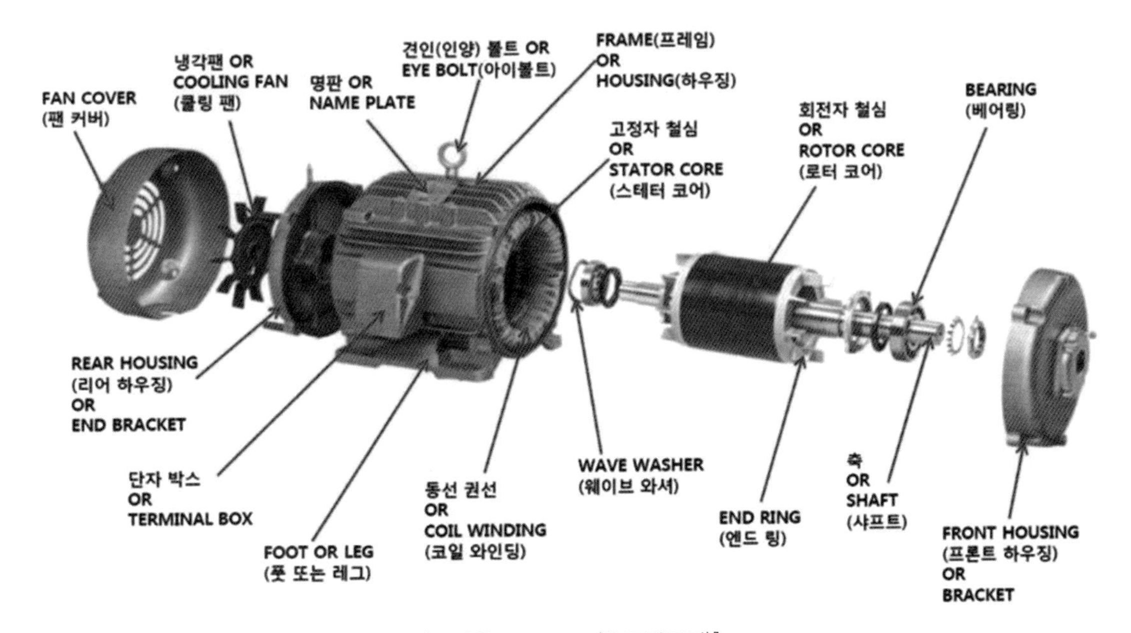

[동력용 AC Motor(유도전동기)]

– 유도식 : Brushless Type Generator로 전원에 직접 연결되며 구조가 간단하고 튼튼하다.

– 동기식 : 동기 주파수에서 부하와 상관없이 일정한 속도로 회전한다.

– 유니버셜식 : 유도 전동기의 고정자와 직류 전동기의 전기자를 조합해 직류와 교류에서 사용이 가능한 전동기이다.

⑧ Generator(발전기) : 기계 에너지를 전기 에너지로 바꿔 주는 장치이다. 자기장에 있는 도체를 자속과 직각인 방향으로 움직여 회전시켜 자속을 끊으면 전자 유도현상에 의해 유도 기전력이 발생하며 직류와 교류에 따라 구분한다.

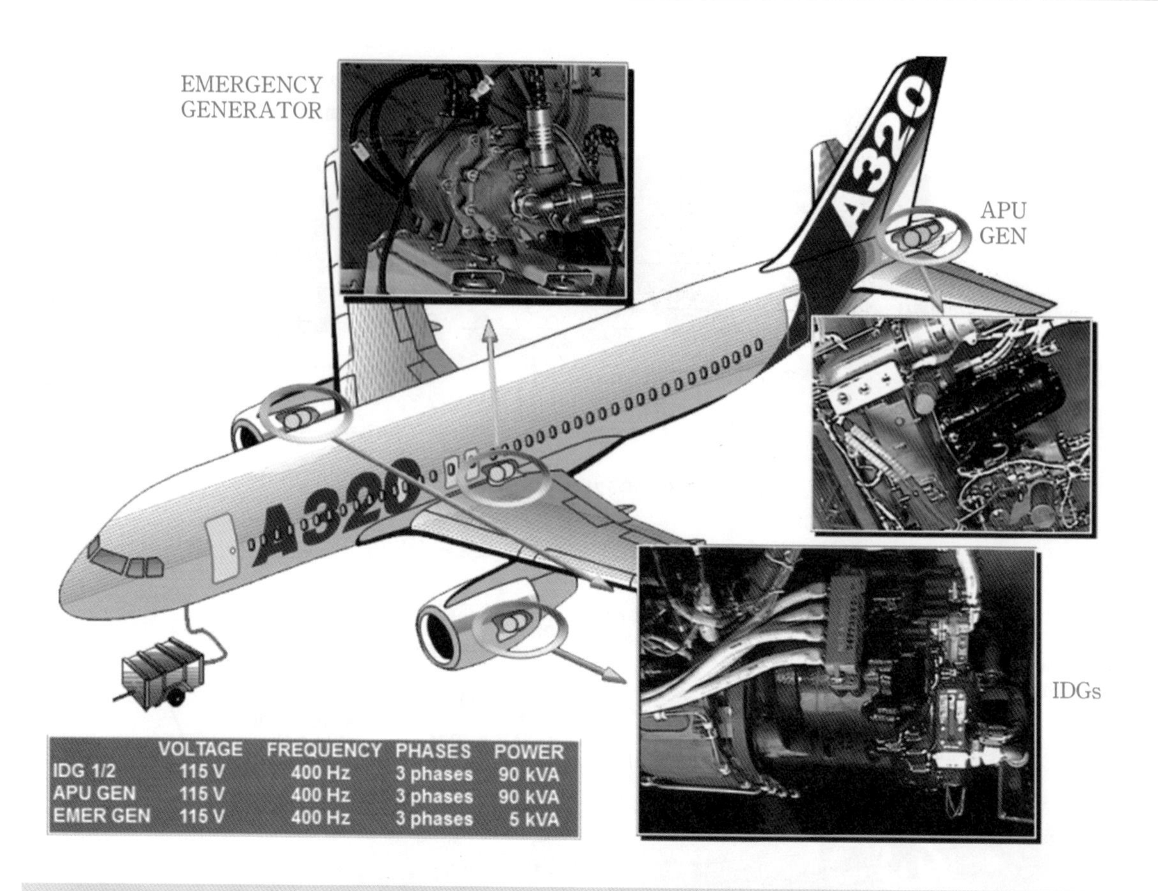

	VOLTAGE	FREQUENCY	PHASES	POWER
IDG 1/2	115 V	400 Hz	3 phases	90 kVA
APU GEN	115 V	400 Hz	3 phases	90 kVA
EMER GEN	115 V	400 Hz	3 phases	5 kVA

참조 계자 플래싱(Fied Flashing)

종류		발전기	전동기	
직류	직권	• 전기자와 계자 코일 : 직렬연결 • 전기자와 부하 : 직렬연결	• 시동 Torque가 큰곳에 사용	
	분권	• 전기자와 계자 코일 : 병렬연결 • 전기자와, 부하 : 직렬연결	• 일정한 속도가 요구되는 곳에 사용	
	복권	• 부하전류가 증가하면 출력전압 감소	• 무부하가 되어도 속도가 증가하지 않는다.	
교류	단상	• 교류발전기 동기 ➜ 전압, 주파수, 위상차 동기	교류 정류	• 교류 및 직류 겸용
	3상	• 효율이 우수, 구조가 간단, 보수 및 정비가 용이 • 큰 전력수요 감당에 적합	유도	• 교류에 대한 작동특성이 좋다. • 비교적 큰 부하 담당
			동기	• 일정한 회전수를 요구하는 곳에 사용

ⓐ 직류 발전기(DC Generator) : 계자를 고정하고, 전기자를 회전시켜 전력을 생산하며 계자 코일에 흐르는 전류와 전기자 회전수, 부하에 따라 출력 전압이 변동되며 직권식, 분권식, 복권식이 있다.

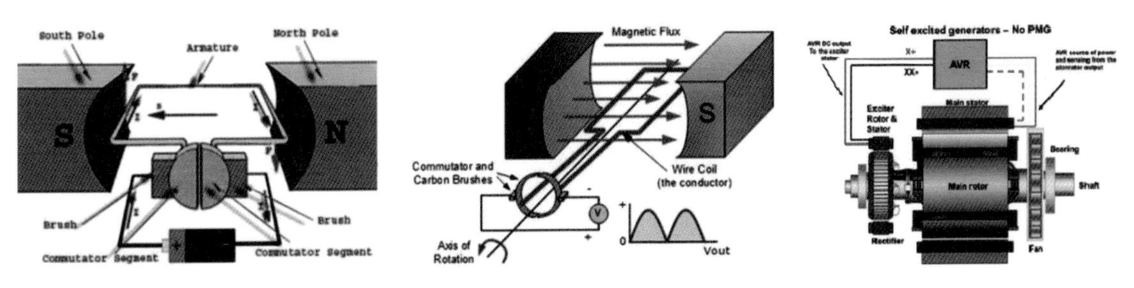

[DC Motor] [DC Generator]

- 직권식 : 전기자와 Field Coil(계자 코일) 및 전기자와 부하도 직렬연결이며 부하 크기에 따라 출력 전압이 변해 항공기에 사용하지 않는다.
- 분권식 : 전기자와 Field Coil(계자 코일)이 병렬연결, 전기자와 부하가 직렬연결이며 부하 크기가 변해도 출력 전압은 변하지 않는다.
- 복권식 : 직권식과 분권식의 장점을 합친 발전기이다.

ⓑ 교류 발전기(AC Generator) : Field(계자)를 고정하고, 전기자를 회전시켜 전력을 생산시키는 방법과 Field(계자)를 회전시키고 전기자를 고정시켜 전력을 생산해주는 방법이 있으며, 3상과 단상 발전기가 있다.

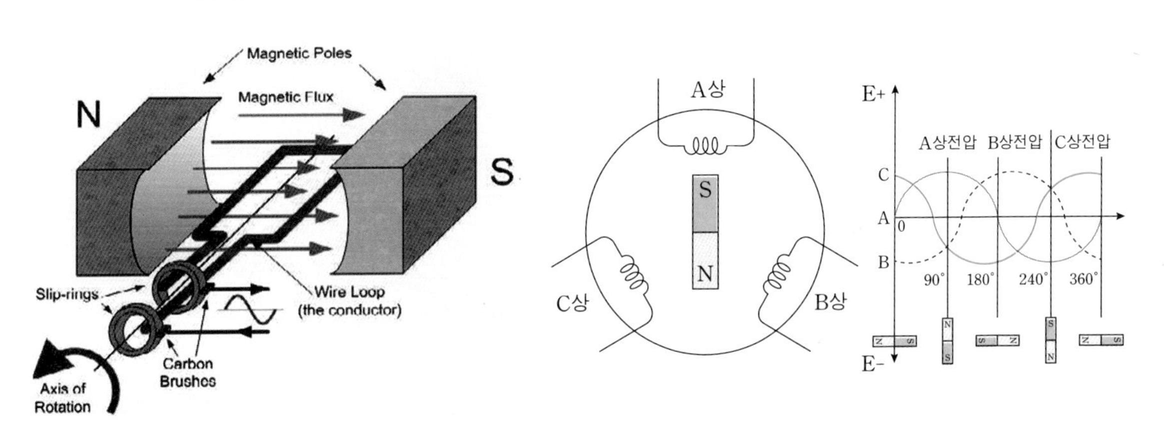

[Single phase AC generator] [3 Phase AC generator]

- 3상 발전기 : 단상에 비하여 순간 전압이 "0"으로 떨어지지 않고, 여파 작용을 쉽게 해주며 잔물결 파를 평활하게 해줘 단상보다 많이 사용된다.
  - 3 Phase Brushless AC Generator : Brush와 Sleep Ring이 없는 Brushless Type이며 마멸 부품이 없어 유지비가 적게 들고, 출력 파형이 불안정해질 염려가 없으며 아크가 발생하지 않고, 고공비행 시에 우수한 성능을 발휘한다.

- Y 결선과 델타 결선
  - Y 결선 : 전압의 이득을 이용할 때 사용한다.
    선간 전압이 상전압의 $\sqrt{3}$ 배와 같고, 선간 전압이 상전압 위상보다 30° 앞서며 상전류와 선전류는 같은 결선 방식이다.(주로 가정용이 아닌 공장에서 많이 사용하는 전력 결선 방식)
  - △결선 : 전류의 이득을 이용할 때 사용한다.
    선간 전압과 상전압은 같고, 선간 전류가 상전류보다 $\sqrt{3}$ 배 크며, 상전류는 선간 전류 위상보다 30° 앞서는 결선 방식이다.

⑨ CSD(Constant Speed Driver) : Accessory Gear Box와 AC Generator Shaft 사이에서 Engine 회전수에 상관없이 일정한 주파수를 발생하게 하는 정속 구동 장치이다.
Engine 회전력이 일정하지 않으면 400Hz 주파수를 유지할 수 없기에 CSD를 통해 회전력에 상관없이 일정한 주파수를 얻을 수 있도록 한다.

⑩ IDG(Integrated Drive Generator) : CSD와 AC Generator를 합친 장비이다.
Brushless Type이므로 Sleep Ring 같은 마멸 부품이 없어 정비가 간단하며, 유지비도 적게 들고 항공기 무게 감소에 효과적이다.

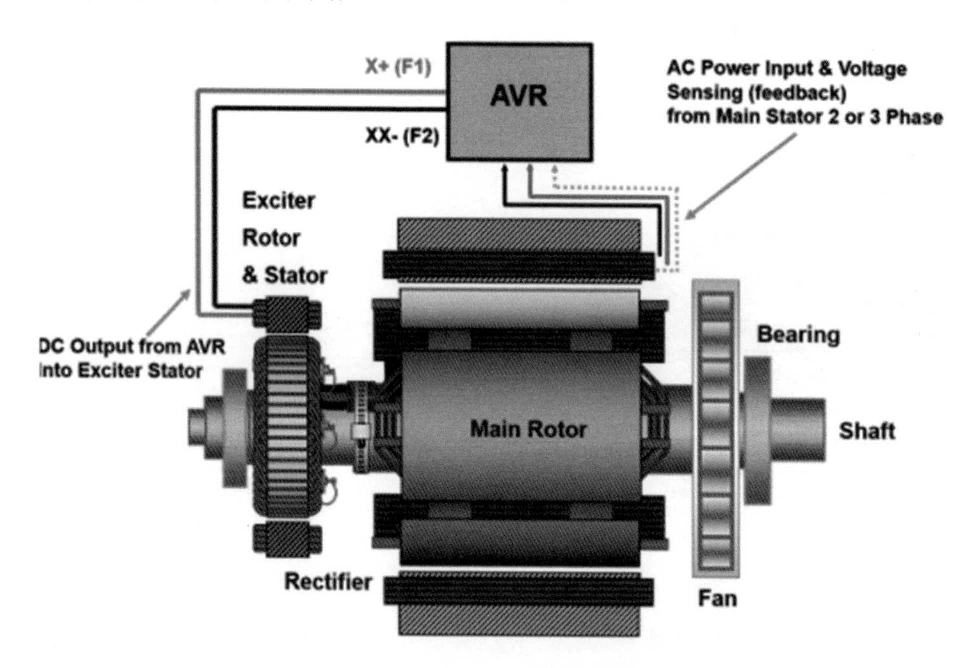

[3 Phase brushless AC generator]

ⓐ IDG는 내부의 CSD에 연결된 Shaft가 PMG(Permarnent Magnet Generator)에서 약한 AC 115V의 전력을 생성한다.

ⓑ GCU(Generator Control Unit)에서 PMG 전압조절, 과전압 방지, 병렬 발전기 운전, 과여자 방지, 차동전압, 역전류 감지 등을 수행하여 IDG의 Exciter Rotor(아마추어)로 보낸다.

ⓒ Exciter Rotor(아마추어)의 Rectifier(정류기)에서 직류로 변환되어 강력한 전자장을 형성한다.

ⓓ Rotor가 회전하면서 최종적으로 Main Generator Stator에서 약 AC 90~120kVA의 강력한 전력을 생성한다.

참조 발전기 제어장치(GCU=Generator Control Unit)

① Basic Functions of a Generator Control Unit(발전기 제어장치의 기본기능) : Turbine Engine의 PMG (Permanent Magnet Generator)에서 생성된 Electric Power의 조절 및 보호에 관계가 있는 기능을 수행한다.

② Control Function(조절 기능)

ⓐ Voltage Regulation(전압조절) : PMG(Permanent Magnet Generator)에서 생성된 AC 115V의 전압을 일정하게 조절하여 Exciter Rotor로 보낸다.

ⓑ Over Voltage Protection(과전압 방지) : 기준전압에 표본추출전압을 비교한다. 과전압 보호회로의 출력은 계자 여자를 위한 출력을 제어하는 Relay를 개방하기 위해 이용된다.

ⓒ Parallel Generator Operations(병렬 발전기 운전) : 병렬접속의 특색은 2개 이상의 발전기 제어장치/발전기계통이 항공기 전기계통으로 전류를 공급하기 위해 분배작용력으로 작용하도록 허용한다.
균압 모선과 보극/보상기(Compensator) 전압 사이에 전압을 비교하고 차이를 증폭하기로 이 계통의 제어를 완성한다.

ⓓ Over-Excitation Protection(과여자 방지) : 병렬 운전방식에서 발전기 제어장치가 고장일 때 발전기 중 하나가 Over-Excitation(과여자) 되고 만약 부하의 모두가 아니라면 부하에서 그것의 몫보다 더 많이 처리하려고 시도한다.
이 상황이 균압 모선에서 감지되었을 때, 결함이 있는 발전제어 계통은 De-excitation(탈 여자) 신호를 수신하므로 정지시킬 것이다. 이 신호는 과전압 회로로 전송되고 계자 여자 출력 회로를 개방한다.

ⓔ Differential Voltage(차동 전압) : 논리회로 출력이 발전기 회로 접촉기를 접속하도록 허용할 때 발전기 전압은 부하 버스의 근소한 차의 허용한계 이내에 있어야 한다.
만약 출력이 명시된 허용한계 이내에 있지 않다면 접촉기는 버스에 연결을 허락하지 않는다.

ⓕ Reverse Current Sensing(역전류 감지) : 하나의 발전기가 요구된 전압 준위를 유지하는 것이 불가능하면 결함이 많은 발전기는 다른 발전기에 장애가 되므로 버스로부터 제거되는 것이 필요하다.
발전기가 작동하지 않는 경우, 발전기 결함이 해소되고 발전기가 버스에 전류를 제공할 능력이 있을 때까지 차단한다. 대부분 차동전압 회로와 역전류 감지 회로는 동시에 작동한다.

주제

(5) 전기 시스템 및 구성품의 작동상태 점검

평가 항목

① Generator(발전기)의 작동상태 점검

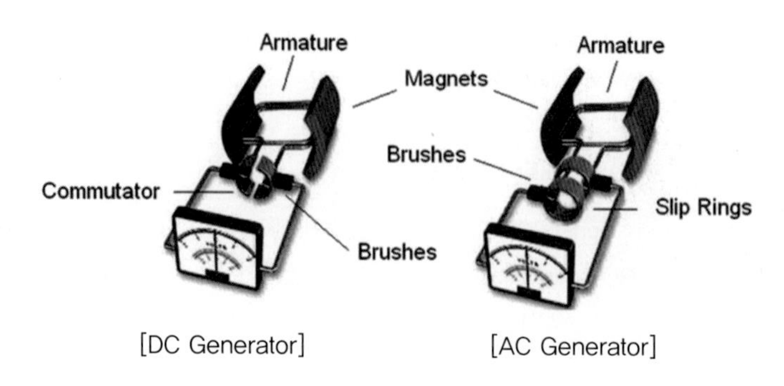

[DC Generator]　　[AC Generator]

ⓐ DC Generator(직류 발전기)

- 발전기설치의 안전성, 배선의 상태, 먼지와 Oil 점검, Brush의 상태, Generator 작동, 전압조절기 작동 등의 일반적인 검사 수행
- Brush의 불꽃은 Commutator와 접촉하는 Brush 면적을 빠르게 줄인다.

■ 시험 및 점검

- Generator의 시험은 전기자 시험과 계자시험으로 나누어 회로의 단선과 단락을 시험한다.
- 전기자에 사용되는 모든 전도체는 절연을 위한 Coating이 손상되면 절연 불량현상이 발생하므로 고전위 시험을 통해 검사한다.
- 고전위 시험은 11V와 220V의 교류시험 Lamp의 한쪽 선을 전기자축에 연결하고 다른 한쪽은 정류자 편에 교대로 접촉시켜 시험 Lamp에 불이 들어오면 전기자의 일 부분이 Short를 의미하므로 교환한다.

■ 고장탐구

- Generator 출력 전압이 너무 높은 경우 : 전압조절기의 기능 저하 또는 전압계의 고장
- Generator 출력 전압이 너무 낮은 경우 : 전압조절기의 부정확한 조절, 계자회로의 잘못된 접속 및 전압조절기의 조절용 저항 불량으로 발생
- 전압조절기 고장의 경우 : 잘못된 조절, 저항회로의 단락 및 단선, Carbon Pile의 결함 및 접지단자의 보정확한 접속 등의 경우
- Generator 출력 전압 변동이 심한 경우 : 측정전압계의 잘못된 연결, Brush의 마멸 또는 Brush Holer의 역할이 잘못된 경우
- Generator 출력 전압이 나오지 않는 경우 : Generator SW 작동의 불량, 서로 바뀐 극성 및 회로의 단선이나 단락 등의 경우

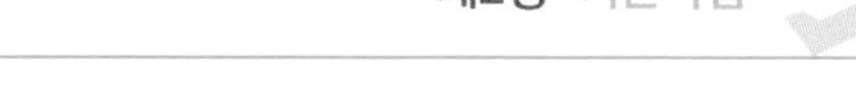

ⓑ AC Generator(교류발전기)

- 시험 및 점검 : OVHL 한 후 Generator의 단락 시험과 무부하 시험을 하고 이 시험을 위해 교류 전류계, 회전계, 계자 조정기, 직류/교류 전압계 및 주파수계 이용
- 무부하 시험 : Generator의 회전수 및 주파수를 계자 전류와 단자전압을 측정하여 무부하 특성 곡선을 그리며 발전기 정격전압에 합당한지를 반드시 확인
- Brush의 마멸 및 표면상태를 점검

■ 고장탐구

- 접지 상태의 저항값이 규정치에 들지 못하는 경우 : 계자 또는 전기자 권선의 접지 상태가 좋지 않거나 각 권선에 결함으로 계자 또는 전기자 교환
- 출력 전압이 규정 값에 이르지 못한 경우 : 전압조절기 결함 또는 전압조절기와 부하의 연결 결함
- 축전기가 충전되지 않는 경우 : Generator와 전압조절기 사이의 결선 잘못 또는 전압조절기 결함

② Motor의 작동상태 점검

ⓐ DC Motor(직류 전동기) : 계자권선과 전기자 권선의 연결 방법에 따라 직권형, 분권형, 복권형으로 구분한다.

- 직권형 : 굵은 도선을 적게 감은 계자권선이 전기자 권선이 직렬로 연결되어 있으므로 시동 시에 큰 Torque 값을 발생시키므로 시동기 등에 사용한다.
- 분권형 : 가는 도선을 많이 감은 계자권선과 전기자 권선이 병렬로 연결되어 Motor의 회전속도를 일정하게 유지하므로 일정속도로 구동되어야 하는 Inverter 등의 구동에 이용한다.
- 복권형 : 시동성과 동시에 일정한 회전속도를 요구하는 장치 구동에 이용한다.

■ 시험 및 점검

- Motor에 의해 구동되는 각종 장치의 상태를 점검하고 Motor의 전원접속 상태 점검
- 항상 청결을 유지하고 단자의 장착상태, 알맞은 용량의 도선 사용, 정류자 주변에 Carbon 또는 먼지 등을 확인 및 세척 후 각종 배선상태 확인
- Brush의 장력검사, 길이측정 및 정류자의 접촉상태 점검
- 회전 방향을 점검하고 운전 중 과도한 진동 또는 잡음 발생 여부 점검

■ 고장탐구

- Motor를 조정하는 Relay가 지속적으로 작동되면 전원 전압이 낮거나 Motor에 과전류가 흐를 때 발생
- 속도가 느린 경우 : 윤활 상태가 나쁘거나 Brush 상태가 양호하지 못한 경우 발생
- 과열되는 경우 : Bearing 및 구동 부분의 윤활 상태 불량 및 입력 전원이 너무 높아 Brush의 심한 마멸 등에 의해 발생
- 심한 진동 또는 잡음이 발생하는 경우 : Mount의 파손, 장착상태의 Loose 또는 Bearing의 과도한 마멸된 경우 발생

ⓑ AC Motor(교류 전동기) : 작동 중에 일정한 회전속도를 유지할 수 있고 제한된 범위에서 속도 조절이 가능하며 유도 전동기와 동기 전동기 등으로 분류하고 단상이나 3상 교류로 작동이 가능하다.

- 3상 유도 전동기 : 시동장치, Flap 작동, Landing Gear의 작동 및 유압 발생장치 등 큰 힘이 요구되는 곳에 사용된다.
- 단상 동기 전동기 : 큰 힘으로 일정 속도의 회전이 요구되는 곳에 사용된다.

■ 점검 및 Operation Test(작동 시험)

- 점검 사항 : 직류 전동기와 비슷하며 시동 전에 외부 전원의 접속상태, 축의 지지상태, 각종 Bearing 부분의 윤활 상태 및 Valve의 장력 상태 등을 점검한다.
- Test Operation(작동 시험) : 저항, Reactor 등 시동하기에 적합 여부 및 회전 방향의 정상 여부를 확인하고 특히 3상 유도 전동기의 운전 중에 과도한 진동 및 잡음의 발생을 주의 깊게 관찰한다.
- 회전자와 고정자 사이 간격의 규정치를 점검한다.

■ 고장탐구

- 속도가 느린 경우 : 낮은 전압, 잘못된 배선 잘못 또는 윤활 상태 불량의 경우
- 속도가 빠른 경우 : 높은 전압 또는 계자권선이 단락된 경우
- 심한 진동 또는 잡음 발생의 경우 : Mount의 파손, 장착상태의 Loose, 전동기 축의 불 평형으로 휘어졌거나 Bearing의 과도한 마멸된 경우 발생
- 과열의 경우 : Bearing 부분의 윤활 상태의 불량, 높은 공급 전압, 계자권선의 단락 및 Brush에 과도한 Arc가 발생하는 경우
- 작동되지 않는 경우 : 전동기 내부배선의 헐거움, SW 불량, 전기자 또는 계자권선의 단선 및 Brush가 마멸되었을 경우

2 계측 작업

1. 계측기 취급(구술 또는 실작업 평가)

참조

국가표준 기본법 [시행 2018. 12. 13.] [법률 제15643호, 2018. 6. 12., 일부 개정]

산업통상자원부(국가기술표준원 표준정책과)

제1장 총칙 〈개정 2009. 4. 1.〉

제1조(목적) 이 법은 국가표준제도의 확립을 위한 기본적인 사항을 규정함으로써 과학기술의 혁신과 산업구조 고도화 및 정보화 사회의 촉진을 도모하여 국가경쟁력 강화 및 국민복지 향상에 이바지함을 목적으로 한다. [전문개정 2009. 4. 1.]

제2조(적용범위) 이 법은 과학기술을 기반으로 한 국가표준을 준용하여야 하는 경제사회활동의 모든 영역에 적용한다.

제3조(정의) 이 법에서 사용하는 용어의 뜻은 다음과 같다. 〈개정 2014. 12. 30., 2018. 6. 12.〉

1. "국가표준"이란 국가사회의 모든 분야에서 정확성, 합리성 및 국제성을 높이기 위하여 국가적으로 공인된 과학적·기술적 공공기준으로서 측정표준·참조표준·성문표준·기술규정 등 이 법에서 규정하는 모든 표준을 말한다.
2. "국제표준"이란 국가 간의 물질이나 서비스의 교환을 쉽게 하고 지적·과학적·기술적·경제적 활동 분야에서 국제적 협력을 증진하기 위하여 제정된 기준으로서 국제적으로 공인된 표준을 말한다.
3. "측정표준"이란 산업 및 과학기술 분야에서 물상상태(物象狀態)의 양의 측정단위 또는 특정량의 값을 정의하고, 현시(顯示)하며, 보존 및 재현하기 위한 기준으로 사용되는 물적 척도, 측정기기, 표준물질, 측정 방법 또는 측정체계를 말한다.
4. "국가측정표준"이란 관련된 양의 다른 표준들에 값을 부여하기 위한 기준으로서 국가적으로 공인된 측정표준을 말한다.
5. "국제측정표준"이란 관련된 양의 다른 표준들에 값을 부여하기 위한 기준으로서 국제적으로 공인된 측정표준을 말한다.
6. "참조표준"이란 측정데이터 및 정보의 정확도와 신뢰도를 과학적으로 분석·평가하여 공인된 것으로서 국가사회의 모든 분야에서 널리 지속적으로 사용되거나 반복사용이 가능하도록 마련된 물리 화학적 상수, 물성값, 과학 기술적 통계 등을 말한다.
7. "성문표준"이란 국가사회의 모든 분야에서 총체적인 이해성, 효율성 및 경제성 등을 높이기 위하여 자율적으로 적용하는 문서화된 과학기술적 기준, 규격 및 지침을 말한다.
8. "기술규정"이란 인체의 건강·안전, 환경보호와 소비자에 대한 기만행위 방지 등을 위하여 제품, 서비스, 공정(이하 "제품등"이라 한다)에 대하여 강제적으로 적용하는 기준을 말한다.
9. "측정"이란 산업사회의 모든 분야에서 어떠한 양의 값을 결정하기 위하여 하는 일련의 작업을 말한다.
10. "측정단위" 또는 "단위"란 같은 종류의 다른 양을 비교하여 그 크기를 나타내기 위한 기준으로 사용되는 특정량을 말한다.
11. "국제단위계"란 국제도량형총회에서 채택되어 준용하도록 권고되고 있는 일관성 있는 단위계를 말한다.
12. "계량"이란 상거래 또는 증명에 사용하기 위하여 어떤 양의 값을 결정하기 위한 일련의 작업을 말한다.
13. "법정 계량"이란 정확성과 공정성을 확보하기 위하여 정부가 법령에 따라 정하는 상거래 및 증명용 계량을 말한다.
14. "법정 계량 단위"란 정확성과 공정성을 확보하기 위하여 정부가 법령에 따라 정하는 상거래 및 증명용 단위를 말한다.
15. "표준물질"이란 장치의 교정, 측정방법의 평가 또는 물질의 물성값을 부여하기 위하여 사용되는 특성치가 충분히 균질하고 잘 설정된 재료 또는 물질을 말한다.
16. "교정"이란 특정조건에서 측정기기, 표준물질, 척도 또는 측정체계 등에 의하여 결정된 값을 표준에 의해 결정된 값 사이의 관계로 확정하는 일련의 작업을 말한다.

17. "소급성(遡及性)"이란 연구개발, 산업생산, 시험검사 현장 등에서 측정한 결과가 명시된 불확정 정도의 범위 내에서 국가측정표준 또는 국제측정표준과 일치되도록 연속적으로 비교하고 교정(較正)하는 체계를 말한다.
18. "시험·검사기관 인정"이란 공식적인 권한을 가진 인정기구가 특정한 시험·검사를 할 수 있는 능력 시험·검사기관을 평가하여 그 능력을 보증하는 행정행위를 말한다.
19. "적합성 평가"란 제품등이 국가표준, 국제표준 등을 충족하는지를 평가하는 교정, 인증, 시험, 검사 등을 말한다.
20. "표준인증심사유형"이란 설계평가, 시험·검사 및 공장심사의 요소를 인증단계와 사후관리단계로 구분하여 체계화·공식화한 심사형태를 말한다.
21. "국가 통합인증마크"란 안전·보건·환경·품질 등 분야별 인증마크를 국가적으로 단일화한 것을 말한다.
22. "무역기술장벽"이란 다음 각 목의 어느 하나에 해당하는 것으로서 국제무역에 장애가 되는 것을 말한다.
    가. 포장·표시·상표부착 요건을 포함한 성문표준 및 기술규정
    나. 가목에 대한 적합성평가를 위한 절차
    [전문개정 2009. 4. 1.]

참조 **제10조(기본단위)**

1. 제9조에 따른 기본단위는 다음 각 호와 같다.
   ① 길이의 측정단위인 미터
   ② 질량의 측정단위인 킬로그램
   ③ 시간의 측정단위인 초
   ④ 전류의 측정단위인 암페어
   ⑤ 온도의 측정단위인 켈빈
   ⑥ 물질량의 측정단위인 몰
   ⑦ 광도의 측정단위인 칸델라
2. 제1항에 따른 기본단위를 정의하고 구현하는 방법은 대통령령으로 정한다. 〈개정 2014. 12. 30., 2018. 6. 12.〉

주제

(1) 국가교정제도의 이해(법령, 단위계)

평가 항목

① 우리나라 : 국제교정기관 및 시험검사기관 인정제도를 기술표준원이〈국가표준기본법〉에 따라 한국교정시험기관인정기구(KOLAS : Korea laboratory accreditation scheme)를 두어 운영하고 있다.

② KOLAS : 〈국가표준기본법〉 및 ISO/IEC Guide 58의 규정에 따라 교정기관 인정, 시험기관 인정, 검사기관 인정, 표준물질생산기관 인정업무를 수행하고 있다.

ⓐ SI 기본단위 : 길이, 질량, 시간, 전류, 온도, 물질량, 광도의 7개 단위를 기본단위라 한다.

순번	구분 및 기본단위	기호	기준
1	길이 (meter)	m	빛이 진공에서 1/299,792,458 sec 동안 진행한 경로의 길이 ※ 당초에는 0℃기준 진공에서 크림톤86 광선의 파장으로 정하였다.
2	질량 (kilogram)	kg	4℃의 온도에서 순수한 물 1리터의 무게를 기준으로 질량의 원기는 백금(90%), 이리듐(10%) 합금의 원기둥 형태이다.
3	시간 (second)	s	세슘133 원자의 바닥 상태에서 복사선이 9,192,631,700주기의 지속시간 ※ 1960년 초까지는 평균 태양일의 1/86,400을 기준으로 사용함
4	전류 (ampere)	A	원형 단면적의 평행 직선 도체가 진공 중에서 2×10^{-7}뉴턴(N)이 작용
5	열역학적 온도 (kelvin)	K	물의 삼중점의 열역학적 온도의 1/273.16 ℃
6	물질량 (mol)	mol	탄소 12의 0.012kg에 있는 원자의 수와 동일한 원자 수를 갖는 어떤 계의 물질량 ※ 산소의 1mol은 32g(원자량 16 x 2)이며, 이 경우 분자의 수는 12g과 동일
7	광도 (candella)	cd	진동수 540 x 10^{12} Hz인 단색광 복사도가 주어진 방향에 대한 광도

참조 단위 환산

① 길이
- 1m=100cm=1,000mm=39.97inch
- 1km=1.6mile

② 무게 : 1kg=1L=1,000cc

③ 부피 : 1gal=3.8L=4quiater=8pint

④ 온도
- C=5/9(F−32)
- F=9/5×C+32
- Room Temp(상온)=20 ± 5℃

⑤ 압력 : 14.7psi=760mmHg=29.92inHg=1,013.25hPa

⑥ 속도
- 1NM=1.8km/h
- 1mach=340m/sec(해수면 고도)

② 교정(Calibration)

ⓐ 여러 개의 기준이 되는 표준시편을 측정하여 각 치수의 정확도를 검증하는 작업이다.

ⓑ 일정 시간 사용하면 환경, 사용 빈도, 내구성 등의 여러 요인에 의해 부정확한 측정을 방지하기 위하여 교정이 요구된다.

ⓒ 계측 이유 : 항공기에 사용되는 많은 부품은 진동 또는 마찰 등에 의한 오차가 발생하여 부정확한 작동이 항공기 운항에 큰 문제를 유발할 수 있으므로 원래의 구조 유지로 정확한 작동을 확인하여 위험요소를 사전에 차단한다.

주제

(2) 유효기간 확인

평가 항목

① 계측기의 유효기간

ⓐ 계측기의 교정주기는 계측기마다 상이 하므로 반드시 계측기 사용설명서를 참고한다.

ⓑ 계측기의 일반적인 교정주기는 1년이며, 1년의 교정주기를 갖는 계측기는 반드시 1년마다 교정을 받아야 하며, 이상이 없는 계측기는 "교정 필증"을 받아 부착시켜야 한다.

ⓒ 한국교정시험기관 인정기구(KOLAS : Korea Lavoratory Accreditation Scheme)에서 권고하는 주기를 따른다.

주제

(3) 계측기의 취급, 보호

평가 항목

① 계측기의 취급 및 보관 방법 : 취급상 주의사항은 계측기에 손상을 주지 않아야 한다.

ⓐ 항상 유효기간 또는 교정 일자를 확인하고 영점 조절 후 사용한다.

ⓑ 떨어뜨리거나 부딪혀 측정면에 손상이 생기지 않게 한다.

ⓒ 먼지가 적고 건조한 실내에서 사용한다.

ⓓ 목재 작업대, 천, 가죽 위에 취급한다.

ⓔ 손으로 계측 면을 만지면 열에 의한 오차 발생 및 오염될 수 있으므로 장갑 착용 및 깨끗한 천으로 닦아준다.

ⓕ 측정기기는 온도변화에 민감하므로 측정 장소의 온도가 일정해야 한다.[가능한 한 20±5℃(Room Temp : 상온)]

② 계측기의 보관/관리 시 준수할 사항

ⓐ 측정기가 있는 곳 근처에 백열전등과 같은 열의 영향을 받을 수 있는 장치를 두지 않는다.

ⓑ 사용 후, 항상 깨끗이 닦아 규정된 보관함에 보관하고 Anvil과 Spindle이 밀착되지 않도록 주의한다.(정전기 또는 이질 금속에 의한 부식방지)

ⓒ 장기 보관 시에는 방청유를 천에 묻혀 각부를 골고루 방청한다.

ⓓ 직사광선에 노출되지 않고, 습기가 적고 통풍이 잘되는 곳, 자성체가 없는 곳에 보관한다.

2. 계측기 사용법(구술 또는 실작업 평가)

주제

(1) 계측(부척)의 원리

평가 항목

각 계측기의 측정 방법을 숙지할 것

주제

(2) 계측 대상에 따른 선정 및 사용절차

평가 항목

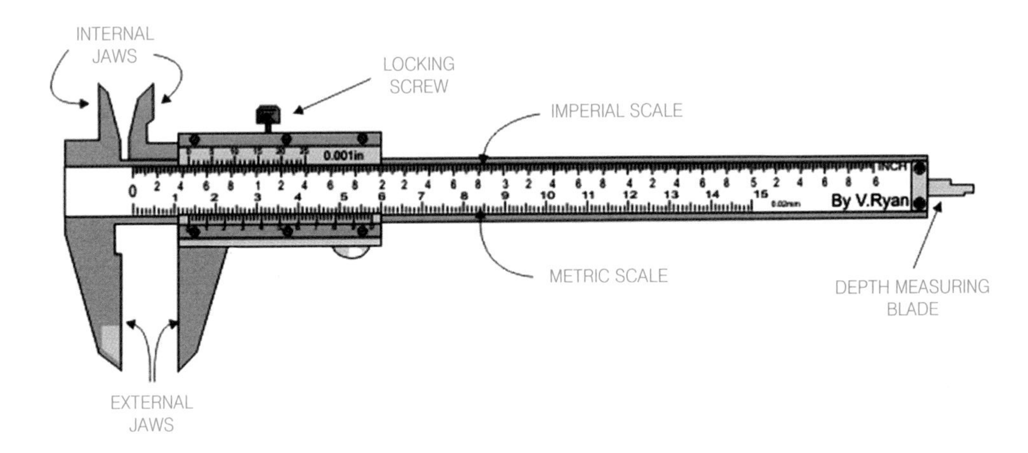

① Vernier Calipers(버니어 캘리퍼스) : Calipers와 Scale을 조합한 것으로 측정면에 피측정물을 물리고, Scale에 맞추어 Main Scale과 Vernier Scale에 의해 정확히 치수를 측정할 수 있는 구조로 되어 있다.

ⓐ 측정 부위 : 외경, 내경, 깊이 모두 측정 가능

ⓑ 정밀도 : Metric Scale과 Imperial Scale이 있으며 ±0.03mm(±0.0015 in) 정확성을 요구하는 측정에 사용된다.

② Micrometer(마이크로미터) : 나사가 돌아가는 정도에 따라 앞뒤로 일정하게 움직이는 원리를 이용해 대상의 안지름, 바깥지름, 깊이 등을 정밀하게 측정할 수 있다.

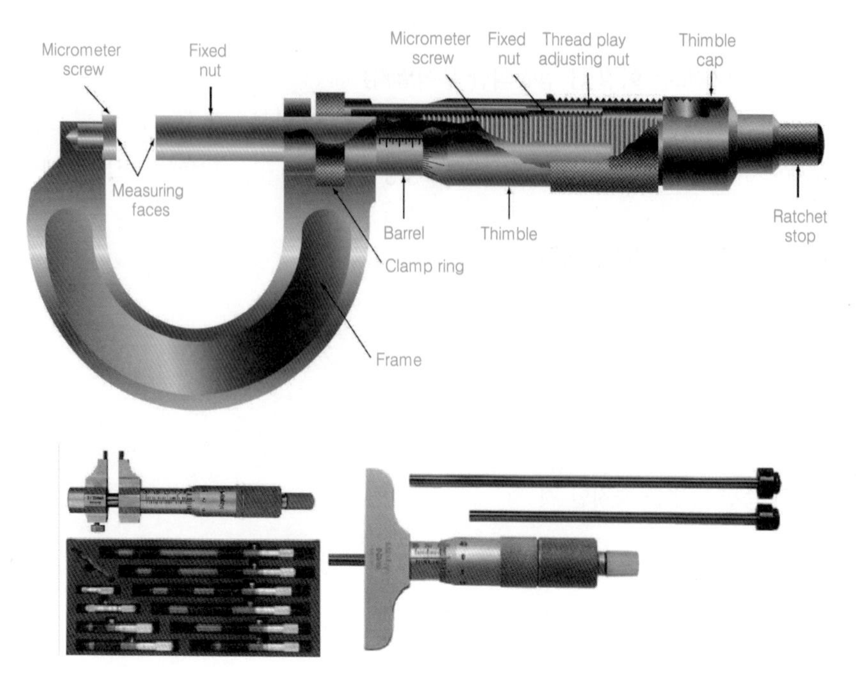

ⓐ 측정기의 종류 : 외경, 내경, 깊이 측정용이 있으며 1 inch 단위로 크기가 정해진다.

ⓑ 정밀도 : Metric Scale과 Imperial Scale이 있으며 ±0.001mm(±0.0001 in) 정확성을 요구하는 측정에 사용된다.

③ Dial Gauge(다이얼 게이지) : 치수의 변화를 지침의 움직임으로 읽는 측정기이다.

■ 테스트 인디케이터의 각도 오차

측정자는 가능한 한 수평으로 해 사용

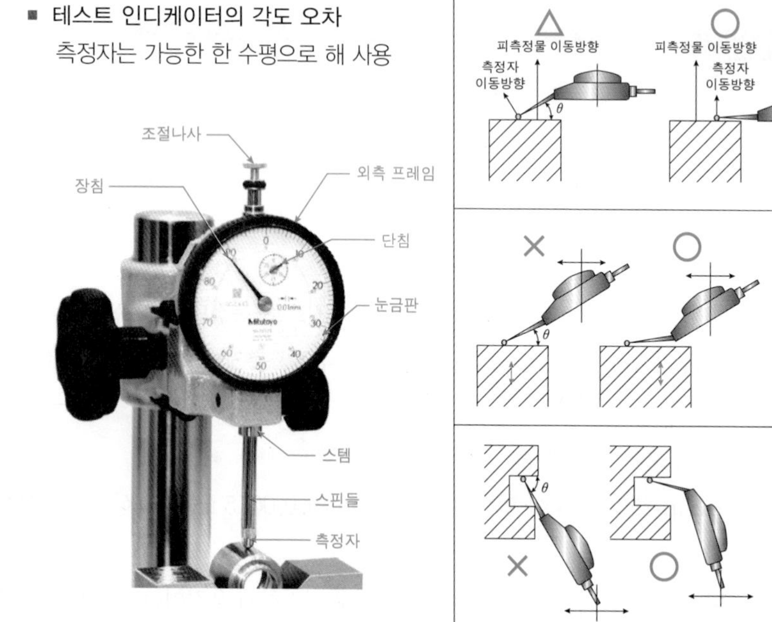

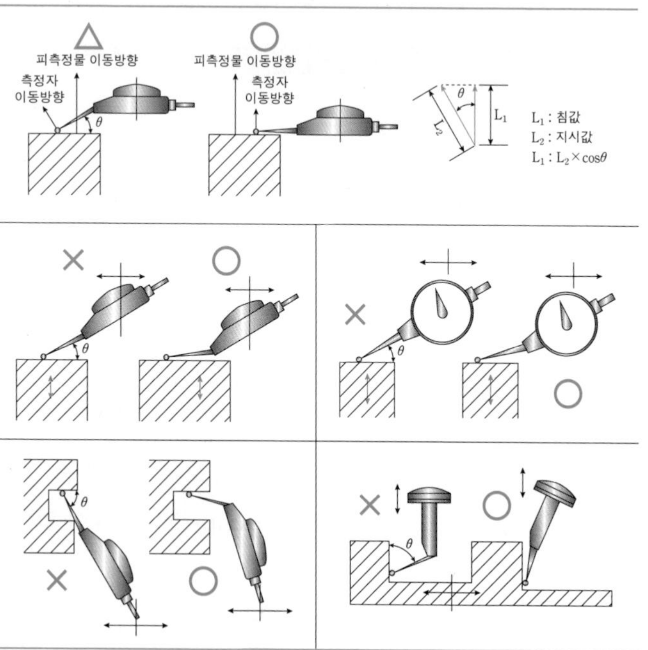

ⓐ 측정 부위 : 진원 및 축의 휨 등을 측정한다.

ⓑ 정밀도 : Metric Scale과 Imperial Scale이 있으며 ±0.001mm(±0.0001 in) 정확성을 요구하는 측정에 사용되며 0.001 inch, 0.0001 inch, 0.0005 inch 등으로 분류된다.

④ 사용절차

ⓐ 종류, 측정 범위, 정도 등을 잘 확인한다.

ⓑ 1~2 inch 측정용 Micrometer로 측정물을 측정하였다면 측정값에 반드시 1 inch를 더하여 기록한다.

ⓒ 과격한 충격을 주지 않도록 한다.

ⓓ 사용 전 각 부위 먼지를 잘 닦아준다.

ⓔ 양쪽 측정면을 잘 닦는다.

ⓕ 사용 전 영점을 조절한다.

ⓖ Stand에 고정할 때는 Frame의 중앙부에 위치하도록 하고, 너무 강하게 Frame이 파손되지 않도록 주의한다.

ⓗ 사용 후 각 부에 묻은 오물과 지문 등은 건조한 헝겊으로 잘 닦도록 한다.

주제

(3) 측정치의 기입 요령

평가 항목

최소 단위를 정확히 확인하여 기입 한다.

3 전기 · 전자 작업

1. 전기선 작업(구술 또는 실작업 평가)

주제

(1) 와이어 스트립(Strip) 방법

평가 항목

① Wire Stripping 조건

ⓐ Wire를 Soldering(납땜) 또는 Crimp 전에 Wire의 끝을 젓절하게 절단하고 정확한 길이의 피복 제거한 후, Wire 또는 Cable의 길이가 정확한지 확인한다.

ⓑ 깔끔하게 직각으로 절단되어야 하며, 이때 승인된 Cutting Tool을 사용한다.

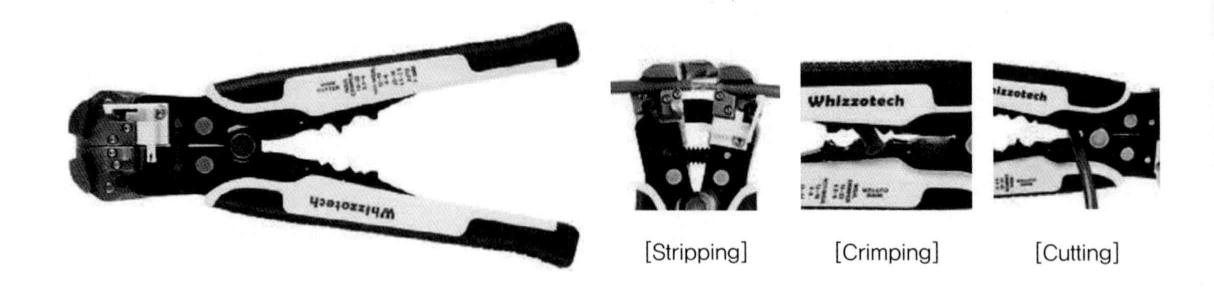

[Stripping] [Crimping] [Cutting]

② Wire Stripping 절차

ⓐ Strip 하는 Wire의 규격을 확인하고 Diagonal Cutter로 정확한 길이의 Wire를 절단하고 Wire 끝으로부터 Strip되는 피복의 길이를 정확하게 측정한다.

ⓑ Strip 되는 Wire를 Stripping Tool에 맞는 Size Cutting Hole의 중앙에 피복을 Cutting 한다.

주제

(2) 납땜(Soldering) 방법

평가 항목

[전기 인두기] [실납] [솔더링 페이스트] [인두기 스탠드] [납흡입기] [인두팁 클리너]

① 납땜(Soldering) : 땜납을 이용하여 두 가지 이상의 금속을 연결하는 것으로 전기에서의 납땜은 땜납을 이용하여 회로기판에 전자 소자나 부품을 연결하기도 하고 전선과 전선을 연결하는 것이다. 고온으로 가열된 인두를 사용하기 때문에 화상을 입을 수도 있는 위험한 작업이므로 조심하여야 한다.

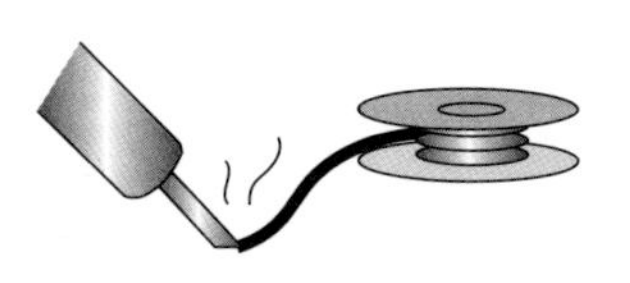

1. 인두 끝이 납을 약간 묻힌다.

2. 납땜할 부분을 인두로 잠시 가열한다.
(필요에 따라 페이스트를 미리 약간 칠해둔다.)

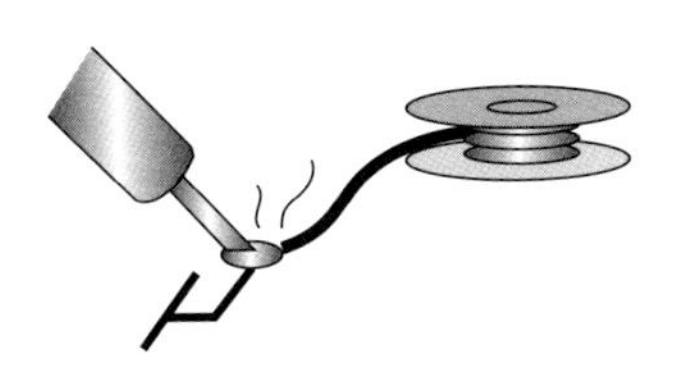

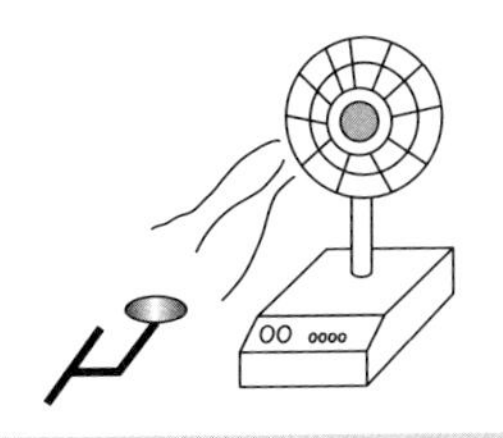

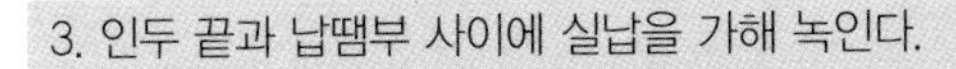

3. 인두 끝과 납땜부 사이에 실납을 가해 녹인다.

4. 납이 충분히 먹었다고 생각되면 인두를 떼고 납땜부를 식힌다.

[PCB 기판 동박에 납땜하는 방법]

주제

(3) 터미널 클림핑(Crimping) 방법

평가 항목

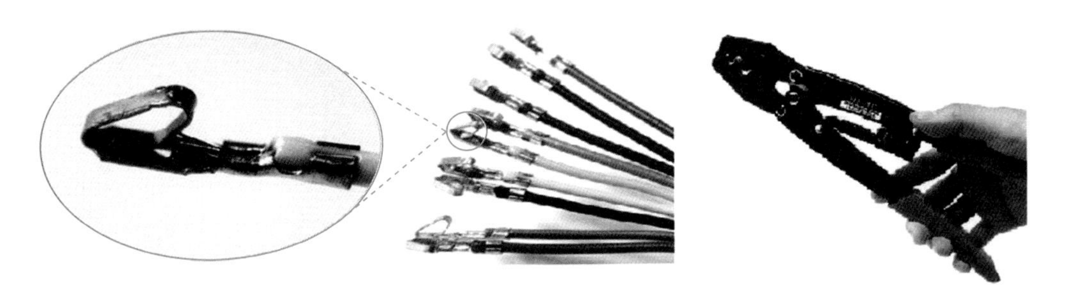

① 터미널 부분 명칭 : 압착과정을 이해하기 위해서는 먼저 터미널의 구성을 이해해야 한다.

ⓐ 터미널의 구성

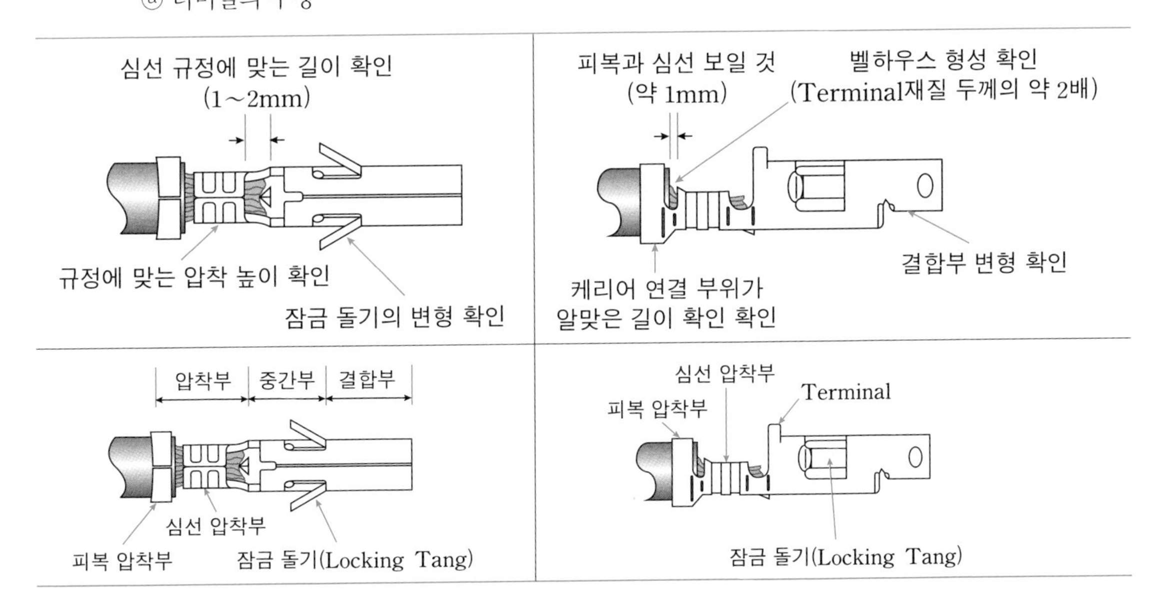

- 결합부(Mating Section) : 상대 터미널과 결합되는 부분이다.
  압착과정에서 이 부분이 약간이라도 변형된다면 커넥터의 기능에 영향을 준다.
- 중간부(Transition Section) : 압착과정에서 손상을 입으면 안된다.
  터미널 Stop과 잠금 돌기가 변형되면 커넥터의 기능에 영향을 준다.
- 압착부(Crimping Section) : 압착과정에서 작업이 진행되는 곳이다.
  압착 규정서에 명시된 압착기를 사용, 이 부분에서만 압착이 이루어져야 한다.

ⓑ Good Crimp : 다음 그림은 압착이 완벽하게 된 터미널의 예이다.

주제

(4) 스플라이스(Splice) 클림핑(Crimping) 방법

평가 항목

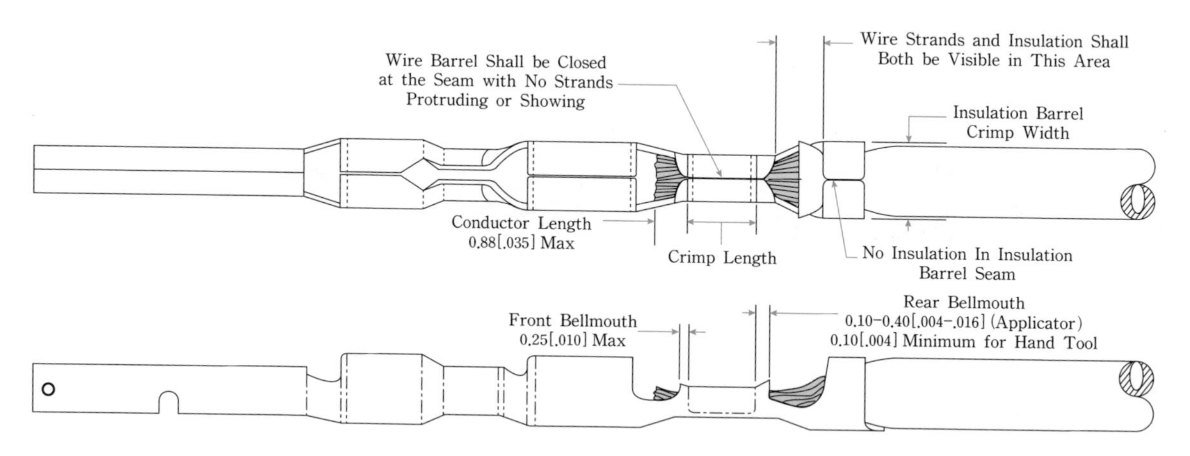

① Splice(스플라이스) : 전선과 전선 간의 연결 방법으로 납땜과 같이 전선 끝의 피복을 벗겨 구리선을 잇는 방법으로 Splice Tool에 두 전선의 양쪽 끝을 넣어 Splice 중간 부분의 점검 창을 통해 구리선의 끝을 확인한다. 확인이 되면 Splice를 압착시켜 두 전선을 연결한다.

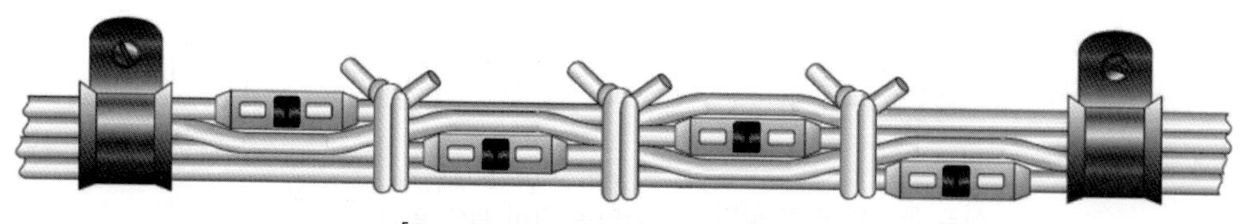

[Staggered splices in wire bundle]

② Splice를 사용하는 장소

ⓐ Wire Harness 특성상 자주 구부러지는 장소가 아닌 곳

ⓑ Conduit 외부

ⓒ ARINC 429 Data Bus Cable

ⓓ Thermocouple 보상 도선은 반드시 같은 재료의 Splice만 사용한다.

ⓔ Non Vibration Area(진동이 없는 부분)

ⓕ 많은 전선을 결합하는 경우 Stagger 접속을 할 것

- ARINC 429 : 항공전자 System을 위한 Data Format으로 항공기 Digital 정보 시스템을 위한 인터페이스가 있으며 현재 가장 사용량이 많은 Data Bus

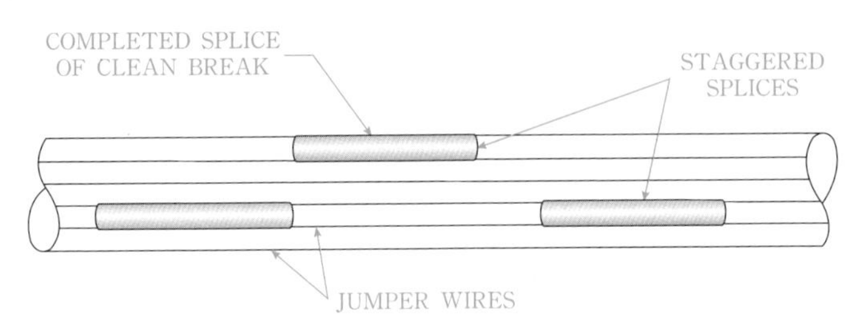

[Stagger 접속을 이용한 Splice]

③ Wire Bundle Tying Techniques

ⓐ Single-Cord Lacing

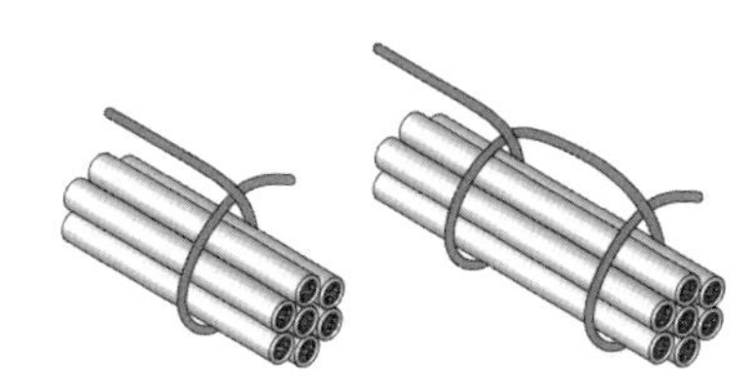

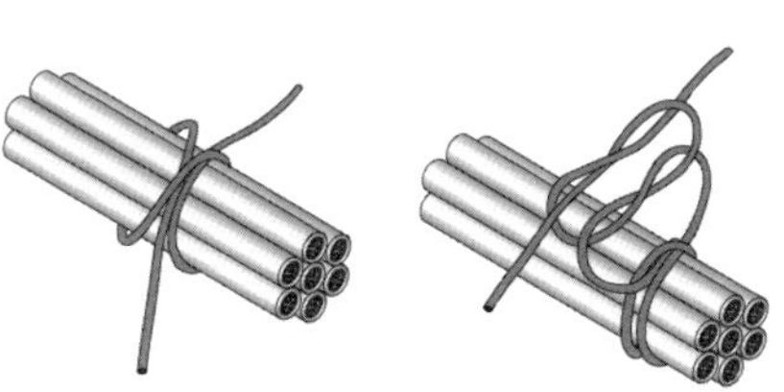

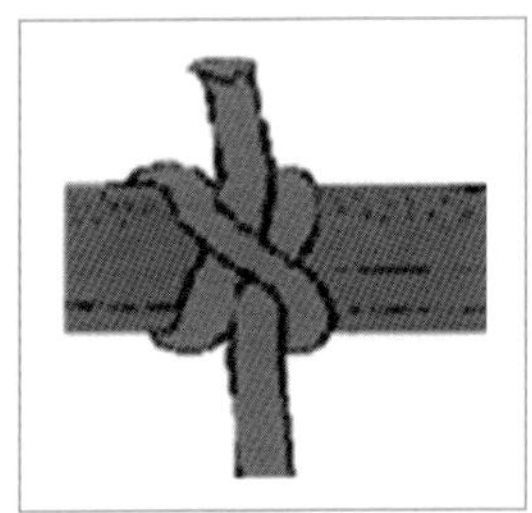

[Wrap cord twice over bundle]　[Clove hitch and square knot]

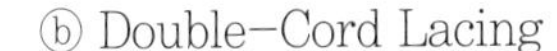

ⓑ Double-Cord Lacing

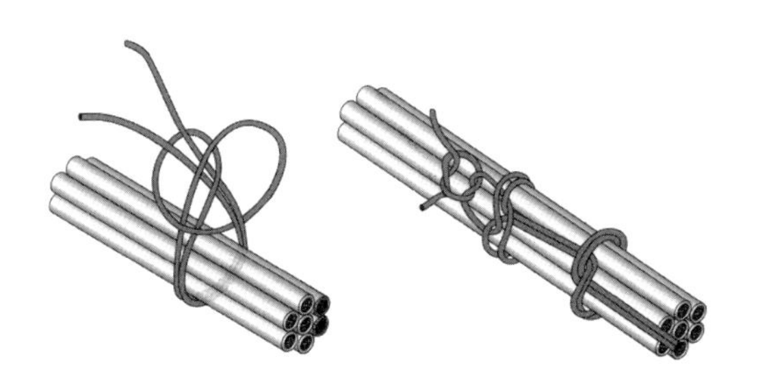

주제

(5) 전기회로 스위치 및 전기회로 보호장치 장착

평가 항목

① 회로 보호장치(Circuit Protection Devices)

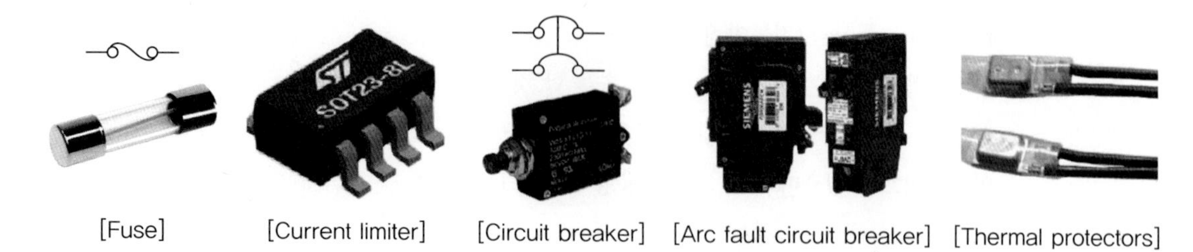

[Fuse] [Current limiter] [Circuit breaker] [Arc fault circuit breaker] [Thermal protectors]

ⓐ 항공기에는 많은 전기회로가 쓰이며 또한 Computer도 여러 가지가 사용된다.
즉 FCC, TMC, CMC, FMC 등, 이러한 전기회로의 가장 위험한 문제점은 단락이다.

ⓑ 전기회로 보호장치의 특징

- 전원부 가까운 곳에 설치
- 회로 내에서 과전압 또는 Short에 의한 과전류의 흐름을 차단하여 회로를 보호한다.
- 회로 보호장치의 용량 단위 : Ampere, [A]

ⓒ 과도한 전류에 의한 원인이 되는 손상과 파손으로 부터 항공기 전기계통을 보호하기 위해, 전기회로의 보호장치가 장착된다.(Fuse, Current Limiter, Circuit Breaker, Hermal Protectors 등)

- 퓨즈(Fuse) : 전기회로에 과전류가 흐르면 Fuse 내부의 주석과 창연의 합금으로 만든 선이 녹아 전류를 차단한다.
- 전류제한기(Current Limiter) : 전류제한기는 퓨즈와 매우 유사하다. 전류제한기 연동장치는 보통 구리로 만들고 짧은 시간 동안 상당한 과부하를 견딜 것이다. 전류 제한기는 30[A] 이상의 큰 전류회로 과전류조건에서 개방시킨다.
- 회로차단기(Circuit Breaker) : 회로차단기는 일반적으로 Fuse 대신 사용되고 전류가 미리 정해진 값을 초과할 때 전류흐름을 중지하도록 설계된다. Fuse 또는 전류제한기는 과전류 시 교환해야 하지만 회로차단기는 재기동할 수 있다. 항공기 계통에서 널리 쓰이는 몇몇의 유형의 회로차단기가 있다.
  - 자석형 차단기 : 과도한 전류가 회로에 흐를 때, 그것은 차단기를 시동시키는 작은 전기자를 움직이기에 충분히 강한 전자석을 만든다.
  - Bi-metal Circuit Breaker : 열과부하 스위치 또는 열 과부하차단기이다. 과도한 전류에 의해 열팽창이 다른 Bimetallic Strip이 Swith를 차단한다. 대부분 회로차단기는 손으로 재가동할 수 있다.

- 아크 누전회로 차단기(Arc Fault Circuit Breaker) : 아크누전회로차단기는 가능한 배선결함과 불안전 상황을 지시할 수 있는 전기적인 아크 징후에 대해 감시한다.

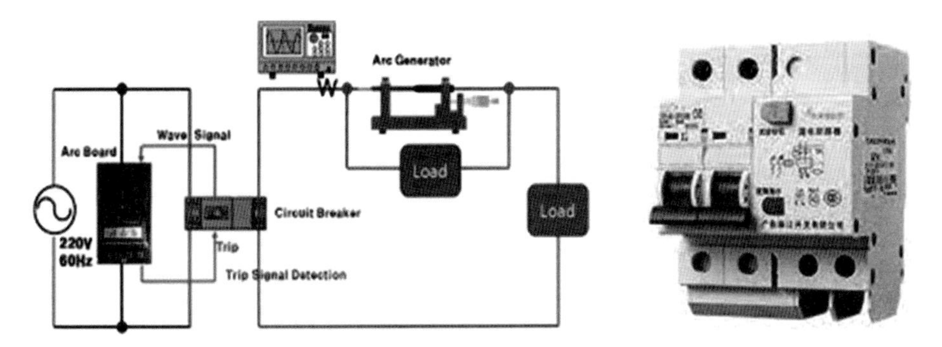

- 열 보호장치(Thermal Protectors) : 서멀 스위치(Thermal Switch)는 전동기의 온도가 지나치게 높아질 때 회로를 개방하도록 설계된다. 열보호장치는 열기와 닫기의 2개의 위치가 있다. 서멀 스위치의 사용은 과열로부터 전동기를 보호하기 위함이다.

[Thermal protector의 구조]

2. 솔리드저항, 권선 등의 저항측정(구술 또는 실작업 평가)

주제

(1) 멀티 미터(Multi Meter) 사용법

평가 항목

[Analog multi tester]

[Digital multi tester]

① Multi Tester의 개요

ⓐ 회로시험기 : 전압, 전류 및 저항 등의 값을 하나의 기기로 측정할 수 있게 만든 기기 중에서 가장 간단한 전기계측기 멀티 미터(Multi meter) 또는 회로시험기라고도 한다.

ⓑ Analog Type과 Digital Type이 있다.

- Analog Multi Tester : 측정값이 눈금판을 가리키는 지침으로 나타남
- Digital Multi Tester : 측정값이 표시기에 숫자로 나타남

ⓒ Multi Tester의 용도

- 저항 측정(통전, 절연시험)
- 직류, 교류 전압 측정
- 직류 전류 측정
- Diode, TR 등 부품 검사
- 회로의 고장 수리

② Analog Multi Tester의 부분별 명칭

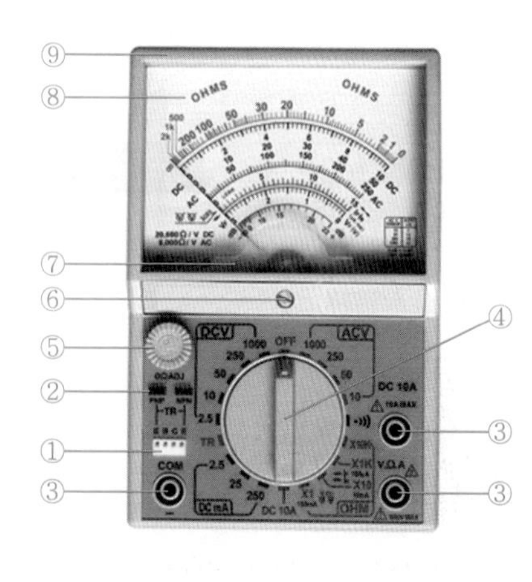

① 트랜지스터 검사 소켓
② 트랜지스터 판정 지시 장치
③ 입력 소켓 : 시험 봉의 플러그 삽입
④ 레인지 선택 스위치 : Rotary SW 방식으로 20 레인지의 선택이 가능
⑤ "0"Ω 조정기 : Ω Meter 사용 시 지침이 Ω 눈금의 "0"점 조정
⑥ 지침 영점 조정기 : 측정 전에 지침이 왼쪽 "0"점에 있는지 확인 (필요 시 조정)
⑦ 내장형 가동 코일형 미터 : 고감도, 고 직선성 및 1[%] 미만의 정밀도이다.
⑧ 눈금판
⑨ Analog Multi Tester

③ Analog Multi Tester의 구조

ⓐ 눈금판 : 저항 눈금, 전류 눈금, 전압 눈금 등이 표시

ⓑ 0 Ω 조정기 : 저항값을 측정할 때 리드 봉을 접촉한 상태에서 지침이 정확히 0 Ω이 되도록 조절하는 장치

ⓒ 전환 스위치 : Ω-저항, ACV-교류 전압, DC mA-직류 전류, DCV-직류 전압

ⓓ 리드 봉 : 직류(DC)일 때 [빨간색 : (+), 검은색 : (-)]

ⓔ 직류 전압 측정부

ⓕ 교류 전압 측정부

ⓖ 직류 전류 측정부

ⓗ 저항 측정부

④ Analog Multi Tester의 사용 시 주의사항

ⓐ 측정 단자의 극성(+, −)에 주의한다.(빨간색 막대 : + , 검은색 막대 : −)

ⓑ 측정 전압 등이 불명확한 경우 최대 레인지에서 측정을 시작한다.

ⓒ 측정하려는 종류와 양을 정확히 알아서 전환 스위치를 맞춘다.

ⓓ 리드 봉을 접속한 채로 전환 스위치를 돌리지 않는다.

ⓔ 측정 시 가능한 한 Multi Tester의 지침이 눈금판 중앙에 오도록 배율을 선정한다.

ⓕ 측정하기 전에 계측기의 지침이 "0"점에 있는지 확인한다.

ⓖ 고압측정 시 계측기 사용 안전 규칙을 준수한다.

ⓗ Ω 조정기 : 저항을 측정할 때에만 사용한다.

ⓘ 스피커나 전원 트랜스 등 자기의 영향을 받기 쉬운 곳에서 사용하지 않는다.

ⓙ 측정이 끝나면 피 측정체의 전원을 끄고 반드시 레인지 선택 스위치를 "OFF"에 놓는다.

⑤ Analog Multi Meter의 사용법

ⓐ 저항측정, 직류 전압측정, 직류 전류측정, 교류 전압측정, 인덕턴스 측정, 콘덴서측정, 전압비(dB) 측정 등을 할 수 있다.

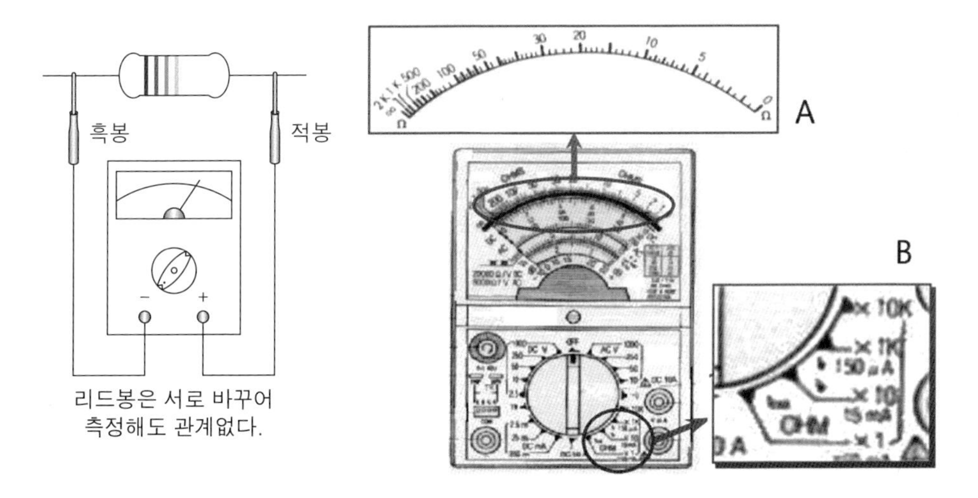

⑥ 저항 측정법

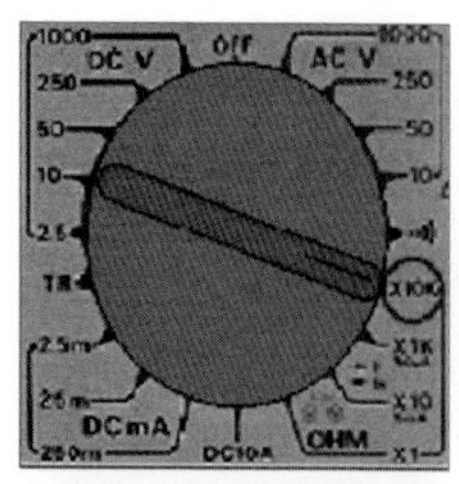

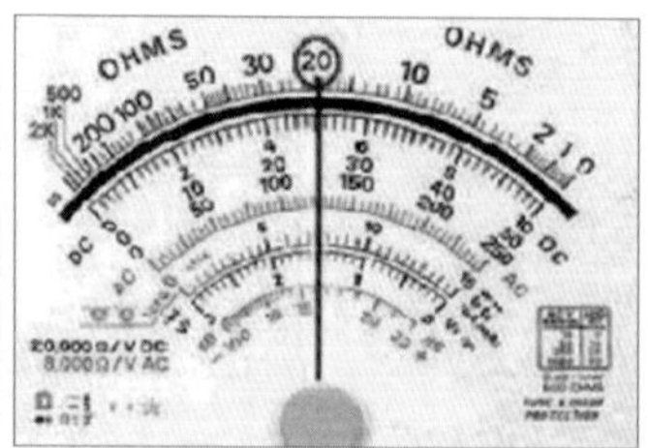

■ 저항값 읽는법(Ex-1)
- 전환 스위치 측정 범위 : ×10K
- 눈금판의 지침 값 : 20Ω
- 저항값 읽기 : 20Ω×10K=200[KΩ]

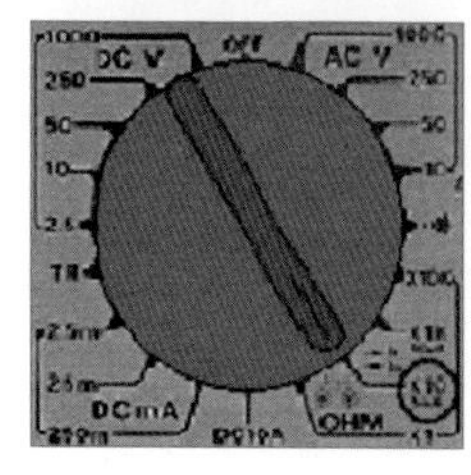

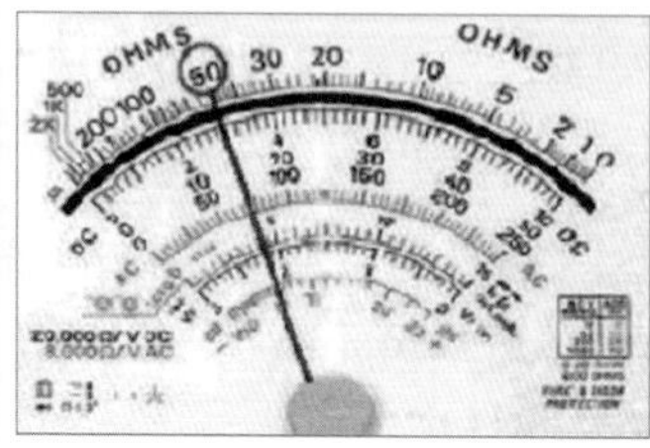

■ 저항값 읽는법(Ex-2)
- 전환 스위치 측정 범위 : ×10
- 눈금판의 지침 값 : 50Ω
- 저항값 읽기 : 10Ω×50=500[Ω]

ⓐ 저항 양단 리드에 회로시험기의 리드 봉을 대고 측정 레인지의 배수와 지시값을 계산하여 읽는다.

- 저항값=눈금 값(A)×레인지 값(B)
- 저항값 읽는 법
  - 저항계의 눈금은 측정 레인지에 따라 변화하므로 회로시험기의 리드 봉을 단락시켜 0Ω ADJ 볼륨(VR)을 조절하여 지침이 "0"점 위치에 맞도록 조절한다.
  - 만일 맞지않을 때는 회로시험기 내부의 건전지가 소모된 것이므로 교환해야 한다.

멀티미터

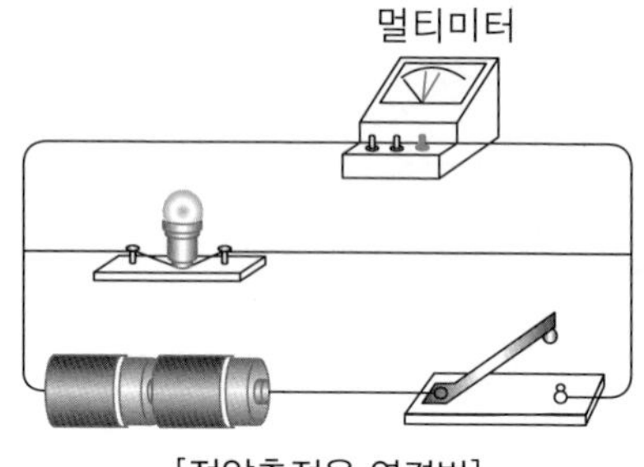

[전압측정용 연결법]

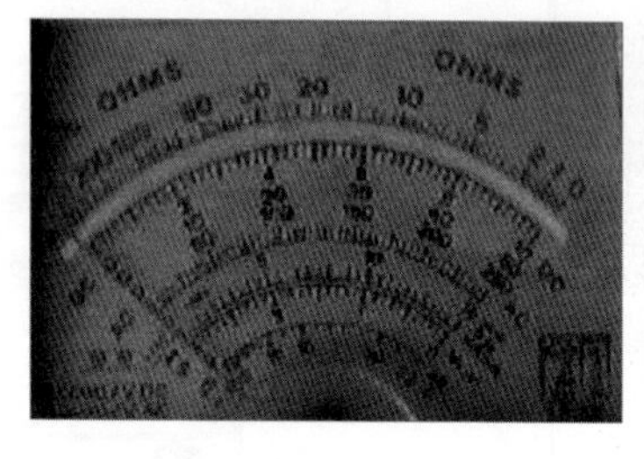

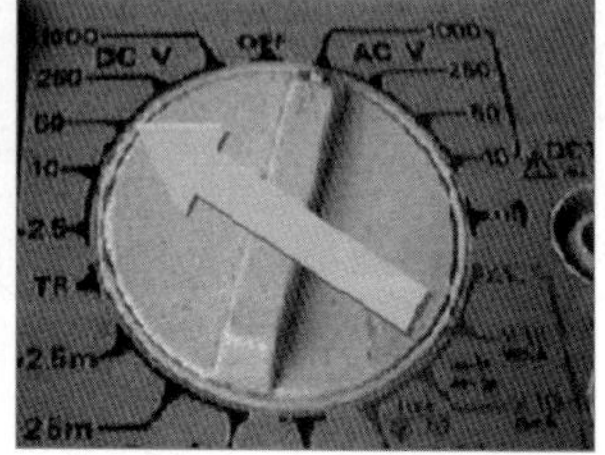

⑦ 직류 전압의 측정법

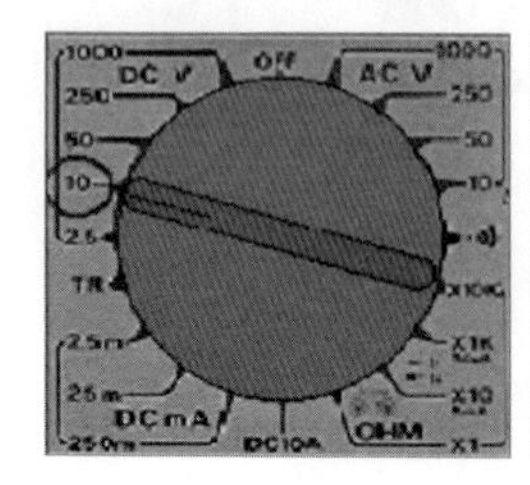

■ 직류 전압 측정법(Ex-1)
- 전환 스위치 측정 범위 : DCV 10
- 눈금판의 지침 값 : 2
- 직류 전압 값 : 2[V]

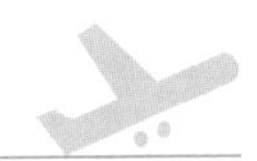

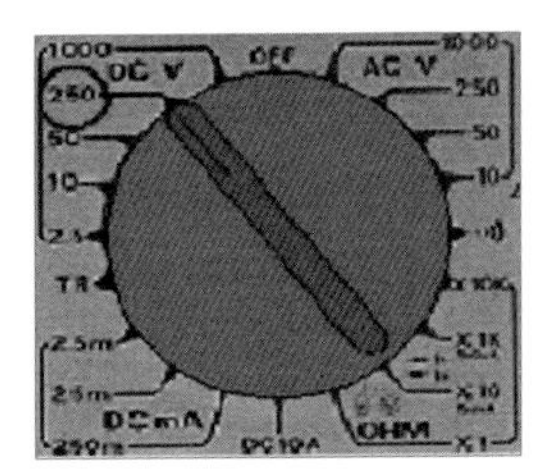

■ 직류 전압 측정법(Ex-2)

- 전환 스위치 측정 범위 : DCV 250
- 눈금판의 지침 값 : 110
- 직류 전압 값 : 110[V]

ⓐ 측정 레인지를 DCV의 가장 높은 위치 1,000으로 전환하고 측정하고자 하는 곳의 전위 및 전극을 확인한 다음 +측에 적색 리드 봉을, −측에는 흑색 리드봉을 병렬로 접속하여 측정한다.

ⓑ 지침이 전혀 움직이지 않을 때는 측정 레인지를 500, 250, 50, …, 5 순으로 내려 지침이 레인지 내에 지시하면 측정한다.

ⓒ 측정 전압을 예측한 경우, 예측한 전압보다 높은 위치에 측정 레인지를 고정 시키는 것이 안전한 방법이다.

ⓓ 전환 스위치를 예상되는 직류 전압의 측정 범위(DCV)에 위치한다.

ⓔ 전지의 (+)쪽에 빨간색 리드선을 (-)쪽에는 검은색 리드선을 대고 측정한다.

- 직류 전압 측정법

⑧ 직류 전류의 측정법

ⓐ 측정 레인지를 DC mA의 가장 높은 위치 250으로 전환하고 측정하고자 하는 곳의 회로를 확인한 다음 부하와 직렬로 접속 측정을 해야 한다.

ⓑ 지침이 움직이지 않으면 250, 25, …, 0.1 순서로 내려 지침이 레인지 내에 지시하면 측정한다.

ⓒ 예상되는 직류 전류의 측정 범위로 전환 스위치를 위치한다.

ⓓ 전지의 (+)쪽에 빨간색 리드선을 (-)쪽에는 검은색 리드선을 대고 측정한다.

ⓔ DC mA측정 범위에 해당하는 눈금을 읽는다.

ⓕ (+), (-) 극성이 있음. 반드시 직렬로 연결

ⓖ 예상되는 전류 값을 모를 때는 가장 높은 범위에서부터 한 단계씩 낮은 범위로 전환 스위치를 돌려가며 측정한다.

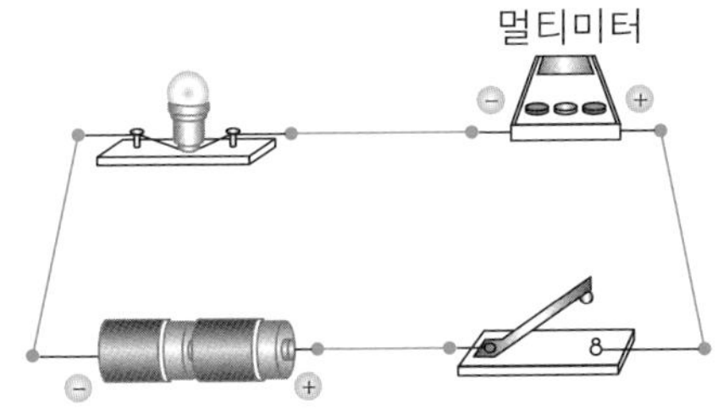

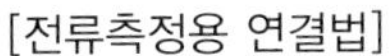

[전류측정용 연결법]

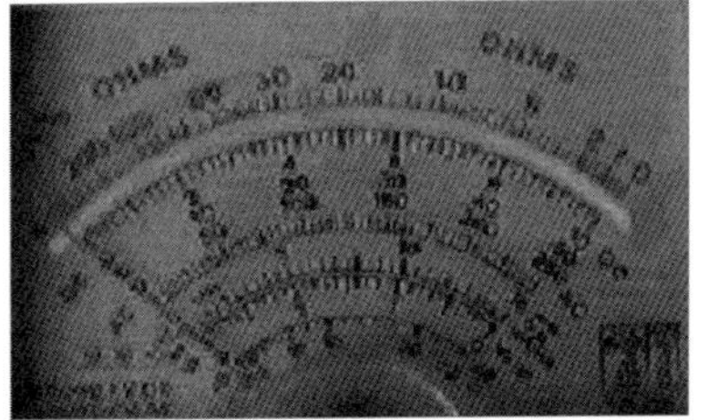

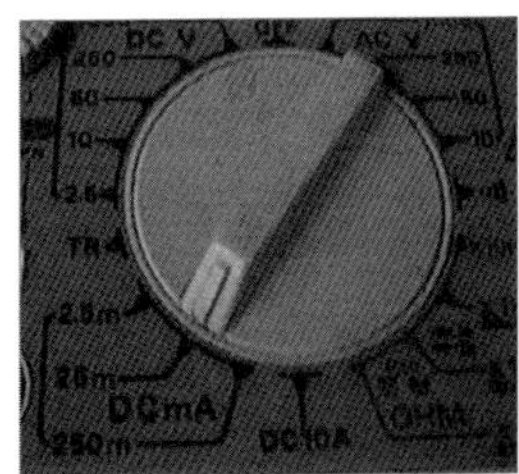

• 직류 전류 측정법

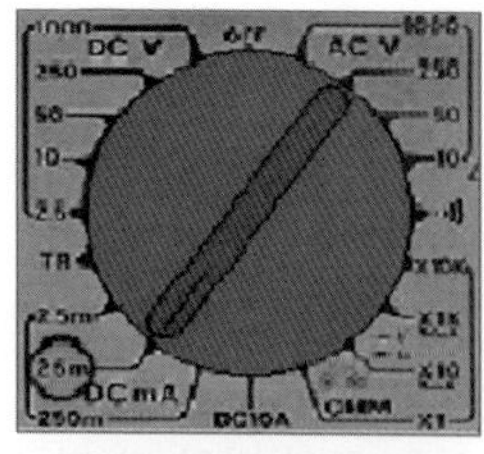

■ 직류 전류 측정법(Ex-1)

- 전환 스위치 측정 범위 : DCmA 25
- 눈금판의 지침 값 : 200
- 직류 전압 값 : 20[mA]

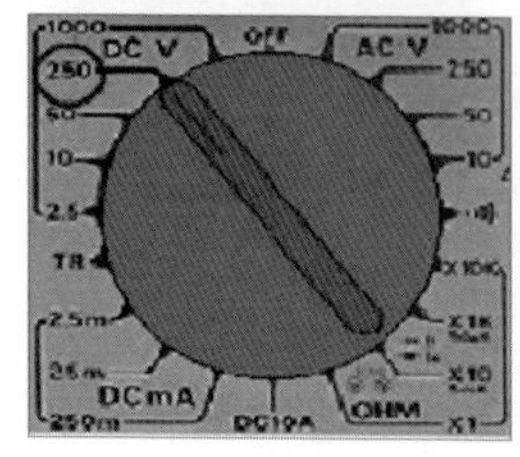

■ 직류 전류 측정법(Ex-2)

- 전환 스위치 측정 범위 : DCmA 250
- 눈금판의 지침 값 : 50
- 직류 전압 값 : 50[mA]

⑨ 교류 전압의 측정법

ⓐ 측정 레인지를 ACV의 가장 높은 위치 1,000V로 전환하고 리드봉의 극성에 관계 없이(회로시험기 리드봉의 극성은 구별 없이 사용해도 된다) 병렬로 접속하여 측정한다.

ⓑ 눈금은 직류 눈금을 병행해서 사용한다.

ⓒ 전환 스위치를 예측되는 교류 전압의 측정 범위에 위치한다.

ⓓ 교류가 흐르는 전원이나 전선에 리드선을 대고서 전압을 측정하며, 예측이 어려울 경우 최대값부터 시작하고 극성은 관계 없다.

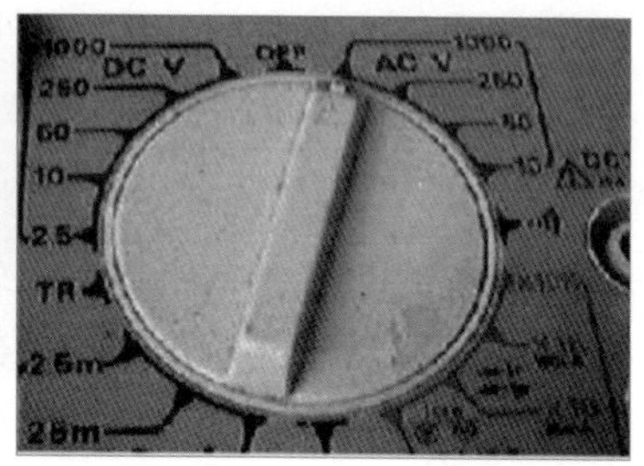

• 교류 전압 측정법

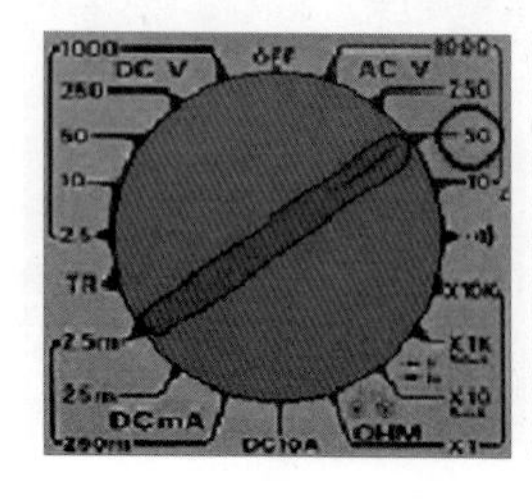

■ 교류 전압 측정법(Ex-1)

- 전환 스위치 측정 범위 : ACV 50
- 눈금판의 지침 값 : 22
- 교류 전압 값 : 20[V]

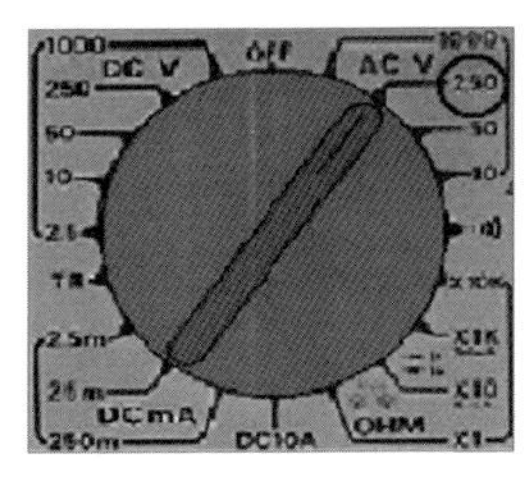
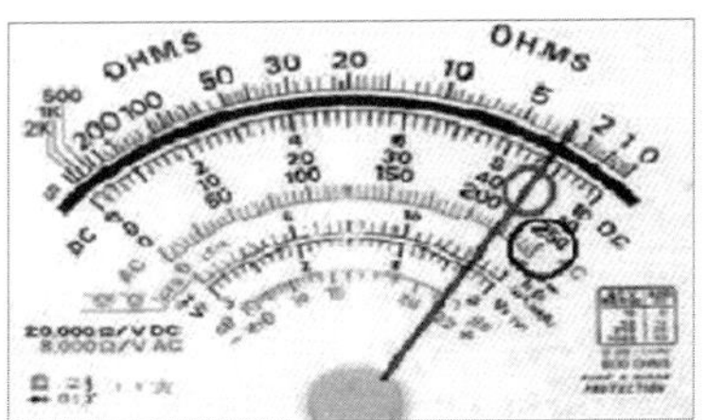

- 교류 전압 측정법(Ex-2)
  - 전환 스위치 측정 범위 : ACV 250
  - 눈금판의 지침 값 : 220
  - 교류 전압 값 : 220[V]

주제

(2) 메가 테스터/메가 미터(Mega tester/Mega meter) 사용법

평가 항목

- IR4056-20 Insulation Tester 특징
  - 50V/100MΩ ~ 1000V/4000MΩ 5 범위 테스트 전압
  - 안정적인 중간 속도의 디지털 판독 값, PASS/FAIL 결정의 0.8sec 응답 시간
  - 콘크리트 낙하충격방지 1m
  - 200mA 테스트를 통해 연속성 체크
  - AC/DC 전압 미터 내장, 태양광 발전 시스템 및 전기 자동차 테스트에 유용하다.
  - CAT Ⅲ 600 V Safety

① 메가 테스터(Mega tester) 사용법

ⓐ 우선 Battery를 Check 한다.

ⓑ 측정기의 Dial을 MΩ 위치를 선택한다.

ⓒ 절연저항계의 적색 리드 봉을 전로 또는 단자에 접속한다.

ⓓ 절연저항계의 흑색 리드 봉을 접지선에 접속한다.

ⓔ Switch를 접속하고 절연저항을 읽는다.

② Mega Tester 사용 시 주의사항

ⓐ 단자간 전압이 500V, 1000V가 걸리므로 측정할 회로 내부 부품 특히 Transister, Diode등의 반도체 소자, Condenser 내압, Fuse 등에 주의한다.

ⓑ 측정 대상 단자에 전압이 가해지고 잇지 않는 것을 확인한다.

주제

(3) 휘스톤 브리지(Wheatstone Bridge) 사용법

평가 항목

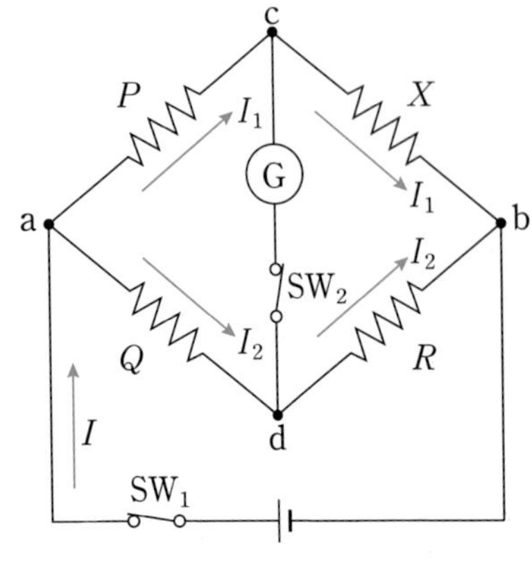

[Wheatstone bridge]

■ Wheatstone Bridge

- 다이아몬드형의 철교에서 유래하였다.
- 4개의 저항을 대칭으로 접속하여 검류계를 설치하여 전압을 가하면 회로에 전류가 흘러 각 저항에 전압강하가 발생한다.
- 검류계가 접속된 중간지점인 c-d에 전압이 같아지면 전위기가 "0"이 되어 전류는 흐르지 않아 검류계는 중간을 지시한다.
- 이때, 전위는 평형(같아짐)이 되었다 한다.
- 각 저항의 전압강하는 저항의 크기에 비례한다.
- 저항의 전압강하는 저항에 비례하여 발생하므로 저항의 비례는 전압의 비례가 되므로 미지의 저항을 구한다.
- 마주 보는 저항을 서로 곱한 값은 같다. PR=QX를 이용한다.
- 휘트스톤브리지는 정밀저항을 측정하는 기기이다.

① Wheatstone Bridge 원리

ⓐ 이미 알고 있는 2개의 저항과 가변저항을 이용해 측정하고자 하는 미지의 저항과 균형을 이루어 미지의 저항값을 찾아내는 원리이다.

ⓑ 이원리를 이용하면 저항의 관계만으로 간단히 저항을 측정할 수 있으며 회로시험기보다 더 정확한 값을 측정할 수 있다.

ⓒ 검류계의 가동 코일형 계기로 10^{-6}A까지 높은 감도를 측정할 수 있다.

ⓓ Wheatstone Bridge의 저항측정범위는 1Ω~1MΩ 측정이 가능하다.

3. ESDS 작업(구술 평가)

주제

(1) ESDS 부품 취급요령

(2) 작업 시 주의사항

평가 항목

① ESDS(Electro Static Discharge Sensitive) : 정전기에 취약한 항공기에 장착된 장비품 부품 등을 말하며 취급 시 특별한 주의가 필요한 Equipment 및 Component 등이다.
대표적으로 CMOS IC Sensor나 계기부품 등이 ESDS 품목에 포함된다.

② ESDS 품목을 취급요령 및 작업 시 주의사항

ⓐ 정비사는 품목에 대하여 인지하여야 한다.

ⓑ DECAL과 그림 등으로 ESDS 품목을 구분하여야 한다.(만약 없는 경우 정비사는 취급 전에 확인하여 품목의 손상을 방지해야 한다.)

③ ESDS 취급 장비

ⓐ Wrist Strap : 작업자는 손목에 Wrist Strap을 착용하여 체내에 축적된 정전기를 방출시켜 항상 2V 이하로 유지하여야 한다.

ⓑ Floor Mat : 작업대에 근접하는 인체로부터 정전기를 배출하는 역할

ⓒ Table Mat : Table Met위에 놓여긴 물체로부터 발생되는 정전기를 접지시키므로 정전기 방지에 대한 완벽한 작업대 표면을 제공한다.

ⓓ Ionized Blower : 이온화된 일정속도의 공기를 방출하여 서류, 작업복 등의 정전기를 발생시키는 비전도체에서 발생된 정전기를 중화한다.

ⓔ Ground Cord : Table Mat와 Floor Mat를 접지로 연결 시키는 장치로 모든 접지선에서는 작업 안전을 위해 1MΩ의 저항을 연결한다.

ⓕ Conductive Bag : 장탈 한 부품은 Conductive Bag에 넣어 외부로부터 정전기에 대한 손상을 방지한다.

4. 디지털 회로(구술 평가)

주제

(1) 아날로그 회로와의 차이

평가 항목

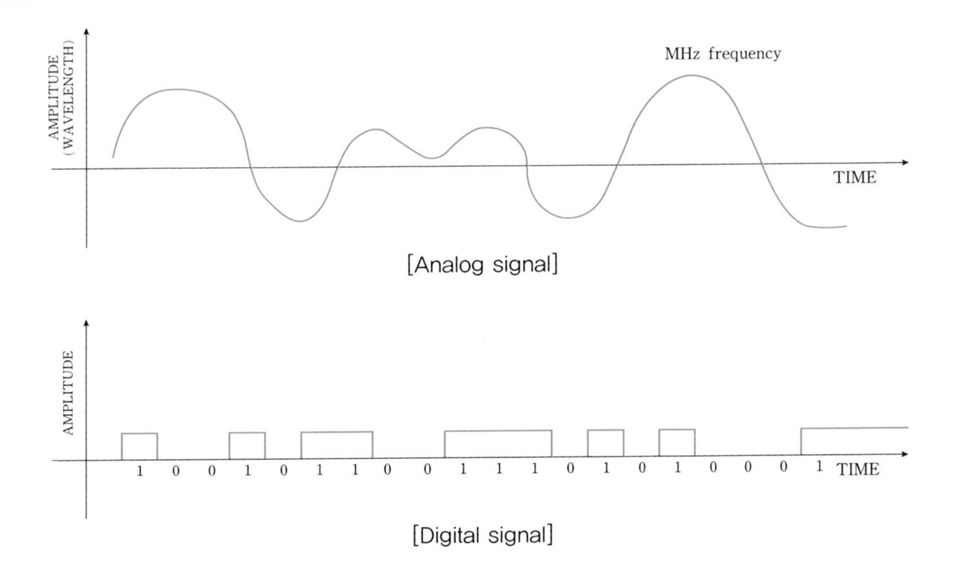

[Analog signal]

[Digital signal]

① Analog 회로 : 연속적인 신호이며, 외부 Noise(노이즈)로 왜곡이 발생이 쉽고 Data 저장이 어렵다. 자연에 존재하는 모든 물리량은 Analog이며 대부분 Analog를 Digital로 바꿔 사용한다.

- Analog를 Digital로 바꾸는 것을 Demodulation(복조)라 한다.

② Digital 회로 : 0과 1의 2가지 신호를 사용하며 전달하고자 하는 본래의 재생능력이 크며, 정보 저장이 쉽다.

- Digital을 Analog로 바꾸는 것을 Modulation(변조)라 한다.

5. 위치표시 및 경고계통(구술 평가)

주제

(1) Anti-skid 시스템 기본구성

평가 항목

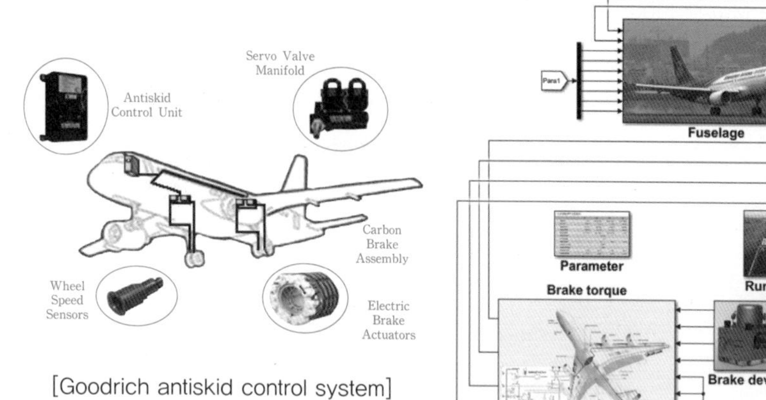

[Goodrich antiskid control system]

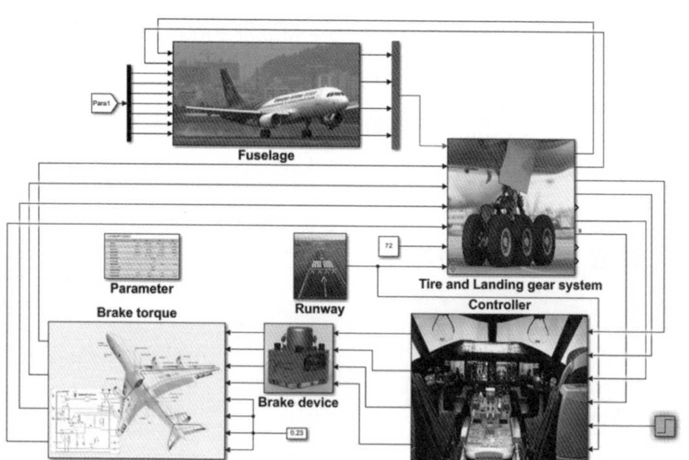

① Skid 현상(스키드 현상) : 항공기가 착륙, 접지하여 활주 중에 갑자기 브레이크를 밟으면 바퀴에 제동이 걸려서 바퀴는 회전하지 않고 지면과 마찰을 일으키면서 타이어가 미끄러지게 되어서 타이어 및 휠의 손상과 기체가 한쪽으로 쏠리는 현상 등이 일어나는 현상이다.

② Anti skid System : Skid 현상을 방지해주는 장치가 Anti-Skid System이며 이 시스템을 장착하므로 타이어의 손상을 방지하고 제동효율을 30%정도 향상한다.

③ Anti skid System의 구성은 Anti-skid Transducer(휠 속도 감지기), Anti-skid Control Box(제어 박스), Anti-skid Valve(제어 밸브)로 구성된다.

④ Anti skid System의 기능은 Normal Skid Control, Touch Down Protection, Locked Wheel Protection, Fail-safe Protection이 있다.

ⓐ Normal Skid Control : 정상조건에서 Anti Skid를 작동시키는 System으로 항공기가 Touch Down 후 바퀴가 미끄러지지 않도록 빠른 속도로 Brake를 잡았다 놨다 반복해주는 기능 즉, 자동차 ABS 기능과 유사하다.

ⓑ Touch down Protaction : 항공기가 착륙을 위해 활주로에 접근 중일 때 조종사가 Brake를 밟더라도 Brake가 잡히지 않도록 해주는 기능이며 Touch Down 후 Brake가 잡힐 수 있도록 한다.

ⓒ Locked Wheel Protection : 앞/뒤 바퀴의 회전속도가 30% 이상 차이가 나면 Brake를 풀어 회전수를 맞춘다.

ⓓ Failsafe Protection : Anti skid System의 고장 시 자동으로 Anti skid System을 수동으로 작동할 수 있도록 바꾸어주고 경고등을 켜지게 하는 기능을 한다.

주제

(2) Landing gear 위치/경고 시스템 기본 구성품

평가 항목

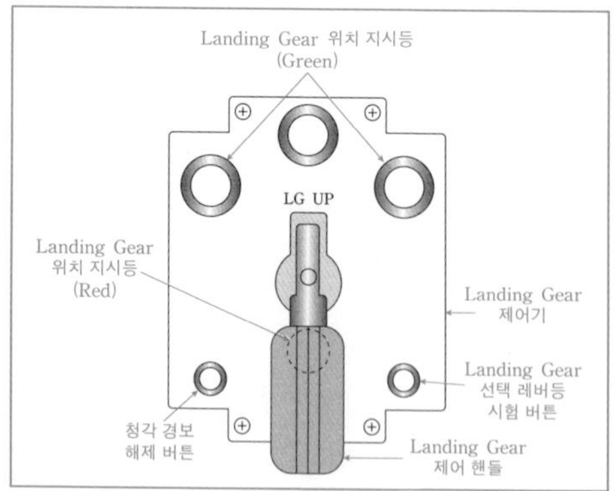

① 구성품

ⓐ Gear Down-lock Sensor

ⓑ Gear Up-lock Sensor

ⓒ Gear Truck Tilt Sensor

ⓓ Landing Gear Dor Warning Sensor

- 착륙장치 위치지시계
  - 3개 녹색등 : 착륙장치가 안전하게 내림, 잠금된다.
  - 모든 등이 꺼진 것은 기어가 올라갔고, 잠겼다는 것을 지시한다.
  - 작동 중이거나 잠금되지 않은 상태일 때 기어 핸들에 적색 등이 켜진다.

제3장 항공기 정비작업

1 공기조화 계통(Air Conditioning Systems)

항공기에 사용되는 2가지 유형의 공기조화 계통이 있다.

- 공기순환식 공기 조화계통(Air Cycle Air Conditioning System) : 대부분 Turbine Engine 장착 항공기에 사용되며 Turbine Engine Bleed Air 또는 보조 동력장치(APU) 공기압력을 사용한다.
- 증기순환 공기 조화계통(Vapor Cycle Air Conditioning System) : 왕복 엔진 항공기에 사용되며 이 유형의 계통은 가정이나 자동차에서 찾아볼 수 있는 것과 유사하며 일부의 Turbine Engine 항공기에 증기순환식 공기조화 계통을 사용한다.

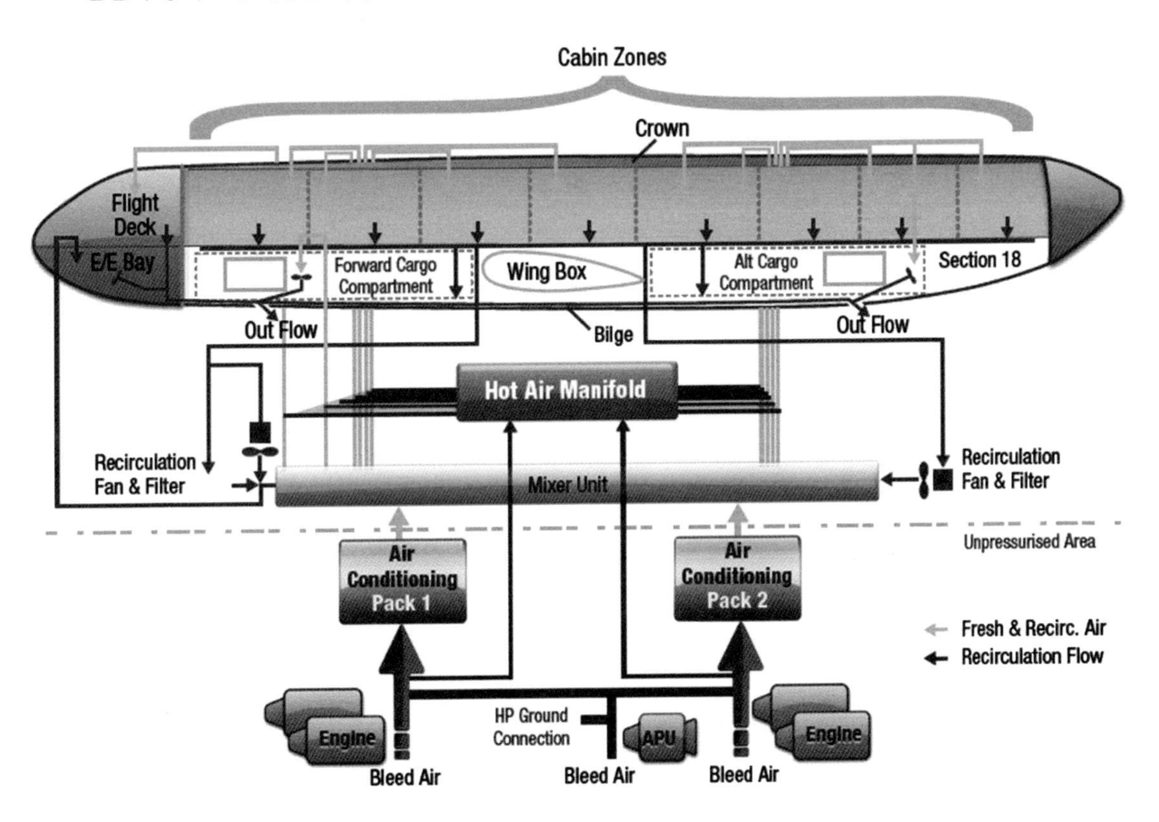

1. 공기순환식 공기조화 계통(Air Cycle Air conditioning System) (구술 평가)

주제

(1) 공기 순환기(Air cycle Machine)의 작동원리

평가 항목

① Engine Bleed Air or APU Air

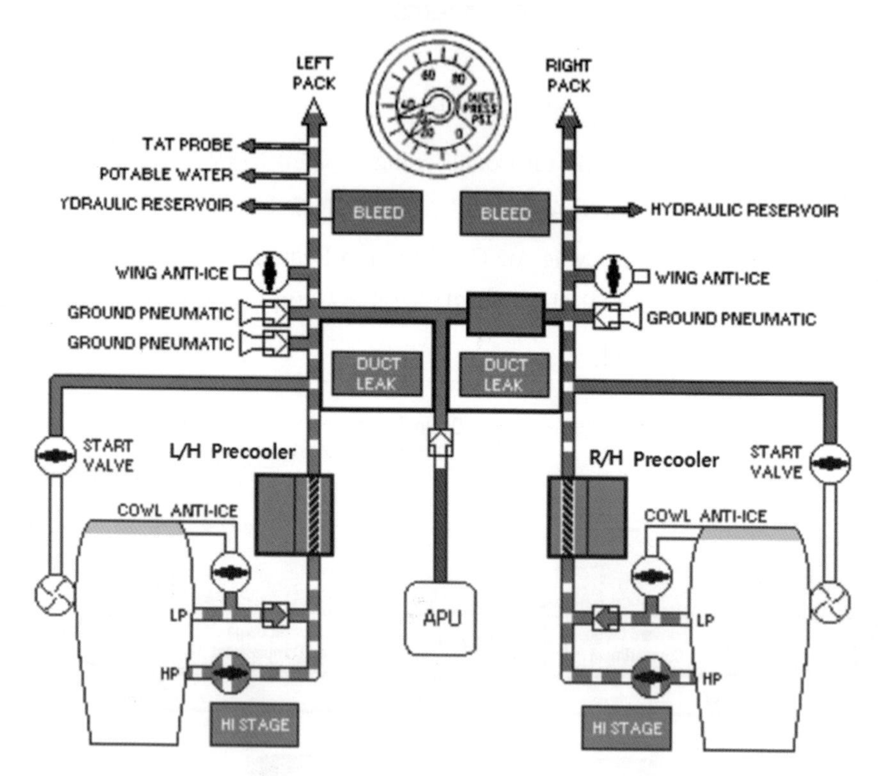

ⓐ [그림]과 같이 공기순환식 공기조화는 항공기 객실의 쾌적한 압력 및 온도를 유지하기 위하여 Engine Bleed Air 또는 APU Air를 사용한다.

ⓑ Engine HPC Bleed Air(예 CFM56 Engine의 경우)

- Low RPM에서는 HP(9th Stage Air)를 사용
- High RPM에서는 LP(5th Stage Air)를 사용

ⓒ Engine Bleed Air는 약 290℉~450℉로 매우 뜨거우므로 Precooler에서 Ram Air로 Cooling 시켜 Pack Valve로 보낸다.

ⓓ Engine Bleed Air는 공기 조화계통 이외에 Engine Intake Anti-icing, Wing Anti-icing, Hydraulic Reservoir Pressurization, Water Tank Pressurization 등으로 사용된다.

② 공기순환 공기 조화계통(Air Cycle Air Conditioning)

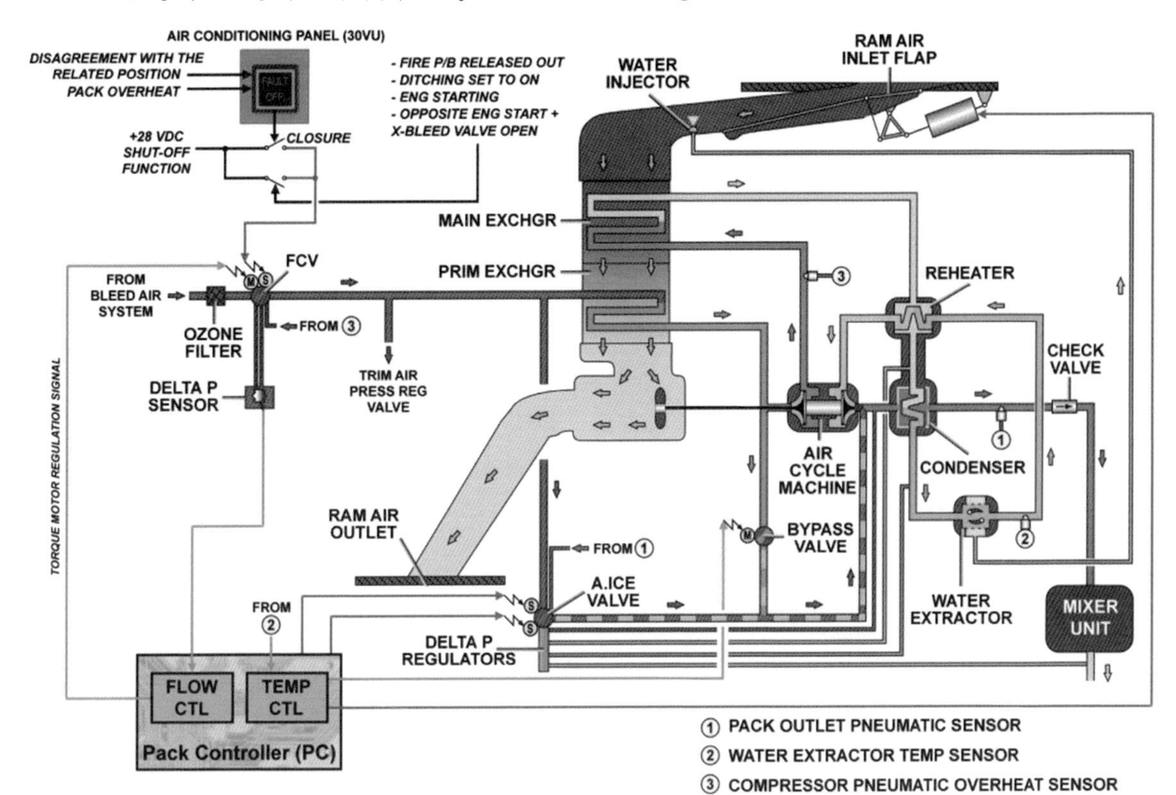

ⓐ 공기조화 패키지(Air Conditioning Package) : 공기조화 팩(Air Conditioning Pack)이라고도 부르며 보통 동체의 하부에 또는 Turbine Engine 항공기의 Tail Section에 위치한다.
객실 공기의 온도와 압력은 모든 고도와 지상에서 쾌적한 객실 환경을 위해 조절된다.

③ 계통 작동(System Operation)

ⓐ Pack Valve를 통해 공기순환 공기 조화계통(Air Cycle Air Conditioning)으로 유입된 공기는 1차 열교환기(Primary Heat Exchanger)에서 1차 냉각된 공기는 Air Cycle Machine을 통해 주 열교환기(Main Heat Exchanger)로 유로를 형성시켜 Ram Air로 다시 냉각된다.

ⓑ Condenser를 거쳐 Water Separator에서 수분이 제거된 공기는 객실에서 필요한 온도를 유지하기 위해 Re-heater에서 적절히 가열하여 Air Cycle Machine과 Check Valve를 거쳐 객실로 공급된다.

④ 구성품 작동(Component Operation)

ⓐ 팩 밸브(Pack Valve) : Turbine Engine의 Bleed Air를 공기순환식 공기조화 계통으로 이송시키는 Valve이며 조종석에 있는 공기조화 패널 스위치의 작동으로 제어된다. 대부분 Pack Valve는 전기적 또는 공기압으로 제어되며 공기순환식 공기조화 계통이 설계상 요구되는 온도와 압력의 공기량을 공급하도록 열고 닫히며 조절한다.

과열 또는 다른 비정상 상황으로 공기조화 패키지가 정지가 요구될 때, Pack valve가 닫히도록 신호를 보낸다.

ⓑ Bleed Air Bypass Valve : 공급된 공기 중 일부는 공기순환식 공기조화 계통을 우회하여 계통에 공급되어 최종 온도를 조절한다.

따뜻한 우회 공기는 객실로 제공되는 공기가 쾌적한 온도가 되도록 공기순환방식에 의해 생성된 냉각 공기와 혼합되며 자동온도 제어기의 요구조건에 부합하도록 Mixing Valve에 의해 제어되며 Manual Mode에서 객실 온도조절기에 의해 수동으로 제어할 수 있다.

ⓒ 1차 열교환기(Primary Heat Exchanger) : 공기순환계통을 통해 공급되는 따뜻한 공기는 1차 열교환기에서 Ram Air로 냉각시킨다.

ⓓ 냉각 터빈장치, 공기순환장치 또는 2차 열교환기(Refrigeration Turbine Unit or Air Cycle Machine and Secondary Heat Exchanger) : 공기순환식 공기조화 계통의 핵심은 공기순환장치로 알려진 Cooling Turbine System이다. 공기순환장치는 터빈에 의해 구동되며 Shaft로 연결된 Compressor로 구성된다.

계통공기는 1차 열교환기로부터 공기순환장치의 압축기 내부로 유입된다. 공기가 압축되어 온도가 상승된 공기를 2차 열교환기에서 다시 Ram Air로 냉각시킨다.

ⓔ 수분 분리기(Water Separator) : 공기를 항공기 객실로 보내기 전에 수분 분리기는 작동부 없이 작동하며 공기순환 장치에서 공급된 수분 함유 공기가 유리섬유 Sock을 통해 유입된 수분이 응축되어 물방울이 형성되며 분리기 나선형 내부구조물은 공기와 수분을 소용돌이치게 하여 수분은 외부로 배출되고 건조 공기는 통과된다.

ⓕ 냉각 바이패스 밸브(Refrigeration Bypass Valve) : 공기순환장치의 공기가 너무 냉각되면 수분을 결빙시켜 공기 흐름을 방해 또는 막을 수 있다. 수분 분리기의 온도 센서는 공기가 결빙온도 이상에서 흐르도록 유지해주는 Refrigeration Bypass Valve를 제어하며 Temperature Control Valve, 35° Valve 또는 Anti-icing Valve 등으로 불린다.

Valve가 Open 되면 공기순환장치 주위에 따뜻한 공기를 수분 분리기 상부의 팽창 도관으로 우회시켜 공기를 가열시켜 공기순환 장치의 방출 공기 온도를 조절한다.

주제

(2) 온도조절 방법

평가 항목

① 객실 온도 제어계통(Cabin Temperature Control System)

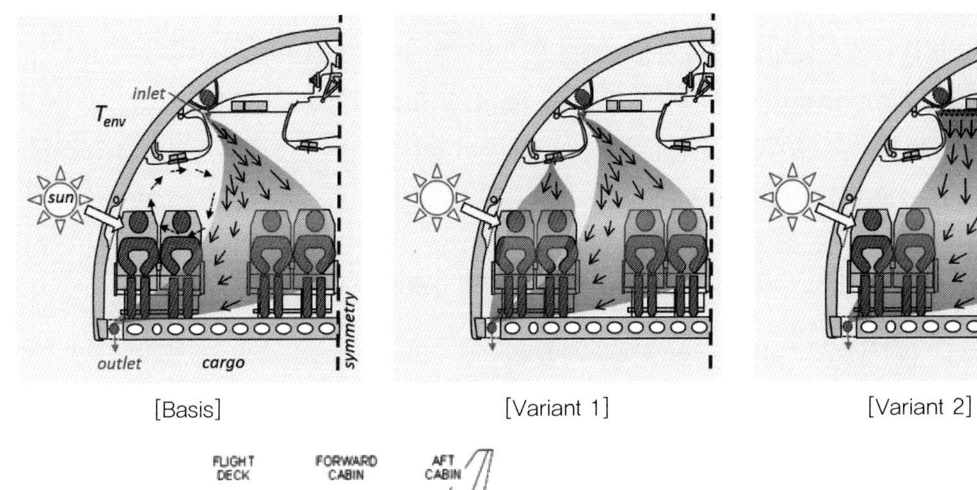

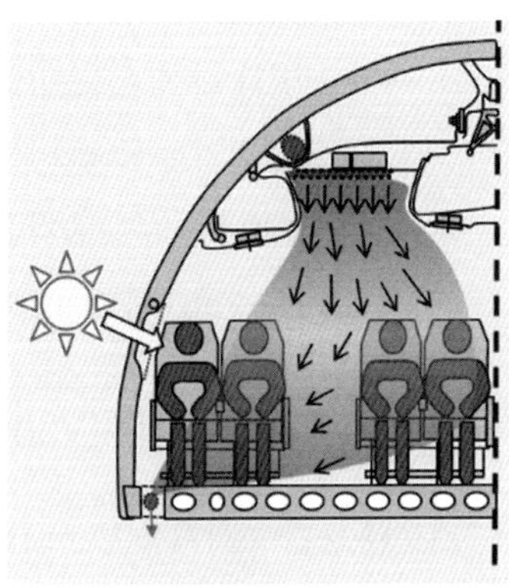

[Basis] [Variant 1] [Variant 2]

FLIGHT DECK, FORWARD CABIN, AFT CABIN, TRIM AIR, PACK 1, PACK 2, FROM PACK 1, FROM PACK 2, ZONE CONTROLLER, OVERHEAD PANEL: TEMP SELECTION, FLOW SELECTION, HOT AIR ON/OFF, PACKS ON/OFF, PACK 1 CONTROLLER, FROM RECIRC. FAN 1, (GROUND SUPPLY), FROM RECIRC. FAN 2, PACK 2 CONTROLLER

[객실 온도 제어 계통]

ⓐ 객실 온도 제어계통의 작동 : 온도는 객실, 조종석, 조화공기 덕트 및 분배 공기 Duct에서 감지되어 전자 장비실의 온도제어기 또는 온도제어 조절기로 입력된다.

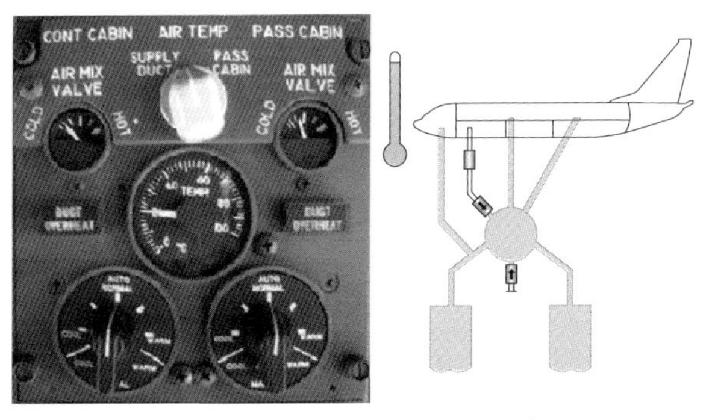

[A Temperature control panel]

- [그림]과 같이, 조종석의 온도 선택기는 요구되는 온도를 입력하기 위해 조절할 수 있다.
  - 온도제어기는 설정 온도입력과 센서로부터 수신된 온도 신호를 비교한다.
  - 선택된 Mode에 대한 논리회로는 입력 신호를 처리하여 공기조화 계통으로 보낸다.
- 냉각 공기와 공기순환식 냉각기를 우회한 따뜻한 공기를 혼합하여 Valve를 조절하여 공기는 공기분배 장치를 통해 객실로 보낸다.
- [그림]과 같이 온도제어계통에 사용된 객실 온도 센서는 서미스터(Thermistor)이다.
  온도조절기는 Knob 선택 값에 따라 저항값을 바꾸는 Volume이며 온도제어기의 저항은 브리지 회로(Bridge Circuit) 출력값은 온도조절 기능에 제공되어 전기신호출력은 뜨거운 공기와 냉각 공기를 혼합하는 Valve를 Control 한다.

2. 증기순환 공기 조화계통(Vapor Cycle Air conditioning System) (구술 평가)

증기순환 공기 조화계통(Vapor Cycle Air Conditioning) : Turbine Engine 장착 항공기가 아닌 항공기의 공기조화 계통에 사용된다.

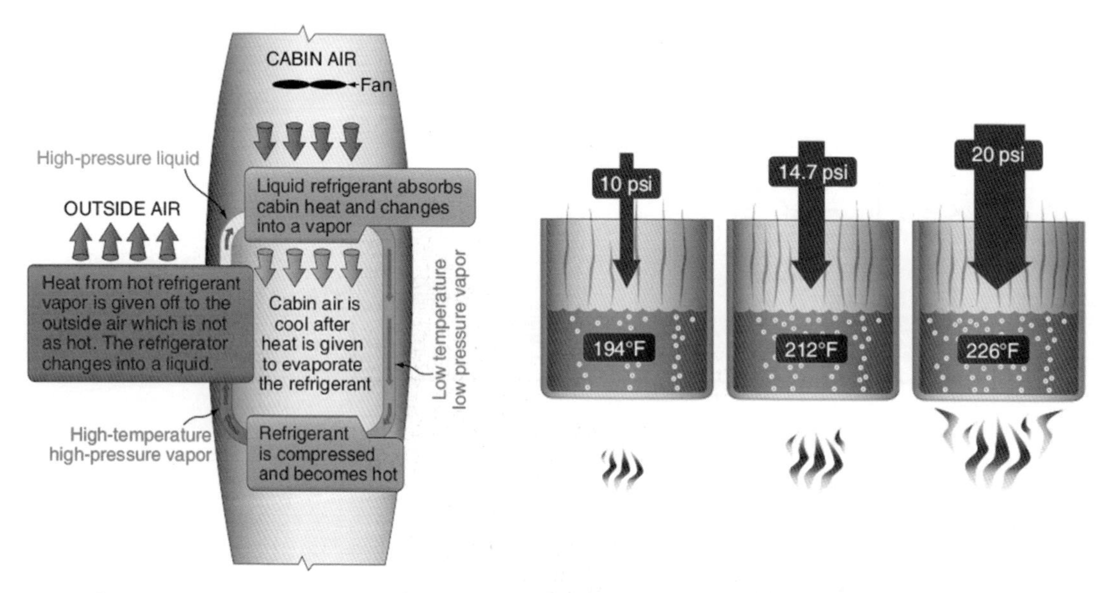

[In vapor cycle air conditioning] [Boiling point of water changes as pressure changes]

- 증기순환방식은 여압을 제외한 객실 냉/난방을 시킨다.
- 증기순환 공기조화는 객실 내부에서 외부로 열전환을 위해 사용되는 폐쇄식 계통에 가까우며 지상과 비행 중에 작동할 수 있다.

주제

(1) 주요부품의 구성 및 기능

평가 항목

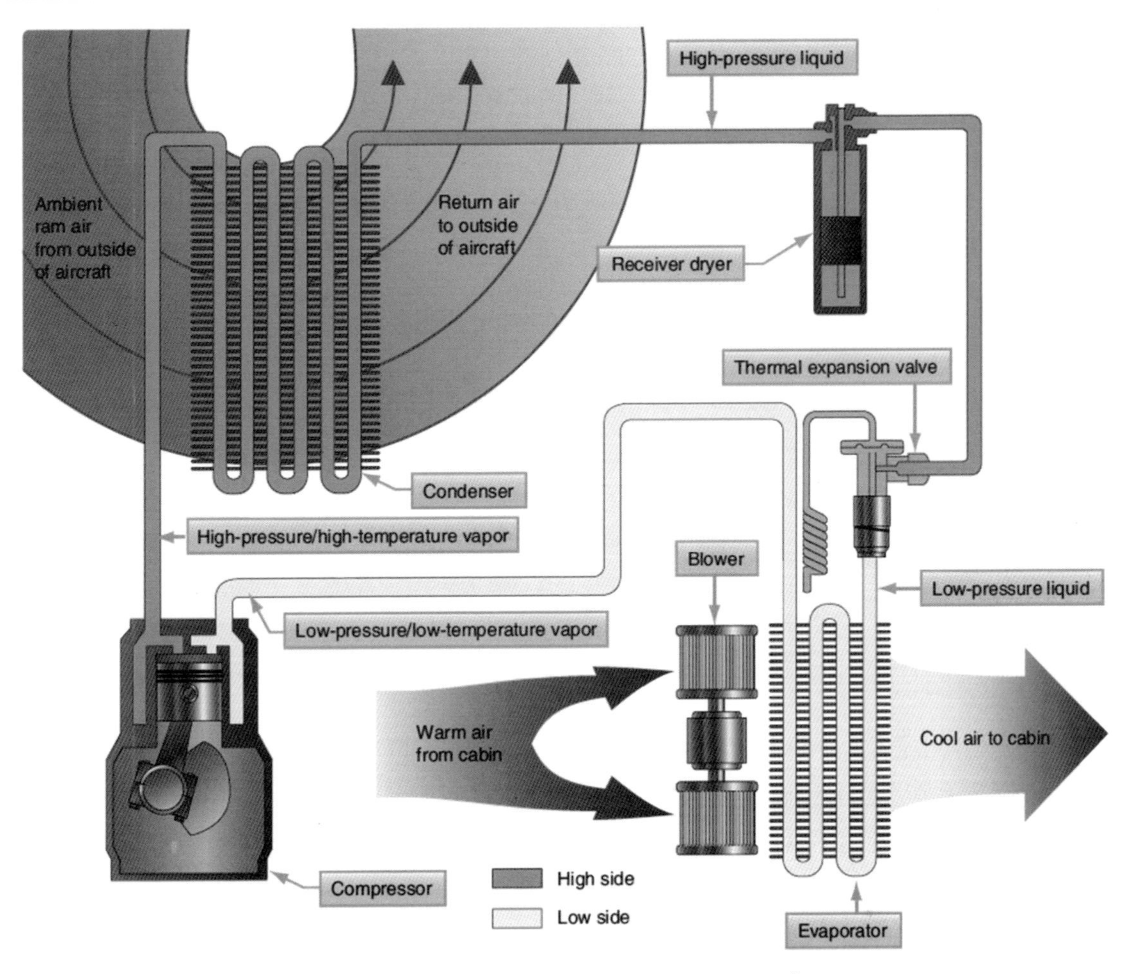

[A basic vapor cycle air conditioning system]

① 냉각 이론(Theory of Refrigeration) : [그림]과 같이, 에너지는 생성 또는 소멸할 수도 있지만 변환되거나 이동할 수 있는 원리를 이용한 것이 증기순환 공기조화이다.

ⓐ 객실 공기의 열에너지 : 액체 냉매로 이동되고 추가적인 에너지로 액체는 증기로 변환하며 증기는 다시 압축되고 뜨겁게 가열된다. 압축 가열된 뜨거운 증기 냉매는 Condenser(응축기)에서 외부공기로 열에너지를 전환 시킨다. 냉매는 액체로 다시 냉각 응축되어 에너지 이동 순환을 반복하기 위해 Evaporator(증발기)로 되돌아간다.

ⓑ 잠열(Latent Heat) : 에너지의 한 형태인 열은 온도에 의해 측정되며 온도가 높을수록 많은 에너지를 포함한다. 높은 온도와 낮은 온도는 서로 교환하며 뜨거운 것과 차가운 것은 두 가지 물질에 존재하는 에너지의 상대적인 양으로 표시되며 열의 절대량을 표시하지는 않는다.
액체가 증기로 변화할 때와 같이 물질이 상태를 변경할 때 열에너지는 흡수하지만 온도의 변화는 없으며 이것을 잠열(Latent Heat)이라 한다.

ⓒ 증기가 액체로 응축될 때 열에너지가 발산된다. 물질이 증기 상태로 변화할 때, 증기 온도의 상승은 과열 상태(Super Heat)라 한다. 물질에 열이 가해져 액체에서 증기로 변화하는 온도를 물질의 비등점(Boiling Point)이라 하며 액체의 압력이 증가 되었을 때 비등점은 올라가고 액체의 압력이 감소 되었을 때 비등점은 내려간다.

참조 비등점의 이해

예 예를 들어 물은 표준대기압력인 14.7 psi일 때 212°F(100°C)에서 끓는다.
물의 압력이 20psi로 증가 되었을 때 212°F(100°C)의 온도에서 비등 되지 않으며 압력의 증가를 극복하기 위해 더 많은 에너지가 요구되어 약 226.4°F(108°C)에서 끓는다. 물은 또한 압력을 낮추면 아주 낮은 온도에서 끓일 수 있다. 물의 압력을 10 psi로 낮추면 194°F(90°C)에서 끓는다.
증기압은 어떤 주어진 온도에서 밀폐된 용기 내부의 증기 압력이다.
휘발성이라고 말하는 물질은 표준일 온도 즉 59°F(20°C)에서 높은 증기압을 조성하는데 이것은 물질의 비등점이 낮기 때문이다. 대부분 항공기 증기순환식 공기조화계통에서 사용되는 냉매(Refrigerant)인 테트라플루오로 에탄(Tetrafluoro Ethane, R134a)의 비등점은 약 －15°F이며 59°F에서 증기압은 약 71 psi이다.

② 기본적인 증기 순환(Basic Vapor Cycle) : 증기 순환식 공기조화 계통은 냉매가 다양한 배관과 구성품을 통해 순환되는 폐쇄계통이며 목적은 항공기 객실의 열을 제거하기 위함이다. 순환하는 동안에 냉매의 상태가 변화한다.

ⓐ 잠열을 이용하여 항공기 객실의 뜨거운 공기는 냉각 공기로 대체된다.

ⓑ R134a 냉매는 여과되어 Receiver Dryer(리시버 드라이어)라고 알려진 저장소에 압축된 액체 형태로 저장되며 이 액체는 Receiver Dryer로부터 배관을 거쳐 팽창밸브로 흐른다. Valve 내부의 작은 Orifice에 의해 제한된 냉매는 대부분 차단되며 일부는 압송된다.

ⓒ Evaporator(증발기) : 증발기라고 부르는 Radiator-type assembly(방열기 어셈블리)의 표면에 객실 공기를 불어 주기 위한 Blower가 작동할 때, 액체에서 증기로 상태를 변화하며 이때 객실 공기의 열은 냉매에 의해 흡수된다. 고온, 고압가스 냉매는 배관을 통해 Condenser(응축기)로 흐른다.

ⓓ Condenser(응축기) : 열전달이 잘되도록 Fin이 부착된 배관이며 차가운 외기가 응축기에서 냉매의 온도를 냉각시키고 원래의 고압액체로 냉매를 응축시킨다.

주제

(2) 냉매(Refrigerant) 종류 및 취급 요령(보관, 보충)

평가 항목

① 냉매(Refrigerant) : R134a는 할로겐 화합물(Halogen Compound, Cf3CfH2)이며 약 –15°F의 비등점이며 듀폰사(Dupont Company) 소유권의 상표명인, Freon®(프레온)이라 한다.

ⓐ 취급 시 주의사항

- 냉매를 취급할 때에는 반드시 장갑과 피부 보호복 및 보호 안경을 착용해야 한다.
- 낮은 비등점으로 액체 냉매는 표준대기 온도와 대기압에서 격렬하게 끓는다. 비등하면서 빠르게 모든 주위에 물질로부터 열에너지를 흡수한다.
- 피부에 접촉 시 냉각으로 인한 화상의 결과를 초래할 수 있으며 사람의 눈에 들어가면 조직손상의 결과를 초래할 수 있다.

② 증기순환 공기 조화계통 서비싱 장비(Vapor Cycle Air Conditioning Servicing Equipment) : 특별한 보급 장비가 증기순환 식 공기조화 계통에 사용되며 환경에 해로울 수 있으므로 장비는 보급과정 시에 냉매를 재수거하도록 설계되었다.

정비사는 항상 보급되고 있는 계통에 대해 인가된 냉매가 사용되는지 주의를 기울여야 하고 모든 제작사 사용설명서를 준수해야 한다.

[A small of R134a refrigerant]

[A basic manifold set for servicing a vapor cycle air conditioning system]

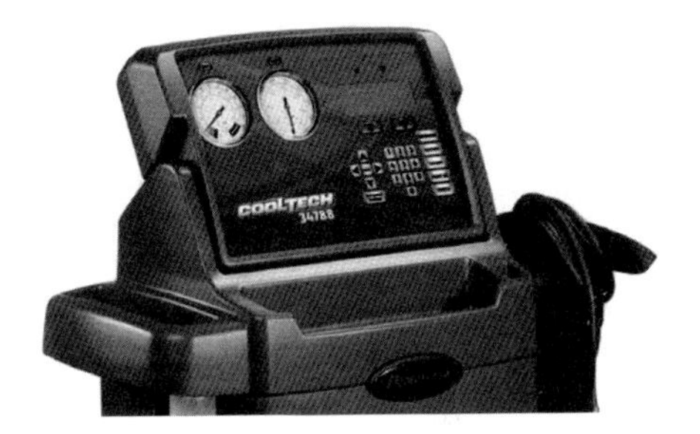

[A modem refrigerant recovery/recycle/charging service unit]

ⓐ 다기관 세트, 계기, 호스 및 피팅(Manifold Set, Gauges, Hoses, and Fittings) : 증기 순환식 공기조화 계통에 대한 주 보급장치는 다기관 세트이며 3개의 Hose Fitting, 2개의 Valve 및 2개의 Gauge가 장착되어 있다.

ⓑ 냉매 복구, 제생, 배출 및 재충전 장비(Refrigerant Recovery, Recycling, Evacuation, and Recharging Units) : 냉매 용기는 중앙호스에 부착하고 다기관 세트 밸브가 요구 시 계통의 낮은 쪽 또는 높은 쪽으로 흐름을 허용하도록 조작된다.

ⓒ 냉매 소스(Refrigerant Source) : 용기 내부의 R134a는 냉매의 무게로 계량되며 소용량 캔(12[ounce]~2½[pound])은 냉매를 보충하기 위해 일반적으로 사용된다.

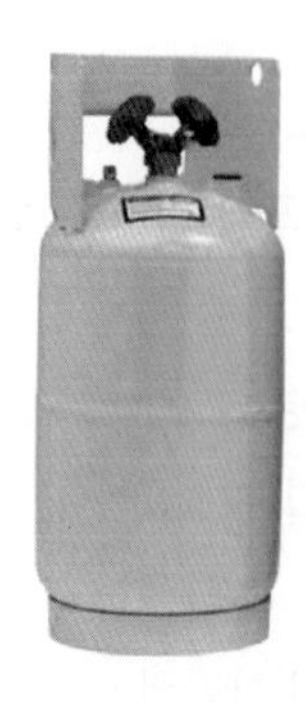

[A 30 pound R134a refrigerant container with dual fittings]

[A Vaccum pump]

[A electric infrared leak detector]

ⓓ 진공 펌프(Vacuum Pumps) : 다기관 세트와 함께 또는 서비스 카트의 일부로 사용되는 진공 펌프는 증기순환방식에 연결되어 계통 압력이 완전진공에 근접하도록 한다. 이렇게 진공을 시키는 이유는 계통에 있는 수분을 완전히 제거하기 위한 것이다.

점진적으로 계통에서 압력을 낮추면 계통에 있는 수분의 비등점 또한 내려간다.

ⓔ Leak Detectors : 증기순환식 공기조화 계통에서 미세한 누출이라도 냉매의 손실의 원인이 되며 정상적으로 작동하면 냉매 손실이 없으나 만약 냉매의 보충을 필요로 한다면 계통의 누출을 의심해야 한다.

[그림]과 같이, 전자식 누출 검출기는 안전하고, 효과적인 누출발견 장치이며 미소한 양의 냉매 누출도 검출할 수 있다. 검출기는 누출이 발생하는 구성품이나 Hose 연결 부위에 가까이 위치되어 누출 감지 시 음성경보와 시각경보로 냉매의 누출을 알린다.

또 다른 누설검출방법은 비누액을 누설 의심 부위에 적용하여 거품의 생성 여부를 육안으로 확인할 수 있다.

ⓕ System Servicing(계통 서비싱) : 증기순환식 공기조화 계통은 신뢰성이 높아 정비 행위 없이 오랜 시간 동안 사용 가능하다. 정기적으로 육안검사, 시험 또는 냉매 수준과 오일 수준 점검이 요구되며 검사기준과 검사 간격에 대해서는 제작사 사용설명서를 따른다.

- Visual Inspection(육안 점검) : 공기순환방식의 모든 구성품의 안전한 장착상태 및 손상, 조정 불량, 오염상태 또는 누출의 시각적인 징후에 대해 주의를 기울여야 한다.
- Leak Test(누출 시험) : 증기 순환식 공기조화 계통에서 누출은 반드시 고장 탐구 및 수리되어야 한다. 누출의 가장 명백한 징후는 냉매 감소이다. 누출 위치를 알아내기 위해 계통 누설검출 방법을 사용할 수 있으며 냉매가 누설되었다면 냉매의 부분적인 충전이 요구된다.

3. 여압조절장치(Cabin Pressure Control System) (구술 평가)

주제

(1) 주요구성품의 구성 및 작동원리

평가 항목

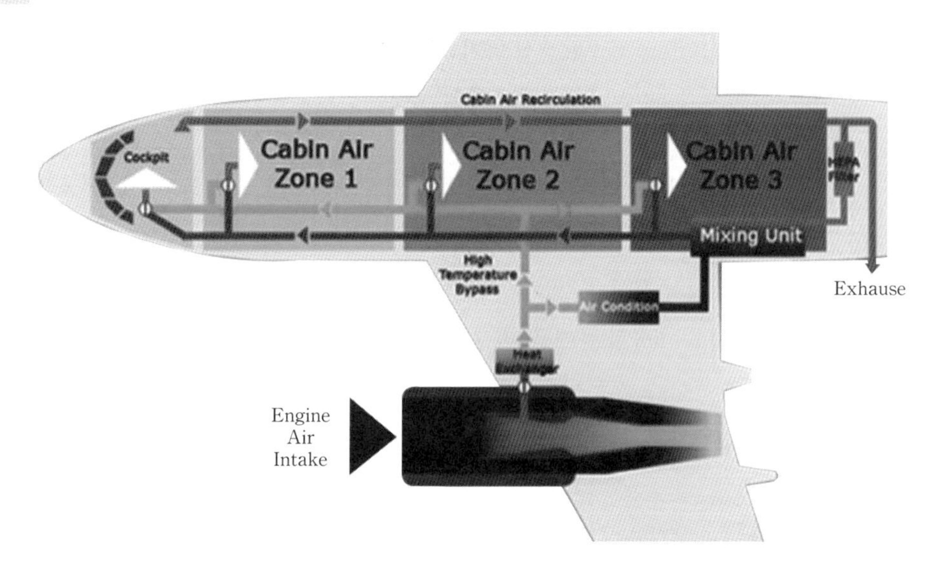

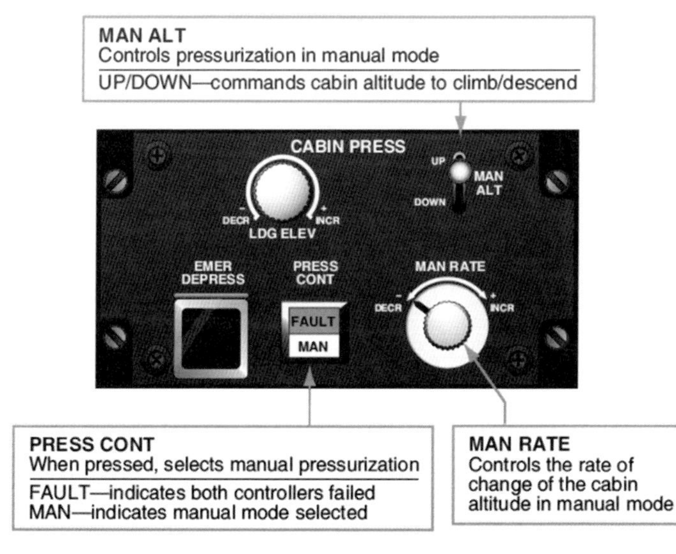

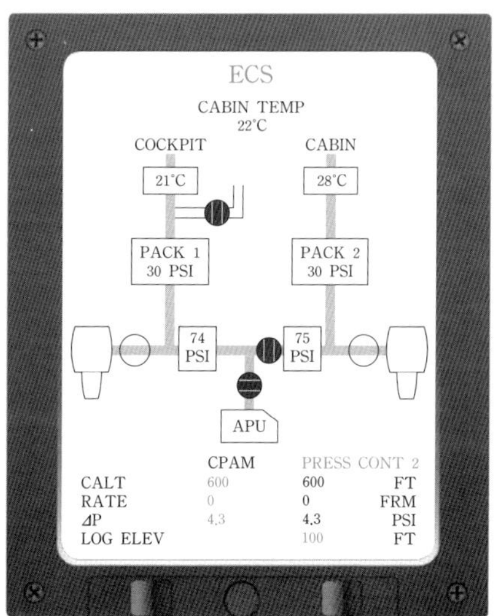

① Cabin Pressure Controller(객실압력 제어기) : 조종석에 있는 압력 제어기로 조절되며, 객실공기압을 제어하기 위해 사용되는 장치이다.

② Cabin Air Pressure Regulator and Outflow Valve(객실 압력조절기 및 유출 밸브) : 객실 여압 제어는 객실에서 배출되는 공기를 조절한다. Cabin Pressure Outflow Valve는 객실 기압을 안정시키기 위해 열거나 닫히게 하고 또는 조절된다.

③ Cabin Air Pressure Safety Valve(객실 공기압력 안전밸브)

ⓐ Positive Pressure Relief Valve : 객실 내의 정해진 압력보다 높은 차압의 발생 시 외부로 배출하는 Valve이다.

ⓑ Negative pressure Relief Valve : 대기압이 객실 공기압보다 높은 경우 기내로 유입시켜 기내압력을 유지 시키는 Valve로 항공기 하강 및 지상에서 Open 된다.

ⓒ Dump Valve : 비상시 객실 공기압을 신속하게 제거하기 위해 사용한다.

④ Air Distribution System(공기 분배장치) : 선택 밸브, 제트펌프, 온도 센서, 과열스위치, 체크밸브

참조 Pressure of the Atmosphere(대기 압력)

Atmospheric Pressure

standard atmospheric pressure at sea level is also known as 1 atmosphere, or 1 atm. The following measurements of standard atmospheric pressure are all equal to each other.

1 atm (atmosphere)	=	14.7 psi (prounds per square inch)	=	14.7 psi (inches of mercury)	=	1013.2 hPa (hectopascals or newtons per square meter)	=	1013.2 mb (millibars)	=	760 mm Hg (millimeters of mercury)

[Various equivalent representation of atmospheric pressure at a sea level]

① 대기는 해수면에 서 1 inch² 기둥의 공기가 확장된 공간의 무게는 14.7 pound 이다.
즉, 해수면에서 대기압은 14.7 psi이다.

② 비행기 조종사는 대기 압력을 인치 수은계와 같은 직선의 변위를 psi와 같은 힘의 단위로 환산시킨다.
기상학에서 대기압을 나타내기 위해 사용되는 국제단위(SI, International System of Unit)는 헥토파스칼[Hectopascal(hPa)]이며 1013.2 hPa은 14.7 psi와 같다. 대기압은 고도가 증가함에 따라 감소한다.
고도 50,000feet 의 대기압은 해수면 대기압의 1/10 정도로 떨어진다.

참조 Temperature and Altitude(고도와 온도)

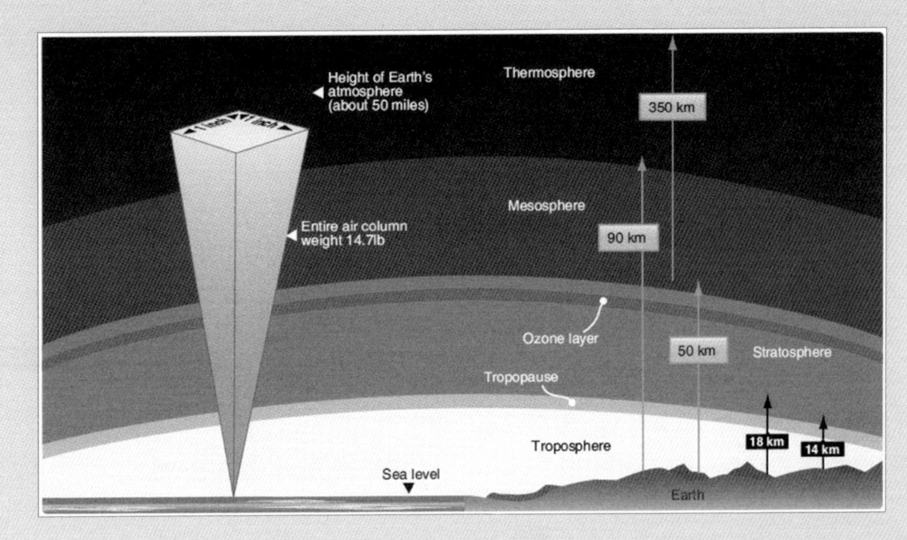

① Troposphere(대류권) : 대기의 가장 낮은 층이며 평균적으로 지구의 표면에서 약 38,000 feet 까지 범위이다. 극지에서 대류권은 25,000~30,000 feet이고 적도에서 대류권은 60,000 feet 정도로 증가되며 [그림]에서 대류권의 타원형 형상을 잘 보여준다.

② 대부분 민간항공기는 대류권에서 비행하며 이 권역에서는 고도가 증가할 때 온도가 감소 되며 고도 1,000 feet 마다 약 3.5°F(2°C)씩 낮아진다.

대류권의 위쪽 영역은 대류권 계면(Tropopause) 이며 –69°F(–57°C)의 일정한 온도를 갖는다.

대류권 계면 위쪽은 성층권(Stratosphere)이며 고도의 증가에 따라 온도가 증가하여 거의 0°C까지 증가 된다. 성층권은 자외선(UV, Ultraviolet Ray)으로부터 지구의 생명체를 보호하는 오존층(Ozone Layer)을 포함하며 일부 민간 비행과 많은 군용 비행이 이 권역에서 수행된다.

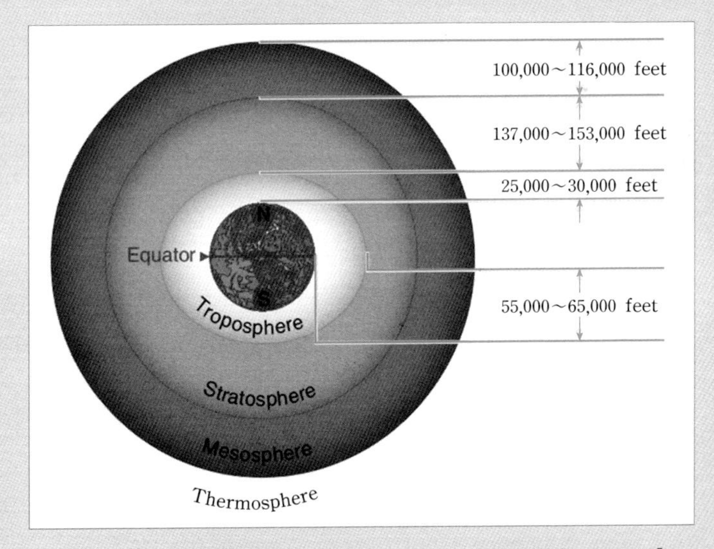

[The troposphere extends higher above the earth's surface]

참조 Pressurization Terms(여압 관련 용어)

① Cabin Altitude(객실 고도) : 객실 내부의 공기압이며 표준일(Standard Day)에서의 고도이다. 여객기의 Cabin Altitude는 8,000 ft 상공의 기압을 기준으로 하며 Cabin Altitude가 14,000 ft가 되면 Oxygen Mask가 Drop 된다.

② Cabin Differential Pressure(객실 차압) : 객실 내부 공기압과 대기압과의 차압으로 psid 또는 Δp로 표시된다.

③ Cabin Rate of Climb(객실 상승률) : 객실 내부에 공기압 변화의 비율, Feet per minute [fpm]로 표기된다.

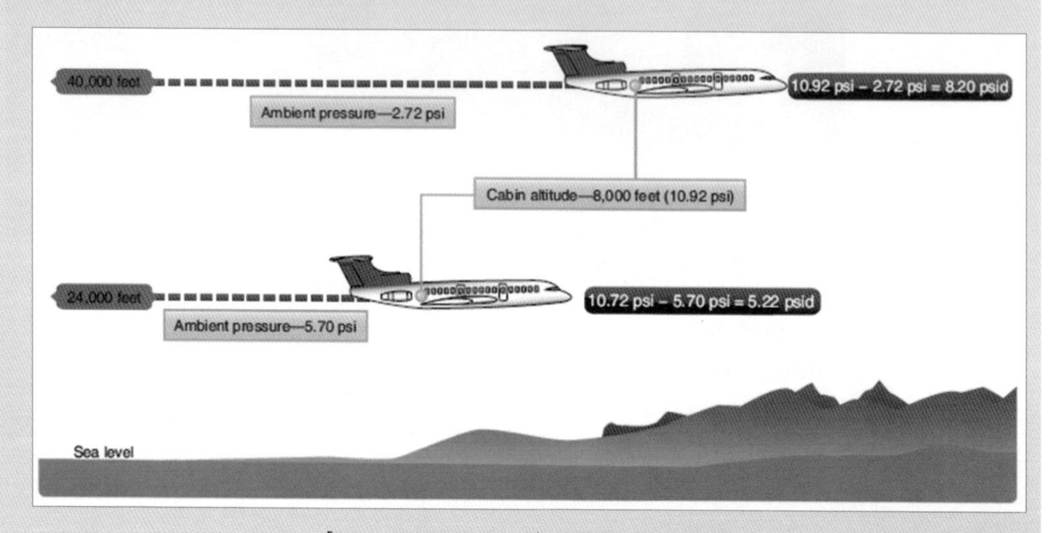

[Differential pressure(psid) is calculated]

주제

(2) 지시계통 및 경고장치

평가 항목

① 여압 계기 : 객실고도계, 객실 상승고도계, 승강계, 객실 차압계에 대한 경고, 주의, 권고 사항을 승무원에게 알려준다.

② 경고장치 : Cabin Pressure가 10,000 ft 이상일 때에 EICAS에 "Cabin Altitude"라는 Warning Message 를 나타내고, 알람이 울리면서 Master Warning Light가 들어온다.

ⓐ Pressure Controller가 Fail 되면, EICAS 에 "CABIN ALT AUTO"라는 Caution Message를 나타내고 알람이 울리면서 Master Caution Light가 들어온다.

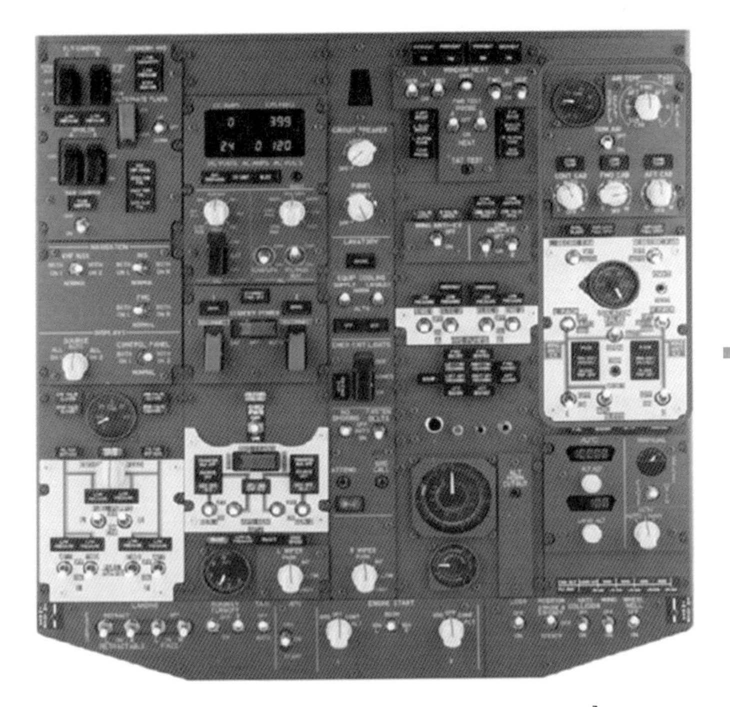

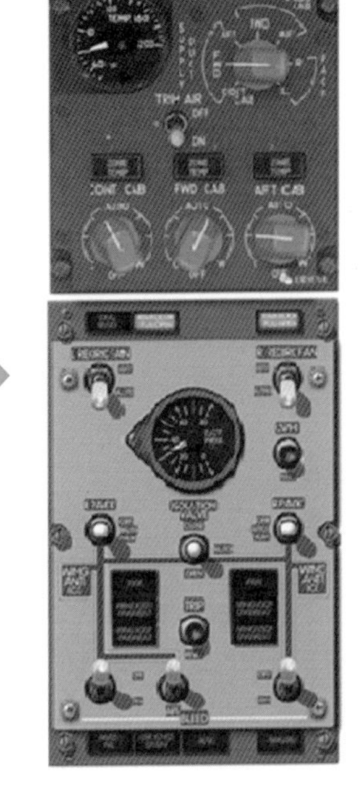

[B737 Overhead panel의 Air condition system]

[Pack control switch]

2 객실 계통

1. 장비 현황(조종실, 객실, 주방, 화장실, 화물실 등) (구술 평가)

주제

(1) Seat의 구조물 명칭

평가 항목

① Seat의 종류

ⓐ Cockpit Seat : Pilot Seat와 Observer Seat로 구분된다.

- Pilot Seat : 전/후, 상하, 회전 및 Recline의 조작이 가능하며 허리 및 어깨를 잡아주는 Seat Belt가 있다.
- Observer Seat : 접고 펼 수 있는 기능만 있으며 허리 Seat belt만 있으며 Backrest, Armrest, Electrical/Manual control 등이 있다.

ⓑ PAX Seat & Jump Seat

- PAX Seat : Floor에 설치된 Track에 고정되며 Recline기능 및 앞 Seat 뒷면에 Monitor가 설치된다.

ⓒ Jump Seat : 접이식 보조 Seat로 승무원용 Seat이다.

② Seat 구조 : 승객용과 Lounge(휴게실)용, Attendant(승무원)용 Seat가 있다.

ⓐ Seat Belt : 승객용 Seat Belt는 허리용만 있다.

ⓑ Seat Structure : 알루미늄 합금으로 제작되며 Cover는 내화성이 우수한 것을 사용한다.

ⓒ Arm Rest(팔걸이) : 음악이나 영화를 즐기기 위한 Audio Control Box(소리조절장치)의 Switch가 있으며 Seat 등받이 뒤치조절 Button이 있다.

ⓓ Jump Seat(접이식 시트) : 접이식 보조 Seat로 출입구 가까이 있으며, 승무원용이며 Seat Belt는 허리용과 어깨 Belt가 있다.

ⓔ 좌석의 배치 : 안정성, 쾌적성, 경제성 고려 First Class, Business Class 및 Economy Class가 있다.

③ 주방(Galley) : 승객에게 식사나 음료를 제공하기 위한 기내 장치

- High Temp Oven(고온건조기), 물수건용 Oven, Coffee Maker, Water Boile, 냉장고, 음료 보온용 Container 등의 설비

④ 화장실(Lavatory) : 장거리용 30~40석, 중거리용 40~50석, 단거리용 50~60석 당 1개소 설치

- Toilet Bowl, 수세장치, 저장 Tank, 세면대로 구성

⑤ 화물실(Cargo Compartment) : Forward(전방) 및 After(후방) Cargo Compartment(화물실)는 Passenger Cabin Floor 밑에 위치하며, 각 Compartment는 동체 우측에 장착된 Outward Opening Door를 통해 접근 할 수 있다.

주제

(2) PSU(Passenger Service Unit) 기능

평가 항목

승객의 좌석 및 머리 위의 선반에 있는 장치

① PSS(Passenger Service System) : 승객의 Reading Light(독서용 램프) 및 승객이 Attendant(승무원)를 부르는 Call을 말한다.

② PSU(Passenger Service Unit) : 비행 중 승객이 사용할 수 있는 장치로, Reading Light, Attendant Call Light, Emergency Oxygen Mask, Air Outlet 등이 있다.

주제

(3) Emergency Equipment 목록 및 위치

평가 항목

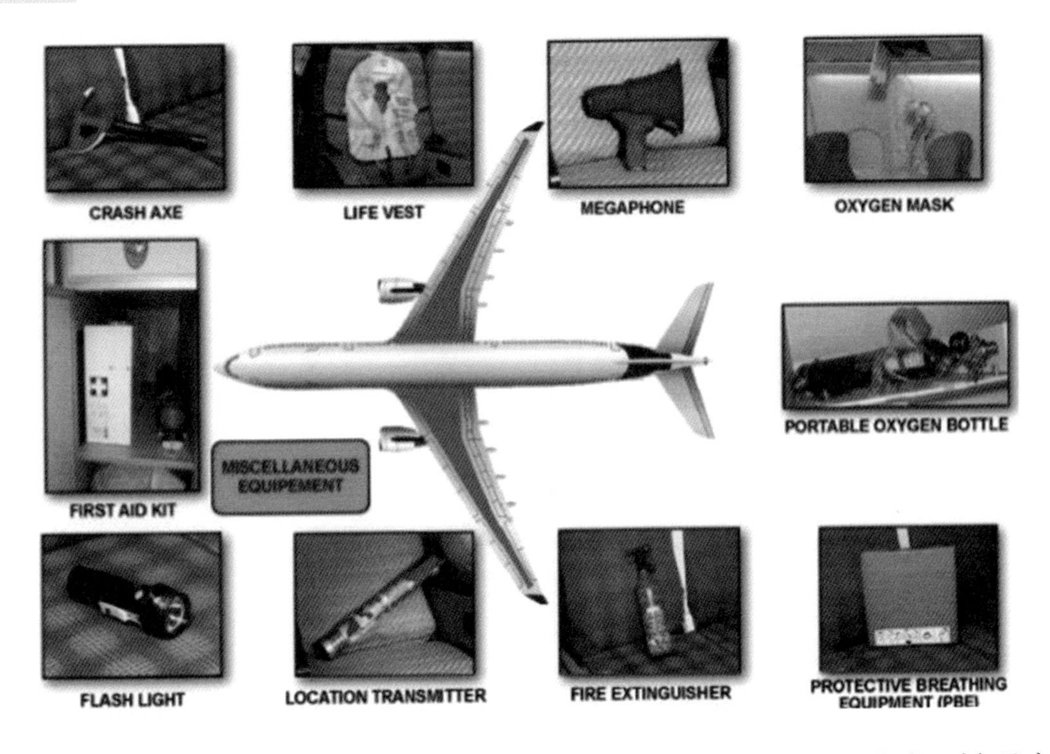

① Emergency Equipment : 사고 발생 시 승객과 승무원이 무사히 탈출하고 구출되는 것을 돕기 위한 장비품

ⓐ Emergency Escape Slide : 긴급 불시착했을 경우 승객과 승무원을 안전하고 신속하게 탈출시키는 탑승 문이 그대로 비상문으로 되며 여기에 Escape Slide가 장착되어 있다.

- 질소 Gas에 의해 10sec 내에 자동으로 전개 및 팽창되며 90sec이내에 전원 탈출
- 대형 항공기의 경우 Slide가 Raft기능까지 겸한다.

ⓑ Descent Device : Descent Device(강하 장치) : Flight Crew들이 Escape Slide를 사용하지 못하는 조건에서 비상으로 탈출하는 장비로 조종실 천정 부근 격리된 Stowage(짐칸) Holder 내에 저장

ⓒ Life Vest(Life Jacket) : 개인용 구명조끼로 의자 밑에 한 개씩 장착, 압축공기 또는 입으로 공기를 불어 팽창시키다.

ⓓ First Aid Kit(구급함) : 긴급 불시착 시 사용하는 약품이나 응급치료 용구를 작은 금속제 Trunk에 넣은 것으로 내용물은 법규에 규정되어 있으며 탑재 수량은 승객 수에 따라 정해진다.

ⓔ Emergency Light : 야간 불시착 시 기내/외를 밝혀주는 비상용 조명으로 별도의 비상전원에 의해 최고 10분이상 작동

ⓕ Emergency Signal Equipment(비상 알림 장치) : 표류 중 소재를 알려주는 것으로 백색광탄, 적색광탄, Megaphone, Radio Beacon(ELT) 등

- Radio Beacon : 비닐 Cover를 떼어내어 해수에 띄우면 Antenna가 펴져서 전파법에 정해진 2종류의 조난 주파수(121.5 MHz와 243 MHz)의 전파가 발신된다.

ⓖ ELT(Emergency Locator Transmitter) : 조난상태의 항공기 위치를 알리기 위한 장치로 정지/저궤도를 사용하고 항공기 등록기호와 항공기 등록번호를 발신한다.

- ELT의 종류는 G-Force(급격한 속도변화)에 의해 작동하는 Automatic Fixed ELT와 바다에 추락 시 작동하는 Potable ELT가 있다.
- 자체 Battery 전원으로 24시간 동안 매 50sec 간격으로 VHF 대역의 121.5 MHz, UHF 대역의 406 MHz의 주파수를 발신한다.
- System을 Test 하기 전에 관계기관에 통보하고 Test를 하여야 하며, 매 정각 5분 이내에 시작하고 끝내야 하며 Transmit 시간은 15sec 이내로 한다.

ⓗ Life Raft(뗏목) : 수면 긴급 불시착시 투하하여 압축가스로 팽창시켜 탑승자 수용 표류

- 비상용 식량, 바닷물을 담수로 만드는 장치, 약품, 비상신호장치 등이 내장
- 25인승을 주로 사용하나 Escape Slide가 Life Raft로 되는 것도 있음

주제

(4) 객실 여압 시스템과 시스템 구성품의 검사

① 주요부품의 구성 및 작동원리

ⓐ 객실압력제어기 (Cabin Pressure Controller) : 조종석에 있는 압력제어기로 조절되며 객실 공기압을 제어하기 위해 사용되는 장치이다.

ⓑ 객실압력조절기 및 유출 밸브 (Cabin Air Pressure Regulator and Outflow Valve) : 객실 여압 제어는 객실에서 빠져나가는 공기를 조절하여 수행된다. 객실 유출밸브는 객실 기압을 안정시키기 위해 열거나 닫히게 하고 또는 조정된다.

ⓒ 객실 공기압력 안전밸브 (Cabin Air Pressure Safety Valve)

- 압력 릴리프 밸브(Positive Pressure Relief valve) : 미리 정해진 차압 발생 시 열리도록 설정된 압력 릴리프 밸브이며 공기가 설계 제한을 초과하는 내부압력을 초과하는 것을 방지하기 위해 객실 외부로배출된다.
- 부압 릴리프 밸브(Negative Pressure Relief Valve) : 항공기 외부에 기압이 객실 공기압을 초과하지 않도록 하기 위해 가압 된다.
- 여압 덤프 밸브(Cabin Pressure Dump Valve) : 비상 시 객실 공기압을 신속하게 제거하기 위해 사용한다.
- 공기 분배장치(Air distribution system) : 선택밸브, 제트펌프, 온도센서, 과열스위치, 체그밸브

② 지시계통 및 경고장치

ⓐ 여압 계기 : 객실고도계, 객실 상승고도계, 승강계, 객실 차압계에 대한 경고, 주의, 권고 사항을 승무원에게 알려준다.

ⓑ 경고장치

- Cabin Pressure가 10,000ft 이상일 때에는 EICAS에 "CABIN ALTITUDE"라는 Warning MSG를 나타내고 알람이 울리면서 Master Warning Light가 들어온다.
- Pressure Controller가 Fail 되면 EICAS에 "CABIN ALT AUTO"라는 Caution MSG를 나타내고 알람이 울리면서 Master Caution Light가 들어온다.

ⓒ Air Distribution System(공기 분배장치) : 선택 밸브, 제트펌프, 온도 센서, 과열스위치, 체크밸브

3 화재 및 소화계통

1. 화재탐지 및 경고장치(구술 또는 실작업 평가)

주제

(1) 종류 및 작동원리

평가 항목

① 화재탐지의 종류 : Fire & Overheat Detector System과 Smoke Detector System이 있다.

ⓐ Fire & Overheat Detector System : Thermocouple, Thermo Switch, Continous Loop, Lindberg Type 4가지가 있다.

- Thermocouple : 이질 금속의 양 끝 접합부에 온도 차가 발생하면 열기전력이 발생하여 화재탐지 및 경고한다. 통상 1,200℃까지 사용하며 조종석에서 화재감지계통 시험에도 사용한다.

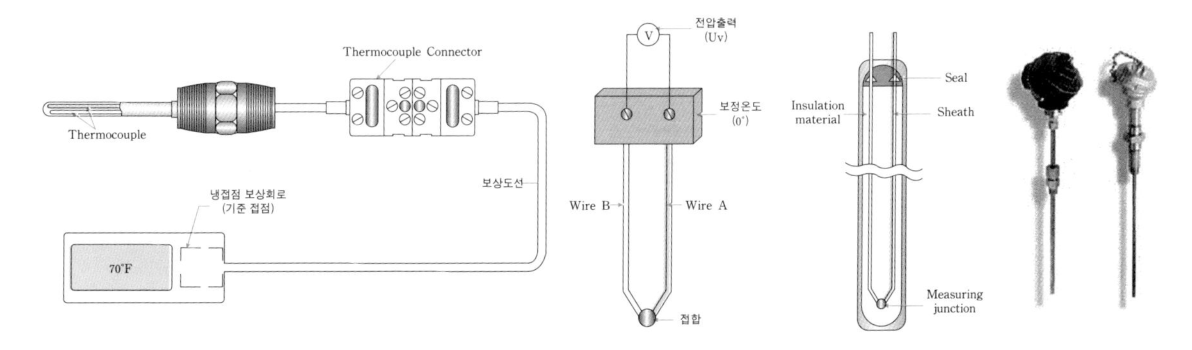

- K Type Thermocouple : EGT(Chromel(White) / Alumel(Green)로 구성)
- J Type Thermocouple : CHT(Fe(Black) / Constantan(Brozne)로 구성)

참조 Thermocouple의 원리

종류가 다른 금속선 2개의 양끝단을 접속하여 만든 것으로 양 끝단 접점에 온도 차가 발생할 때 이 폐회로에 열기전력이 발생하여 화로에 전류가 흐르며 이 열기전력의 크기와 극성은 양 끝단 접점의 온도와 2개의 금속선의 조합으로 결정되며 금속선의 굵기 또는 길이에 영향을 받지 않는다.

이 현상을 열전현상(열전 효과=Thermoelectric Effect)라 한다.

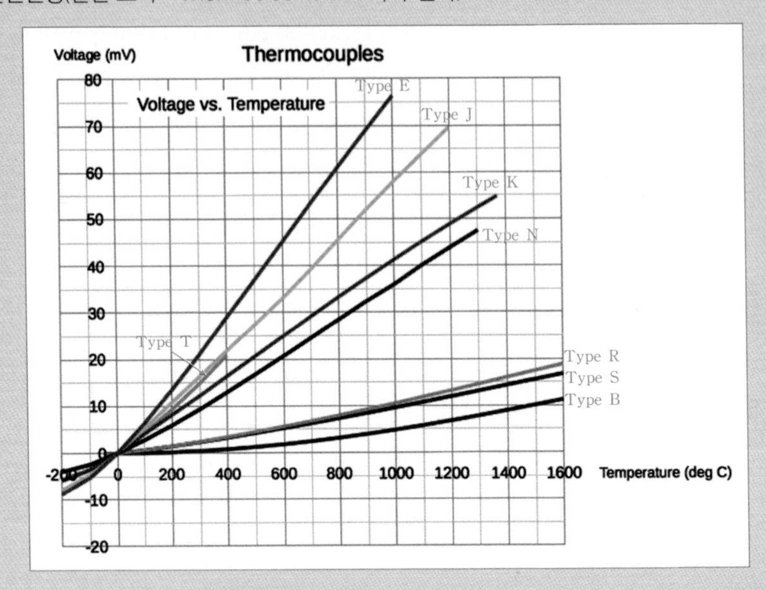

- K 열전대(Chromel-Alumel) : (+)쪽에 Cr을 약 10% 포함한 Ni-Cr합금(Chromel)과 (-)쪽에 Al, Mn을 약 5% 포함한 Ni합금(Alumel)을 사용한 열전대이다.
  이 열전대는 고온(약 1,200℃)까지 측정 가능하며 기전력특성의 직선성이 양호하고 내열, 내식성이 높다.
- J 열전대(Iron-Constantan) : (+)쪽에 순철(Fe)과 (-)쪽에 Cu-Ni 합금(Constantan)을 사용한 열전대로 환원성 분위기 중에서의 사용에 적절하고 기전력특성이 E 열전대에 이어서 높은 것이 특징이다.
  또 비교적 값이 싸기 때문에 손쉽게 측정할 경우 편리한 열전대이다.

■ 열전현상(열전 효과=Thermoelectric Effect)

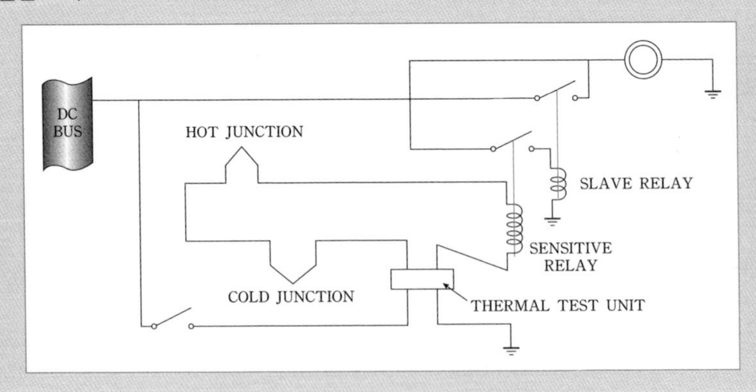

두 종류의 금속선을 접속해서 폐회로를 만들고 그 두 접합부를 서로 다른 온도로 유지하면 회로에 전류가 흐르며 금속선의 조합에 의해서는 전류의 방향이 변한다. 제벡효과(Seebeck effect), 펠티에효과(Peltier effect), 톰슨효과(Thomson effect)의 3가지 열과 전기의 상관 현상을 총칭하여 열전 효과라 한다.

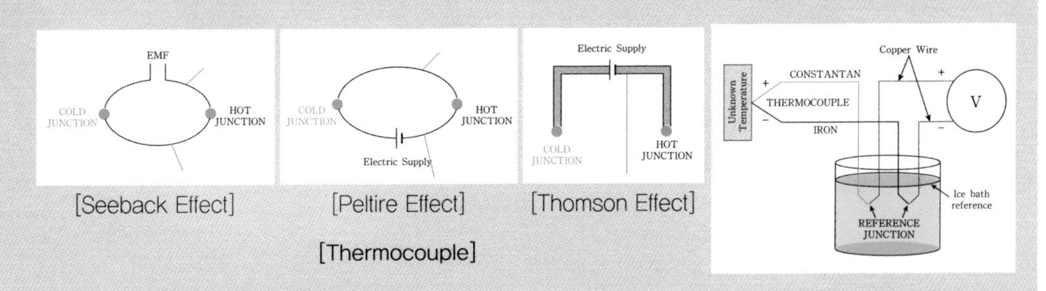

[Seeback Effect] [Peltire Effect] [Thomson Effect]

[Thermocouple]

- See back Effect : 금속선 양쪽 끝을 접합하여 폐회로를 구성하고 한 접점에 열을 가하게 되면 두 접점에 온도차로 인해 생기는 전위차에 의해 전류가 흐르게 되는 현상이다.
- Peltier effect : 열전대에 전류를 흐르게 했을 때, 전류에 의해 발생하는 줄열 외에도 열전대의 각 접점에서 발열 혹은 흡열 작용이 일어난 현상을 말하며 두 금속의 접합점에서 한쪽은 열이 발생하고, 다른 쪽은 열을 빼앗기는 현상을 이용하여 냉각 및 가열도 할 수 있으며 이러한 특성으로 냉동기나 항온조 제작에 사용된다.
- Thomson effect : 동일한 금속에서 부분적인 온도의 차이가 있을 때 전류를 흘리면 발열 또는 흡열이 일어나는 현상을 말한다.

ⓑ Thermostatic Switch : Bi-metal Type으로 규정 온도 이상에서 휘어지므로 Switch를 접점 또는 단락시켜 화재를 탐지 및 경고한다.

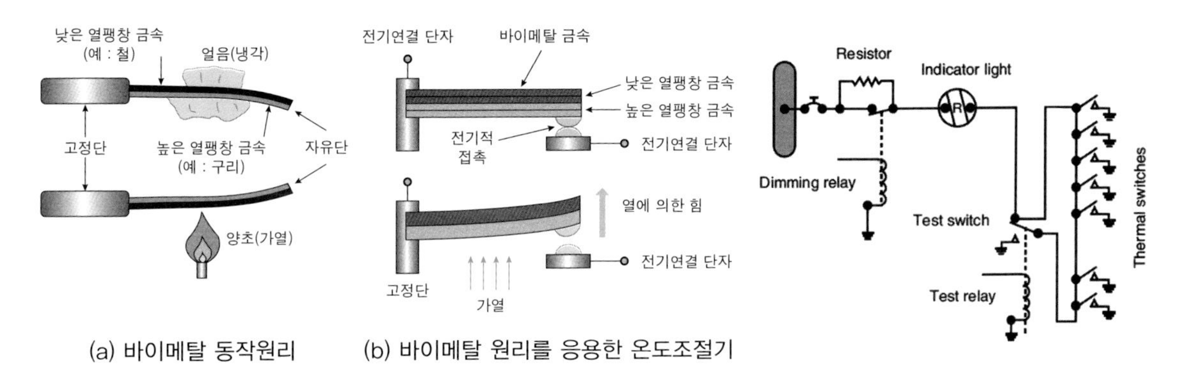

(a) 바이메탈 동작원리 (b) 바이메탈 원리를 응용한 온도조절기

ⓒ Continuous Loop : 전기가 흐르는 Tube에 도선이 있고 도선 주변에 반도체 물질을 넣어 정상온도에서는 도선으로 전류가 흐르지만 화재로 열을 받으면 반도체로 전류가 흘러 화재를 탐지 및 경고한다. Engine, APU 및 Landing gear의 외부에 사용하며 제작사별로 Kidde, Graviner, Fenwal, Lindberg Type이 있다.

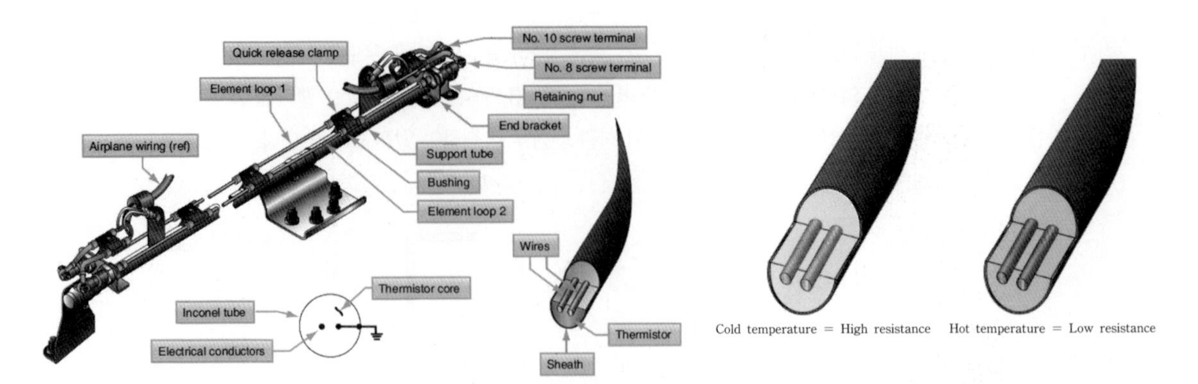

[KIDDE Fire detector]

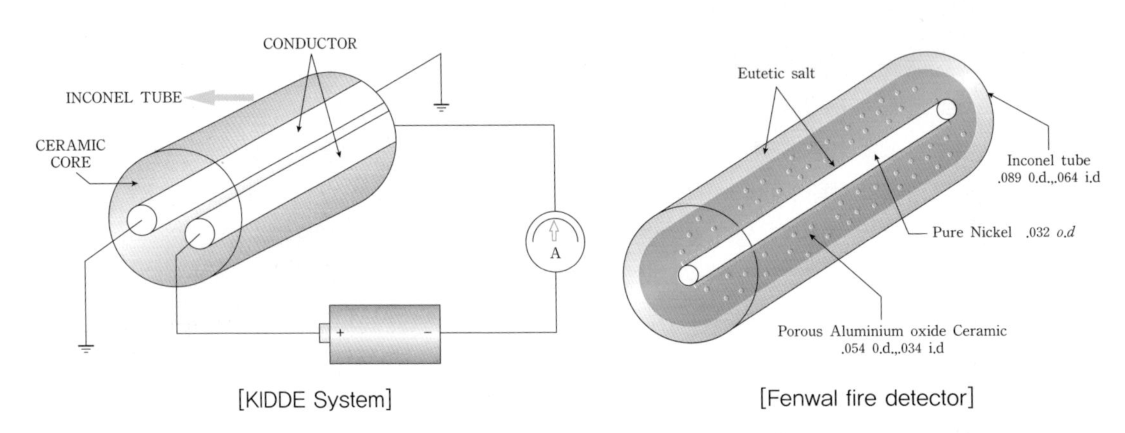

[KIDDE System] [Fenwal fire detector]

- Kidde Type : Inconel Tube에 2개의 Wire와 Thermistor material로 채워져 있어 온도가 높아지면 Thermistor의 전기 저항이 감소 되어 Inconel Tube로 전류가 흐르므로 화재탐지 및 경고한다.
- Graviner Type : Inconel Tube에 1개의 Wire와 Eutectic Salt(공융염)로 채워져 있어 온도가 높아지면, 저항이 감소해 Inconel Tube로 전류가 화재탐지 및 경고한다.
- Fenwal Type : Graviner Type과 비슷하지만 Inconel Tube에 1개의 Wire와 Thermistor material로 채워져 있어 온도가 높아지면, 저항이 감소해 Inconel Tube로 전류가 흐르므로 화재탐지 및 경고한다.
- Lindberg Type : Systron Donner Type이라고도 하며 Inconel Tube에 Hydrogen Charged Material Core와 주위에 Helium Gas가 채워져 있어 온도가 높아지면 Helium Gas Thermml 팽창 압력이 Diaphragm Switch를 작동시켜 화재탐지 및 경고한다.

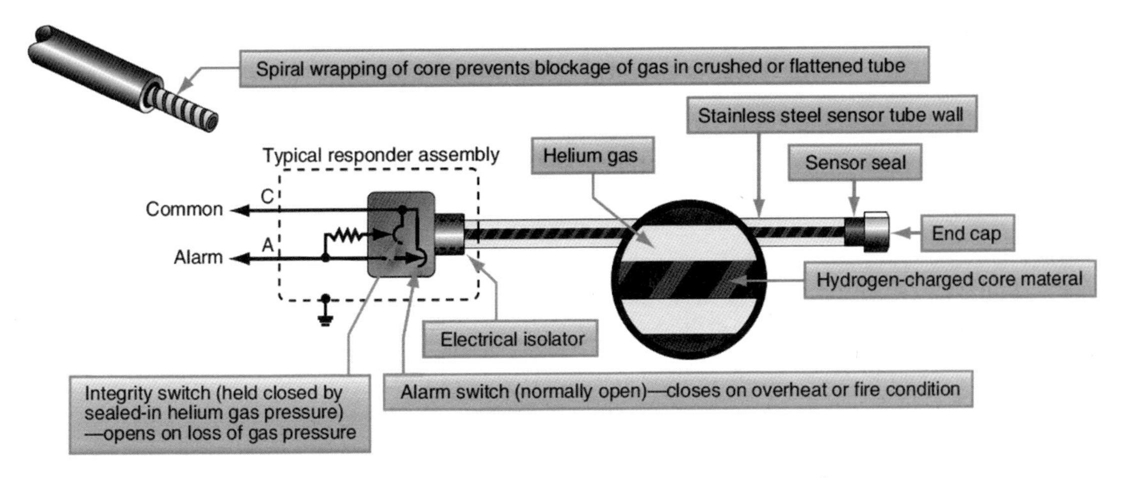

[Lindberg type or systron donner type fire detector]

② Smoke Detector System : 화물칸이나 객실 화장실에 주로 사용하며, 2가지 종류로 분류된다.

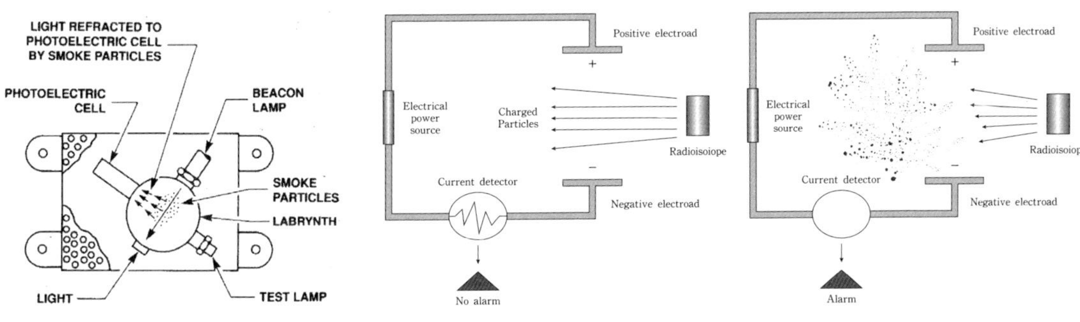

[Photo electric smoke detector] [Ionization smoke detector]

ⓐ Photo Electric Smoke Detector : 공기 중에 5~10%의 연기가 축적되면 Smoke가 빛을 Photo Electric Cell로 굴절시켜 Smoke Detector로 신호를 보내 화재를 탐지 및 경고한다.

ⓑ Ionization Smoke Detector : 방사성 물질로 인해 공기가 이온화되서 두 전극 간에 전류가 흐르게 되며, 화재 발생 시에 연기가 유입되면 이온화된 입자 무게가 증가하므로 전류 흐름이 감소하여 Smoke Detector를 작동시켜 화재를 탐지 및 경고한다.

주제

(2) 계통(Catridge, Circuit)의 점검방법 체크

평가 항목

① Cowling, Accessory, 구조 부재 마찰로 인한 마모를 확인한다.

② Spor(스폿) 감지기 단자를 단락시키는 안전 결선 조각이나 다른 금속 입자가 있는지 확인한다.

③ 오일 누설로 유연해지거나 과도한 열로 경화될 수 있는 고정 Clamp의 고무 Grommet 상태를 확인한다.

④ 수감부 눌림과 꼬임, 허용 가능한 수감부 직경 한도 등은 제작사가 명시한 매뉴얼을 확인한다.

⑤ 수감부 끝에 있는 Nut의 조임 정도와 안전 결선을 검사하고 Loose된 Nut는 제작사 설명서에 명시된 값으로 다시 Tight 한다.

⑥ 차폐된 유연한 도선을 사용했다면 외측 가닥이 풀어졌는지 검사한다.

⑦ 수감부 배선과 Clamping을 주의 깊게 검사한다.

⑧ 수감부에 Grommet을 장착할 때는 Clamp가 Grommet 중앙에 위치해야 한다.

2. 소화기 계통(구술 평가)

주제

(1) 종류(A, B, C, D) 및 용도 구분

평가 항목

① 화재의 등급 : A, B, C, D급 화재가 있다.

ⓐ Class A

- 화재의 종류 : 일반화재로 가연성 물질(종이, 나무, 의류, 기구 등)에 의한 화재
- 소화 방법 : 물, 모래, CO_2 분말소화기 사용

ⓑ Class B

- 화재의 종류 : 가연성 유류(연료, 솔벤트, 페인트 등) 화재
- 소화 방법 : 모래, CO_2 분말소화기 사용
- 주의사항 : 물 사용 금지(물의 증발 시 산소공급으로 더 큰 화재 유발)

ⓒ Class C

- 화재의 종류 : 전기화재
- 소화 방법 : 모래, CO_2 분말소화기 사용
- 주의사항 : 물 사용 금지(감전 및 피복이 불에 의한 유독 Gas로 질식 위험)

ⓓ Class D

- 화재의 종류 : 금속(마그네슘, 분말금속, 두랄루민 등) 화재
- 소화 방법 : 모래, 특수 Dry Powder 분말소화기 사용
- 주의사항 : 물 사용 금지(폭발 위험)

② 화재 구역별 분류

ⓐ Class A Zone : 비슷한 형체의 장애물이 규칙적인 배열을 지닌 대량의 공기 흐름 지역

ⓑ Class B Zone : 공기역학적 흐름에 결함이 없는 장애물을 지닌 대량의 공기 흐름 지역

ⓒ Class C Zone : 비교적 느린 공기 흐름 지역

ⓓ Class D Zone : 아주 작거나 공기 흐름이 없는 지역

ⓔ Class X Zone : 대량의 공기 흐름 지역과 매우 까다로운 소화재의 균일분포를 만드는 구조의 지역

주제

(2) 유효기간 확인 및 사용방법 체크

평가 항목

① 소화 용기(Container), 배출 밸브(Discharge Valve), 압력지시계(Pressure Indicator), 방출 지시계 (Discharge Indicator), 화재 스위치(Fire Switch) 등으로 구성된다.

ⓐ 소화기 압력은 주기적으로 검사해 제작사가 설정한 최대와 최소 범위에 있는지 확인한다.

ⓑ 만약, 압력이 도표 범위에 있지 않으면 교체해야 한다.

ⓒ 소화기 방출 카트리지 사용 기간은 카트리지에 표시되어 확인한다.

ⓓ 소화기에 카트리지를 장착하기 전에 손상되었는지 검사하고, 카트리지에 표시된 제조 날짜로 유효기간이 지나지 않았는지 확인한다.

ⓔ 휴대용 소화기는 안전핀 상태를 검사해 사용 여부를 확인한다.

② 항공기에 비치하여야 할 휴대용 소화기

좌석 수	소화기	좌석 수	소화기	좌석 수	소화기	좌석 수	소화기
6~30	1개	61~200	3개	301~400	5개	501~600	7개
31~60	2개	201~300	4개	401~500	6개	601 이상	8개

4 산소 계통

1. 산소장치 작업(Crew, Passenger, Portable Oxygen Bottle) (구술 평가)

주제

(1) 주요구성품의 위치

평가 항목

① Crew Oxygen System : 조종사(Flight Crew)에게 공급하며 전방 화물실(Cargo Compartment)에 비치된 Oxygen Cylinder에서 Oxygen Marsk로 공급되며 Marsk에 Micro Phone이 내장되어 운항 중 통신도 가능하다.

ⓐ Emergency Oxygen Cylinder : 비상시에 사용하도록 Cockpit에 비치된다.

ⓑ Oxygen Cylinder : 과압을 방지하기 위해 2,700 psi 이상에서 Dist가 깨져 외부로 방출한다.

② Passenger Oxygen System : 승객과 객실 승무원에게 공급되는 계통으로 Fixed Cylinder 또는 Oxygen Generator와 Emergency Oxygen Cylinder가 있다.

- Cabin De-pressurization 발생 또는 객실 고도가 14,000 ft 이상 되면 PSU(Passenger Service Unit)에서 Oxygen Mask가 Drop 되며 자동으로 Pre-recording 된 Cabin Announcement가 방송된다.
- Cockpit에 Oxygen Mask를 Drop 시킬 수 있는 Switch가 있다.

ⓐ Oxygen Generator(산소 발생기) : 승객에게 공급되는 Oxygen Generator는 PSU에 개별적으로 내장되며 화학반응으로 Oxigen을 발생시켜 15~30분 동안 Oxygen을 공급할 수 있다.(항공기 제작사 선택)

ⓑ Oxygen Cylinder : 최대 2,000 psi 까지 충전 가능하며 안전상 1,800~1,850 psi로 충전한다. Oxygen Cylinder의 산소량은 오부에 부착된 Pressure gauge로 확인이 가능하다.

③ Portable Oxygen Equipment : Cabin Pressure가 낮은 경우에 Flight Crew와 Cabin Attendant에게 산소를 공급하고 승객에게는 구급용으로 사용됩니다.

주제

(2) 취급상의 주의사항

평가 항목

① 오일 또는 그리스 같은 인화성 물질 접촉 금지

② Oxygen Shut-off Valve를 Open시 천천히 열 것(과도하게 열면 고압의 산소가 계통을 과열시킬 수 있다)

③ 취급 시 반드시 유자격자가 취급하며 산소계통 작업 시 반드시 Shut-off Valve를 닫을 것

④ 환기가 잘되는 곳에서 사용할 것

⑤ 산소계통을 정비 시 소화기 준비 및 지시선을 치고 “금연” 표지판을 붙여 놓는다.(작업구역에서 최소 50 feet 이내에는 절대로 금연하고 개방된 화염이 없어야 한다)

⑥ 모든 공구와 보급용 장비는 청결해야 하고 점검 시에는 항공기 전원을 “OFF” 한다.

⑦ 모든 산소계통의 배관은 작동 부위, 전기배선 및 다른 유체 라인과 최소 2 inch의 여유 공간이 요구되며 산소가 가열될 수 있는 뜨거운 Duct와 열원으로부터 충분한 공간이 있어야 한다.

⑧ 작업장 주위를 청결하게 유지한다.

⑨ 산소 실린더는 석유제품 또는 열원으로부터 이격된 거리, 격납고 안에 정해진 구역 또는 시원하고 환기가 잘되는 구역에 저장한다.

주제

(3) 사용처

평가 항목

① Oxygen Cylinder : 조종사, 부조종사, 승객 및 승무원.

② Oxygen Generator : 승객 전용(항공기 제작사 선택)

③ Portable Oxygen Cylinder : Emergency 상황에서 사용

④ 액체 산소 : 군용

5 동결방지 계통

1. 시스템 개요(날개, 엔진, 프로펠러 등) (구술 평가)

주제

(1) 방, 제빙하고 있는 장소와 그 열원 등

평가 항목

순번	방빙 위치	방빙 방법
1	Wing Leading Edge(날개 앞전)	가열 공기식, 전열식, 화학 및 공기압식(제빙)
2	Vertical & Horizontal Stabilizer L/E (수직및 수평안정판의 앞전)	가열 공기식, 전열식 및 공기압식(제빙)
3	Windshield & Windo(윈드 실드 및 창문)	가열 공기식, 전열식, 화학식
4	Heater & Engine Intake(히터와 엔진 공기 흡입구)	가열 공기식, 전열식
5	Pitot Tube & Static Port [피토튜브와 정압공(Air Data Sensors)]	전열식
6	Propeller L/E & Spinner(프로펠러 앞전과 스피너)	전열식, 화학식
7	Carburetor(기화기)	가열 공기식, 화학식
8	화장실 및 탑재 용수관	전열식

주제

(2) 작동 시기 및 이유

평가 항목

① 날개 방빙 제어장치(Wing Anti-icing Control System)

ⓐ ACIPS(Airfoil and Cowl Ice Protection System) : 날개골 및 카울 결빙 탐지계통은 Computer가 양쪽 Wing Anti-ice Valve를 제어한다. Wing Anti-ice Valve의 선택된 위치는 추출 공기 온도와 고도가 변화할 때 변경된다.

ⓑ AUTO Mode : 날개 방빙 ACIPS Computer는 결빙탐지기가 얼음을 감지할 때 Wing Anti-ice Valve Open Signal을 보낸다.

② WAI Indication System(날개 방빙 지시장치) : 항공기 승무원은 탑재 컴퓨터 정비 페이지에서 날개 방빙계통을 식별할 수 있다.

③ 날개 방빙 계통 BITE 시험기 : 날개 방빙 ACIPS 컴퓨터 카드에 있는 BITE 회로는 지속적으로 날개 방빙 계통을 감시하며 항공기 운항에 영향을 주는 결함은 상태 메시지를 시현시킨다.

주제

(3) Pitot 및 Static 결빙방지계통 검사

평가 항목

① Pitot Tube의 입구에 얼음 형성을 방지하기 위해 Pitot Tube는 그 내부에 Heating Element가 있으며 조종석에 있는 스위치로 전원 공급을 할 수 있다.

② 지상에서 Pitot Tube를 점검할 때에는 운행 중이 아닌 경우에는 오랫동안 작동시키지 않도록 주의하여야 한다.

③ Heating Element는 그 기능 점검을 하여야 하며 이는 전원 공급 시 Pitot Tube 앞 부분이 뜨거워지는지를 통해 알 수 있다.

④ 회로에 전류계가 설치되어 있다면 Heater의 작동은 전류 소비량을 확인하여 알 수 있다.

주제

(4) 전기 Wind Shield 작동점검

평가 항목

① Wind Shield 또는 Window Glass 다층 구조의 한 층에 투명한 전도성의 피막을 넣어 전류를 흐르게 하고 그 발열 작동으로 가열한다.

② 온도 감지기는 Glass 구조 내부에 삽입하거나 Glass 표면에 밀착시켜 Glass의 온도 조절 또는 Over Heat을 방지한다.

주제

(5) Pneumatic De–icing Boot 정비 및 수리

평가 항목

① PR 점검에서 제빙장치계통의 절단(Cut), 찢어짐(Tear), 변질(Deterioration), 구멍 뚫림(Puncture) 및 기밀상태(Security)를 점검하고, 계획정비에서는 비행 전 점검 항목에 추가하여 Boot의 균열(Crack) 여부를 세밀하게 점검해야 한다.

② Pneumatic De–icing Boot의 보관 시 아래의 절차를 준수한다.

ⓐ 제빙장치 위에서 연료 호스를 끌지 않는다.

ⓑ 가솔린, 오일, 윤활유, 오물, 그리고 기타 변질물질이 없도록 유지한다.

ⓒ 제빙장치 위에 공구를 올려놓거나 장비용 장비를 기대어 놓지 않는다.

ⓔ 마멸 또는 변질이 발견되었을 때 신속하게 제빙장치를 수리하거나 또는 표면재처리를 수행한다.

ⓕ 미사용 보관 시 종이 또는 천막으로 제빙장치를 포장한다.

③ 제빙장치계통에서 실제 작업은 세척, 표면재처리 및 수리로 이루어진다. 세척은 항공기 세척 시 연성 비누와 물을 사용하고 윤활유와 오일은 비누와 물을 이용하여 세척 후 나프타와 같은 세척제로 제거한다.

④ 마멸로 인해 표면재처리 요구 시 전도성 네오프렌 접합제를 사용하고 세부절차는 항공기 정비 메뉴얼에 따른다.

6 통신항법 계통

■ 주파수의 범위

No	명칭	주파수 범위	No	명칭	주파수 범위
1	VLF(초장파)	3kHz~30kHz	5	VHF(초단파)	30MHz~300MHz
2	LF(장파)	30KHz~300kHz	6	UHF(극초단파)	300MHz~3GHz
3	MF(중파)	300kHz~3MHz	7	SHF(초고주파)	3GHz~30GHz
4	HF(단파)	3MHz~30MHz	8	EHF(극초고주파)	30GHz~300GHz

■ 전파의 경로

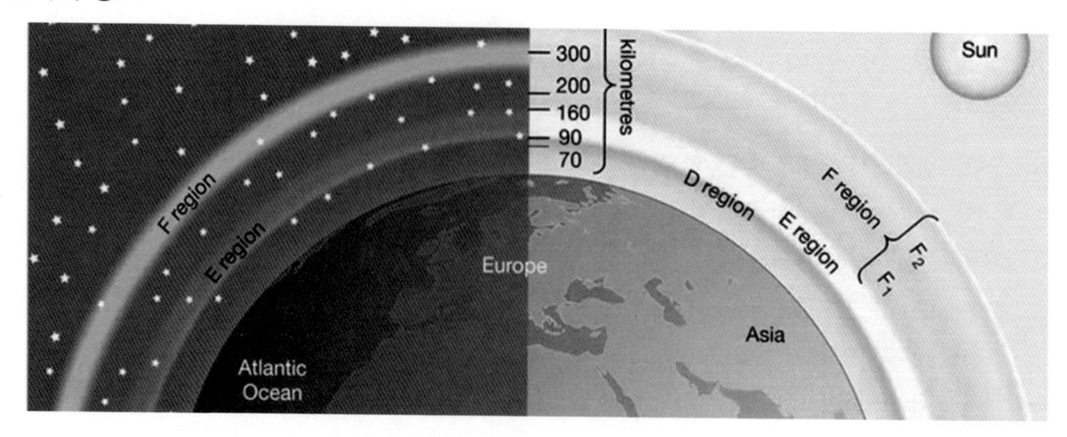

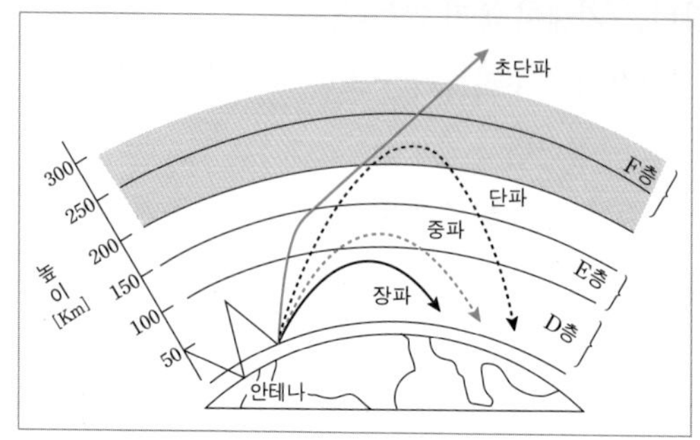

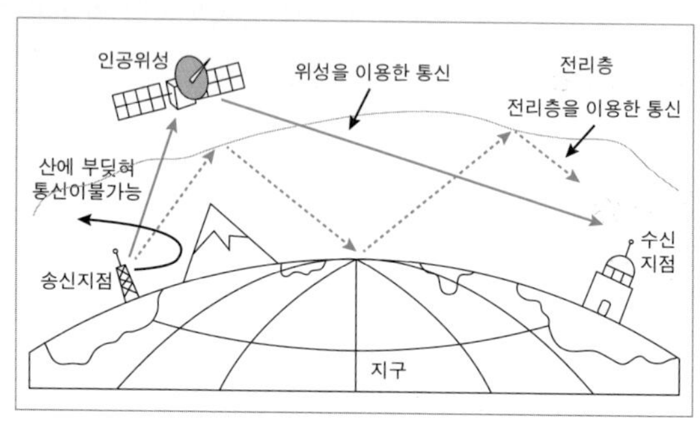

▶ Ground Wave(지상파)

① Direct Wave(직접파) : 대지면에 접촉되지 않고 송신안테나에서 수신안테나까지 직접 도달거리는 가시거리 이내이며 장애물 제한이 있고 송/수신 안테나가 길수록 전파거리 증가

② Reflected Wave(대지 반사파) : 대지에서 반사되어 도달되눈 전파로 대지에서 반사될 때 수직편파는 위상이 불변이고 수평편파는 위상이 180° 변화

③ Surface Wave(지표파) : 지표면을 따라 전파되는 전파

④ Diffracted Wave(회절파) : 산 또는 큰 건물에 회절하여 도달하는 전파로 회절은 주파수가 높을수록 즉 파장이 짧을수록 심하다.(초단파 또는 극초단파에서 잘 일어난다)

▶ Sky Wave(공간파)

① Tropospheric Scattered Wave(대류권 산란파) : 대류권 내에서 불규칙한 기류에 의해 산란 되어 전파되는 전파

② 전리층파 : 전리층에서 반사되거나 산란되어 전파되는 전파(E층 반사파, F층 반사파, 전리층 활행파, 전리층 산란파)

- E층에서 반사 : VLF, LF, MF
- F층에서 반사 : HF
- VHF 이상은 전리층을 뚫고 나가므로 반사하지 않는다.

1. 통신장치(HF, VHF, UHF 등) (구술 평가)

주제

(1) 사용처 및 조작방법

평가 항목

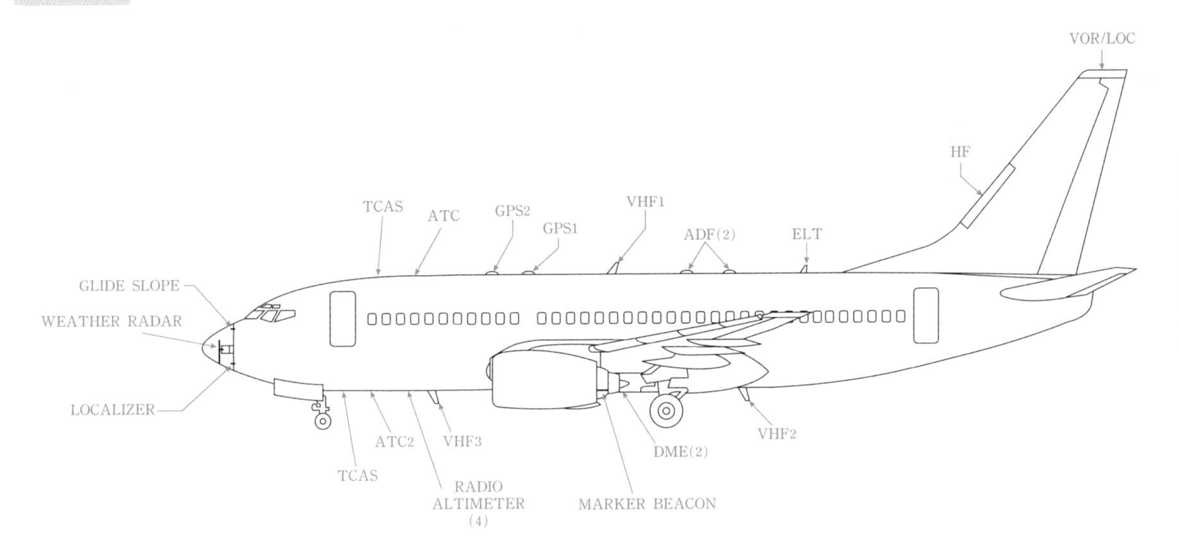

① HF(High Frequency)

ⓐ 사용처 : 단파통신으로 3~30MHz의 주파수 범위를 사용(장거리 통신에 사용)

ⓑ 원리 : 송신된 단파 신호는 대기의 전리층에 반사되어 지구로 향하고, 지구는 전리층을 향해 다시 반사를 반복하며 지구 반대편까지 장거리 통신을 할 수 있으므로 국외 통신으로 사용된다.

ⓒ 장착 위치 : HF 통신 안테나는 수직안정판에 장착

② VHF(Very High Frequency)

ⓐ 사용처 : 초단파 통신으로 30~300MHz의 주파수 범위를 사용(국내통신에 사용)

ⓑ 원리 : 전파의 직진특성으로 직선으로 도달되는 항공기와 항공기 또는 항공기와 지상국의 교신에 사용된다.

ⓒ 장착 위치 : 동체의 상/하부에 VHF 통신 안테나가 장착

ⓓ VHF 작동 : Radio Control Panel(RCP) : Cockpit 중앙에 위치하며 통신할 때 주파수를 맞추고 사용한다.

- HF 안테나 커플러 : 안테나는 주파수 파장의 길이만큼 길어야 하므로 HF 전파를 송/수신에 필요한 안테나의 길이가 아주 길어야 하므로 공간 및 중량이 무겁다. 따라서 안테나 커플러를 설치하여 주파수를 전기적으로 매칭 하므로 이를 보상하는 장치이다.

③ UHF(Ultra High Frequency) : 극초단파로 300MHz~3GHz의 주파수 범위를 사용

송신과 수신을 교대로 하는 단일통화방식으로 군용항공기와 지상국 또는 군용항공기의 통신에 사용

주제

(2) 법적 규제에 대한 지식

평가 항목

■ 항공안전법

제83조(항공교통업무의 제공 등)

① 국토교통부장관 또는 항공교통업무증명을 받은 자는 비행장, 공항, 관제권 또는 관제구에서 항공기 또는 경량항공기 등에 항공교통관제 업무를 제공할 수 있다.

② 국토교통부장관 또는 항공교통업무증명을 받은 자는 비행정보구역에서 항공기 또는 경량항공기의 안전하고 효율적인 운항을 위하여 비행장, 공항 및 항행안전시설의 운용 상태 등 항공기 또는 경량항공기의 운항과 관련된 조언 및 정보를 조종사 또는 관련 기관 등에 제공할 수 있다.

③ 국토교통부장관 또는 항공교통업무증명을 받은 자는 비행정보구역에서 수색·구조를 필요로 하는 항공기 또는 경량항공기에 관한 정보를 조종사 또는 관련 기관 등에 제공할 수 있다.

④ 제1항부터 제3항까지의 규정에 따라 국토교통부장관 또는 항공교통업무증명을 받은 자가 하는 업무(이하 "항공교통업무"라 한다)의 제공 영역, 대상, 내용, 절차 등에 필요한 사항은 국토교통부령으로 정한다.

제84조(항공교통관제 업무 지시의 준수)

① 비행장, 공항, 관제권 또는 관제구에서 항공기를 이동·이륙·착륙시키거나 비행하려는 자는 국토교통부장관 또는 항공교통업무증명을 받은 자가 지시하는 이동·이륙·착륙의 순서 및 시기와 비행의 방법에 따라야 한다.

② 비행장 또는 공항의 이동지역에서 차량의 운행, 비행장 또는 공항의 유지·보수, 그 밖의 업무를 수행하는 자는 항공교통의 안전을 위하여 국토교통부장관 또는 항공교통업무증명을 받은 자의 지시에 따라야 한다.

제89조(항공정보의 제공 등)

① 국토교통부장관은 항공기 운항의 안전성·정규성 및 효율성을 확보하기 위하여 필요한 정보(이하 "항공정보"라 한다)를 비행정보구역에서 비행하는 사람 등에게 제공하여야 한다.

② 국토교통부장관은 항공로, 항행안전시설, 비행장, 공항, 관제권 등 항공기 운항에 필요한 정보가 표시된 지도(이하 "항공지도"라 한다)를 발간(發刊)하여야 한다.

③ 제1항 및 제2항에서 규정한 사항 외에 항공정보 또는 항공지도의 내용, 제공방법, 측정단위 등에 필요한 사항은 국토교통부령으로 정한다.

■ 항공교통업무 기준

제1조(목적, Objectives) : 이 기준은 「항공법」 제70조에 따른 항공교통업무의 수행을 위한 안전기준을 정함을 목적으로 한다.

제2조(적용범위, Applicability) : 이 기준은 항행업무 규제기관인 국토교통부 항공정책실(항행안전팀) 및 다음 각 호의 항공교통업무제공자, 항공교통업무지원자 및 항공기 운영자에게 적용한다.

① 항공교통업무제공자(Service Provider)

ⓐ 항공교통업무 집행총괄부서(Authority) : 국토교통부 소속의 항공교통업무기관을 총괄하는 국토교통부 항공정책실(항공관제과)

ⓑ 항공교통업무기관(Authority) : 항공교통업무시설을 관리하는 서울지방항공청(관제통신국), 부산지방항공청(항공관제국), 항공교통센터(관제과), 김포항공관리사무소(관제통신과), 제주항공관리사무소(항공관제과), 공항출장소, 인천국제공항공사(운항관리처), ㈜대한항공(운항훈련원)

ⓒ 항공교통업무시설(Unit or facility) : 항공교통업무를 수행하는 다음 각 호의 시설

- 항공교통관제업무시설 : 지역관제소, 접근관제소(도착관제실 포함), 관제탑(계류장 관제소 포함)
- 비행정보 업무시설 : 비행정보실, 항공교통흐름관리센터, 항공교통흐름관리석, 항공교통업무보고취급소
- 경보업무시설 : 비행정보실, 항공수색구조지원센터, 경보소

② 항공교통업무지원자(Assistant) : 항공교통업무시설 및 장비의 설치, 유지 및 보수를 담당하는 인천국제공항공사, 한국공항공사, 비행장(공항) 설치·운영자 등

③ 항공기 운영자(Operator) : 항공기 운항에 종사하는 사람, 단체 또는 기업

제2조의2(적용규정, Applied Regulations)

① 항공교통업무제공자는 이 기준에서 정하지 아니한 사항에 대하여는 다음 각 호의 규정을 준용할 수 있다.

ⓐ 「국제민간항공조약」 및 같은 조약의 부속서에서 채택된 표준과 방식

ⓑ 국제민간항공기구(ICAO)에서 발행한 항공교통업무 관련 규정

ⓒ 그 밖에 항공교통업무 등을 수행하는 데 필요하다고 항행업무 규제기관이 인정하는 규정

② 항공교통업무제공자는 이 기준에 위반되지 않게 항공교통업무 수행에 필요한 운영규정 등을 정하여 사용할 수 있다.

주제

(3) 부분품 교환작업

평가 항목

① 작업 전 : 작업을 시작하기 전에 브리핑을 통하여 오류가 발생될 수 있는 요인 또는 실수를 유발할 수 있는 요인들을 작업자들에게 정보를 제공해야 한다.

② 작업 중 : 크로스 체크, 이중 점검 등을 통하여 작업 중에 나타나는 오류를 검출하여 제거하여야 한다.

③ 작업 마무리 단계 : 기능 및 누설점검 등을 통하여, 장/탈착에 발생할 수 있는 오류를 확인한다.
공구 Inventory를 실시하여 작업 마무리 단계에서 발생될 수 있는 실수를 최소화하여야 한다.

주제

(4) 항공기에 장착된 안테나의 위치확인

평가 항목

■ HF 안테나 길이$=\lambda/4$, 폴 안테나 길이$=\lambda/2$

① 무지향성 ANT : 모든 방향을 균일하게 전파를 송/수신하는 ANT(통신용 수직 ANT)

② 지향성 ANT : 특정 방향으로 송/수신하는 ANT(ADF의 Loop ANT)

③ Scanning ANT : 예민한 지향성을 가진 ANT를 회전이나 왕복운동으로 넓은 범위 탐지

④ Flush Type ANT : 기체 내부에 ANT 내장

⑤ Wire ANT : 저속 항공기에서 장파/중파/단파용으로 기체 외부에 장착

⑥ Rod ANT : 경비행기에서 좋은 성능을 발휘하며 수직 형태로 설계

⑦ 수평비 ANT : 완전하게 잔일방향으로 반들 수 없고 저속 항공기에 적합

⑧ Blade ANT : ATC Transponder, DME, VHF ANT 등

⑨ 접시형 ANT : 지향성이 높은 예리한 전파 빔을 생산하며 WAR에 사용

⑩ Slot ANT : G/S 수신용 ANT

⑪ 나팔형 ANT : RA

⑫ 원통형 ANT : M/B

⑬ Probe ANT : HF 통신

⑭ Dipole ANT : VOR, LOC

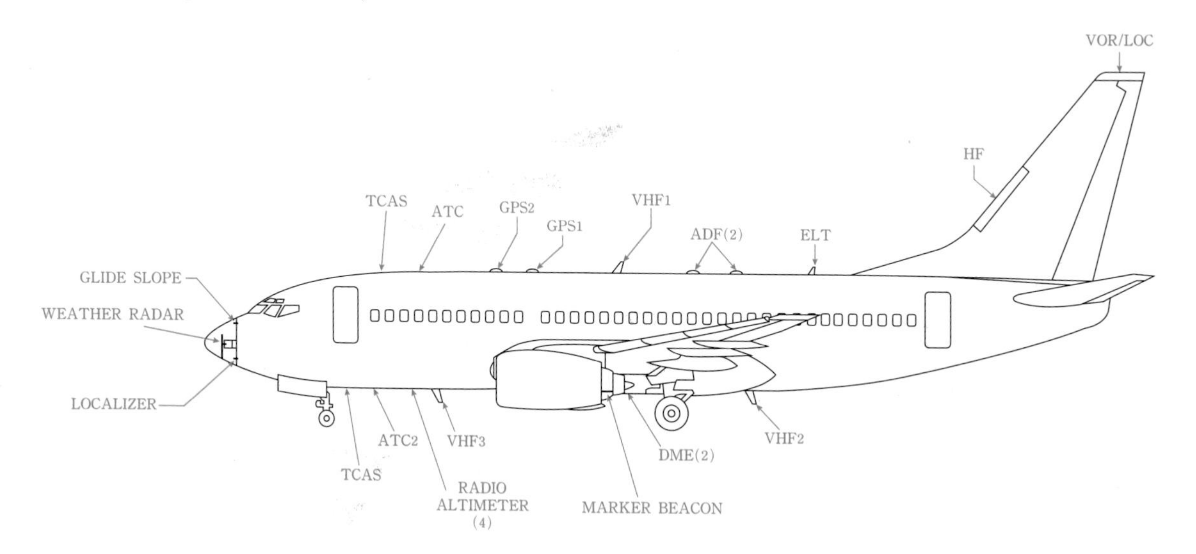

2. 항법장치(ADF, VOR, DME, ILS/GS, INS/GPS 등) (구술 평가)

주제

(1) 작동원리

(2) 용도

평가 항목

① ADF(Automatic Direction Finder=자동방향 장치) : 전파를 사용하여 지상무선국으로부터의 전파가 전송되는 방향을 탐지하여 지상무선국의 방위를 알아내는 것이며 중파와 루프형 안테나를 사용한다. 전파는 직진특성이 있으므로 전파가 송신되는 방향과 안테나 방향이 일치해야 최대의 수신 신호를 얻을 수 있으므로 일정방향으로 비행하는 항공기가 최대의 수신 효과를 얻기 위해서 안테나가 회전되어야 한다.

② VOR(VHF Omni-directional Ranging=초단파 전 방향 무선표지) : VOR 지상무선국별로 고유의 주파수를 360° 모든 방향으로 전파를 송신하여 항행하는 항공기에 방위 정보를 제공한다.(이 방위는 자북이 기준인 절대 방위이며 초단파를 이용하고 ADF보다 정확함)

③ DME(Distance Measuring Equipment=거리측정장치) : 항공기에서 지상국에 질문 전파를 발사하고 지상국으로부터 응답 전파를 수신하여 그 소요시간을 측정하여 항공기와 지상국까지의 거리를 나타낸다.

④ ILS(Instrument Landing System=계기착륙장치) : 시계가 화보되지 않은 상태에서도 안전한 착륙을 위해 활주로에 진입하는 항공기에 진행 방향, 비행 자세, 활주로 진입 각을 지시하는 3가지 장치 즉 로컬라이저(LOC)와 글라이드 슬로프(GS), 마커 비컨(MARK)이 있다.

ⓐ 3가지 장치

- Localizer : 항공기가 활주로 중앙으로 착륙할 수 있게 돕는 장치
- Glide Slope : 항공기가 착륙 시 하강 진입각을 표시해주는데 2.5~3°를 지시한다.
- Marker Beacon : 항공기로부터 활주로까지의 거리를 지시한다.
  거리에 따라 지상에 3개의 라이트(백색, 호박색, 흰색)와 신호음으로 거리를 지시한다.
  활주로에 가까울수록 신호음은 빨라진다.

⑤ Gyro : 자이로의 강직성 섭동성을 이용하여 항공기의 기수방위, 항공기의 분당 선회량, 항공기의 자세를 나타내는 계기로 현대 항공기에 많이 쓰이는 자이로는 레이저자이로이다.

⑥ INS(Inertial Navigation System=관성항법장치) : 구성은 기계적 자이로스코프와 가속도계로 구성되어있으며, 가속도를 구하여 적분해서 속도를 얻고 속도를 적분하여 이동거리를 구하는 장치이다.

- 강직성 : 외부에서 힘을 가하지 않는 이상 원래의 자세를 유지하려는 성질
- 섭동성 : 회전자에 힘을 가하면 가한 점으로부터 90° 회전한 점에 힘이 작용하는 성질

⑦ IRS(Inertial Reference System=관성 기준 시스템) : Ring Laser Gyro Scope(RLG)는 빛을 이용하기 때문에 INS보다 오차가 적다.

⑧ GPS(Global Positioning Systiem=위성항법 시스템) : 인공위성을 이용한 3차원의 위치 및 항법에 필요한 위치 및 속도와 시간을 제공한다. 위성은 4가지(가로, 세로, 수직, 거리)가 필요하다. INS는 이동 거리가 클수록 오차가 크므로 GPS와 같이 사용한다.

⑨ ND(Navigation Display) : VOR Mode, Approach Mode, Map Mode 등으로 항법에 관련된 방향이나 지도 등을 나타낸다.

⑩ PFD(primary Flight Display) : 일차적 비행 표시장치로 항공기 자세와 비행 방향을 보조하고 속도계 고도계 승강계 등을 한 곳에 집약시켜 표시된다.

⑪ RA, QFE 차이점

ⓐ RA(전파 고도계) : 펄스를 지면에 발사하여 지면에 반사되어 수신기로 통달하는데 걸리는 시간으로 절대고도를 측정한다.

ⓑ QFE : 출발지와 도착지가 같은 비행경로일 때, 기압고도계의 기압 노브를 출발지의 활주로에서 "0"을 지시하게 하여 출발지의 절대고도를 지시하게 하는 방식

ⓒ 차이점

- 기압고도계의 세팅 유무
- QFE 는 기압 노브를 돌려서 기준기압을 출발지의 활주로 표고로 한다.
  출발지와 도착지가 같은 비행일 때만 행하기 때문에 어느 비행경로든 절대고도를 지시하는 절대 고도계에 비해 사용이 제한적이다.(QFE는 기압을 이용하고 RA는 전파를 이용해 절대고도를 지시함)

⑫ QNE, QNH

ⓐ QNE : 고고도나 14,000 ft 이상에 장거리 비행시에 사용

ⓑ QNH : 14,000 ft 이하 비행 시에 사용.

ⓒ 평균기압 29.92 inHg 보정 : 각 고도별 오차를 최소화하기 위해 보정 한다.

참조 보충상식

실질적 운항에서의 사용은 QNE이다.
QNH를 사용하는 목적 중 하나가 착륙 전에 사용하며 흔히 알고 있는 ILS를 사용하므로 고도계를 사용해 착륙하지 않는다.

⑬ 선회경사계 : 선회계와 경사계는 보통 한 계기에 묶어서 제작되므로 선회경사계라 한다.

ⓐ 선회계 : Gyro를 수직으로 장착하여 섭동성을 이용

ⓑ 경사계 : 유리관 안에 들어있는 강철구에 작용하는 원심력, 구심력, 중력을 이용

ⓒ 원리도 다르고 지시하는 값도 다른데 하나의 계기로 묶어놓은 이유는 조종사가 선회비행 시 이 2가지 요소가 동시에 필요하기 때문이다.

주제

(3) 자이로(Gyro)의 원리

평가 항목

① 자이로 계기 : 자이로의 강직성 섭동성을 이용하여 항공기의 기수방위, 항공기의 분당 선회량, 항공기의 자세를 나타내는 계기이다.

ⓐ 강직성 : 자이로가 고속 회전할 때 외부에서 외력을 가하지 않는 한 우주에 대하여 일정한 방향을 유지하려는 성질이다.

ⓑ 섭동성 : 회전하려는 자이로에 F의 힘을 가하면 회전하는 방향의 90° 앞선 지점에서 힘 P가 작용하는 효과이다.

ⓒ 강직성의 회전자의 중량과 속도에 비례하고 섭동성은 외력에 비례하고 속도에 반비례한다.

② 자이로스코프(Gyroscope)의 정의

ⓐ 회전에 의해 발생하는 자이로 효과(Gyro effect)를 이용하여 원점 위치를 역 추정하고, 현재 방향을 역 산출하는 장치로 방향성을 측정할 때 사용한다.

ⓑ 자이로 효과는 물체가 고속으로 회전하여 회전 운동에너지 보유하면, 각운동량 보존법칙에 의해 회전축 방향이 잘 변하지 않으므로 회전축 방향으로 정렬 유지하는 현상이다. 일종의 관성력인 회전 관성 모멘트(Rotational Inertia Moment) 때문이다. 즉, 한 번 돌기 시작하면 그 회전을 유지하려는 성질이다.

ⓒ 자이로스코프는 지구의 회전과 관계없이 높은 정확도로 항상 처음에 설정한 일정방향을 유지하려는 성질로 공간에서 물체의 방위측정, 물체가 회전하는 경우 각 변화율을 결정하는 관성 센서이다.

③ 자이로스코프의 분류 : 자이로스코프는 기계식과 광학식으로 분류하며 기계식 자이로스코프는 회전식과 진동식이 있다.

ⓐ 회전식 자이로스코프 : 초기의 기계식 자이로스코프로 짐벌(Gimbal)에 매달려 있어 회전체의 각운동량 보존의 법칙에 기초를 두고 있다. 과거 비행기에서 사용되었으나 신뢰성, 정확도 등의 문제로 현재에는 사용하지 않는다.

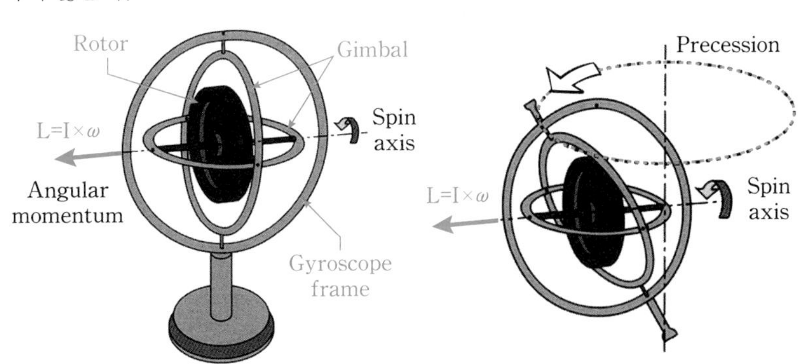

ⓑ 진동식 자이로스코프 : MEMS를 이용한 자이로스코프를 통칭한다.
진동형 자이로스코프의 회전 검출은 각운동량을 사용하지 않고 Coriolis Acceleration을 이용하여 회전각을 측정한다.(각속도 측정)

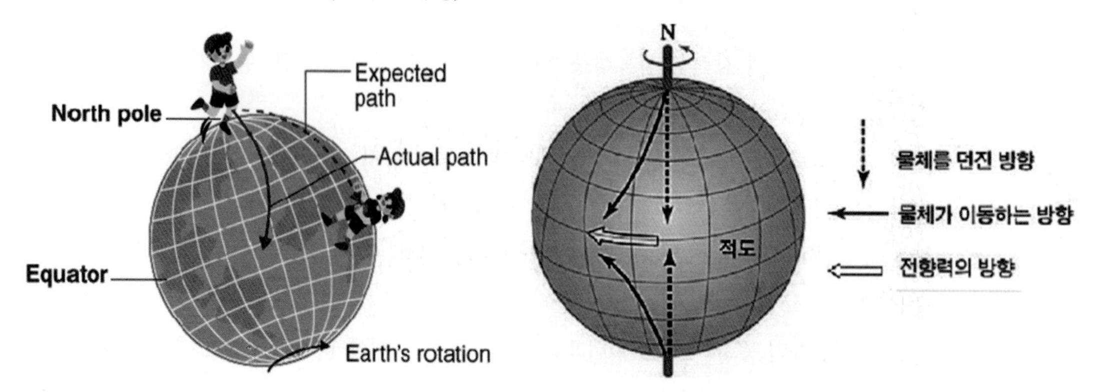

- 진동식 자이로의 물리 현상(코리올리 가속) : [그림]과 같이 Earth's Rotation이 각속도로 회전하고 North Pole(북극)에서 Equator(적도) 방향으로 공을 던진다면 Expected Path(예상 경로)와 Actual Path(실제 경로)와의 차이는 Earth's Rotation 속도에 따라 달라지며 공에 코리올리 힘이 작용하고 이 힘에 기인하는 가속효과가 Coriolis Acceleration(코리올리 가속)이다.

주제

(4) 위성통신의 원리

평가 항목

① 위성항법 시스템(GPS=Global Positioning System) : 인공위성에서 발사한 전파를 수신하여 관측점까지 소요시간을 측정하므로 위치를 구하는 System이다.

- 항공기에서 위치(위도, 경도, 고도)와 위성과 수신기 간의 시간 차이를 계산하기 위해 최소 4개의 위성을 수신하여 3차원적인 위치를 측정할 수 있다.
- 세계 모든 지역, 악천후는 물론 24시간 이용할 수 있다.

② 전역위성항법 시스템(GNS=Global Navigation Satellite) : 위성에서 발사되는 신호가 수신기에 도달하는데 걸리는 전파지연시간을 측정하여 수신기에서 위성까지 거리를 구하고 삼각법으로 사용자의 현재 위치를 계산한다.

ⓐ 위성 부문 : 지구상 어느지점에서나 5~8개까지 위성을 볼 수 있도록 지구 궤도상에 배치

ⓑ 관제 부문 : 모든 GPS 위성 신호를 추적 및 감시하고 여러 가지 보정 정보를 위성에 송신

- GPS 위성 관제국의 구성 : 5개의 감시 기지국, 4개의 지상 안테나 송신국, 운영 관제국

ⓒ 사용자 부문 : 위성으로부터 수신한 항법 Data를 이용하여 사용자의 위치, 속도 및 시간을 계산

③ GPS의 위치측정(원리)

ⓐ 1단계(거리 측정) : 위성으로부터 거리는 항공기의 속도와 소요시간의 곱으로 구한다.

ⓑ 2단계(삼각 측량법) : 위성 3개를 이용한 삼각 측량법으로 위치를 파악

ⓒ 3단계(시간 측정 및 보정) : 위성 3개에 1개를 더 활용하여 총 4개의 위성을 이용하여 시간 측정 및 보정

ⓓ 4단계(위치측정) : 정확한 거리 측정을 위해 지구상에 5군데의 감시국을 이용

ⓔ 5단계(오차 보정) : 구조적 요인, 위성의 배치 상황, 의도적 정밀도 저하 조치로 인한 오차를 확인하고 방지

참조 위성통신의 개념

① 위성통신(Satellite Communication)

ⓐ 대기권 밖으로 쏘아 올린 인공위성을 이용하여 통신을 중계하는 방법

ⓑ 위성통신을 사용하면 통신가능 구역이 넓어지고 고주파수대의 전파를 이용하여 초고속 전송이 가능해짐

ⓒ 본격적인 위성통신의 시작은 1964년 8월에 발사된 최초의 정지위성 신콤(Syncom) 2호를 이용하여 1964년 도쿄올림픽 생중계가 이루어진 뒤부터임

ⓓ 위성통신은 단 하나의 통신 위성만으로 대륙간의 통신이 가능한 인공위성을 중계국으로 하여 지상의 기지국을 연결하는 통신 방식임

ⓔ 전자기파를 이용해 데이터를 전송하는데 대표적인 예는 위성 마이크로파임

ⓕ 위성 마이크로파는 지상에서 약35,860km 떨어진 상공에 위성을 띄워 놓고 지상의 여러 송/수신국을 서로 연결함

ⓖ 지상 송신국에서 안테나 빔을 이용해 송신 할 신호의 주파수 대역을 증폭(아날로그 전송) 또는 재생(디지털 전송)하여 다른 주파수로 바꾸어 지상 수신국으로 송신함

② 위성통신 구성

상향 링크 (Up-link)	• 지구국에서 위성가지의 채널 • 지구국에서 위성으로 큰 전력을 사용하여 송신이 가능하므로 전 파의 감쇠가 큰 고주파수대를 사용
하향 링크 (Down-link)	• 위성으로부터 지구국까지의 채널 • 위성에서 지구국으로의 송신전력이 한계가 있으므로 감쇠가 적은 고 주파수 사용
통신 위성	• 전파를 받아 주파수를 변환하고 증폭하여 다시 지상으로 발사
지구국	• 통신위성으로 전파를 발사하고 위성이 보낸 전파를 수신하여 지상의 최종 목적지인 상대방까지 보내는 역할을 담당

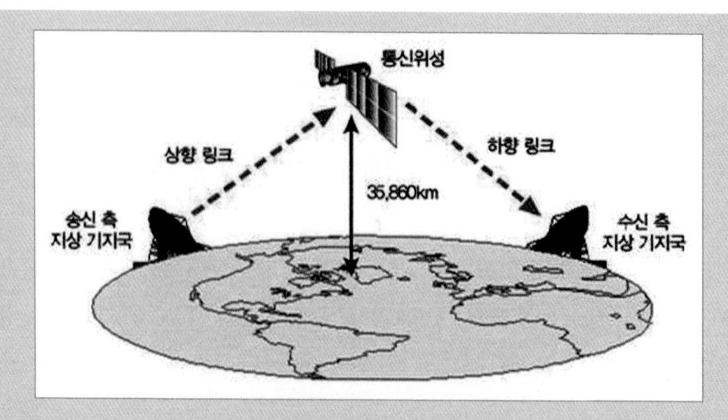

③ 통신 위성＝정지위성

ⓐ 통신 위성은 지상 약 35,860km 적도 상공에서 마치 고정된 것처럼 관측되어 정지궤도 위성이라고도 한다.

ⓑ 지구의 인력과 원심력의 균형 때문에 등속 타원운동을 하고, 자전주기가 지구의 자전주기와 일치하여 고정된 위치 있는 것처럼 보임

ⓒ 통신 위성은 이론상 지구를 중심으로 세 개를 설치하면 일부 극지방을 제외한 모든 지역에서 위성통신이 가능

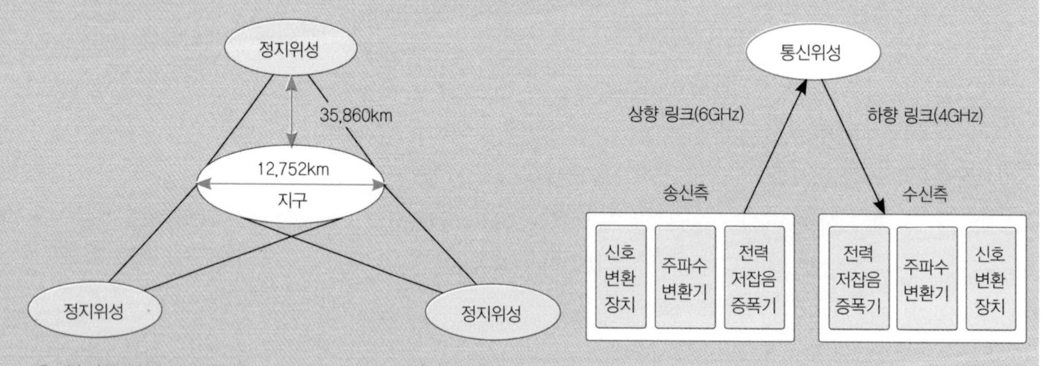

④ 위성통신의 작동원리

ⓐ 초고주파(SHF) 마이크로파를 이용해 통신 위성의 중계를 거쳐 데이터 전송함

ⓑ 위성통신의 주파수 대역은 보통 1～10 GHz

10 GHz ↑	• 자연 현상에 따라 감쇄가 발생
1 GHz ↓	• 전자파의 간섭에 영향을 많이 받을 수 있음

ⓒ 지상국에 있는 주파수 변환장치를 이용해 지상국에서 통신 위성으로 보낼때는 6 GHz로 상향 링크되고, 반대로 통신 위성에서 지상국으로 보낼때는 4 GHz로 하향 링크됨

ⓓ 위성통신은 전송로 하나에 데이터 신호 여러 개를 중복시켜 고속 신호 하나로 전송하는 다중화(Multiplexing) 방식 사용

ⓔ 다중화 방식을 사용하면 전송로의 이용 효율을 높일 수 있음

ⓕ 다중화 방식 : FDMA, TDMA, CDMA 등

참조 위성통신의 종류

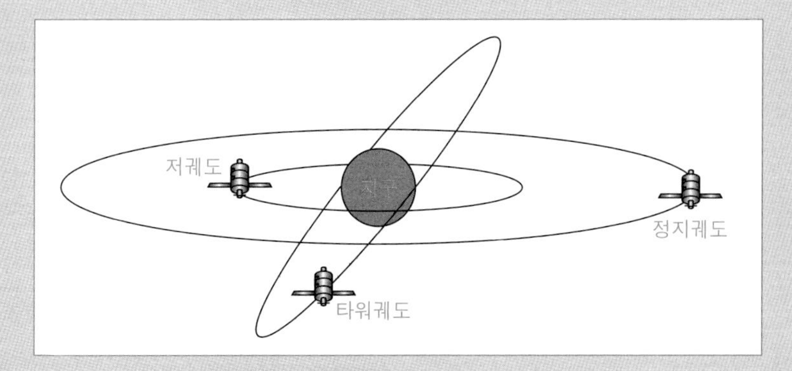

① 정지궤도 위성(GEO=Geostationary Earth Orbit) : 지구로부터 35,800Km 상공에서 지구를 1회전하는데 24시간이 소요되어 지구의 자전주기와 일치하기 때문에 지구에서 보았을 때는 한곳에 고정된 것처럼 관측됨

ⓐ 통신 위성은 일반적으로 인공위성과는 달리 반드시 정지궤도에 위치해야 통신할 수 있음

ⓑ 지구 면적의 43%를 커버

ⓒ 이론적으로는 적당한 위치에 3개의 위성만 띄운다면 극 지역을 제외한 지구 전역에 통신 중계를 할 수 있음

➡ 실제로는 통신 위성의 중계 능력에 한계로 3개의 통신 위성으로 지구 전역의 통신을 수행하는 것은 불가능함

② 비정지궤도 위성 : 지구를 중심으로 계속 회전하는 위성

2,000km 이하의 궤도를 회전	• 저궤도 위성(LEO : Low Earth Orbit)
2,000km~8,000km의 궤도를 회전	• 중궤도 위성(MEO : Medium Earth Orbit) • 타원궤도 위성(HEO : High Earth Orbit) 등

ⓐ 타원궤도 위성(HEO : High Earth Orbit)

• 정지궤도 위성으로는 위성과 지구의 수평면에 대한 고도각이 너무 작아 북유럽과 극지방에서는 위성으로부터의 송수신의 영향을 받지 못함

• 낮은 고도각에서 보내진 위성 신호는 언덕, 산과 같은 자연 장애물과 빌딩과 같은 인공장애물에 의해 쉽게 손상됨

➡ 이와 같은 문제를 해결하기 위해 타원궤도위성을 사용

근지점(Perigee)	• 궤도의 형태가 타원으로 지구와 가장 가까운 궤도점
원지점(Apogee)	• 지구와 가장 먼 궤도점

ⓑ 저궤도 위성(LEO : Low Earth Orbit)

- 위성을 통해 휴대전화의 국가간 장벽을 허물고 전세계를 하나의 통화권으로 묶을 수 있으며, 전세계적으로 표준화된 규약을 바탕으로 이동전화 서비스를 제공하는 시스템으로 구축하기 위해 사용하는 위성
- 음성 전화와 무선 호출, 데이터 통신 등을 제공
- 저궤도위성의 고도는 대략 320km~1,126km 상공에 위치
  - ➡ 동일 전송전력을 가정하면, 정지궤도 위성보다 감쇠가 적고 서비스 지역은 주파수 재사용을 위해 적절하게 지역화할 수 있음
  - ➡ 저궤도 위성기술은 감쇠가 적은 신호가 요구되는 이동 단말과 개인 단말을 이용한 통신에 사용
  - ➡ 24시간 동안 서비스를 제공하기 위해 많은 위성이 필요함
- 연속해서 서비스하려면 위성이 수십 개가 필요함
- 휴대전화의 국가 간 장벽을 허물고 하나의 통화권으로 묶기 위한 목적
- 음성 전화, 무선 호출, 데이터 통신 서비스 제공하며 가장 대표적인 저궤도위성은 이리듐(Iridium)임
- 이리듐은 765Km의 저궤도에 66개의 위성이 존재

주제

(5) 일반적으로 사용되는 통신/항법 시스템 안테나 확인 방법

평가 항목

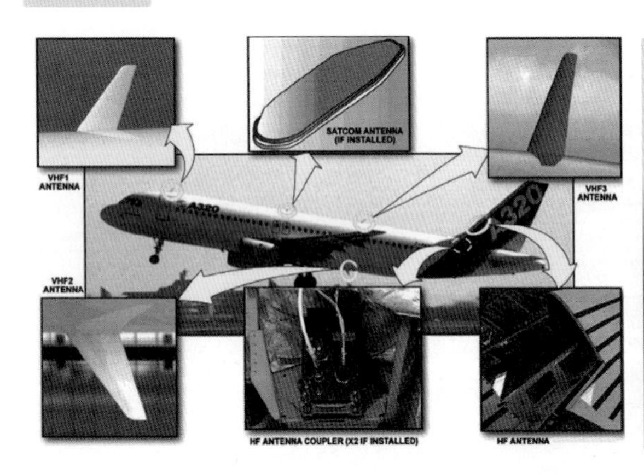

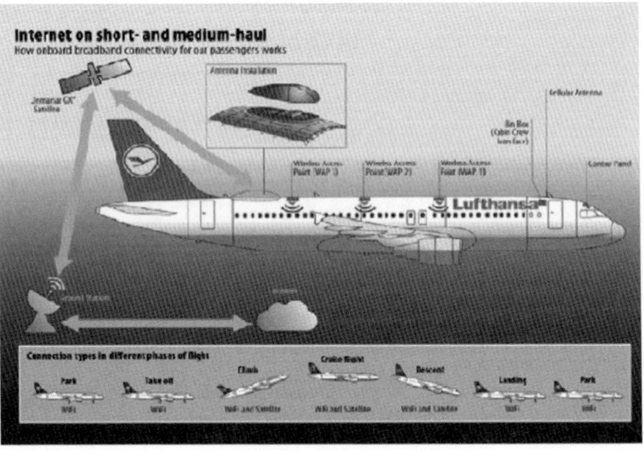

▶ (4) 항공기에 장착된 안테나의 위치확인에서 확인 요함 ➜ 본서 252페이지

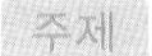

(6) 충돌 방지등과 위치 지시등의 검사 및 점검

평가 항목

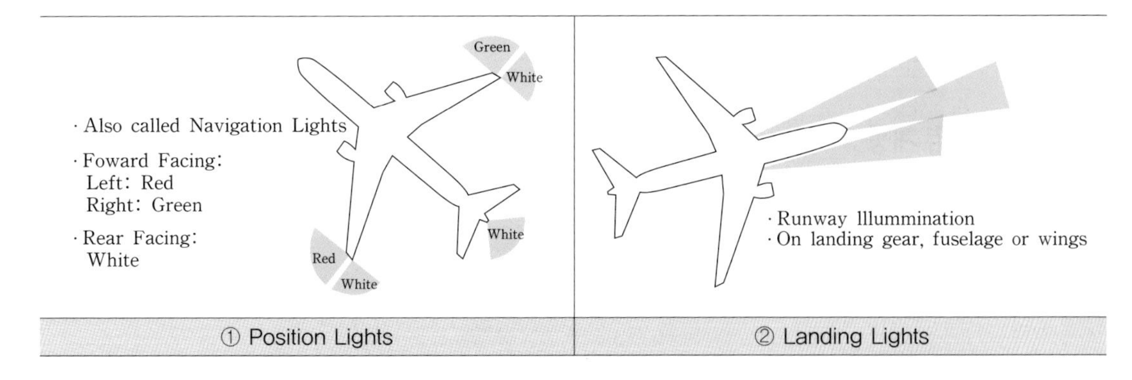

① 위치 등(Position Lights)

ⓐ Green Light : 오른쪽 날개 끝 전방

ⓑ Red Light : 왼쪽 날개 끝 전방

ⓒ White Lights : 수직안정판, 날개 끝 후방(항해등)

② 착륙등과 유도등(Landing and Taxi Lights) : 착륙등은 야간 착륙 시에 활주로를 비춘다.

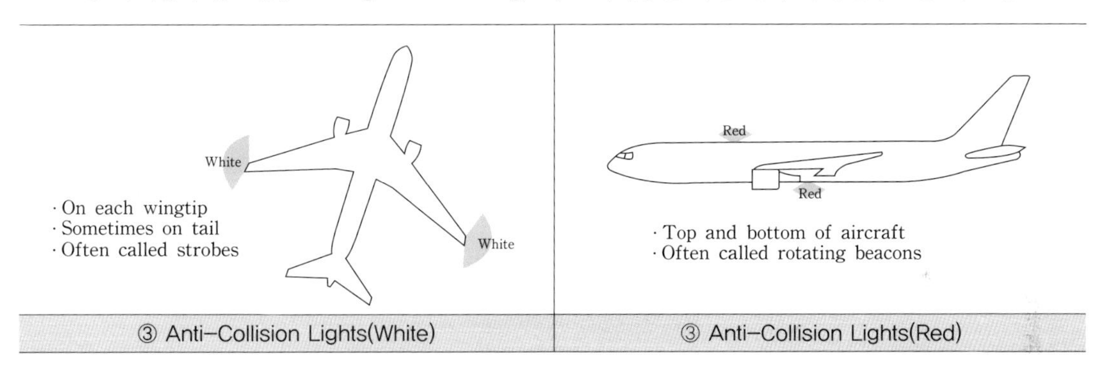

③ 충돌 방지등(Anti-Collision Lights) : 항공기의 꼭대기와 밑바닥(Red Lights), Wing Tip(White Lights)

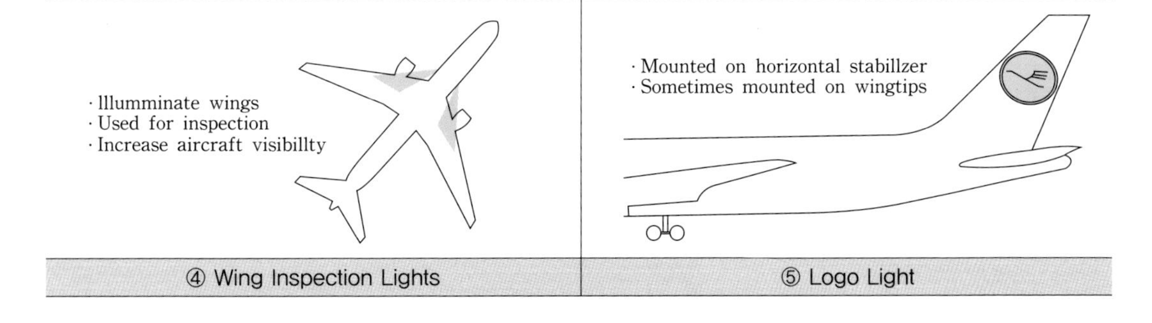

④ 날개 검사등(Wing Inspection Lights) : 날개 앞전 구역의 결빙과 일반 상황의 관찰할 수 있도록 한다.

⑤ 로고등(Logo Light) : 수직 꼬리날개의 양면에 그려져 있는 항공사의 표지를 보기 쉽게 조명하기 위한 등이다.

7 전기조명 계통

1. 전원장치(AC, DC) (구술 평가)

주제

(1) 전원의 구분과 특징, 발생원리

평가 항목

① 전류는 직류(DC, Direct Current)와 교류(AC, Alternating Current) 두 종류가 있다.

ⓐ 직류(DC, Direct Current) : 높은 전위에서 낮은 전위로 전류가 연속적으로 흐른다.

ⓑ 교류(AC, Alternating Current) : 시간에 따라 주기와 방향이 끊임없이 바뀌는 전류이다.

참조 직류(DC=Direct Current)와 교류(AC=Alternating Current)

[직류] [맥류] [맥 직류]

① 직류(DC=Direct Current) : 흐름의 방향성과 직진성이 있으며 극성의 변화가 없으며 직류, 맥류, 맥 직류로 분류한다. 직류의 대표적인 예는 Battery이다.

ⓐ 대형 항공기는 Battery를 이용하여 직류전원을 비상전원으로 사용되며 전원을 Static Inverter를 이용하여 교류로 전환하여 주 전원계통에 공급한다.

ⓑ 소형 항공기의 시동 시에 전기식 시동기(Starter)를 구동시키는 전원으로 사용하며 APU 시동 시에도 사용된다.

ⓒ 소형 항공기의 전기식 시동기는 전동기식으로 직권전동기를 주로 사용하며 전동기는 전기적 에너지를 기계적 에너지로 변환한다.

② 교류(AC=Alternating Current) : 직류와 같이 직진성이 없이 주기적으로 극성이 바뀌며 이 진동의 주기를 초(sec)당 바뀌는 횟수를 Hz라 하며 단상과 3상으로 구분한다.

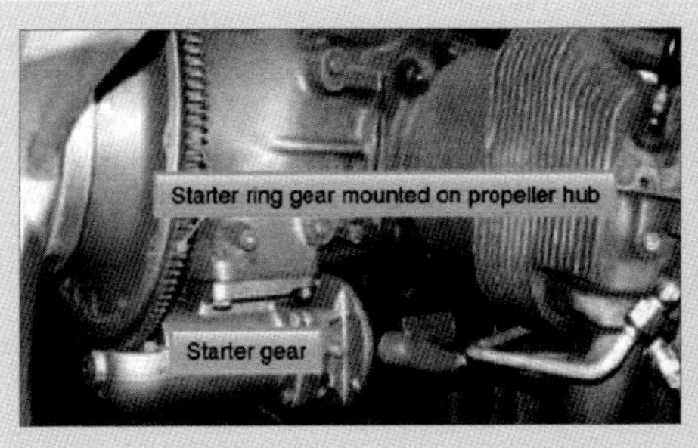

[소형 항공기 DC Stanter]

ⓐ 단상 : 2선으로 180°의 위상 차이다.(가정용 전원)

ⓑ 3상 : 3선 또는 4선으로 120°의 위상 차이며 결선 방법에 따라 Y 결선, △결선으로 분류한다.(공업용 전원)

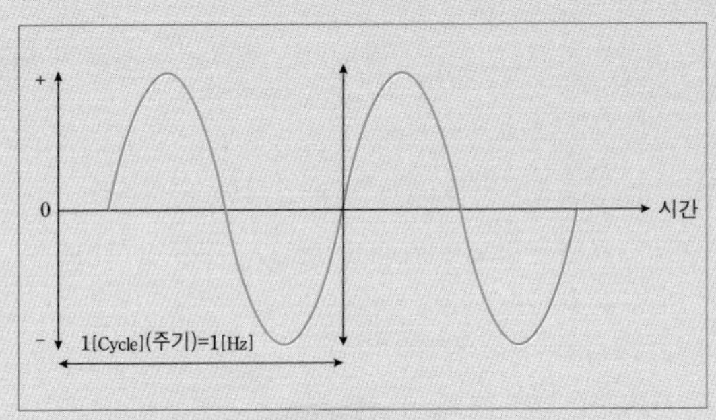

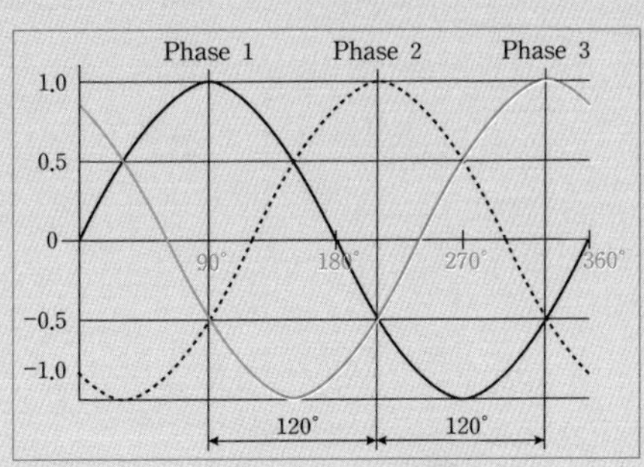

③ 전기의 국제 표준 주파수 : 50Hz, 60Hz, 400Hz이다.

ⓐ 50Hz : 특정 국가 또는 열대 우림지역이나 극한지역에서는 60Hz도 누전의 위험이 크기 때문에 50Hz를 사용한다.

ⓑ 60Hz : 표준 주파수이며 모든 국가에서 사용한다.

ⓒ 400Hz : 항공기에서 사용하는 주파수 이다.

④ 항공기에서 400Hz를 사용하는 이유

ⓐ 60Hz보다 누전에 의한 위험이 있으나 전기로 작동되는 장비품의 무게가 1/6~1/7로 감소하므로 항공기에서만 사용한다.

ⓑ Generator의 RPM=120f/p(1-s)로 표시되며 f : 주파수, p : 극수, s : Sleep 율이다.(Sleep 율은 통상 0.02~0.05% 적용)

따라서 400Hz를 사용하면 60Hz 때보다 약 1/6~1/7의 무게로 같은 전력을 생산할 수 있다.

ⓒ 대형 항공기 Engine에 장착된 IDG의 무게는 82kg 정도로 110/220V 400Hz 120kVA의 전력을 생산한다.

ⓓ 전력의 단위 : 전압(V) x 전류(I)이며 피상전력, 유효전력, 무효전력이 있다.

즉, 유효전력=피상전력-무효전력

- 피상전력(Apparent Power) : 공급전력으로 단위는 [VA]이며 발전기에서 생산하는 전력이다.
- 유효전력(Active Power) : 소비전력으로 단위는 [W]이며 사용되는 전력이다.
- 무효전력(Reactive Power) : 피상전력에서 유효전력을 뺀 전력으로 단위는 [VAr]이며 송전 중에 소비되는 전력이다.

주제

(2) 발전기의 주파수 조절장치

평가 항목

Engine의 출력에 따라 회전속도가 변하여 AC Generator에서 생산되는 교류전력의 주파수가 변하므로 Engine이 2,000~20,000 RPM 사이에서 8,800 RPM, Generator 출력을 400Hz로 일정하게 유지 시키는 장치로 CSD와 Generator가 분리된 것과 IDG(CSD+Generator)가 있다.

① 교류발전기는 3상 교류출력을 생산한다.

② 항공기의 교류발전기는 약 400Hz의 주파수를 생성하며 만약 주파수가 이 값에서 10% 이상 벗어나면 전기 시스템은 정확하게 작동되지 않는다.

ⓐ 정속구동장치(CSD=Constant Speed Drive Unit)는 400Hz 주파수를 보장하기 위해 Generator의 정확한 속도 회전을 보장하기 위해 사용된다.

ⓑ 정속구동장치는 독립적인 장치이거나, 교류발전기의 틀 안에 장착할 수 있다.
정속구동장치와 Generator가 하나의 장치에 포함되었을 때, 이를 통합구동발전기(IDG=Integrated Drive Generator)라 한다.

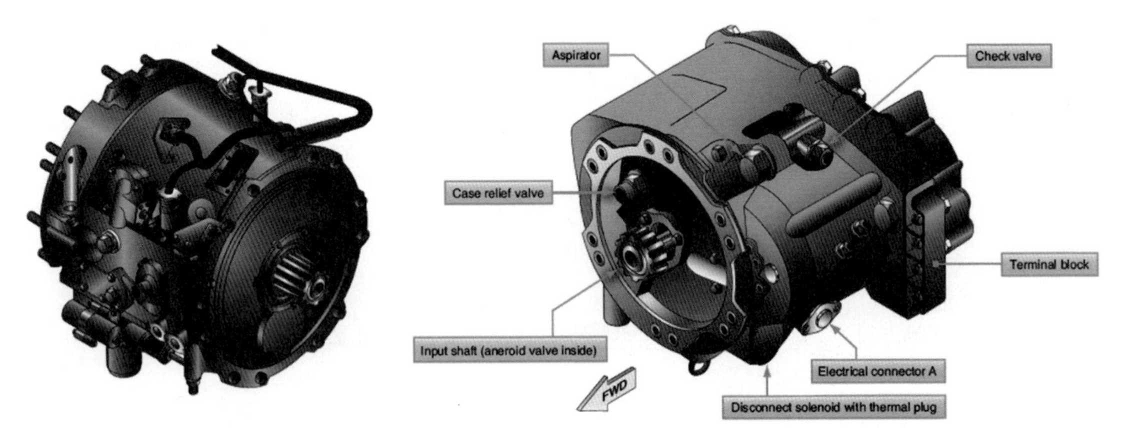

[CSD : Constant Speed Drive Unit] [IDG : Integrated Drive Generator]

2. 배터리 취급(구술 평가)

주제

(1) 배터리 용액점검 및 보충작업

평가 항목

① Main Charger가 끝나고 Top Charge 끝나기 5분 전에 증류수를 보충해 Manual에서 원하는 높이로 맞춘다.

② 납산 배터리의 충전확인법은 비중계를 사용한다.

③ Battery 취급 시 주의사항

ⓐ Battery의 과충전 및 과방전 시 Vent Cap주위의 하얀 분말은 비금속 브러쉬(Non-Metallic Brush)를 사용하여 제거할 것

ⓑ Battery Case의 균열 및 손상과 Vent System을 점검할 것

ⓒ Cell의 연결 부위에서 부식 및 과열현상 발견 시 수리할 것

ⓓ 장기간 저장된 Battery를 항공기에 장착 전에 전해액의 높이(Level)가 낮은 경우 최소 3~4시간 후 증류수를 보급할 것

주제

(2) 세척 시 작업 안전 준수사항 준수 여부

평가 항목

① 주변에 인화성 또는 폭발성 물질이 있는지 확인한다.

② 세척작업을 할 때 기체 외피를 손상 시킬 가능성이 있는 세척제 또는 도구를 사용하고 있는지 확인한다.

주제

(3) 배터리 정비 및 장/탈착 작업

평가 항목

① Battery의 장탈 및 장착

ⓐ Battery의 장탈 : 전기 부하와 Battery Switch를 "OFF"하고 (−)극 선을 먼저 장탈 한다.

ⓑ Battery의 장착 : (+)극 선을 먼저 장착한다.

주제

(4) 배터리 시스템에서 발생하는 일반적인 결함

평가 항목

① Cell 간 Connector 또는 Battery Connector 변색 또는 그을림

② Battery Case 또는 Cover의 변형

③ 명백한 용량 감소

④ 작동 완전 불능

⑤ 전해액의 과도한 분출

⑥ 충전 후 하나 이상의 Cell이 요구전압인 1.2~1.25V 승압 실패

⑦ Cell Case와 Cover의 변형

⑧ Cell Case 내부에 이물질
⑨ 빈번한 수분의 생성
⑩ Hard Wear 상부의 부식

3. 비상등(구술 평가)

주제

(1) 종류 및 위치

평가 항목

① Emergency Light : 출입구 및 비상 탈출구에 "EXIT" Sign으로 표시된다.
② Ceiling & Entryway Emergency Light : Emergency Exit Path를 따라 항공기에서 탈출할 때 Crew와 승객들에게 통로를 조명해준다.
③ Door-Mounted(Slide) Emergency Light : 각 Passenger Compartment Door의 안쪽에 장착되어 있으며 Door를 Open 시 Emergency Evacuation Slide Area를 조명한다.
④ Over-Wing Emergency Light : Emergency Condition 시 Over-wing Exit Path를 조명한다. (Wing 후방 동체에 위치)
⑤ Door Frame Mounted Light : 항공기 Door Frame의 Top에 장착되어 Door Sill을 조명한다.
⑥ Exit Sign : 각 Door의 상부 또는 근처, 통로 위의 천장 등에 장착되어 있다.
⑦ Floor Proximity Light : Main Upper Deck Aisles를 따라 Floor Track에 장착된 Aisle Locator, Stairway를 따라 장착된 Exit Locator Light, 각 Door 근처에 장착된 Exit Indicator로 구성된다.

8 전자계기 계통

1. 전자계기류 취급(구술 또는 실작업 평가)

주제

(1) 전자계기류의 종류

평가 항목

① EFIS(Electronic Flight Instrument System=전자식 비행 계기계통) : PFD+ND
② ECAM(Electronic Centralized Airplane Monitoring=전자중앙항공기 감시계통) : EWD+SD
③ EICAS(Engine Indicating and Crew Alerting sSstem=엔진계기 및 조종사 경고계통) : Main EICAS+Aux EICAS(Upper EICAS, Lower EICAS)

④ PFD(Primary Flight Display=주 비행계기) : EFIS의 PFD는 기능이나 지시가 양쪽이 같다. 대기속도계, 고도계, 승강계, 비행자세계, 방향 지시계, 자동조종모드 상태를 실시간으로 지시한다.

⑤ ND(naNigation Display=항법계기) : ND는 위성항법, 관성항법, 무선항법 등 관련 항법자료를 4개 모드에 따라 지시한다.

⑥ SD(System Display=기타 계통계기) : SD와 Aux EICAS는 엔진 파라미터부터 각각의 계통인 객실 냉난방, 전기, 연료, 작동유 및 공압, 비행조종계통 등 여러 계통 상태를 실시간으로 Synoptic(개요 그림) 상태로 보여주는 기능은 같다.

⑦ EWD(Engine & Warning Display=엔진 및 경고 계기) : 에어버스사 계기로, 보잉사의 Main EICAS와 마찬가지로 주요 엔진 파라미터 그리고 조종사에게 계통 결함상태를 중요 등급에 따라 지시하고 조종사가 취해야 할 안전 조치 사항 등을 지시한다.

⑧ IDS(Intergrated Display System=종합계기계통)

⑨ EIS(Electronic Instrument System=전자계기계통)

⑩ EADI(Electronic Attitude Director Indicator=전자식 자세 지시계)

⑪ EHSI(Electronic Horizontal Situation Indicator=전자식 방향 지시계)

주제

(2) 전자계기 장/탈착 및 취급 시 주의사항 준수 여부

평가 항목

① 떨어뜨리지 않도록 주의한다.

② Case의 기밀상태가 고장나면 계기 내부의 정상적인 성능 및 감항성을 보장하기가 어렵다.

③ Gyro의 모든 계기는 계기판에 장착될 때까지 고정 노브를 당겨서 계기 내부의 Gyro 등 움직이는 기계들을 고정시켜야 한다.

2. 동/정압(Pitot-Static Pressure System) 계통(구술 평가)

■ Pitot Tube는 전압을 Sensing하고, Static Port는 정압을 Sensing 하여 차이를 이용하여 동압을 구해 속도를 산출한다.

① 고도는 Static Port에서 측정한 정압이다.

② Total Pressure(전압) : 항공기가 공기를 가로질러 움직일 때 존재함

③ Static Pressure(정압) : 항공기 주변의 공기압력

④ Dynamic Pressure(동압) : 항공기가 움직이고 있을 때만 존재

- 동압(Dynamic Pressure)=전압(Total Pressure)-정압(Static pressure)

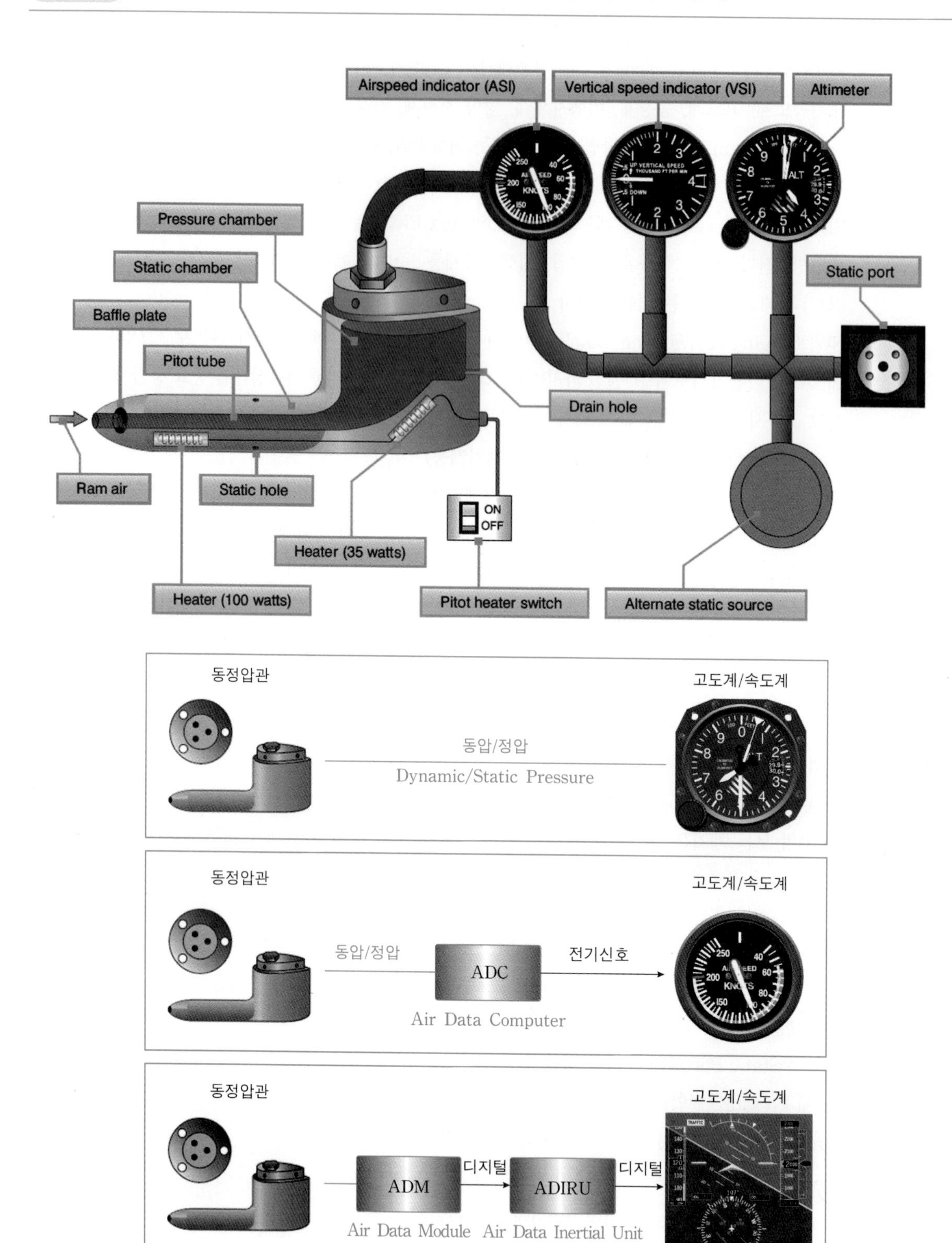
Airspeed indicator (ASI)
Vertical speed indicator (VSI)
Altimeter
Pressure chamber
Static chamber
Baffle plate
Pitot tube
Static port
Drain hole
Ram air
Static hole
ON
OFF
Heater (35 watts)
Heater (100 watts)
Pitot heater switch
Alternate static source
동정압관
고도계/속도계
동압/정압
Dynamic/Static Pressure
동정압관
고도계/속도계
동압/정압
ADC
전기신호
Air Data Computer
동정압관
고도계/속도계
ADM
디지털
ADIRU
디지털
Air Data Module
Air Data Inertial Unit

주제

(1) 계통점검수행 및 점검내용 체크

평가 항목

① 고도계 시험은 24개월 이내에 주기적으로 수행해야 한다.

ⓐ 정확한 측정 및 지시를 위해선 배관의 정확한 연결이 중요하다.

ⓑ Pitot Tube는 Flight Mode에서 Heating이 되므로 Ground Mode인지 확인 후 작업해야 한다. 모든 동/정압 시험장비의 압력 및 진공압력은 항공기 계기 손상을 방지하기 위해 천천히 압력을 가하거나 빼내야 한다.

주제

(2) 누설확인 작업

평가 항목

① 수분 및 습기로 인한 동/정압계통의 피해 및 관리

ⓐ 항공기가 비구름 속을 비행할 경우 동/정압계통에 유입될 수 있으며 이로 인해 지시가 부정확하거나 오차의 원인이 될 수 있다.

ⓑ 고인 물이 얼면 대기 속도계, 고도계, 승강계, 마하계 및 다른 조종계통에 심각한 문제를 발생시킨다.

ⓒ 계통 내 가장 낮은 지점에 Drain Port가 설치되며 건조한 공기 또는 질소로 동/정압 관을 주기적으로 배수시키면서 관리한다.

ⓓ 작업 시 반드시 동/전압 계기들을 분리하고 항시 계기 끝단에서 동/정압의 배출구 쪽으로 불어낸다.

② 동/정압 누설검사 방법

ⓐ 누설점검 전에 동/정압계통 안에 존재할 수 있는 수분이나 습기를 배수관을 통해 제거한다.

ⓑ MB-1장치를 사용하여 누설시험을 하고 Pitot Line에는 Positive Pressure를 Static Line에는 Negative Pressure를 공급하여 Manual에 명시된 시간 동안에 Manual에 명시된 압력값 보다 떨어지는 것을 Test 한다.

ⓒ 누설이 없다면 작업 완료이며 누설이 있다면 찾아 수정해야 한다.

ⓓ MB-1 장비는 과거에 쓰던 장비이며 현재는 ADTS(Air Data Test Sys')장비를 사용하여 누설검사를 한다.

ⓔ 시험장치가 Static Port 끝단에서 연결되고 압력은 고도계에서 1,000 ft를 지시하는데 필요한 양만큼 계통에서 압력이 감소하면 계통을 밀봉하고 1분간 누설 여부를 검사한다.

ⓕ 모든 동/정압계통 점검 시 반드시 제작사 교범을 준수하고 압력은 항공기 계기 손상을 방지하기 위하여 서서히 가압 또는 배출한다.

ⓖ 동/정압계통 누설점검 장비는 내장된 고도계가 있어 점검 중 항공기 고도계와 비교검토에 사용된다.

ⓗ 누설시험이 완료되면 반드시 모든 계통이 정상비행 형태로 되돌아갔는지 확인한다.

주제

(3) Vacuum/Pressure, 전기적으로 작동하는 계기의 동력 시스템 검사 고장탐구

평가 항목

항공기의 전기배선은 단선 방식으로 구성품의 전원은 (+) 전원에 연결, (−)선은 항공기 기체에 접지시킨다. 이질금속으로 연결되어 있을 때의 전위차를 없애기 위한 본딩연결이 중요하므로 본딩 작업 및 점검을 수행한다.

제3편

항공정비사 실기[작업형]

항공정비사(Aircraft Maintenance Mechanic)

제1장 기본작업(항공정비사)

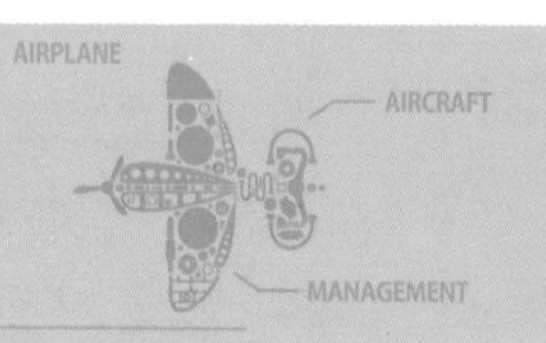

1 판금 작업

1. 구조물 수리작업

가) Rivet의 선택(크기, 종류)

① Rivet의 지름(Diameter of shank) ➡ 접합하는 판재 중 두꺼운 판재의 3배

② Rivet의 길이 산정 ➡ 접합하는 판재 두께+지름의 1.5d

예 판재 두께가 1mm인 경우

- Rivet 지름(d) : 3mm
- Rivet 길이 산정 ➡ 2mm+4.5mm=6.5mm

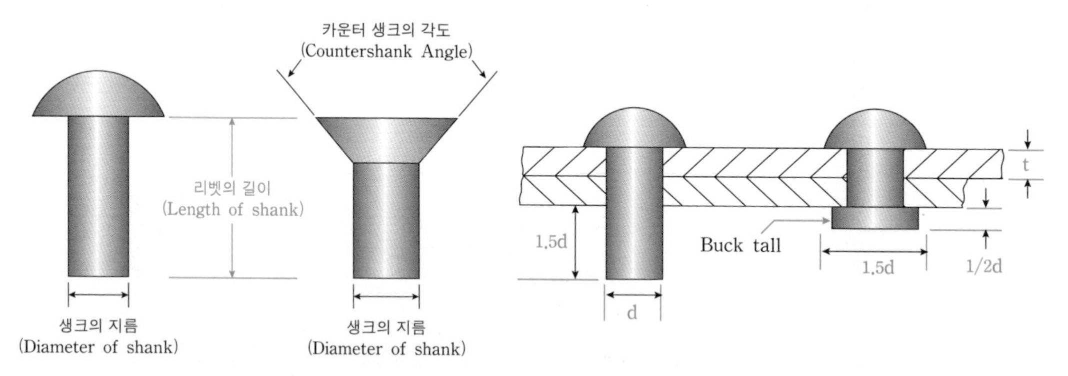

③ Edge distance of rivet(연 거리) ➡ 판재의 모서리에서 Rivet Hole 중심까지의 거리 (통상 2.5D~4D이며 도면에 거리가 주어진다.)

④ Rivet pitch : Rivet line 방향으로 측정한 인접한 Rivet과 Rivet의 중심 거리 (통상 3D~12D이며 도면에 거리가 주어진다.)

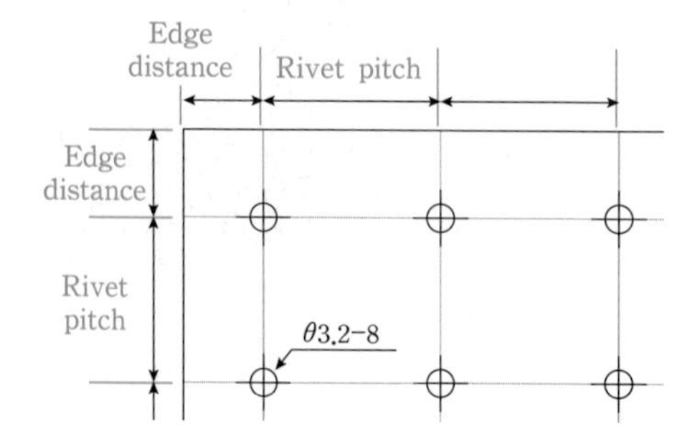

나) Rivet의 배치(ED, Pitch)

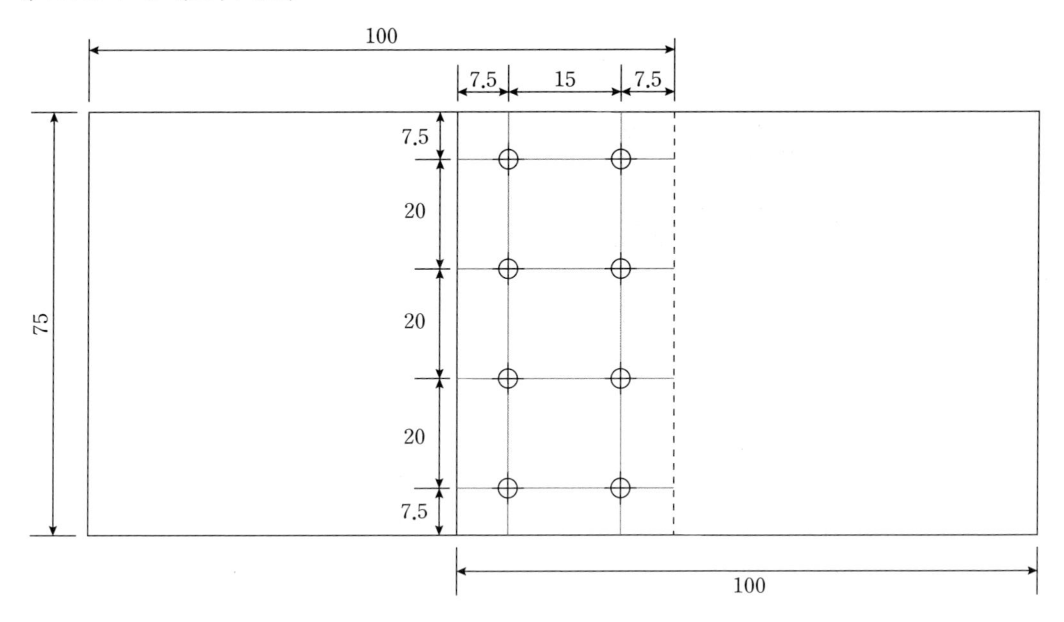

① 알루미늄 판재를 겹쳐 Tape로 고정 후 비닐위에 Name pen으로 주어진 판재에 도면을 그린다.

② Ball pin Hammer와 Center punch로 Drill point marking

③ ϕ3.0mm Drill을 사용하여 목재 또는 Vise에 판재를 고정하고 Drilling한다.

④ 알루미늄 판재를 도면과 같이 위치하고 Tape로 고정 한다.

⑤ ϕ3.2mm Reamer를 사용하여 Hole을 다듬는다.

⑥ 알루미늄 판재를 분리하여 Hole 주변의 Debris 및 비닐을 제거한다.

⑦ 알루미늄 판재를 도면과 같이 위치하고 CLECO Fasteners로 고정한다.(Masking Tape를 사용할 수 있음)

다) Rivet 작업 후의 검사

① Riveting 작업

ⓐ 판재 두께가 1mm이므로 Rivet의 지름은 3mm이며 Rivet의 길이는 2mm+4.5mm=6.5mm이다. 주어진 Rivet의 길이가 6~7mm보다 길면 Rivet Cutter를 사용하여 절단하여 사용한다.

[Rivet cutter]

ⓑ CLECO를 사용하여 Rivet하는 옆 Hole을 고정한다.

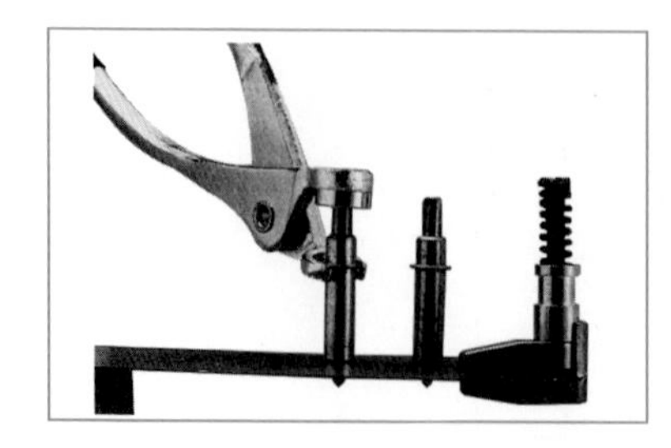

ⓒ Rivet Gun의 Tip을 Rivet Head에 맞게 선택하여 접속한다.

ⓓ Vise에 판재를 고정한다.

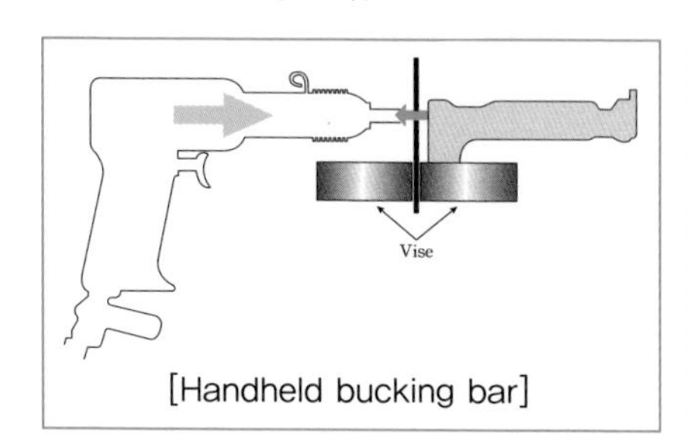

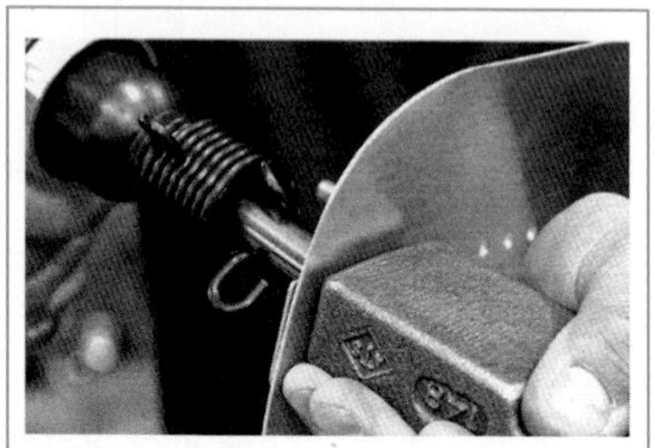

ⓔ Rivet Gun을 지면을 향해 Pneumatic Pressure를 알맞게 조절한다.

ⓕ Rivet Gun을 Rivet Head, Bucking bar를 Rivet Tail에 일직선으로 맞춘다.(판재와 90°)

ⓖ 알맞은 Pressure로 Riveting을 하며, Buck Tail이 1/2D가 되도록 한다.

라) Rivet 작업 후의 검사

① Rivet 제거 작업

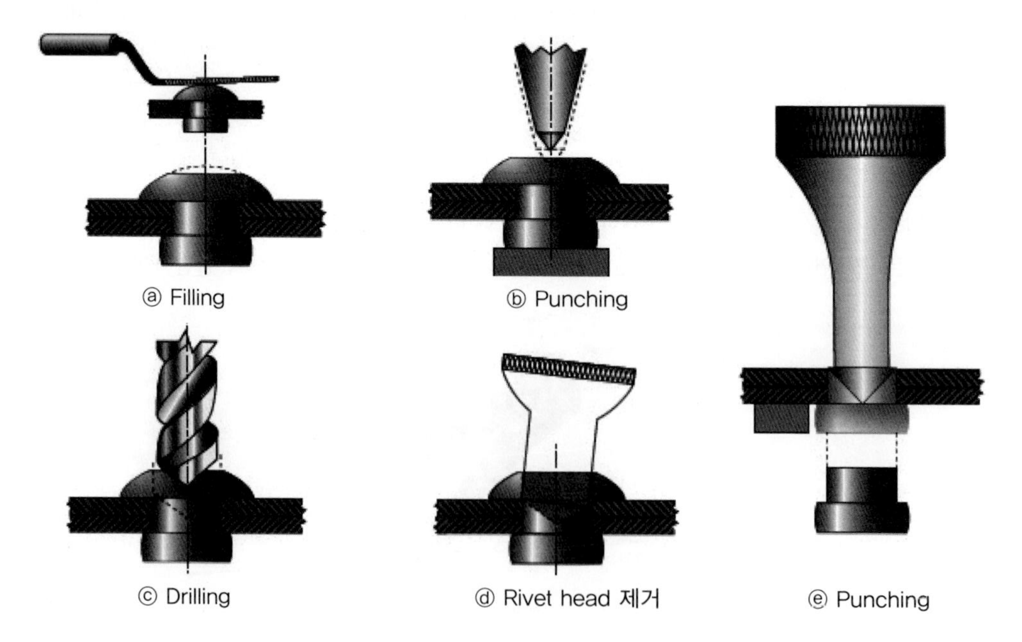

ⓐ Rivet Head를 File로 평평하게 Filing한다.

ⓑ Rivet head 중심에 Center Punch로 Punching한다.

ⓒ Rivet의 지름보다 한 치수 작은 Drill을 사용하여 판재 Rivet Head까지 Drilling 한다.

ⓓ Pin Punch를 삽입하여 옆으로 비틀어 Rivet Head를 제거 후 Hammer로 가볍게 쳐서 Rivet Shank를 제거한다.

ⓔ 작업 시 원 판재가 벌어지거나 넓어지지 않도록 주의한다.

2. 판재 절단, 굽힘 작업

① 주어진 판재에 금 긋기(Lay-out) 한다.(그림 참조)

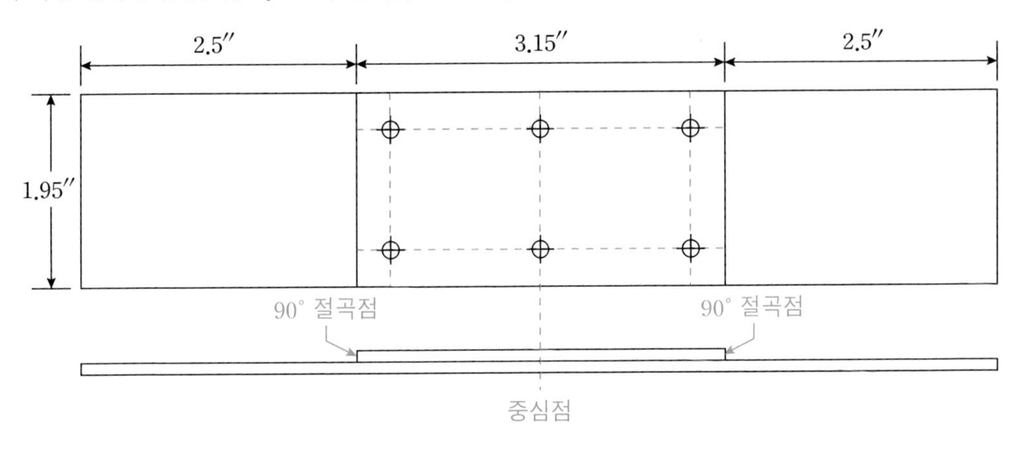

② Center Punch로 Drilling할 중심을 Punching한다.

③ Rivet 직경과 동일한 Drill로(3mm) 긴 판재와 Patch 판재를 중심선에 겹치기 고정한 상태로 Drilling 한다.

④ Drilling Rivet Hole에 Reamer(3.2mm)로 Reaming한다.

⑤ 남아있는 Burr를 모두 제거하고 판재 모서리 등을 손질한다.

⑥ 판재를 절곡기를 사용 양쪽을 90°로 절곡한다.(그림 참조)

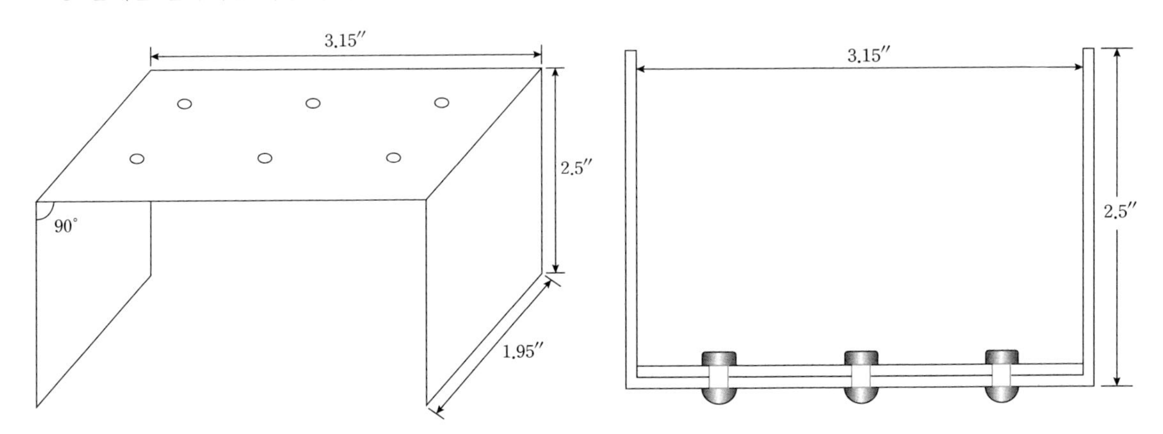

⑦ Rivet작업 시 Rivet Head방향은 통상 Patch 판재 쪽에 위치하나 반드시 도면에 따라 작업한다.

2 연결 작업

1. Hose, Tube 작업

가) Tube Cutting

① Tube Cutter를 사용하여 120cm 튜브를 도면의 작품을 제작 하기위해 필요한 치수로 자른다.

※ 약 65cm정도 필요함(70~75cm로 자름)

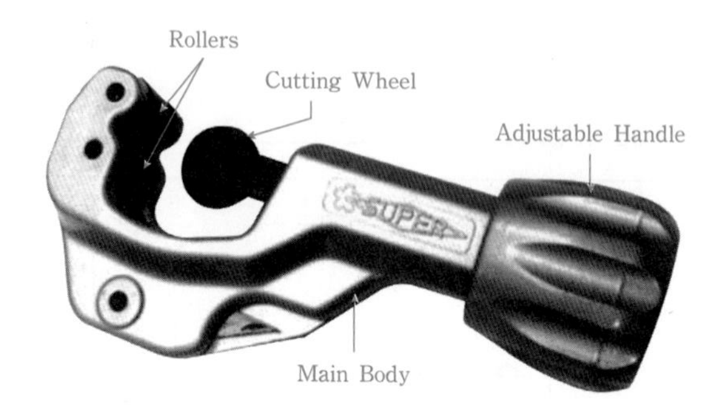

② Tube Cutting방법

ⓐ 끝을 직각으로 이루게 하고 매끄럽게 한다.

ⓑ 절단하려는 지점에 Cutting Wheel을 위치시키고 Tube의 둘레를 따라 Adjustable handle을 천천히 조이면서 Tube Cutter를 회전시킨다.

※ 이때 한번에 너무 센 압력을 주게 되면 Tube가 손상된다.

ⓒ 절단 후 Tube 절단면의 Burr를 제거 해야 한다.

나) Tube Bending

(1) Tube에 Marking 하기

① [도면] $r=1.5''$의 경우

ⓐ B.A(Bend Allowance)를 계산하여 Tube에 표시한다.

$$BA\text{공식} : BA=2\pi(r)\times\frac{\theta}{360}$$

$$(r=\text{굽힘 반경},\ D=\text{튜브 직경},\ \theta=\text{굽힘 각})$$

ⓑ $BA1=2\pi(r)\times\frac{\theta}{360}=2\pi\times(1.5)\times0.25=2.356''$

ⓒ $BA2$ and $BA3=\frac{2.356}{2}=1.178''$

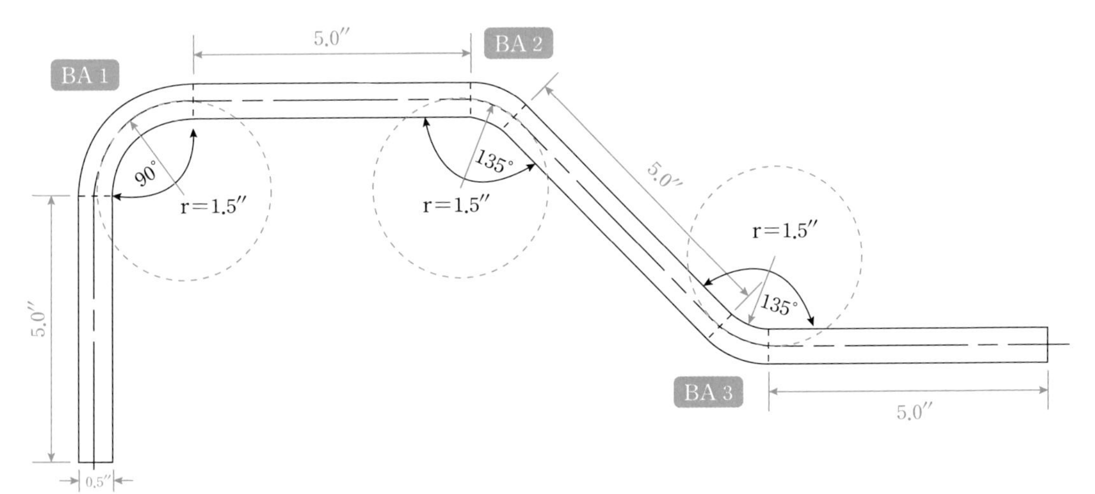

[도면] $r=1.5''$

참조 Tube Bending Tool 사용법

ⓐ Bend Allowance의 표기는 Tube의 중심선(CLR)을 기준으로 한다.

ⓑ CLR(Center Line Radius) : Tube Bending 시 외부는 팽창응력, 내부는 압축응력을 받으므로 항상 중심선을 기준으로 한다.

② [도면] $r=1.5''$의 경우

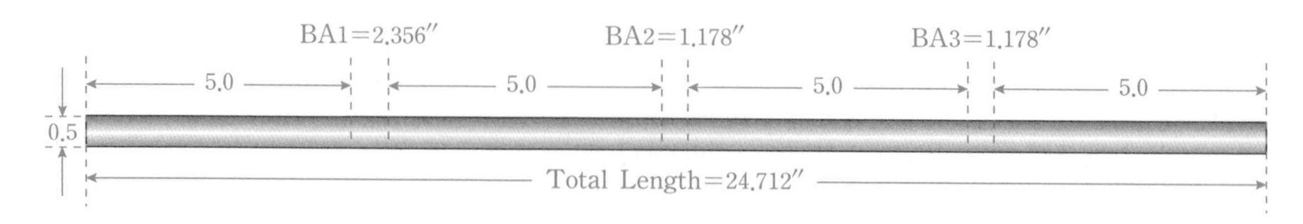

ⓐ [그림]과 같이 Tube에 정확하게 Name Pen으로 Marking한다.

$5.0''+BA1(2.356'')+5''+BA2(1.178'')+5.0''+BA3(1.178'')+5''$

ⓑ Tube 전체의 길이

$5''+2.356''+5''+1.178''+5''+1.178''+5''=24.712$ inch

※ inch자가 없을 경우 cm로 환산한다. 1 inch=2.54cm 따라서 24.712×2.54=62.8cm

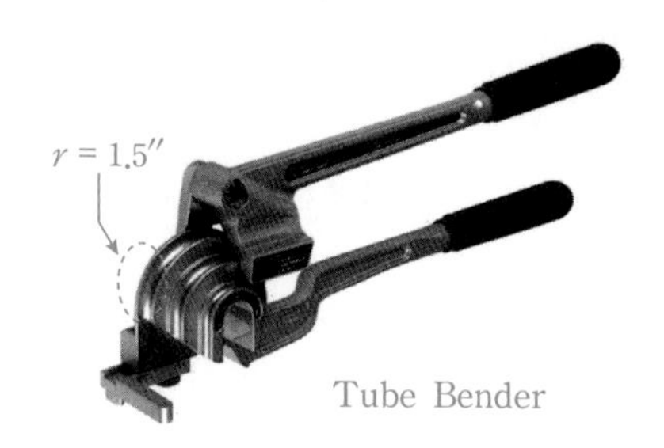

Tube Bender

(2) Tube에 Bending하기

① [도면] $r=1.5''$의 경우

ⓐ BA1 시작점에 Tube bender의 "0"에 맞추고 90°를 도면과 같이 Bending한다.

ⓑ 90° bending 후 "0"점이 정확하게 BA1 끝나는 점에 일치하는지 확인한다.

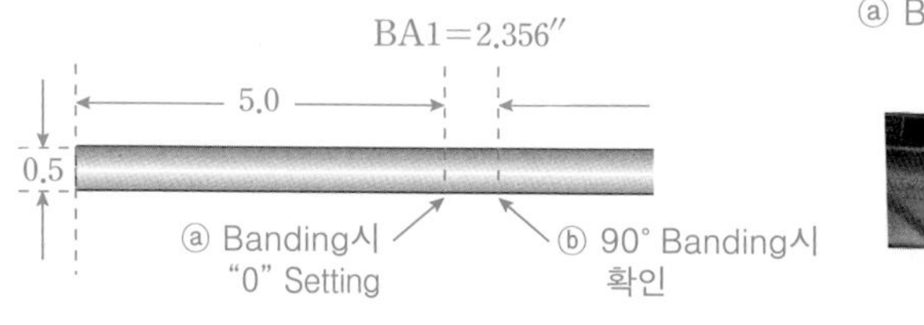

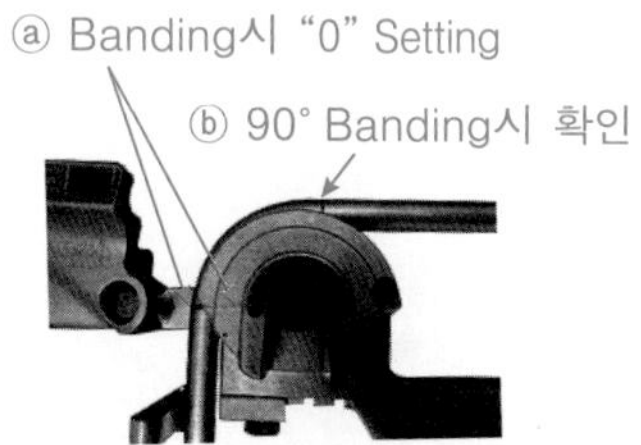

ⓒ BA2 시작점에 Tube bender의 "0"에 맞추고 135°를 도면과 같이 Bending한다.

ⓓ 135° Bending 후 "0"점이 정확하게 BA2 끝나는 점에 일치하는지 확인한다.

ⓔ BA3는 BA2와 방법이 동일하다.

ⓕ Bending이 완료되면 남은 치수만큼 잘라내고 다듬는다.

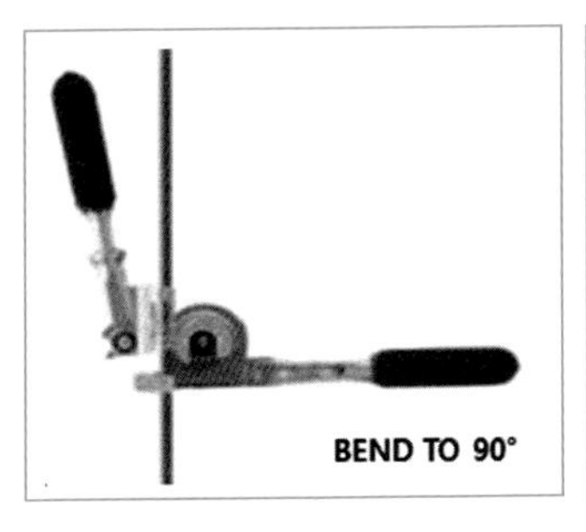

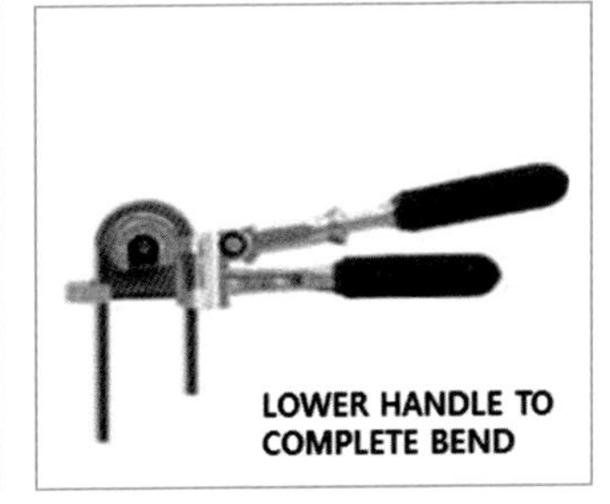

② [도면] $r=1.25''$의 경우

※ Tube Vending Tool이 Tube 중심선에 맞추어 있으나 안 지름에 표시된 경우 $r=1.25$ inch

$$BA\text{공식} : BA=2\pi\left(r+\frac{d}{2}\right)\times\frac{\theta}{360}$$

(r=굽힘 반경, D=튜브 직경, θ=굽힘 각)

ⓐ $BA1=2\pi\left(r+\frac{d}{2}\right)\times\frac{\theta}{360}=2\pi\times(1.25+0.25)\times0.25=2.356''$

ⓑ $BA2=\frac{2.356}{2}=1.178''$

ⓒ $BA2=\frac{2.356}{2}=1.178''$

ⓓ Tube 전체의 길이

$5+2.356+5+1.178+5+1.178+5=24.712''=24.712\times2.54=62.8\text{cm}$

※ inch자가 없을 경우 cm로 환산한다. 1 inch=2.54cm

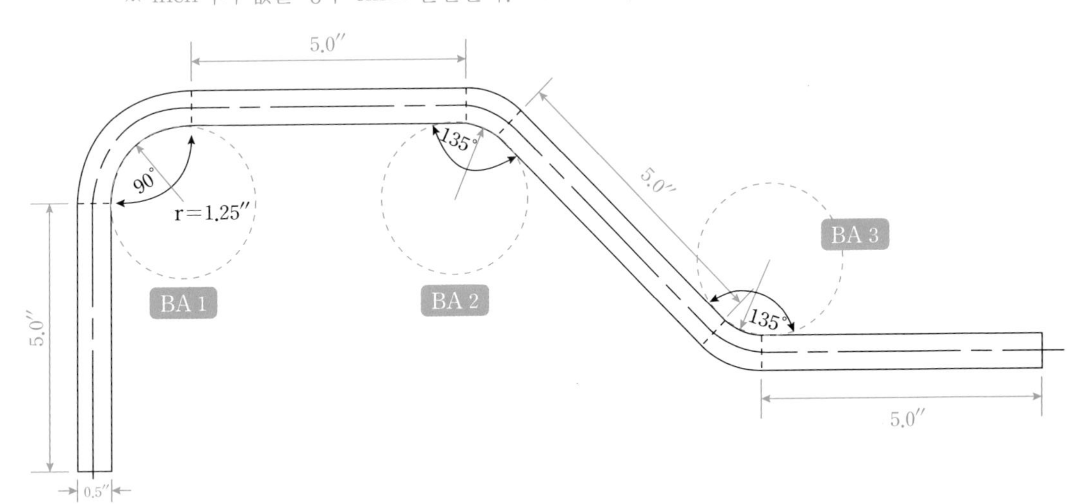

2. Cable 조절 작업(Rigging)

가) Tension Meter와 Riser 선정

(1) T–5 Type Tension Meter(Conversion Factor Type)

[그림]과 같이 RISER를 NO.1, 2, 3 중 선택 장착 및 케이블 직경 측정자(Cable size gauge)와 환산 테이블이 있어야한다.

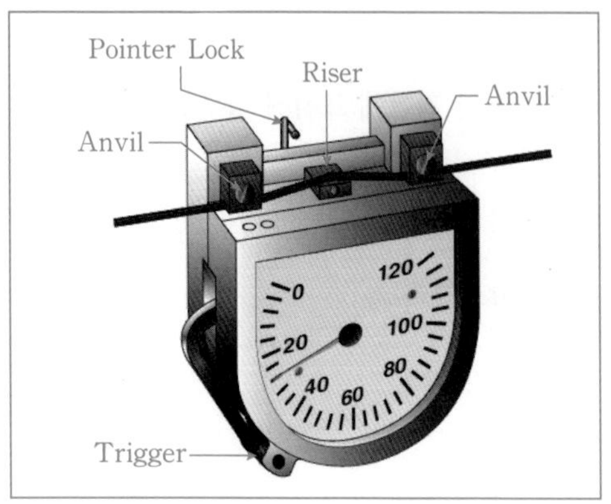

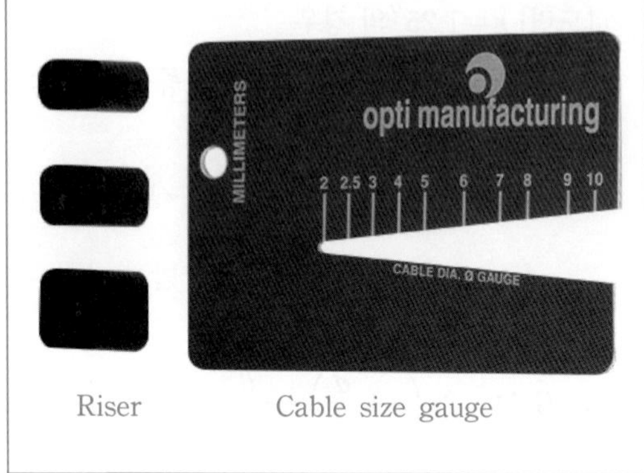

① T–5 Type Tension Meter 사용법

ⓐ Cable Size Gauge로 Cable Size를 측정한다.

ⓑ Cable Size에 따라 해당된 Riser를 교환한다.

ⓒ Trigger를 내리고 Anvil과 Riser 사이에 Cable을 삽입하고 Trigger를 올리면 장력이 표시된다.(Riser에 따라 도표를 확인하여 장력을 읽는다)

(2) C–8 Type Tension Meter(Direct Reading Type)

ⓐ Cable의 Size와 Tension을 측정할 수 있다.

ⓑ Handle을 내려 고정한 후 Cable Size 측정기를 반시계 방향으로 Stop Bar까지 돌린다.

ⓒ Cable을 삽입하고 Handle을 풀었다 Handle을 다시 고정하고 Cable Size를 읽는다.

ⓓ 지시계를 돌려 측정한 Cable Size의 "0" 위치에 맞춘다.

ⓔ Handle을 압축하여 Cable을 삽입한 후 Handle을 풀어서 Tension 눈금을 읽는다.

ⓕ Tension Meter의 수치가 잘 안보일 경우에는 고정 Button을 눌러서 Tension Meter를 분리 후 장력을 읽는다.

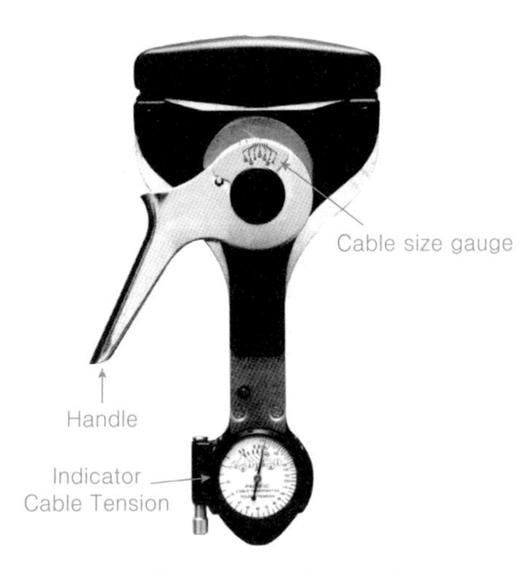

[C-8 Type Tension meter]

(3) 교정 유효기간

① 모든 정밀기기는 정해진 교정기간이 있으며 교정 후 반드시 교정 라벨을 부착한다.

② 교정라벨을 확인하여 현재일이 교정일과 차기교정일 사이에 있어야 사용 가능하다.

③ 유효기간은 교정일 부터 차기교정일 까지를 말한다.

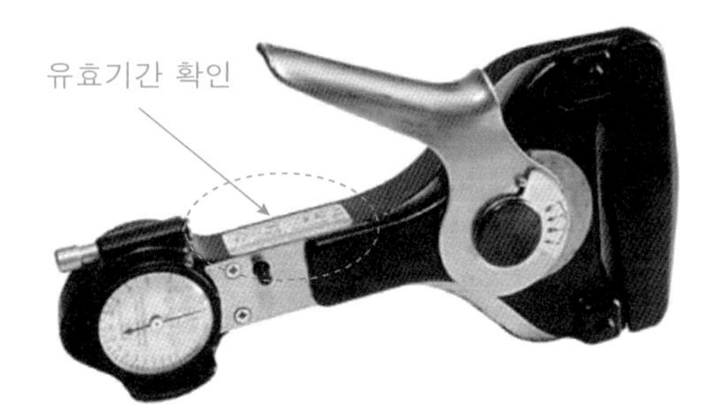

(4) Cable의 점검

① 외부 오염 및 내부 부식 유무 검사

② Wire 가닥의 Cut 검사

③ Cable의 변형 및 마모 검사

[Corrosion]

[Kink]

[Brid cage]

[Press]

[Broken]

나) 온도보정표에 의한보정

(1) 측정 또는 조절하고자 하는 케이블의 Tension 값과 온도와의 관계

① Tension Limit는 위 그래프와 같이 해당 Manual에 제공된다.

② Cable Size를 측정한다.

③ Cable Tension 측정 장소의 온도를 알아야한다.(만일 섭씨온도계 이면 화씨로 변환한다.)

ⓐ 온도 변환공식

- F°=9/5C°+32

  계산기 사용법 ➡ F°=1.8×C°+32

- C°=5/9(F° − 32)

  계산기 사용법 ➡ C°=0.55(F°−32)

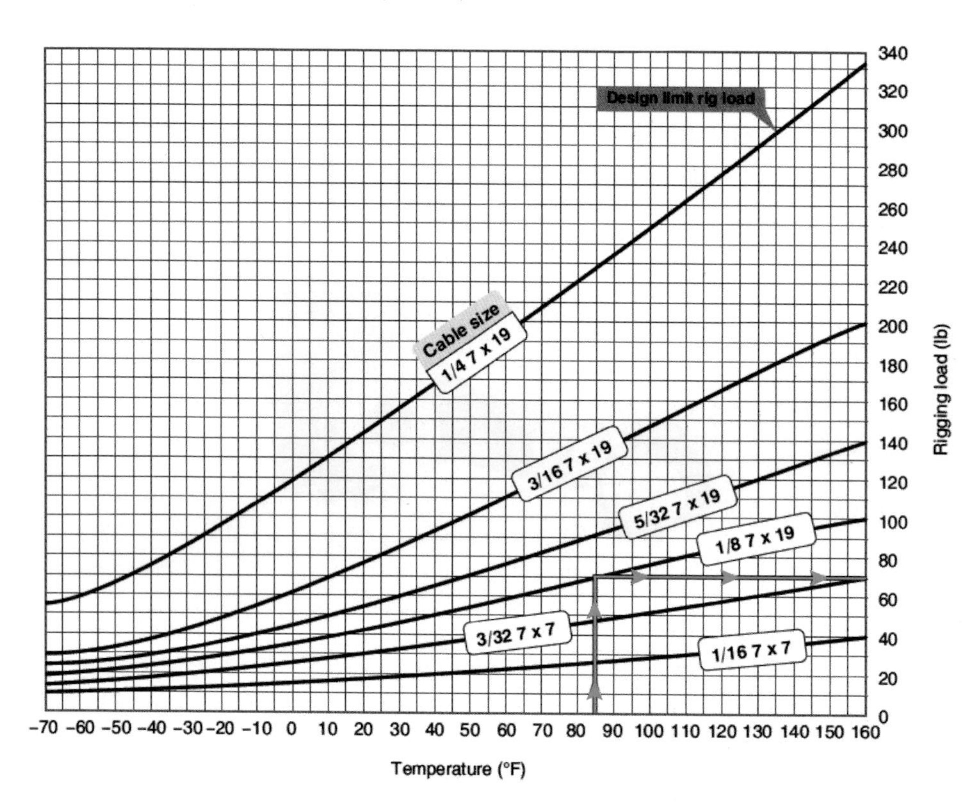

(2) CABLE TENSION 측정방법

① T-5측정기 사용법

ⓐ Cable Tension은 Anvil이라고 하는 담금질을 한 2개의 Steel Block 사이에서 Cable에 Offset를 주는데 필요한 힘의 크기를 측정해서 정한다.

ⓑ Offset를 만들기 위해 Riser 또는 Plunger를 Cable에 장착한다.
Cable Tension을 측정하려면 Trigger를 내리고, 측정하는 Cable을 2개의 Anvils에 넣고 Trigger를 위로 움직여 조여 준다. Trigger가 움직이면 Riser를 위로 올리고 Anvil 아래쪽 2개의 지점에 직각으로 Cable을 넣는다. 여기에 필요한 힘이 Dial Pointer로 지시한다.

ⓒ Figure에서 보여준 Sample Chart와 같이, 다른 Size의 Cable에는 다른 번호의 Riser를 사용한다. 각 Riser에는 Identification Number(식별 번호)가 붙어 있어 쉽게 Tension Meter에 삽입할 수 있다.

ⓓ 각 Tension Meter는 Figure 에서와 같이 Calibration Table을 갖고 있어 Dial을 읽을 경우 파운드로 환산할 때 사용된다.

ⓔ Dial을 읽는 것은 다음과 같이 하여 환산한다. 직경 5/32 inch의 Cable의 Tension을 측정하는데, No.2의 Riser를 사용해서 "30"이라고 읽었으면, Cable의 실제의 Tension은 Calibration Table에서 보는 것과 같이 70 lbs가 된다.

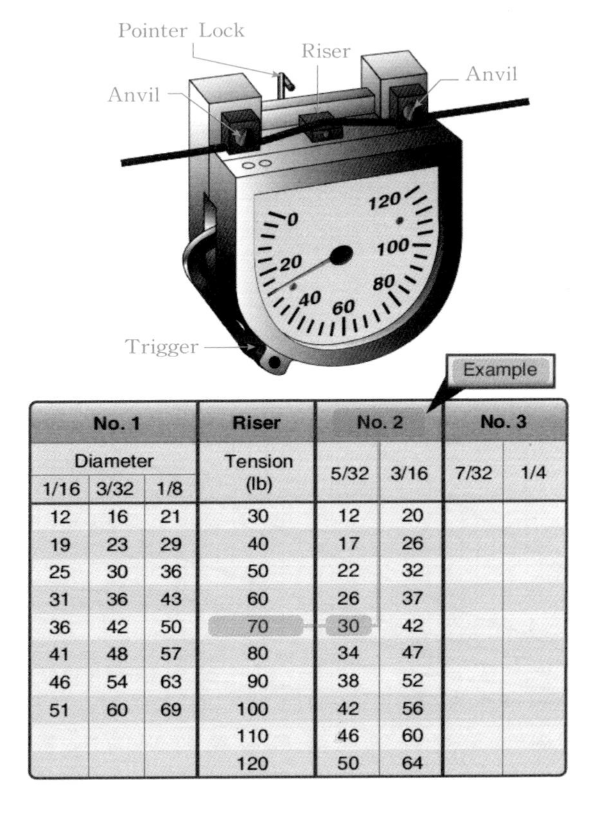

No. 1			Riser	No. 2		No. 3	
Diameter			Tension (lb)	5/32	3/16	7/32	1/4
1/16	3/32	1/8					
12	16	21	30	12	20		
19	23	29	40	17	26		
25	30	36	50	22	32		
31	36	43	60	26	37		
36	42	50	70	30	42		
41	48	57	80	34	47		
46	54	63	90	38	52		
51	60	69	100	42	56		
			110	46	60		
			120	50	64		

② C-8측정기 사용법

ⓐ Cable Size 측정

- 측정기의 Handle을 아래로 내려 Handle Latch로 고정시킨다.
- 측정기의 Handle을 눌러 Handle Latch로 고정시킨다.
- Cable size gage를 반 시계 방향으로 멈출 때까지 돌린다.
- Cable을 장력 측정기에 삽입하고 손잡이를 약간 눌렀다가 천천히 놓으면서 Cable size를 측정한다.
- 아래 그림의 손잡이 ⓐ를 다시 눌러 고정시킨다.
- Cable size gage와 Indicator cable size의 눈금과 일치하는 Cable size를 읽는다.

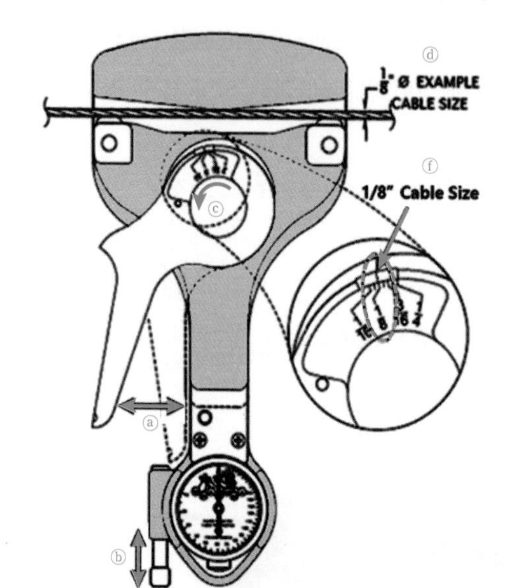

[Cable size 측정]

ⓑ Cable Tension 측정

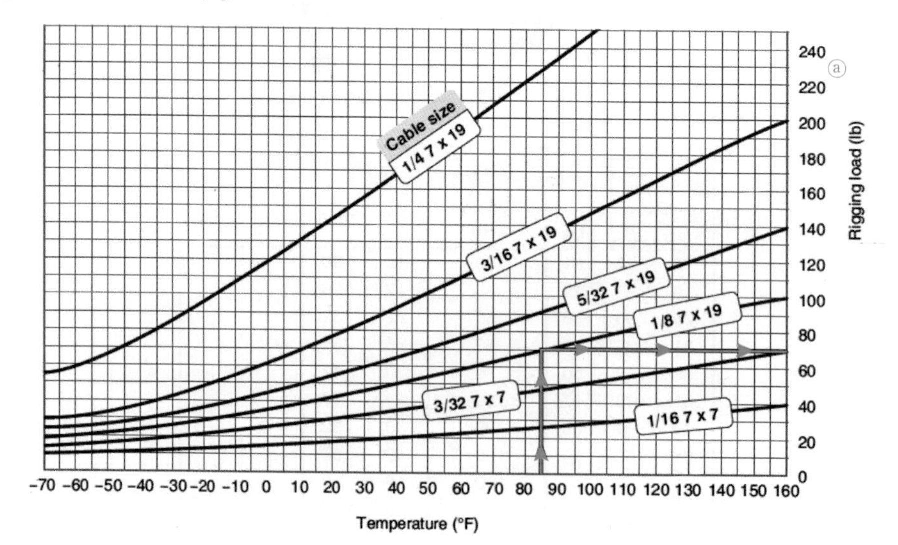

- Cable Tension 측정 장소의 온도를 확인하고 Tension값을 결정한다.(만일 섭씨 온도계면 화씨로 변환한다)
- Dial face를 돌려 Cable size에 맞춘다.
- Cable을 측정기에 삽입하고, 손잡이를 풀어서 눈금에 표시된 수치 값을 읽는다.
- 지시 값을 읽기 어려우면 고정 단추를 눌러 지시계를 고정시킨 후 Cable에서 측정계를 탈거하여 Tension을 읽는다.

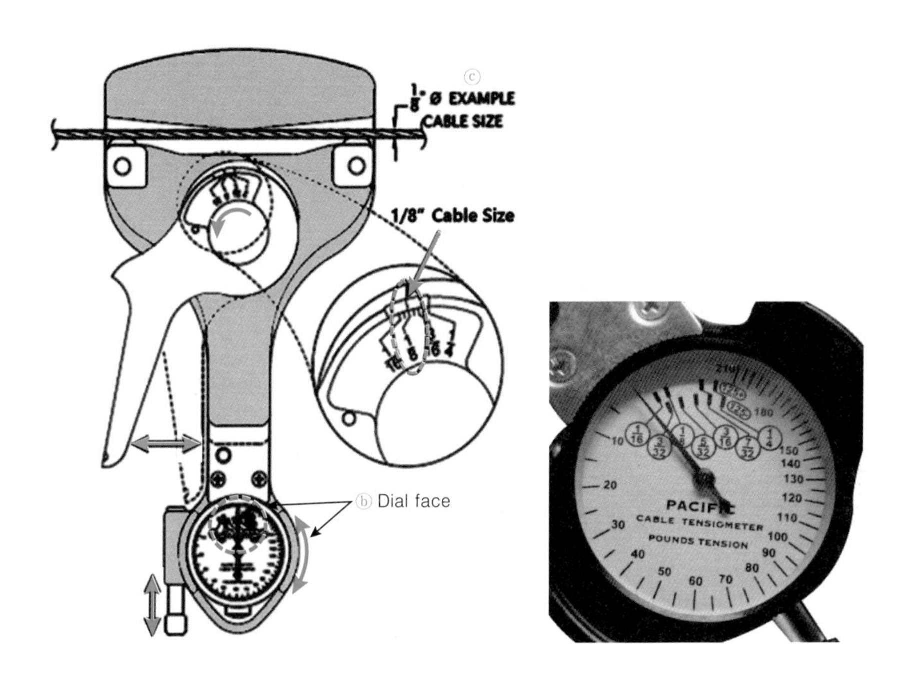

3. 안전 결선(Safety Wire)

가) Turnbuckle 조절 및 Locking

(1) Cable Tension을 위한 Turnbuckle 조절

① Single Wrap(단선식) 결선법

ⓐ Turnbuckle의 Barrel 내부에 있는 나사(Thread)가 한쪽은 오른나사 반대쪽은 왼나사 이다. (왼나사 쪽에는 가는 실선으로 표시됨)

ⓑ Tension조절을 위해서는 양쪽에 장착된 Terminal을 고정시키고 배럴(Barrel)을 회전시켜 조절한다.

ⓒ 조절한 다음에는 반드시 Tension을 다시 측정한다.

ⓓ Turnbuckle의 Tension이 적당한지를 확인한다. 확인하는 방법은 나사산이 3개 이내가 밖으로 나와 있거나 검사홀에 Wire를 넣어 막혀 있으면 된다.

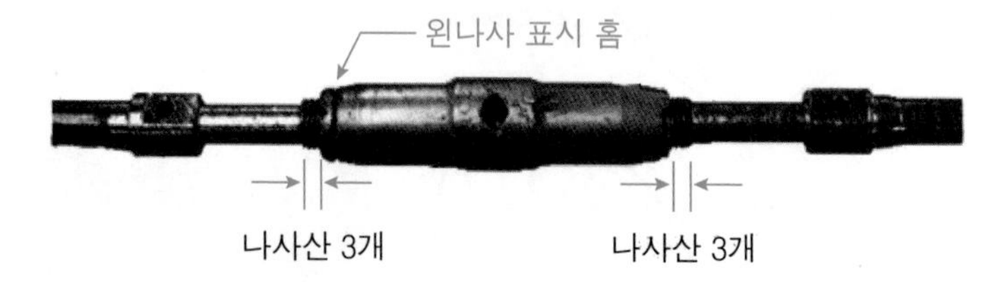

ⓔ Turnbuckle 길이의 4배 정도가 되도록 Safety Wire를 자른다.

ⓕ [그림]과 같이, Turnbuckle Barrel 중앙 Hole에 Safety Wire를 끼운다.

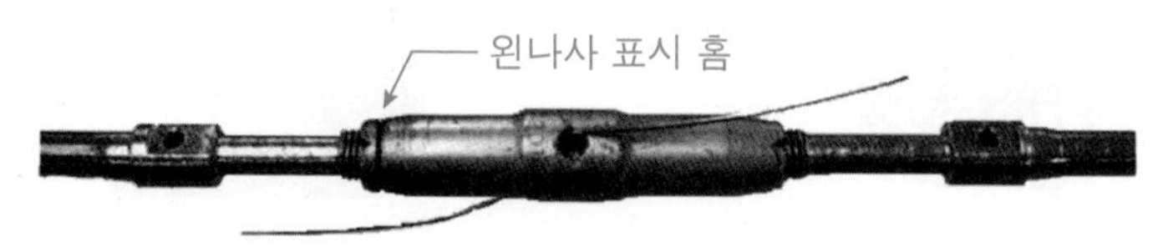

ⓖ [그림]과 같이, Turnbuckle이 조여지는 방향으로 Safety Wire를 Turnbuckle End 접합 기구의 Hole에 끼운 후 Barrel의 중앙을 향하여 반대로 구부린다.

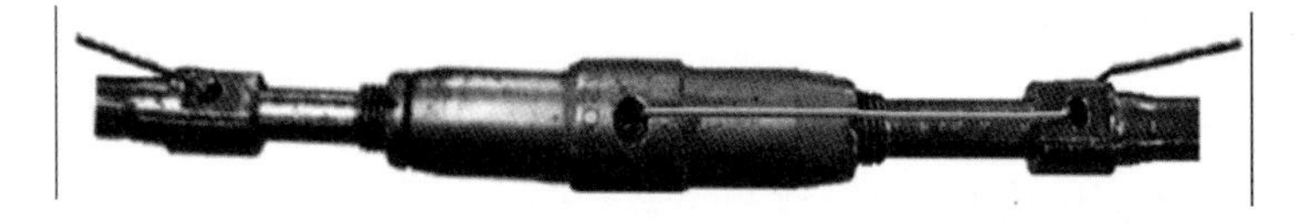

ⓗ [그림]과 같이, Turnbuckle Shank 주위로 Safety Wire를 4회 이상 감는다.

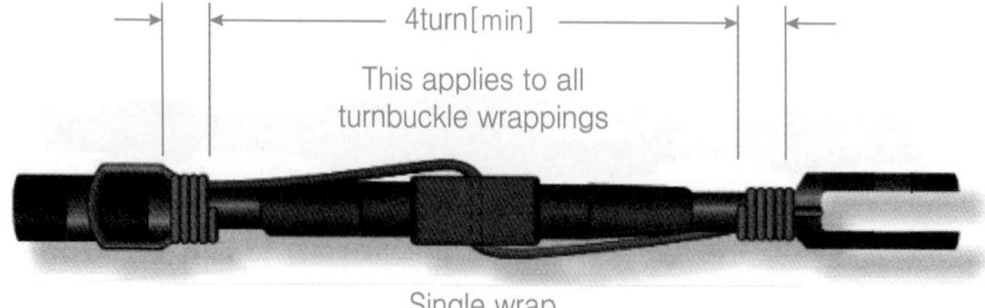

② Double Wrap(복선식) 결선법

ⓐ 작업에 적합한 재질과 지름의 Safety Wire를 선택한다.

ⓑ Turnbuckle 길이의 4배 정도가 되도록 Safety Wire를 두 가닥 자른다.

ⓒ [그림]과 같이, Turnbuckle Barrel 중앙 Hole에 2개의 Safety Wire를 끼워 Turnbuckle End 접합 기구의 Hole에 끼운 후 Barrel의 중앙을 향하여 반대로 90°가 되도록 구부린다.

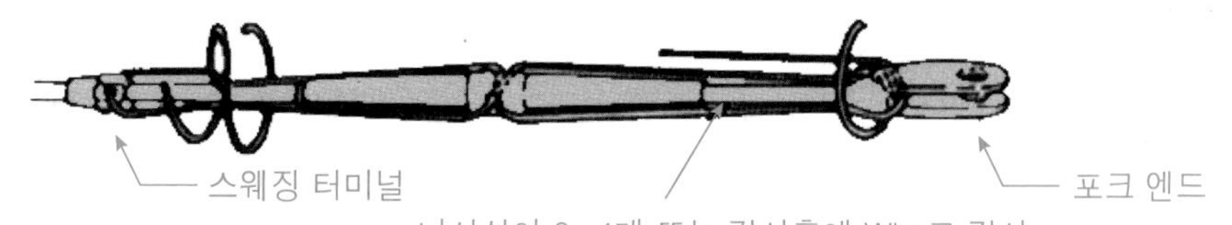

ⓓ [그림]과 같이, Safety Wire를 양끝에서 Turnbuckle중심을 향하여 다시 좁힌다.

ⓔ 남은 Safety Wire로 Shank 주위의 Wire를 4번 정도 감는다

ⓕ [그림]과 같이, Hole을 통과한 Wire을 잡고 Turnbuckle의 중심을 향하여 먼저 감은 Safety Wire와 반대 방향으로 4번 이상 감는다.

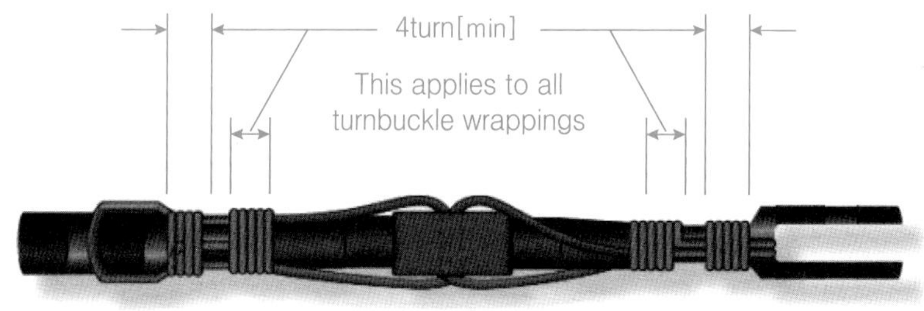

Double wrap

③ Clip locking방법

ⓐ Tension조절을 위해서는 양쪽에 장착된 Terminal의 Clip Hole을 Turnbuckle Hole과 일치 시키고 배럴(Barrel)을 Chain을 장착한다.

ⓑ [그림]과 같이 Turnbuckle을 회전시켜 조절한다.

ⓒ Clip에서 직선 부분의 끝을 Barrel과 Cable Terminal 사이에 만들어진 Hole을 맞추고 Clip을 삽입한다.

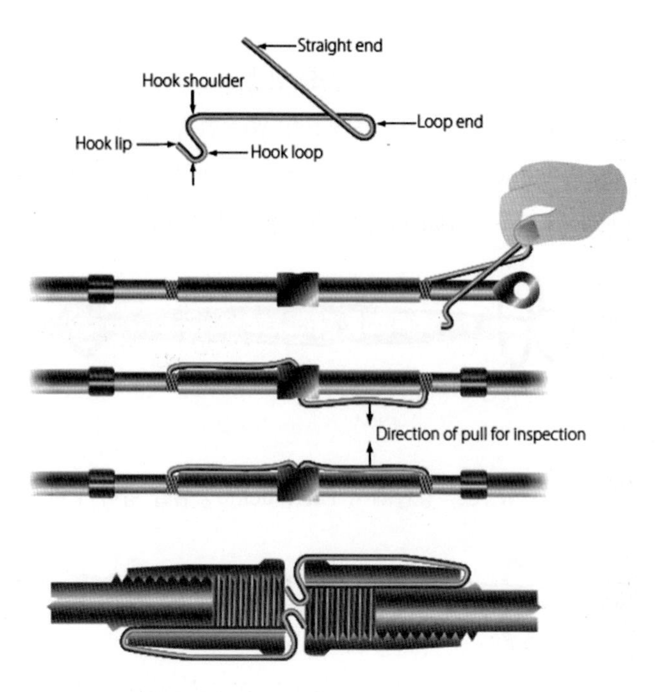

ⓓ Clip의 고리 모양으로 되어 있는 쪽을 Barrel 밖으로 하여 그 끝을 Barrel의 중앙 Hole에 끼워 넣는다. 이때, Clip 2개를 Barrel의 같은 쪽 Hole에 넣어 고정해도 좋다.

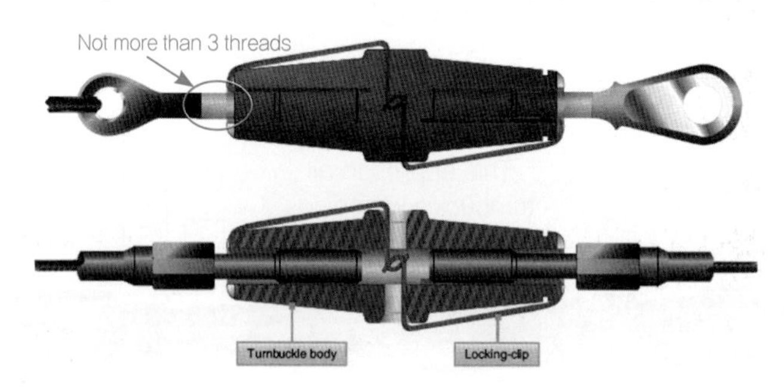

나) Single Wrap과 Double Wrap

(1) Single Wrap

① Bolt와 Bolt의 간격이 좁을 경우와 머리가 작은 Screw 등에만 적용한다.

② Bolt 들이 어떠한 기하학적 모양을 이루고 있더라 하더라도 "Safety wire를 당기는 방향이 Bolt가 조여지는 방향"이라는 원리에 충실하게 Wire를 Bolt Hole에 넣는다.

③ 맨 처음 Safety wire를 넣었던 Bolt에서 마지막으로 Safety wire를 연결하여 Pig tail을 만들고 마무리한다.(Pig Tail은 #32 Wire의 경우 : inch 당 약10회 정도이며 1/2", 4~6회에서 Cutting 한다.)

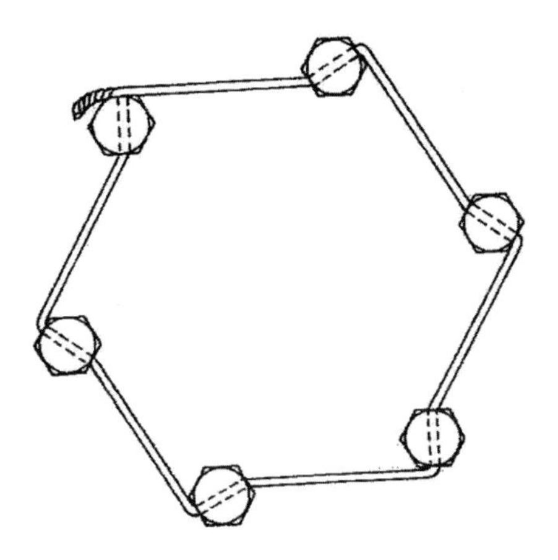

(2) Double Wrap

① [그림]과 같이 Bolt의 Safety Wire Hole이 다음 Bolt 방향과 90°~150° 정도가 되도록 한다.

② 시계 방향으로 돌린 후 Wire를 1~2회 꼬아준다.

③ Wire Twister로 두 번째 Bolt의 거리만큼 Safety wire를 인치 당 6~8회 꼰다.

④ 2번째 Bolt에 Safety Wire Hole과 Wire방향이 90°~120° 정도가 되도록 하고 반 시계 방향으로 Safety Wire를 1~2회 꼬아준다.

⑤ Wire Twister로 3번째 Bolt의 거리 만큼 Safety wire를 반시계 방향으로 꼰다.(#32 Wire의 경우 : inch 당 6~8회)

⑥ 3번째 Bolt의 Wire 방향이 90°~120° 정도가 되도록 하고 반 시계 방향으로 Safety Wire의 Pig Tail을 만들어 마무리한다.(Pig Tail은 #32 Wire의 경우 : 인치 당 약10회 정도이며 1/2", 4~6회에서 Cutting 한다.)

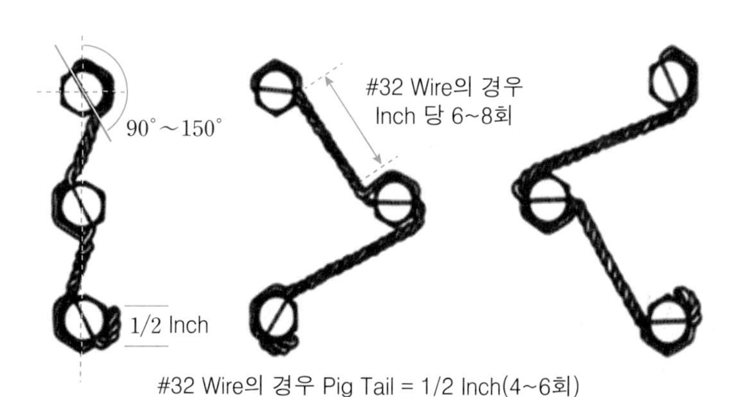

[Double Wrap]

다) 풀림 방지 Cotter pin 장착

(1) Preferred Method(우선식) 방법

① 특별한 지시가 없으면 우선적 방법을 적용한다.

② Cotter pin을 Hole에 넣은 다음 Slip joint Pliers를 이용해서 한 쪽은 Nut 위쪽으로 구부리고 한 쪽은 Nut 아래쪽으로 구부린다.

③ Cutter를 이용해서 Nut의 길이와 크기에 맞게 Cotter pin을 절단 한다.

ⓐ Nut 윗쪽 : Cotter Pin의 끝이 Nut 중심을 초과하지 말 것

ⓑ Nut 아래쪽 : Washer이 닿지 않아야 한다.

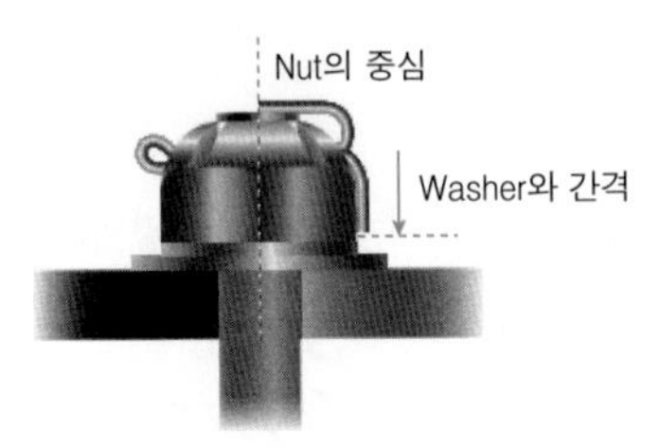

[우선식 방법(Preferred Method)]

(2) Optional Method(차선식) 방법

① Bolt 끝부분에서 구부려 접은 끝이 가까이 있는 부품과 닿을 것 같은 경우나 걸리기 쉬운 경우에 쓰는 방법이다.

② Cotter pin을 Hole에 넣은 다음 Pliers를 이용해서 Nut 양쪽으로 구부린다.(Cotter pin 끝이 Nut에 접촉되도록 눌러준다.)

③ Nut 크기에 맞게 Cotter pin을 절단한다.

ⓐ Nut 좌/우 방향이 60°를 초과하지 않는다.

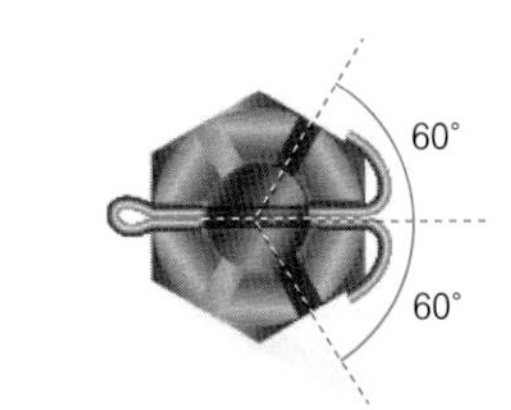

[차선식 방법(Optional Method)]

3 기체 취급

1. 무게중심(항공기 CG 측정)

※ 기준선(Propeller spinner cone) 끝부분

(1) 항공기의 무게중심 측정 준비작업을 하라(항공기가 수평 Wing인 경우)

① 수평자를 사용하여 항공기의 수평 상태를 확인한다.

② Spinner Cone 끝 부분에서 무게추를 내려 Floor에 masking Tape로 위치 표시

③ Wing Root부분의 L/E 에서 무게추를 내려 Floor에 Masking Tape로 위치 표시(Main Wheel 전방에도 동일하게 표시한다)

④ Nose Wheel 중심에 무게추를 내려 Floor에 Masking Tape로 위치 표시

⑤ Main Wheel 중심에 무게추를 내려 Floor에 Masking Tape로 위치 표시

	무게[kg]	기준선부터 거리[cm]	모멘트[kg.cm]
앞 바퀴	220		
우측 바퀴	270		
좌측 바퀴	260		
무게중심 위치		기준선에서 ( )	

(2) 거리 측정

① Wing Root부분의 Floor에 Masking된 위치에 직선자와 직각자를 이용하여 Nose Wheel Marking부분까지의 수평 직선거리를 측정한다.

② Spinner Cone 끝부분의 Floor에 Marking된 부분과 Nose Wheel 중심부 Marking된 부분까지 직각자와 직선자를 이용하여 거리를 측정한다.

③ L/H & R/H Main Wheel 중심에 Marking된 부분에 직각자와 직선자를 이용하여 Wing L/E에 Marking된 위치까지의 거리를 측정한다.

	무게[kg]	기준선부터 거리[cm]	모멘트[kg.cm]
앞 바퀴	220		
우측 바퀴	270		
좌측 바퀴	260		
무게중심 위치		기준선에서 ( )	

(3) 무게 중심위치 구하기

예 ① Wing Root과 Nose Wheel까지 거리 : 70cm

② Spinner Cone과 Nose Wheel까지 거리 : 80cm

③ ⓐ L/H Main Wheel과 Wing L/E까지 거리 : 85cm

ⓑ R/H Main Wheel과 Wing L/E까지 거리 : 85cm

- 기준선에서 Main Wheel까지 거리

①+②+③

우측 바퀴 : 70cm+80cm+85cm=235cm

좌측 바퀴 : 70cm+80cm+85cm=235cm

- CG=총 모멘트 / 총 무게

142,150 / 750=189.53cm

■ 무게 측정 표

※ 형식: Cessna 150 또는 동등 항공기

① 기준선에서 앞 바퀴까지의 거리 : (80)cm

② 기준선에서 주 바퀴까지의 거리 : (235)cm

	무게[kg]	기준선부터 거리[cm]	모멘트[kg.cm]
앞 바퀴	220	80	17,600
우측 바퀴	270	235	63,450
좌측 바퀴	260	235	61,100
무게중심 위치		기준선에서 (189.53cm)	

(4) 기준선에서 후방 240cm에 50kg의 무게를 위치했을 때 CG의 변화는?

예 • 기준선에서 Main Wheel까지 거리

①+②+③

우측 바퀴 : 70cm+80cm+84cm=235cm

좌측 바퀴 : 70cm+80cm+86cm=235cm

• CG=총 모멘트 / 총 무게

142,150 / 750=189.53cm

※ 만약 기준선에서 후방 140cm에 50kg의 무게를 위치했을 때 CG의 변화는?

142,150+12,000 / 750+50=153,150 / 800=191.44cm

• CG 변화 : 191.44−189.53=3.155cm

즉, CG에서 후방으로 1.91cm 변화한다.

	무게[kg]	기준선부터 거리[cm]	모멘트[kg.cm]
앞 바퀴	220	80	17,600
우측 바퀴	270	235	63,450
좌측 바퀴	260	235	61,100
	50	240	12,000
무게중심 위치		기준선에서 (191.44cm)	

2. 기준선(Wing L/E) 부분

(1) 거리 측정

① Wing Root부분의 Floor에 Masking된 위치에 직선자와 직각자를 이용하여 Nose Wheel Marking부분까지의 수평 직선거리를 측정한다.

② L/H & R/H Main Wheel 중심에 Marking된 부분에 직각자와 직선자를 이용하여 Wing L/E에 Marking된 위치까지의 거리를 측정한다.

	무게[kg]	기준선부터 거리[cm]	모멘트[kg.cm]
앞 바퀴	220		
우측 바퀴	270		
좌측 바퀴	260		
무게중심 위치		기준선에서 ( )	

(2) 무게 중심위치 구하기

예 ① Wing Root과 Nose Wheel까지 거리 : −70cm

② ⓐ L/H Main Wheel과 Wing L/E까지 거리 : 85cm

ⓑ R/H Main Wheel과 Wing L/E까지 거리 : 85cm

- 기준선에서 Main Wheel까지 거리

  우측 바퀴 : 85cm

  좌측 바퀴 : 85cm

- CG=총 모멘트 / 총 무게

  29,650 / 310=95.65cm

■ 무게 측정 표

※ 형식 : Cessna 150 또는 동등 항공기

① 기준선에서 앞 바퀴까지의 거리 : (−70)cm

② 기준선에서 주 바퀴까지의 거리 : (85)cm

	무게[kg]	기준선부터 거리[cm]	모멘트[kg.cm]
앞 바퀴	220	−70	−15,400
우측 바퀴	270	85	22,950
좌측 바퀴	260	85	22,100
무게중심 위치		기준선에서 (95.65cm)	

(3) 기준선에서 후방 100cm에 50kg의 무게를 위치했을 때 CG의 변화는?

예 • 기준선에서 Wheel까지 거리

앞 바퀴 : −70cm

우측 바퀴 : 85cm

좌측 바퀴 : 85cm

• CG＝총 모멘트 / 총 무게

29,650 / 310＝95.65cm

※ 만약 기준선에서 후방 100cm에 50kg의 무게를 위치했을 때 CG의 변화는?

29,650＋5000 / 310＋50＝34,650 / 360＝96.22cm

• CG 변화 : 96.25 - 95.65＝0.60cm

즉, CG에서 후방으로 0.60cm 변화한다.

	무게[kg]	기준선부터 거리[cm]	모멘트[kg.cm]
앞 바퀴	220	−70	−15,400
우측 바퀴	270	84	22,680
좌측 바퀴	260	86	22,360
	50	100	5,000
무게중심 위치		기준선에서 (96.25cm)	

4 항공기 비행 전 점검

1. 항공기 비행 전 점검

예 [그림]과 같은 번호 방향에 따라 점검을 수행하고 뒷장 점검 목록에 어떤 부위에서 수행할 작업인지 점검구역 번호를 완성한다.

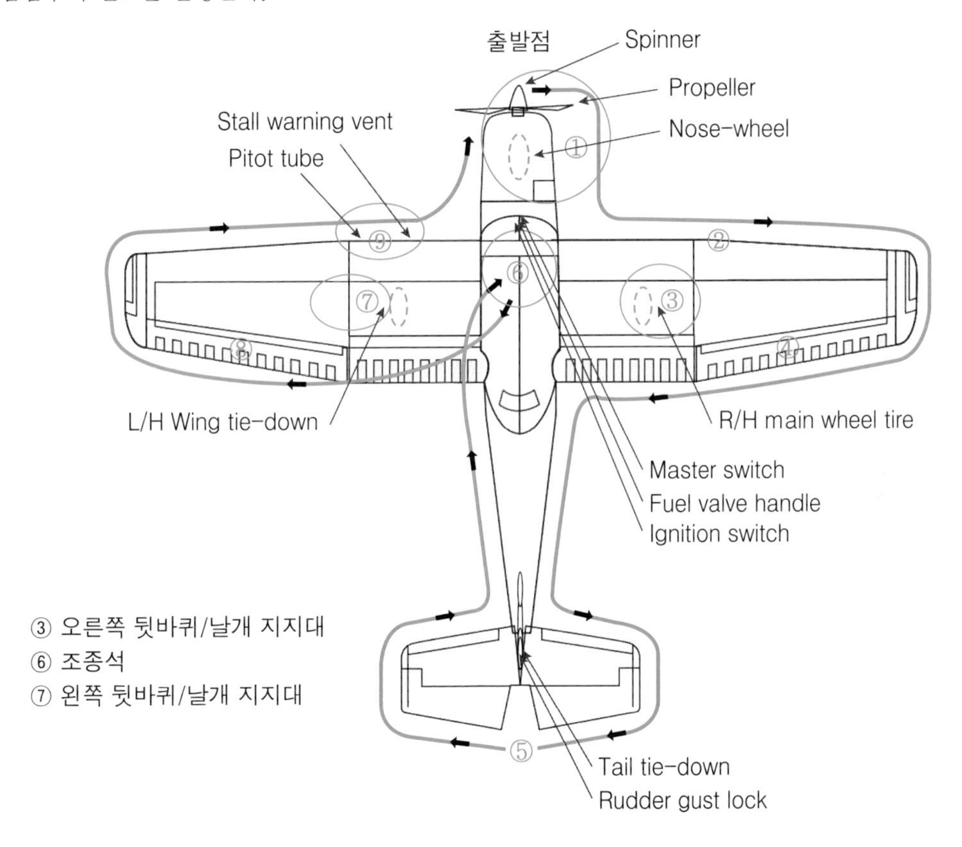

[Walk–around inspection procedures]

▶ 번호 순서 및 위치는 변형될 수 있음

<table>
<tr><th colspan="3">[Work-around Inspection Check list]</th></tr>
<tr><th>NO</th><th>Check Item</th><th>Check Area No</th></tr>
<tr><td>1</td><td>Spinner</td><td rowspan="4">①</td></tr>
<tr><td>2</td><td>Propeller</td></tr>
<tr><td>3</td><td>Wheel</td></tr>
<tr><td>4</td><td>Oil level deep stick</td></tr>
<tr><td>5</td><td>R/H Main wheel tire</td><td>③</td></tr>
<tr><td>6</td><td>Tail tie-down</td><td rowspan="2">⑤</td></tr>
<tr><td>7</td><td>Rudder gust lock</td></tr>
<tr><td>8</td><td>Master switch</td><td rowspan="3">⑥</td></tr>
<tr><td>9</td><td>Fuel valve handle</td></tr>
<tr><td>10</td><td>Lgnition switch</td></tr>
<tr><td>11</td><td>L/H Wing tie-down</td><td>⑦</td></tr>
<tr><td>12</td><td>Pitot tube</td><td rowspan="2">⑧</td></tr>
<tr><td>13</td><td>Stall warning vent</td></tr>
</table>

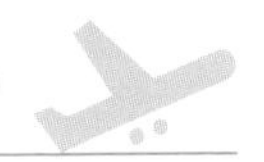

5 항공기 취급

■ Aircraft Marshalling Signals : 항공기 수신호

항공기 시동 시 및 지상작동(Taxing 포함) 상황에서 표준 수신호 또는 지시 봉(Light Wand) 신호의 사용 및 응답 방법

1. 항공기 안내(Wingwalker)		2. 출입문의 확인	
	오른손의 막대를 위쪽을 향하게 한 채 머리 위로 들어 올리고, 왼손의 막대를 아래로 향하게 하면서 몸쪽으로 붙인다.		양손의 막대를 위로 향하게 한 채 양팔을 쭉 펴서 머리 위로 올린다.
3. 다음 유도원에게 이동 또는 항공교통관제기관으로부터 지시 받은 지역으로의 이동		**4. 직진**	
	양쪽 팔을 위로 올렸다가 내려 팔을 몸의 측면 바깥쪽으로 쭉 편 후 다음 유도원의 방향 또는 이동구역방향으로 막대를 가리킨다.		팔꿈치를 구부려 막대를 가슴 높이에서 머리 높이까지 위 아래로 움직인다.
5. 좌회전(조종사 기준)		**6. 우회전(조종사 기준)**	
	오른팔과 막대를 몸쪽 측면으로 직각으로 세운 뒤 왼손으로 직진신호를 한다. 신호동작의 속도는 항공기의 회전속도를 알려준다.		왼팔과 막대를 몸쪽 측면으로 직각으로 세운 뒤 오른손으로 직진신호를 한다. 신호동작의 속도는 항공기의 회전속도를 알려준다.
7. 정지		**8. 비상정지**	
	막대를 쥔 양쪽 팔을 몸 쪽 측면에서 직각으로 뻗은 뒤 천천히 두 막대가 교차할 때 까지 머리위로 움직인다.		빠르게 양쪽 팔과 막대를 머리 위로 뻗었다가 막대를 교차시킨다.

9. 브레이크 정렬		10. 브레이크 풀기	
	손바닥을 편 상태로 어깨 높이로 들어 올린다. 운항승무원을 응시한 채 주먹을 쥔다. 승무원으로부터 인지신호(엄지손가락을 올리는 신호)를 받기 전까지는 움직여서는 안 된다.		주먹을 쥐고 어깨 높이로 올린다. 운항승무원을 응시한 채 손을 편다. 승무원으로부터 인지신호(엄지손가락을 올리는 신호)를 받기 전까지는 움직여서는 안 된다.
11. 고임목 삽입		**12. 고임목 제거**	
	팔과 막대를 머리 위로 쭉 뻗는다. 막대가 서로 닿을 때 까지 안쪽으로 막대를 움직인다. 운항승무원에게 인지표시를 반드시 수신하도록 한다.		팔과 막대를 머리 위로 쭉 뻗는다. 막대를 바깥쪽으로 움직인다. 운항승무원에게 인가받기 전까지 초크를 제거해서는 안 된다.
13. 엔진시동걸기		**14. 엔진 정지**	
	오른팔을 머리 높이로 들면서 막대는 위를 향한다. 막대로 원 모양을 그리기 시작하면서 동시에 왼팔을 머리 높이로 들고 엔진시동 걸 위치를 가리킨다		막대를 쥔 팔을 어깨 높이로 들어 올려 왼쪽 어깨 위로 위치시킨 뒤 막대를 오른쪽·왼쪽 어깨로 목을 가로질러 움직인다.
15. 서행		**16. 한쪽 엔진의 출력 감소**	
	허리부터 무릎 사이에서 위 아래로 막대를 움직이면서 뻗은 팔을 가볍게 툭툭 치는 동작으로 아래로 움직인다.	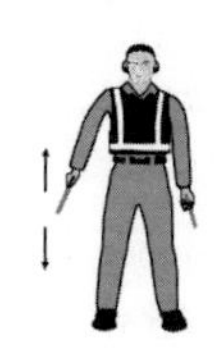	손바닥이 지면을 향하게 하여 두 팔을 내린 후, 출력을 감소시키려는 쪽의 손을 위아래로 흔든다.
17. 후진		**18. 후진하면서 선회(후미 우측)**	
	몸 앞 쪽의 허리높이에서 양팔을 앞쪽으로 빙글빙글 회전시킨다. 후진을 정지시키기 위해서는 신호 7 및 8을 사용한다.		왼팔은 아래쪽을 가리키며 오른팔은 머리 위로 수직으로 세웠다가 옆으로 수평위치까지 내리는 동작을 반복한다.
19. 후진하면서 선회(후미 좌측)		**20. 긍정(Affirmative)/모든 것이 정상임(All Clear)**	
	오른팔은 아래쪽을 가리키며 왼팔은 머리 위로 수직으로 세웠다가 옆으로 수평위치까지 내리는 동작을 반복한다.		오른팔을 머리높이로 들면서 막대를 위로 향한다. 손 모양은 엄지손가락을 치켜세운다. 왼쪽 팔은 무릎 옆쪽으로 붙인다.

ⓗ 21. 공중정지(Hover)		ⓗ 22. 상승	
	양 팔과 막대를 90° 측면으로 편다.		팔과 막대를 측면 수직으로 쭉 펴고 손바닥을 위로 향하면서 손을 위쪽으로 움직인다. 움직임의 속도는 상승률을 나타낸다.
ⓗ 23. 하강		ⓗ 24. 왼쪽으로 수평이동(조종사 기준)	
	팔과 막대를 측면 수직으로 쭉 펴고 손바닥을 아래로 향하면서 손을 아래로 움직인다. 움직임의 속도는 강하율을 나타낸다.		팔을 오른쪽 측면 수직으로 뻗는다. 빗자루를 쓰는 동작으로 같은 방향으로 다른 쪽 팔을 이동시킨다
ⓗ 25. 오른쪽으로 수평이동(조종사 기준)		ⓗ 26. 착륙	
	팔을 왼쪽 측면 수직으로 뻗는다. 빗자루를 쓰는 동작으로 같은 방향으로 다른 쪽 팔을 이동시킨다.		몸의 앞쪽에서 막대를 쥔 양팔을 아래쪽으로 교차시킨다.
27. 화재		28. 위치대기(Stand-by)	
	화재지역을 왼손으로 가리키면서 동시에 어깨와 무릎사이의 높이에서 부채질 동작으로 오른손을 이동시킨다. • 야간 – 막대를 사용하여 동일하게 움직인다.		양팔과 막대를 측면에서 45°로 아래로 뻗는다. 항공기의 다음 이동이 허가될 때 까지 움직이지 않는다.
29. 항공기 출발		30. 조종장치를 손대지 말 것(기술적·업무적 통신신호)	
	오른손 또는 막대로 경례하는 신호를 한다. 항공기의 지상이동(taxi)이 시작될 때 까지 운항승무원을 응시한다.		머리 위로 오른팔을 뻗고 주먹을 쥐거나 막대를 수평방향으로 쥔다. 왼팔은 무릎 옆에 붙인다.
31. 지상 전원공급 연결(기술적·업무적 통신신호)		32. 지상 전원공급 차단(기술적·업무적 통신신호)	
	머리 위로 팔을 뻗어 왼손을 수평으로 손바닥이 보이도록 하고, 오른손의 손가락 끝이 왼손에 닿게 하여 "T"자 형태를 취한다. 밤에는 광채가 나는 막대 "T"를 사용할 수 있다.		신호 25와 같이 한 후 오른손이 왼손에서 떨어지도록 한다. 운항승무원이 인가할 때 까지 전원공급을 차단해서는 안 된다. 밤에는 광채가 나는 막대 "T"를 사용할 수 있다.

33. 부정(기술적·업무적 통신신호)	
	오른팔을 어깨에서부터 90°로 곧게 뻗어 고정시키고, 막대를 지상 쪽으로 향하게 하거나 엄지손가락을 아래로 향하게 표시한다. 왼손은 무릎 옆에 붙인다.

34. 인터폰을 통한 통신의 구축(기술적·업무적 통신신호)	
	몸에서부터 90°로 양 팔을 뻗은 후, 양손이 두 귀를 컵 모양으로 가리도록 한다.

35. 계단 열기·닫기	
	오른팔을 측면에 붙이고 왼팔을 45° 머리 위로 올린다. 오른팔을 왼쪽 어깨 위쪽으로 쓸어 올리는 동작을 한다.

계측작업(항공정비사)

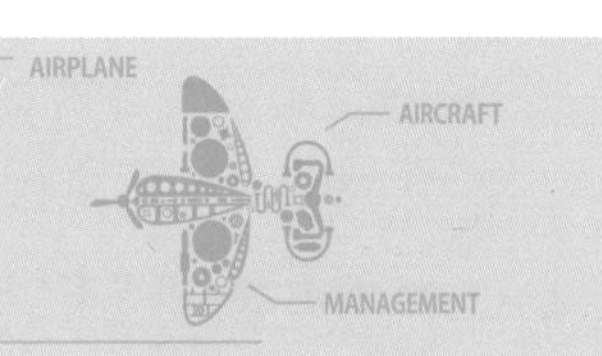

1 계측작업 시 안전 유의사항

① 정밀측정기는 사용하기 전에 먼지나 기름 등을 제거하기 위하여 깨끗이 닦아야 한다.

② 정확한 측정을 위하여 측정물을 깨끗이 닦아야 한다.

③ 측정기의 “0”점이 일치되어 있는지를 확인해야 한다.

④ 측정할 때 무리한 힘을 가하지 말고, 항상 일정한 힘을 가해야 한다.

⑤ 측정기는 소중히 다루어 파손되는 일이 없도록 해야 한다.

⑥ 눈금을 읽을 때는 시각 차를 일으키지 않도록 눈과 눈금이 직각이 되는 방향에서 읽어야 한다.

⑦ 사용 후에는 깨끗이 닦아 습기를 없애고 온도와 습도변화가 적은 곳에 보관한다.

⑧ 측정기는 주기적으로 정밀도 점검 및 교정을 받아야 한다.(교정 라벨 확인)

2 Vernier calipers

1. 측정용도 : 길이, 외경, 내경, 깊이

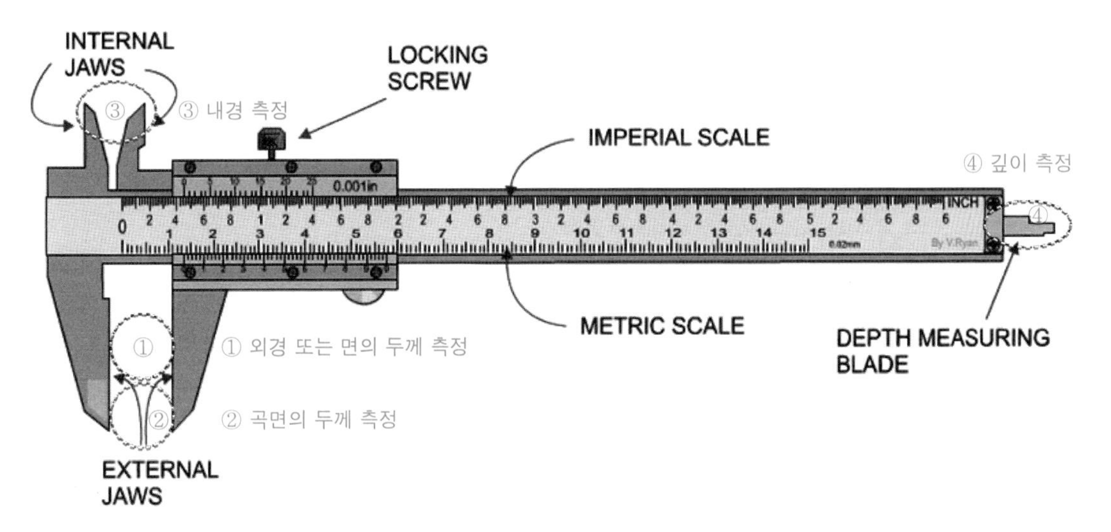

① External jaws(외경 측정) : 피 측정물의 외경 또는 두께 측정
② 곡면 측정의 경우 Tip부분의 칼날 부분으로 측정
③ Internal Jaws(내경 측정) : 피 측정물의 내경 측정
④ Depth Measuring(깊이 측정) : 피 측정물의 깊이 측정

2. Vernier calipers 읽는 법(Metric scale) : 0.02mm scale

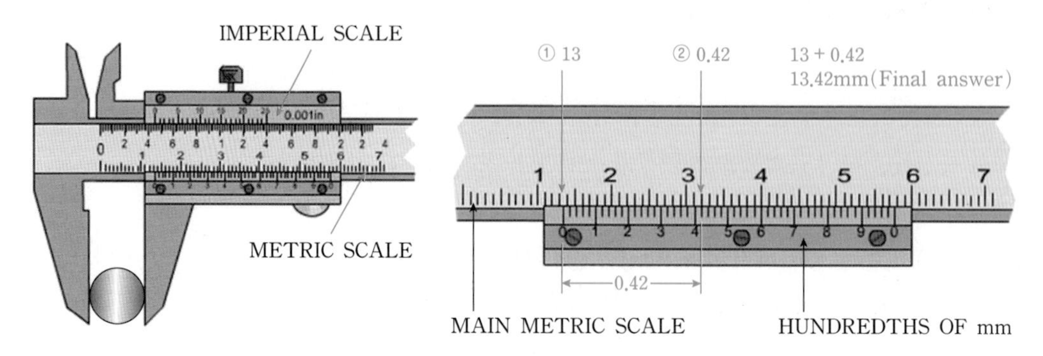

① Main scale : 아들자의 "0"점이 Main scale의 눈금을 읽는다.(13mm)
② Vernier scale : 어미자와 아들자의 눈금이 일치하는 부분을 읽는다.(0.42mm)

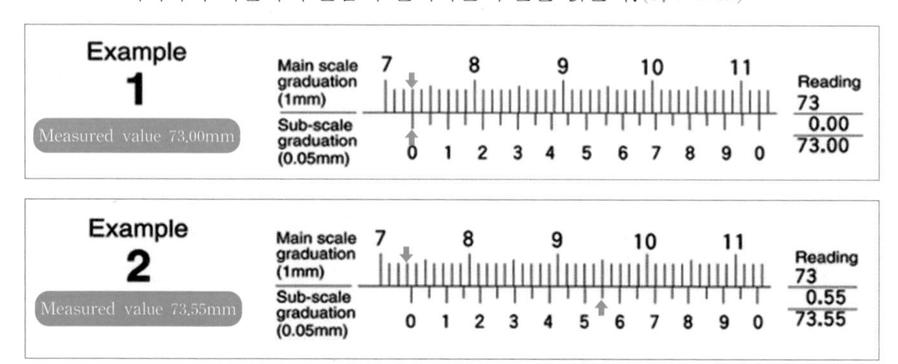

3. Vernier calipers 읽는 법(Metric scale) : 1/20mm scale

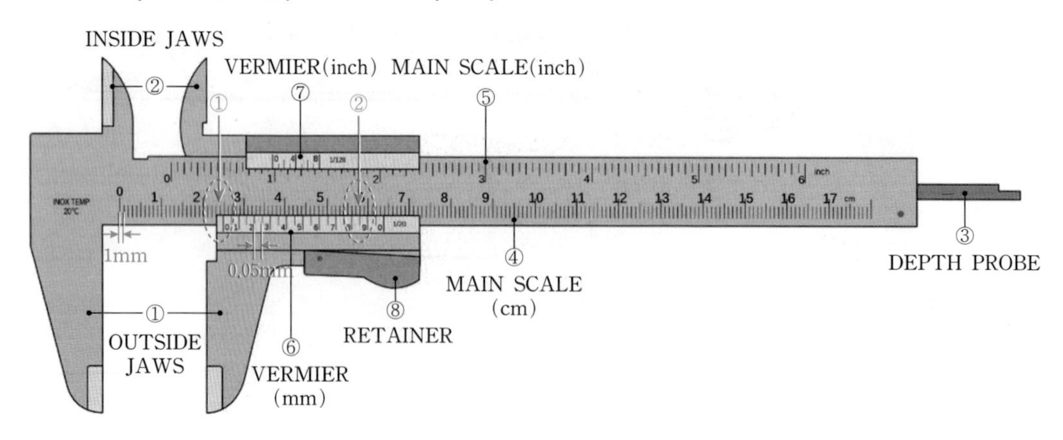

- Metric scale

  Dimension = ① 24mm+ ② 0.85mm=24.85mm

  ① Main scale : 작은 눈금의 단위는 1mm로 표시되며 Vernier scale의 "0" 아래 수치를 읽는다.

  ② Vernier scale : Main scale의 1mm를 0.05mm 단위로 표시되며 Main scale의 눈금과 일치하는 눈금을 읽는다.

  예 ① Main scale이 24mm이며 ② Vernier scale이 0.70mm이므로 24 mm+0.85 mm=24.85 mm 이다.

4. Vernier calipers 읽는 법(Metric scale) : 0.02mm scale

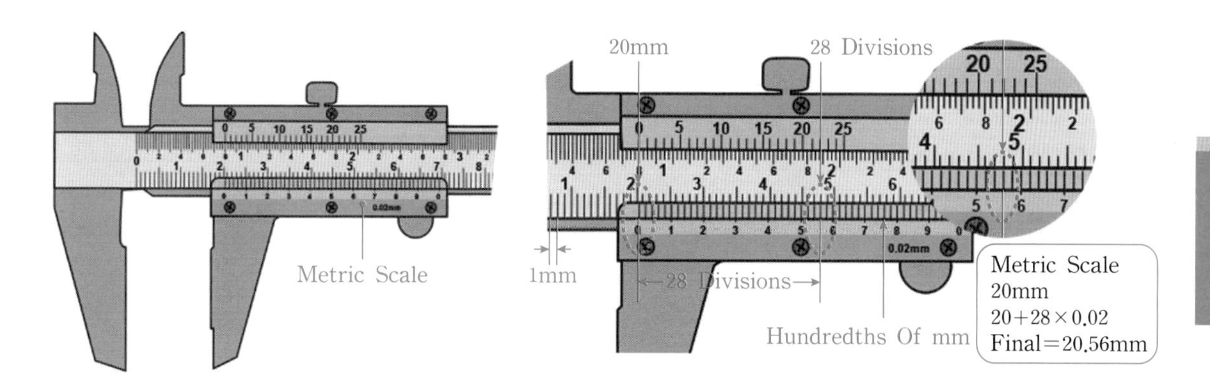

① Main scale : 작은 눈금의 단위는 1mm로 표시되며 Vernier scale의 "0" 아래 수치를 읽는다.(20mm)

② Vernier scale : Main scale의 1mm를 0.02mm 단위로 표시되며 Main scale의 눈금과 일치하는 눈금을 읽는다.(0.56mm)

예 ① Main scale이 20mm이며 ② Vernier scale이 0.56mm이므로 20mm+0.56mm=20.56mm이다.

5. Vernier calipers 읽는 법(Imperial scale) : 1/128″ scale

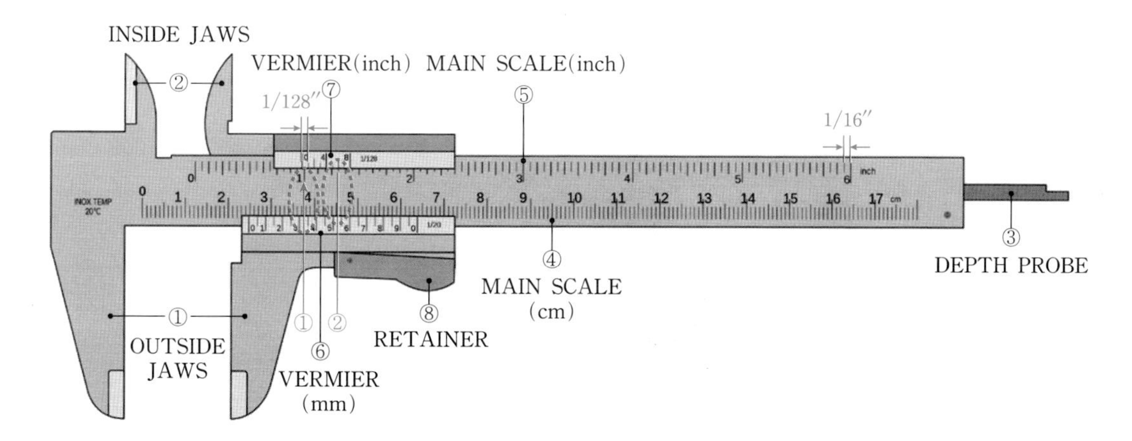

- Metric scale

  Dimension = ① 15/16″+ ② 6/128″=126/128 inch=63/64 inch

  ① Main scale : 작은 눈금의 단위는 1/16″로 표시되며 Vernier scale의 "0" 아래 수치를 읽는다.(15/16″)

  ② Vernier scale : Main scale의 1/16″를 1/128″ 단위로 표시되며 Main scale의 눈금과 일치하는 눈금을 읽는다.(7/128″)

  예 15/16+7/128=120/128+6/128=126/128 inch=63/64 inch

6. Vernier calipers 읽는 법(Imperial scale) : 0.001″ scale

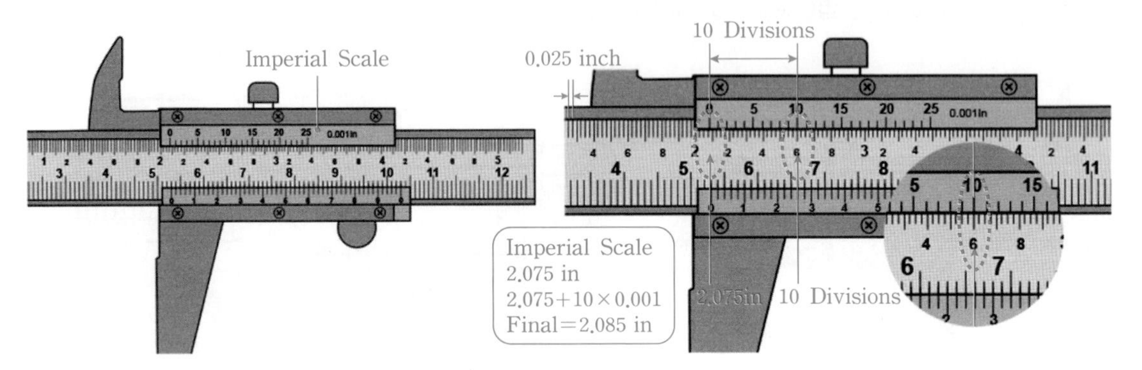

- Vernier calipers 읽는 법(Main scale 최소단위 : 0.025″)

  ① Main scale : 작은 눈금의 단위는 0.025″로 표시되며 Vernier scale의 "0" 아래 수치를 읽는다. (2.075″)

  ② Vernier scale : Main scale의 눈금과 일치하는 눈금의 수치를 읽는다.(0.01″)

  예 ① Main scale이 2.075″이며 ② Vernier scale이 0.010″이므로 2.075″+0.010″=2.085″이다.

3 Micrometer

1. 외측 마이크로미터(OD Micrometer) : mm scale

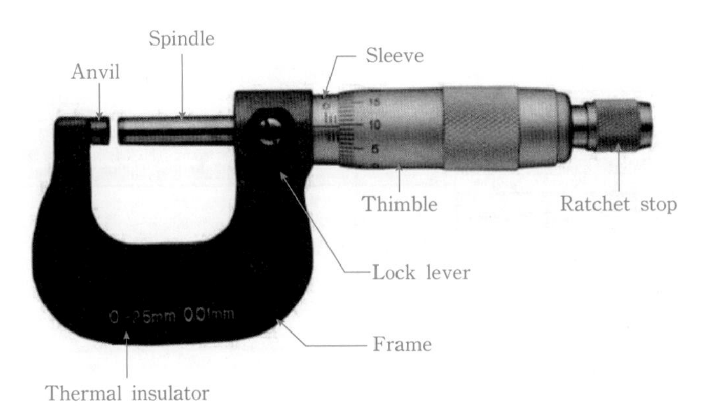

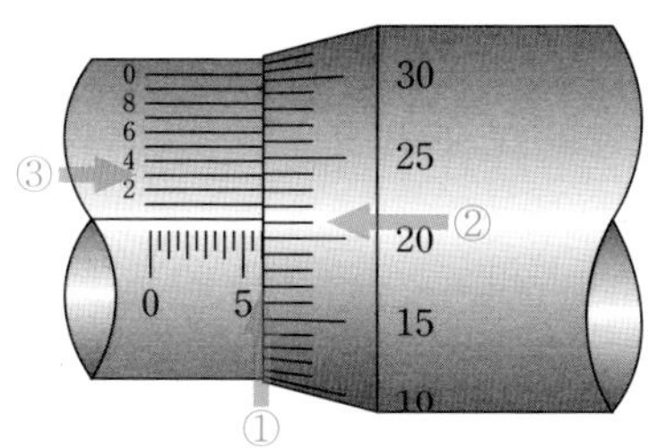

① Main scale	➡	6.0mm
② Thimble scale	➡	0.21mm
③ Vernier scale	➡	0.003mm
Final Reading	➡	6.213mm

① Main scale : 작은 눈금이 0.5mm 단위로 표시되며 Sleeve에 thimble 전방 눈금을 읽는다.(6.0mm)

② Thimble scale : 작은 눈금이 0.01mm 단위로 표시되며 Datum Line또는 아래 눈금을 읽는다.(0.21mm)

③ Vernier scale : 작은 눈금이 0.001mm로 표시되며 Thimble scale과 일치하는 눈금을 읽는다.
(0.003 mm)

예 ① Main scale이 6.0mm, ② Thimble scale이 0.21mm, ③ Vernier scale이 0.003mm이므로
6.0mm+0.21mm+0.003mm=6.213mm이다.

2. 외측 마이크로미터(OD Micro-meter) : inch scale

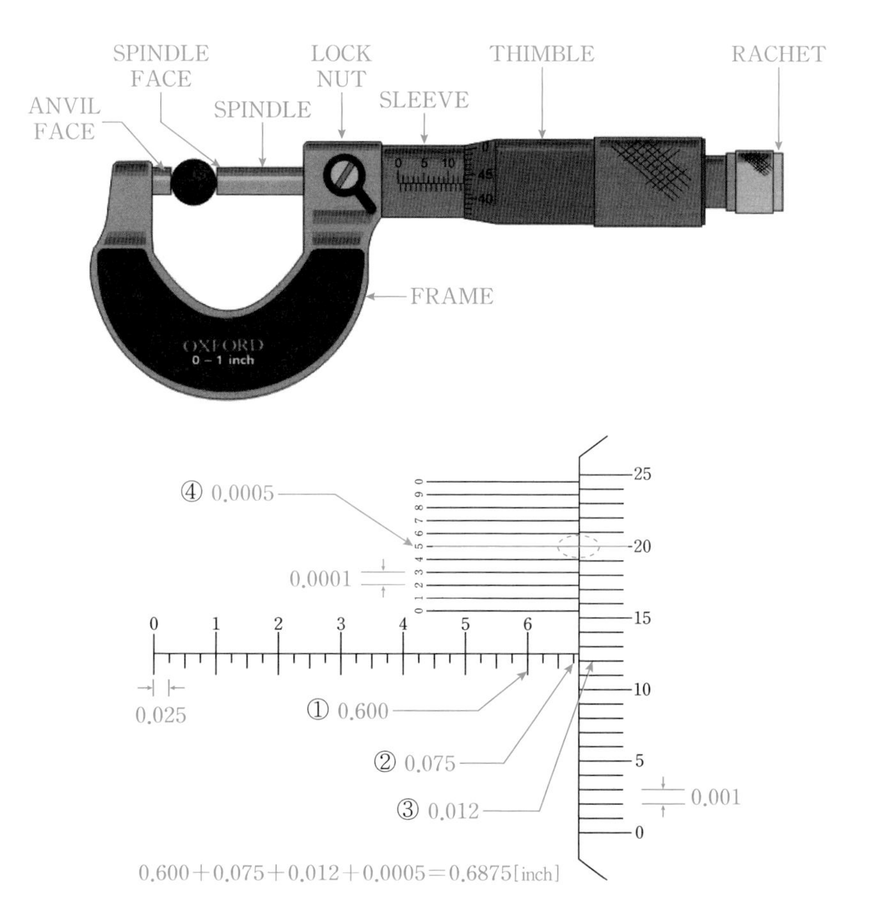

① Main scale이 0.600+0.075 inch

② Thimble scale이 0.012 inch

③ Vernier scale 이 0.0005 inch 이므로

0.675 inch＋0.012 inch＋0.0005 inch＝0.6875 inch이다.

3. 내경 마이크로미터(ID Micro-meter) : inch scale

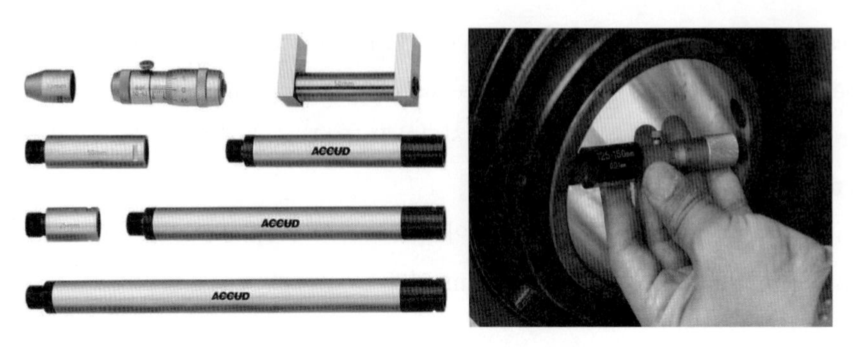

① Micro meter를 Manual에 따라 1 inch 단위로 조립하여 사용한다.

② 측정은 다른 Micro meter와 같이 1 inch 단위 내에서 측정 한다.

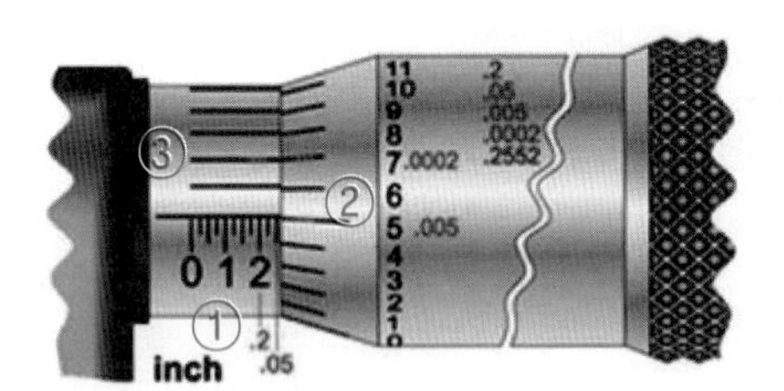

■ How to Read Micro-meter(inch scale)

① Sleeve scale : 0.25

② Thimble scale : 0.005

③ Vernier scale : 0.0002

→ Dimension : ①＋②＋③

＝0.25＋0.005＋0.0002＝0.2552[inch]

4. 내경 마이크로미터(ID Micro-meter) : mm scale

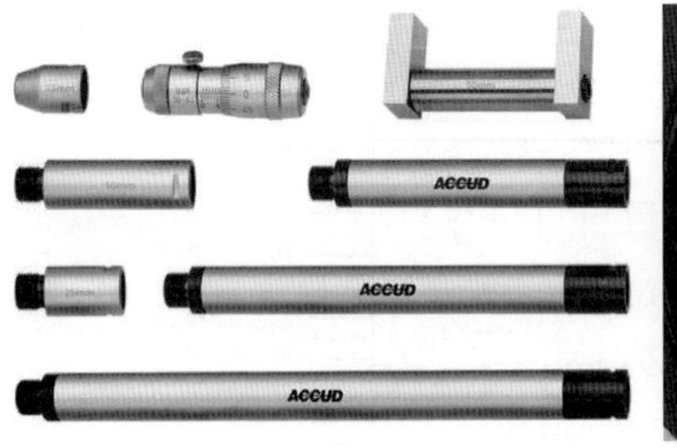

① Micro meter를 Manual에 따라 25mm 단위로 조립하여 사용한다.

② 측정은 다른 Micro meter와 같이 25mm 단위 내에서 측정 한다.

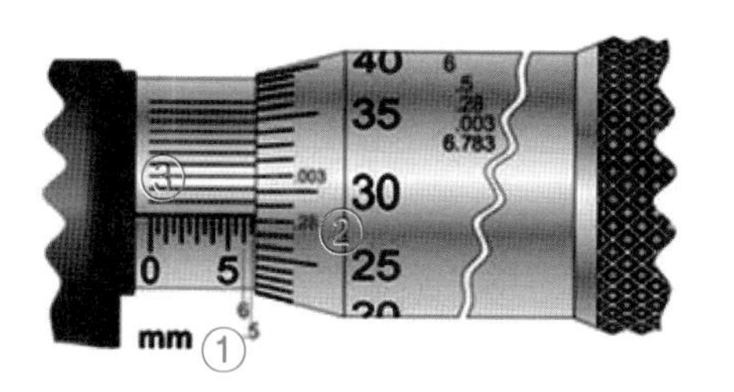

■ How to Read Micro-meter(mm scale)

① Sleeve scale : 6.5

② Thimble scale : 0.28

③ Vernier scale : 0.003

➜ Dimension : ①+②+③

=6.5+0.28+0.003 =6.783[mm]

5. 깊이 측정 마이크로미터(Depth micrometer)

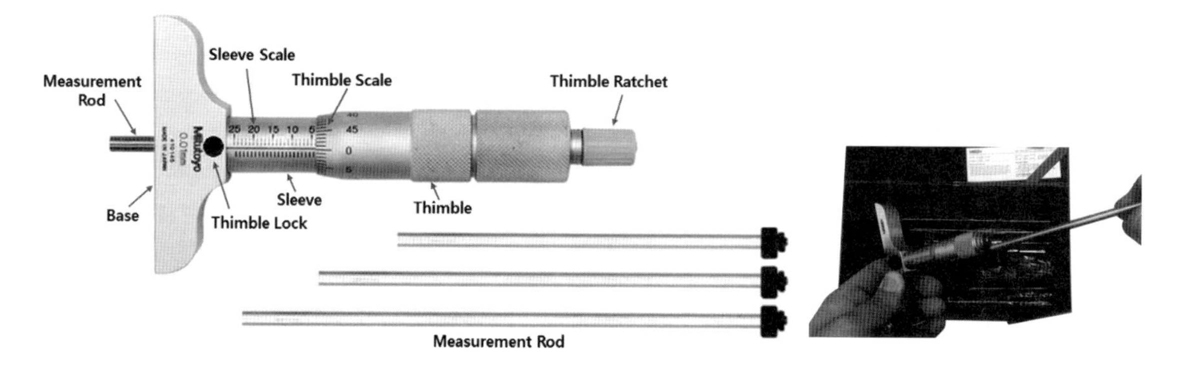

① Depth Micrometer 사용법

ⓐ 깊이를 측정하는 측정기로 Bar의 형식에 따라 일체형과 Rod 교환형으로 구분된다.

ⓑ Rod 교환형은 측정 깊이에 따라 Rod를 교환하여 측정하며 Rod의 길이는 1″ 또는 25mm 단위로 필요 규격으로 교환하여 측정한다.

ⓒ 측정은 다른 Micro meter와 같이 1″ 또는 25mm 내에서 측정 한다.

ⓓ 눈금 읽는 방법은 Micrometer와 동일하다.

② Depth Micrometer 깊이 측정

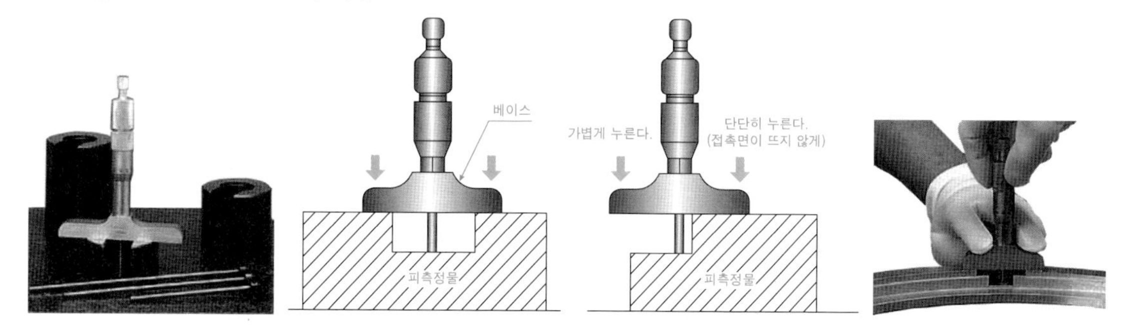

ⓐ 영점조절 : Micrometer는 사용 전에 반드시 "0"점을 조절하여 사용한다.
(정반 또는 Gauge Block 등 이용)

ⓑ 깊이 측정 : 피측정물의 기준면에 안정되도록 측정기의 Base를 접촉시키고 Ratchet를 천천히 회전시켜 Click음을 확인하고 측정값을 읽는다.

- 기준면을 한쪽만 접촉하는 경우 Base가 뜨지 않도록 주의한다.

6. 다이얼 게이지(Dial Gauge)

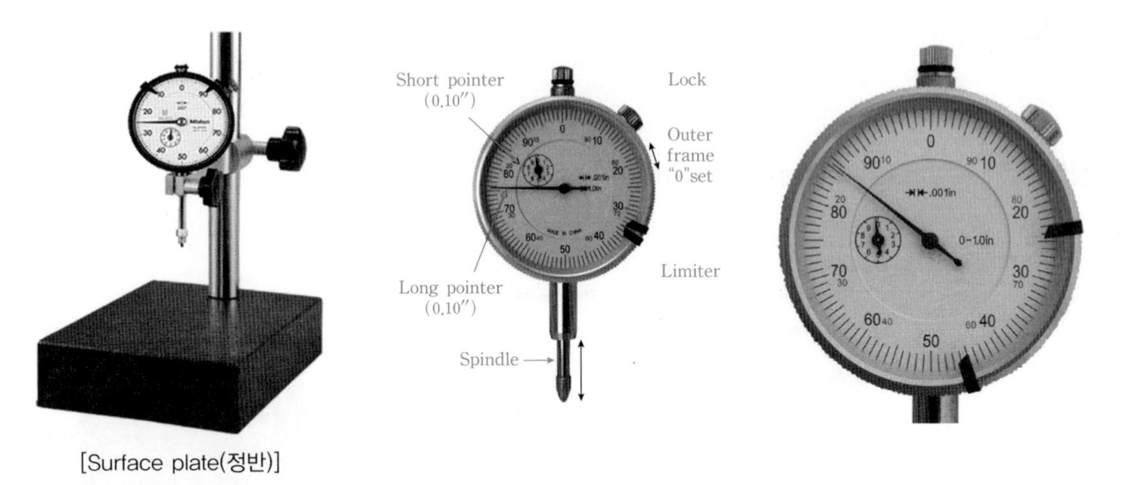

[Surface plate(정반)]

① Dial Gauge는 Metric scale(mm)과 Imperial scale(inch)이 있으며 최대 측정 범위는 10mm 또는 1″이다.

ⓐ 측정 물에 Gauge의 Long pointer가 약간 눌린 상태로 고정한 후 Outer frame을 회전하여 "0"을 맞춘다.

ⓑ Long pointer scale이 한 바퀴 회전하면 Short pointer scale이 한 눈금 이동한다.

7. 두께 게이지(Feeler Gauge or Thickness gauge)

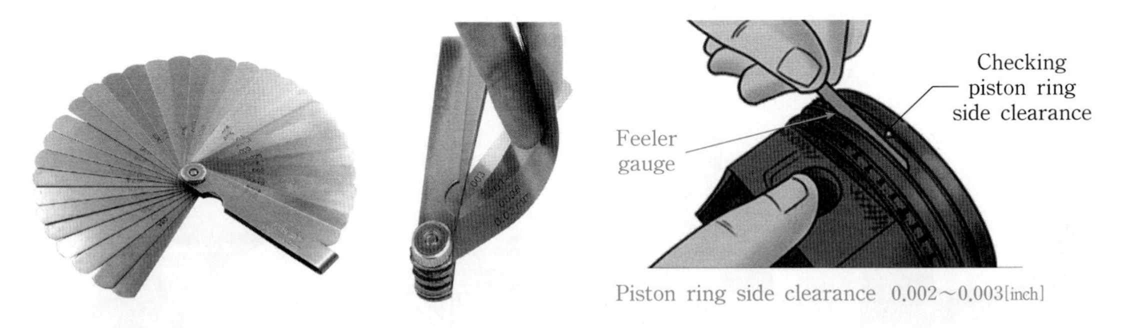

Piston ring side clearance 0.002~0.003[inch]

① Feeler Gauge는 Metric scale(mm)과 Imperial scale(inch)이 같이 표기되는 경우가 있으며 있으며 통상 Metric scale(mm) 전체의 수치 및 단위가 표기되며 Imperial scale(inch)은 수치만 표기되며 0.이하 소수점만 표기된다.

- 틈새 게이지 또는 간극 게이지라 하며 틈새의 간극만큼 여러 장을 사용하여 합산하여 읽는다.

8. 피스톤링의 옆 간극(Side clearance) 측정

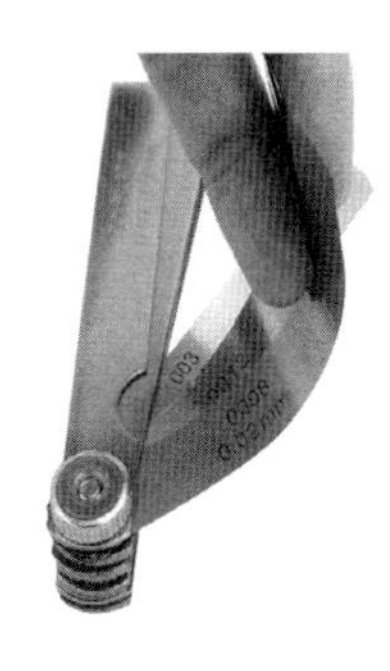

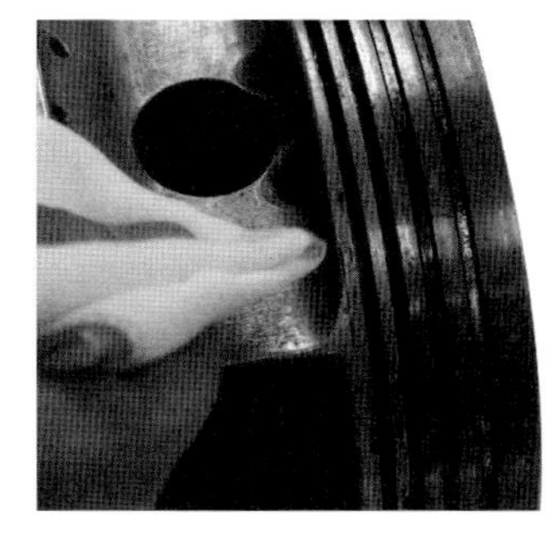

Piston ring side clearance 0.002~0.003[inch]

① Piston Ring Groove를 깨끗이 닦는다.

② Piston Ring Groove에 Piston Ring을 끼운다.

③ Piston Ring을 Groove의 한쪽으로 밀고 Feeler Gauge를 사용하여 Piston Ring의 Side Gap을 측정하여 기록한다.

※ 3~4곳을 측정하여 평균값을 기록한다.

9. 피스톤링의 끝 간극(End clearance)측정

① Piston Ring을 Cylinder에 삽입한다.

② Piston을 사용하여 Piston Ring이 BDC(Bottom Dead Center) 위치까지 밀어 넣는다.

③ Feeler Gauge를 사용하여 Piston Ring의 End Gap을 측정한다.

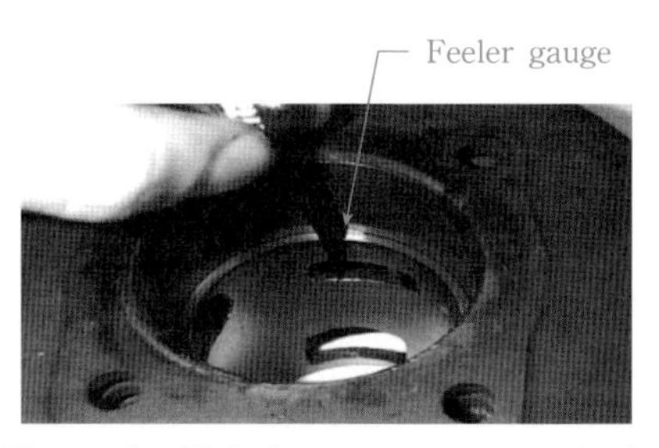

Piston ring End clearance 0.018~0.039[inch]

※ 실제 측정값과 기술도서의 지시된 값과 비교한다.

ⓐ 옆 간극(Side Gap)이 규정 값 보다 클 경우 → 링 교환

규정 값 보다 작을 경우 → Lapping compound를 이용해 Piston Ring의 옆면을 적절한 값까지 Lapping 한다.

ⓑ 끝 간극(End Gap)이 규정 값 보다 클 경우 → 링 교환

규정 값 보다 작을 경우 → Piston Ring을 Vise에 고정 하고 평 줄을 이용해 적절한 값까지 조금씩 갈아 낸다.

3 [도면]의 계측작업

1. [도면 1]의 계측작업(모든 측정은 정반 위에서 3회 이상 측정하여 평균값을 기록한다.)

※ Vernier calipers 사용 전에 교정 일자(Calibration Date)를 확인하고 ⑦ Retainer를 밀어 "0" Setting을 확인하고 측정 시 항상 같은 힘으로 측정한다.

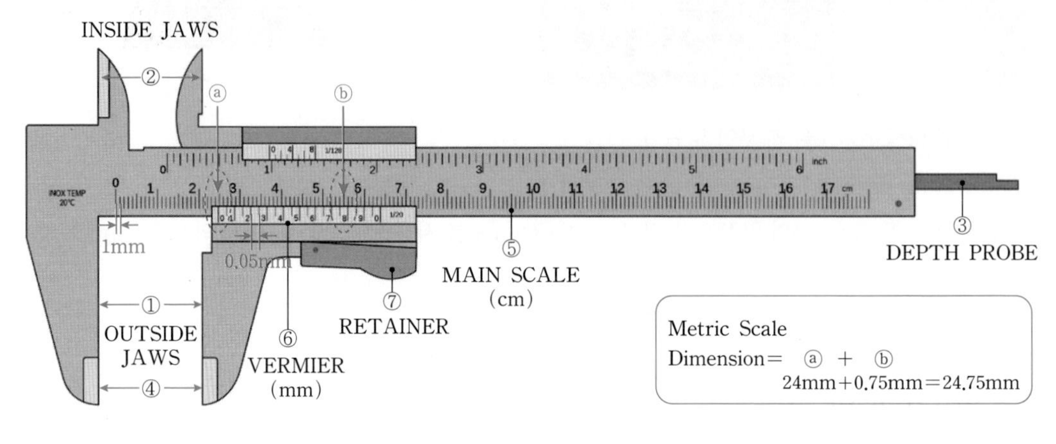

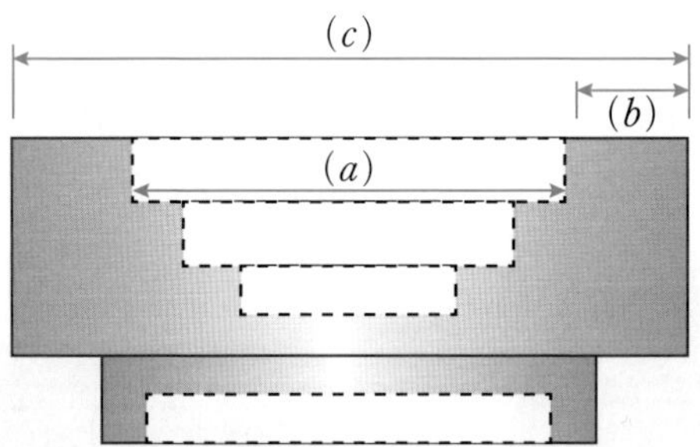

(a) Vernier calipers를 사용하여 측정물의 내경 측정

- 측정값 : ______________ mm

  ▶ Vernier calipers의 ② Inside Jaws를 이용하여 내경(Inside diameter)를 측정한다.

(b) Vernier calipers를 사용하여 측정물의 두께 측정

- 측정값 : ______________ mm

  ▶ Vernier calipers의 ④ Outside Jaws의 Tip을 이용하여 원의 두께(Thickness)를 측정한다.

(c) Vernier calipers를 사용하여 측정물의 외경 측정

- 측정값 : ______________ mm

  ▶ Vernier calipers의 ①, ④ Outside Jaws를 이용하여 외경(Outside diameter)를 측정한다.

※ Micrometer 사용 전에 교정 일자(Calibration Date)를 확인하고 Ratchet stop을 돌려 “0” Setting을 확인하고 측정 시 항상 같은 힘으로 측정한다.

※ Micrometer는 측정값이 0~1" 단위이므로 피 측정물의 Size에 맞도록 선택하여 사용한다.

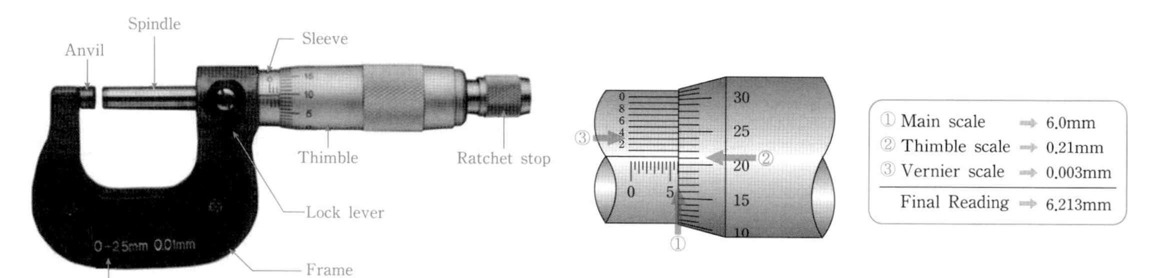

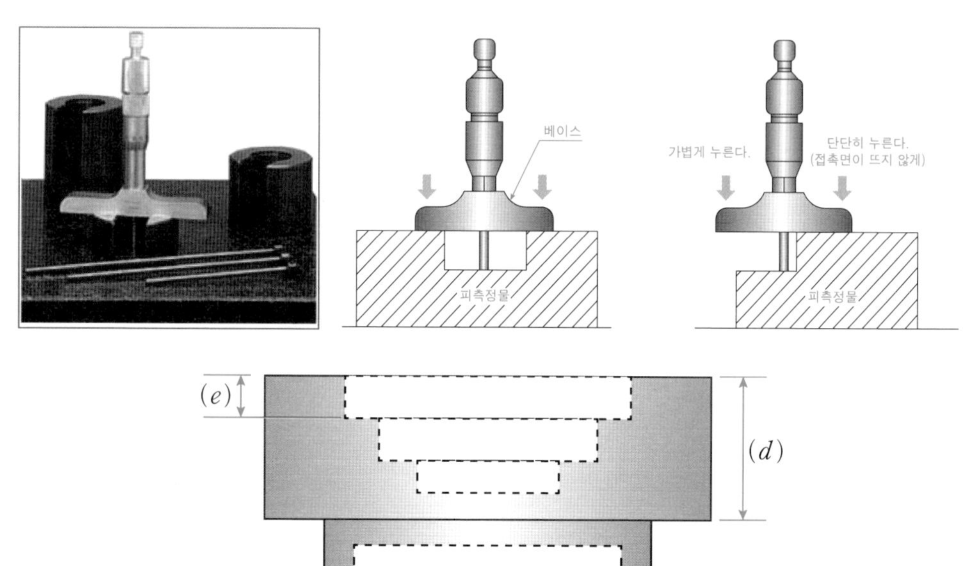

(d) OD Micrometer(외측 마이크로 미터)를 사용하여 측정물의 두께 측정

- 측정값 : ______________ inch

(e) Depth Micrometer(깊이 마이크로 미터)를 사용하여 측정물의 깊이 측정

- 측정값 : ______________ inch

2. [도면 2]의 계측작업(모든 측정은 3회 이상 측정하여 평균값을 기록한다.)

※ 모든 측정 방법은 [도면 1]의 Vernier calipers, Micrometer의 사용방법과 동일하다.

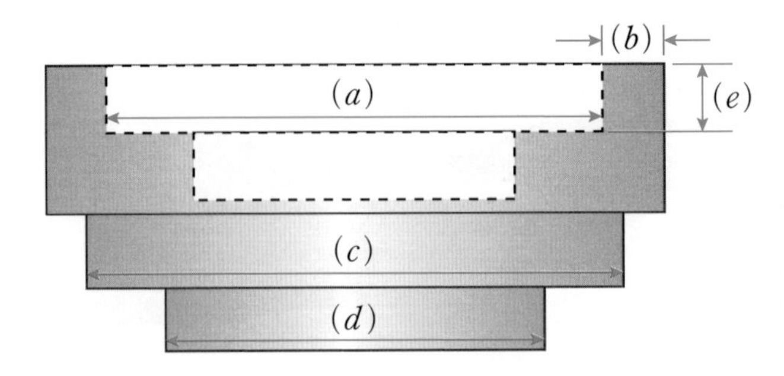

(a) Vernier calipers를 사용하여 측정물의 내경 측정

- 측정값 : ______________ mm

(b) Vernier calipers를 사용하여 측정물의 두께 측정

- 측정값 : ______________ mm

(c) OD Micrometer(외측 마이크로 미터)를 사용하여 측정물의 두께 측정

- 측정값 : ______________ inch

(d) OD Micrometer(외측 마이크로 미터)를 사용하여 측정물의 두께 측정

- 측정값 : ______________ inch

(e) Depth Micrometer(깊이 마이크로 미터)를 사용하여 측정물의 깊이 측정

- 측정값 : ______________ inch

3. [도면 3]의 계측작업(모든 측정은 3회 이상 측정하여 평균값을 기록한다.)

※ 모든 측정 방법은 [도면 1]의 Vernier calipers, Micrometer의 사용방법과 동일하다.

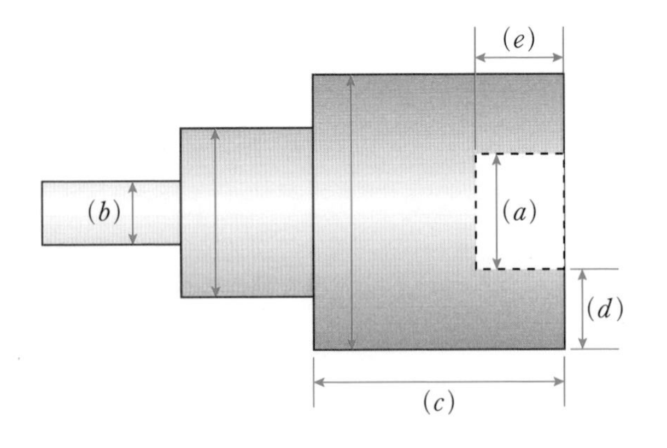

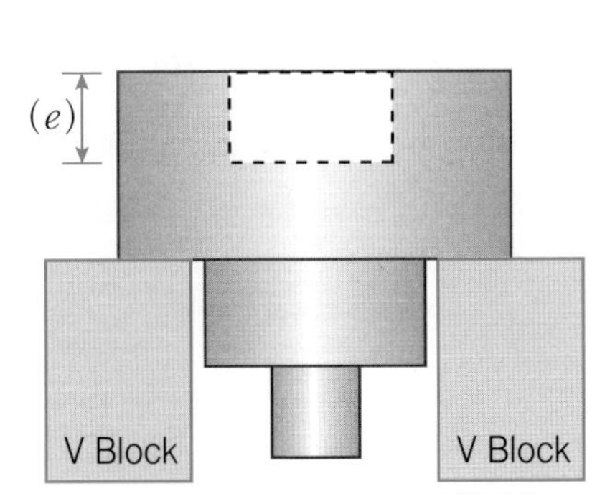

(a) Vernier calipers를 사용하여 측정물의 내경 측정

- 측정값 : _______________ mm

(b) Vernier calipers를 사용하여 측정물의 외경 측정

- 측정값 : _______________ mm

(c) OD Micrometer(외측 마이크로 미터)를 사용하여 측정물의 높이 측정

- 측정값 : _______________ inch

(d) Vernier calipers를 사용하여 측정물의 두께 측정

- 측정값 : _______________ mm

(e) Depth Micrometer(깊이 마이크로 미터)를 사용하여 측정물의 깊이 측정
(2개의 V Block에 피 측정물을 고정시킨 후 측정한다)

- 측정값 : _______________ inch

4. [도면 4]의 계측작업(모든 측정은 3회 이상 측정하여 평균값을 기록한다.)

※ 모든 측정 방법은 [도면 1]의 Vernier calipers, Micrometer의 사용방법과 동일하다.

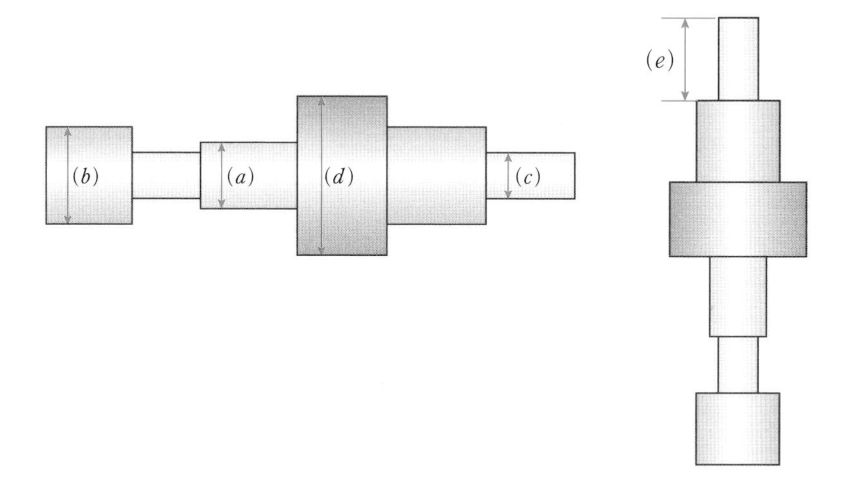

(a) Vernier calipers를 사용하여 측정물의 외경 측정

- 측정값 : _______________ mm

(b) Vernier calipers를 사용하여 측정물 외경 측정

- 측정값 : _______________ mm

(c) OD Micrometer(외측 마이크로 미터)를 사용하여 측정물의 외경 측정

- 측정값 : _______________ inch

(d) OD Micrometer(외측 마이크로 미터)를 사용하여 측정물의 외경 측정

- 측정값 : _______________ inch

(e) Depth Micrometer(깊이 마이크로 미터)를 사용하여 측정물의 높이 측정

- 측정값 : _______________ inch

5. [도면 5]의 계측작업(모든 측정은 3회 이상 측정하여 평균값을 기록한다.)

※ Vernier Calipers, Micrometer 측정 방법은 [도면 1]의 Vernier calipers, Micrometer의 사용방법과 동일하다.

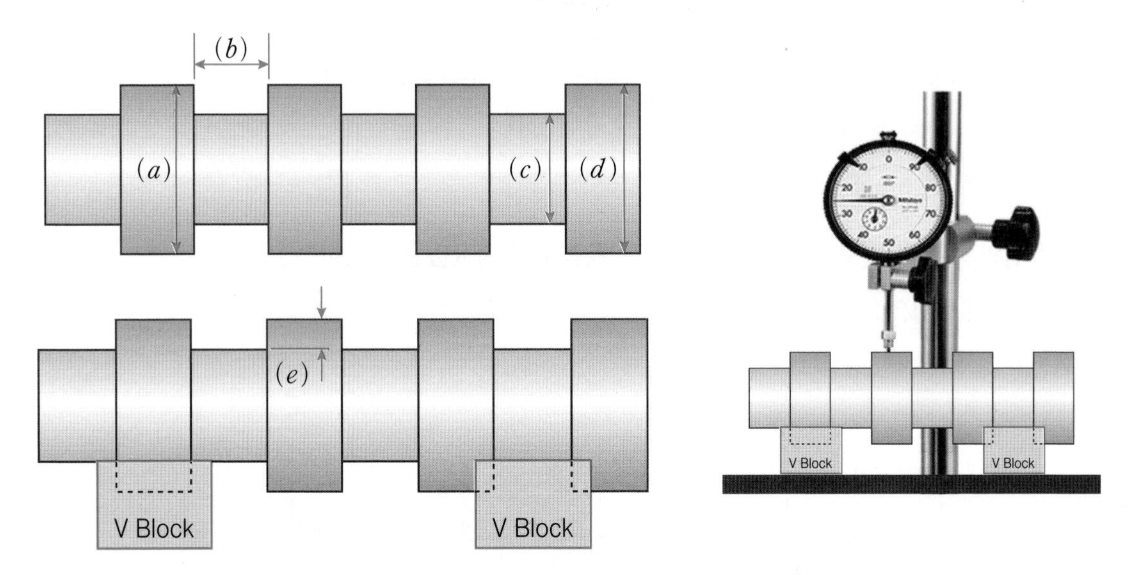

(a) Vernier calipers를 사용하여 측정물의 외경 측정

- 측정값 : _______________ mm

(b) Vernier calipers를 사용하여 측정물의 간격 측정

- 측정값 : _______________ mm

(c) OD Micrometer(외측 마이크로 미터)를 사용하여 측정물의 외경 측정

- 측정값 : _______________ inch

(d) OD Micrometer(외측 마이크로 미터)를 사용하여 측정물의 외경 측정

- 측정값 : _______________ inch

(e) Dial Gauge(다이얼 게이지)를 사용하여 측정물의 두께 측정
(2개의 V Block에 피 측정물을 고정시킨 후 측정한다)

- 측정값 : _______________ inch

6. [도면 6]의 계측작업(모든 측정은 3회 이상 측정하여 평균값을 기록한다.)

※ Vernier Calipers, Micrometer 측정 방법은 [도면 1]의 Vernier calipers, Micrometer의 사용방법과 동일하다.

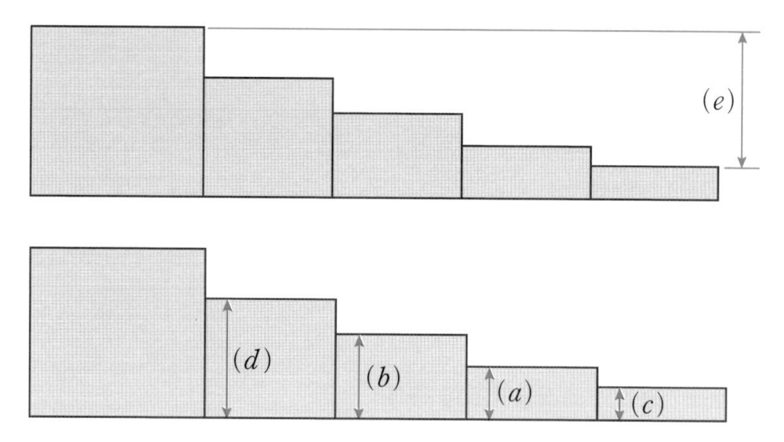

(a) Vernier calipers를 사용하여 측정물의 두께 측정

- 측정값 : ______________ mm

(b) Vernier calipers를 사용하여 측정물의 두께 측정

- 측정값 : ______________ mm

(c) OD Micrometer(외측 마이크로 미터)를 사용하여 측정물의 두께 측정

- 측정값 : ______________ inch

(d) OD Micrometer(외측 마이크로 미터)를 사용하여 측정물의 두께 측정

- 측정값 : ______________ inch

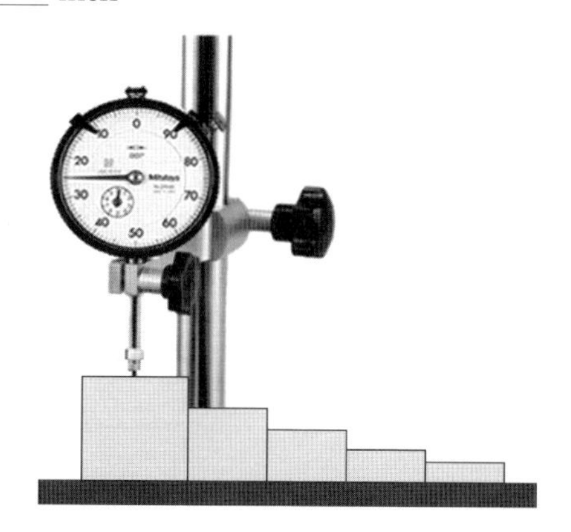

(e) Dial Gauge(다이얼 게이지)를 사용하여 측정물의 높이 측정

(e)의 높이가 1" 이상이므로 중간지점에서 한번 더 측정하여 합산한다.

- 측정값 : ______________ inch

7. [도면 6]의 계측작업(모든 측정은 3회 이상 측정하여 평균값을 기록한다.)

※ Vernier Calipers, Micrometer 측정 방법은 [도면 1]의 Vernier calipers, Micrometer의 사용방법과 동일하다.

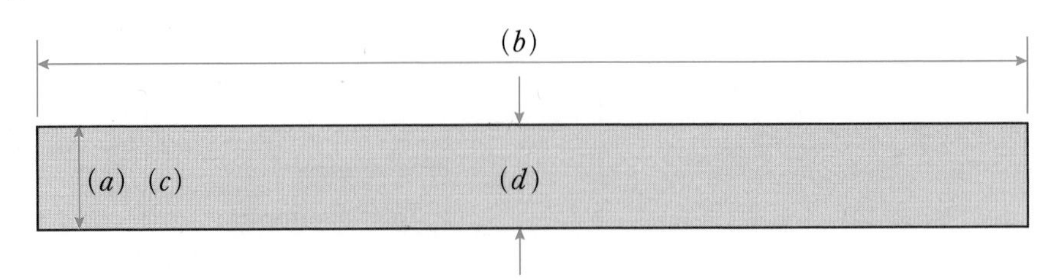

(a) Vernier calipers를 사용하여 측정물의 직경 측정

- 측정값 : ______________ mm

(b) Vernier calipers를 사용하여 측정물의 길이 측정

- 측정값 : ______________ mm

(c) OD Micrometer(외측 마이크로 미터)를 사용하여 측정물의 직경 측정

- 측정값 : ______________ inch

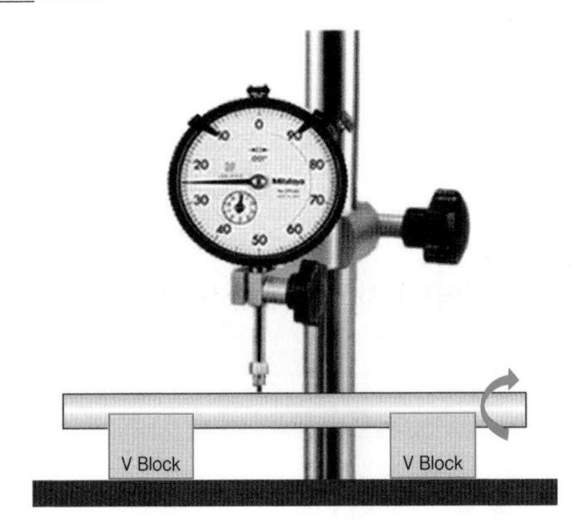

(d) 다이얼 게이지(Dial gauge)를 사용하여 측정물의 중앙 부위에서 진원 여부를 측정하고 그 결과를 기록하라.

- 진원 여부 : ○ (____). × (____)
- 측정결과 : ______________ inch

※ 측정물이 진원이 아닐 경우 : 공차 → 최소·최대값 차이 : ______________ inch

- 측정값 : ______________ inch

제3장 전자·전기 작업(항공정비사)

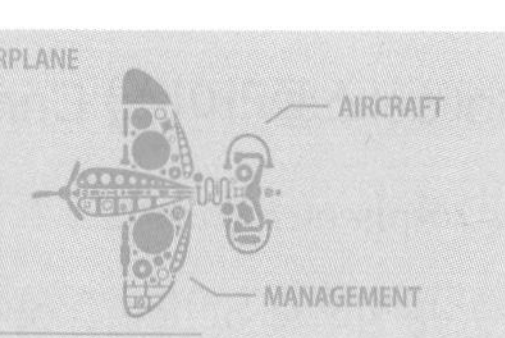

1 전기선 작업

1. Terminal Crimping 방법

① Terminal 부분 명칭 : 압착과정을 이해하기 위하여 Terminal의 구성을 이해해야 한다.

ⓐ 결합부(Mating Section) : 상대 터미널과 결합되는 부분이다.
압착과정에서 이 부분이 변형된다면 커넥터의 기능에 영향을 준다.

ⓑ 중간부(Transition Section) : 압착과정에서 손상을 입으면 안된다.
터미널 Stop과 잠금 돌기가 변형되면 커넥터의 기능에 영향을 준다.

ⓒ 압착부(Crimping Section) : 압착과정에서작업이 진행되는 곳이다.
압착 규정서에 명시된 압착기를 사용, 이 부분에서만 압착이 이루어져야 한다.

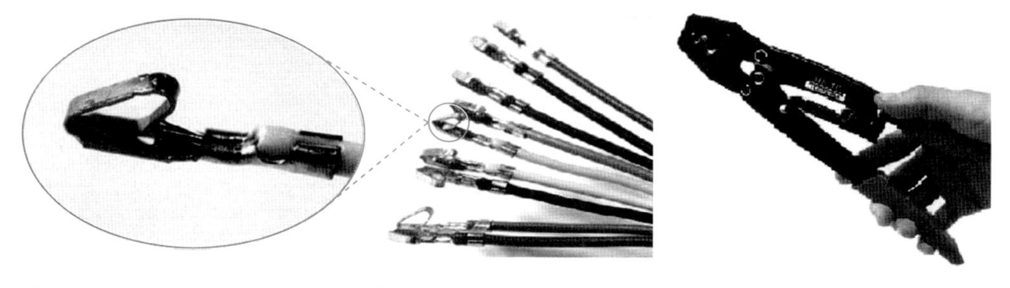

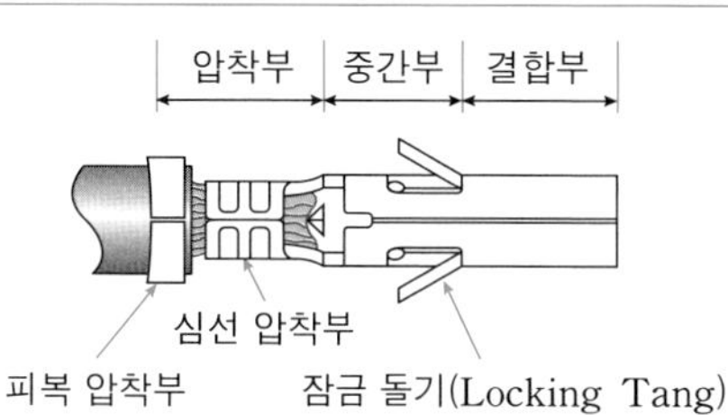

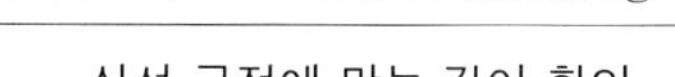

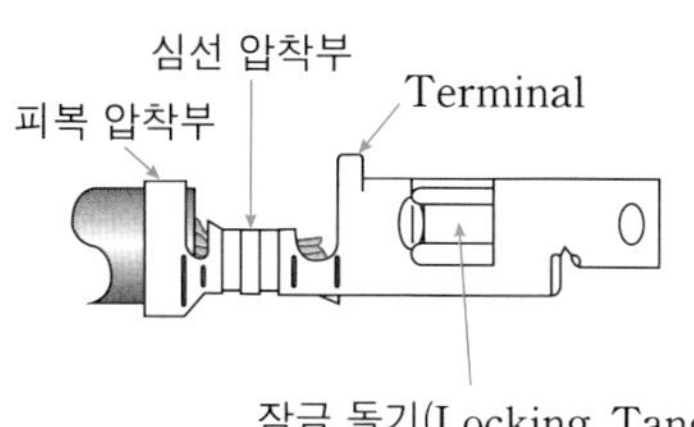

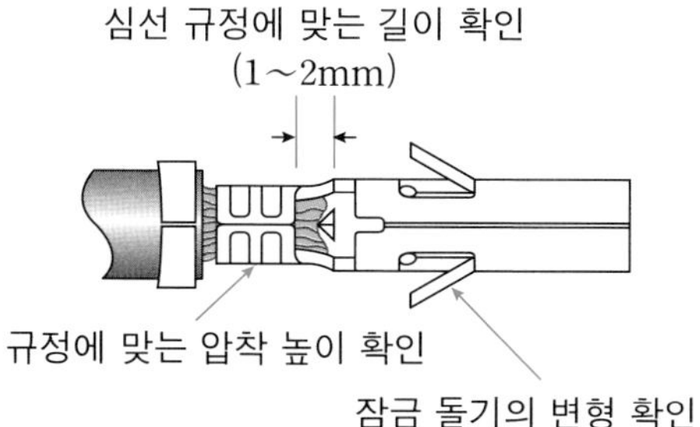

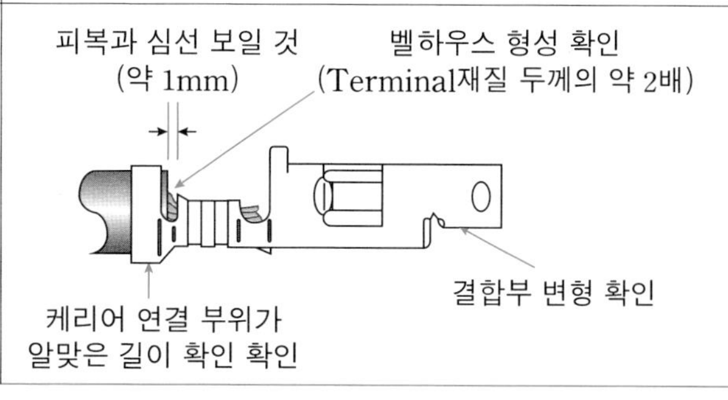

제3편

2 Splice(스플라이스) Crimping(클림핑) 방법

① Splice(스플라이스) : 전선과 전선 간의 연결 방법으로 납땜과 같이 전선 끝의 피복을 벗겨 구리선을 잇는 방법으로 Splice Tool에 두 전선의 양쪽 끝을 넣어 Splice 중간 부분의 점검 창을 통해 구리선의 끝을 확인한다. 확인이 되면 Splice를 압착 시켜 두 전선을 연결한다.

ⓐ 배선의 신뢰성과 전기·기계특성에 영향을 주지 않는 한 배선에 허용된다.

ⓑ 전력선, 동축 케이블, 복합 버스(Multiplex bus) 및 큰 규격전선의 Splicing은 인가된 자료를 갖추어야 한다.

ⓒ 전선의 Splicing은 최소로 유지하며 극심한 진동이 있는 장소에서는 피해야 한다.

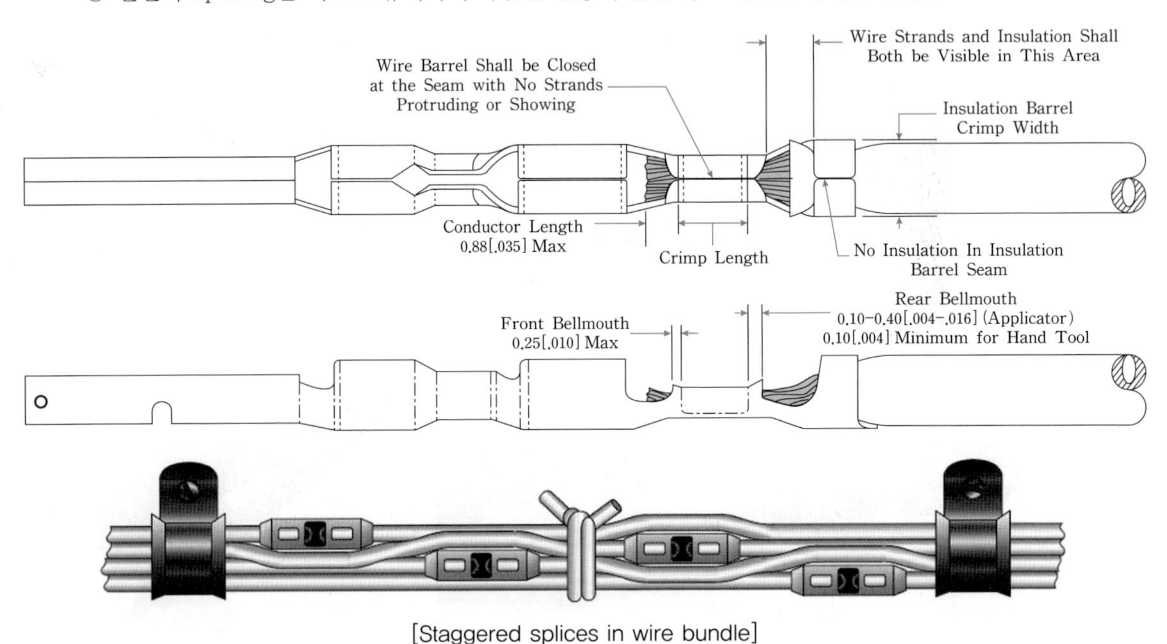

[Staggered splices in wire bundle]

3. Lacing and Tying Wire Bundles

① [그림]과 같이 매기, 묶기 및 Strap은 정비, 검사 및 장착의 용이성을 위한 Wire bundle의 모으기 및 고정에 사용된다. Single cord lacing method와 Double cord lacing 방법이 있다.

ⓐ Wire bundle의 Lacing method는 Bundle 직경이 1″ 이하의 Wire Bundle에 사용되며 간격은 통상 6″ 이내이며 Engine 등 Vibration이 심한 경우 1″ 이내로 한다.(Manual 참조)

ⓑ Clamp는 24″ 이내이며 Slack in Wire Bundles은 12″ Clamp 간격에서 약 1/2″이다.

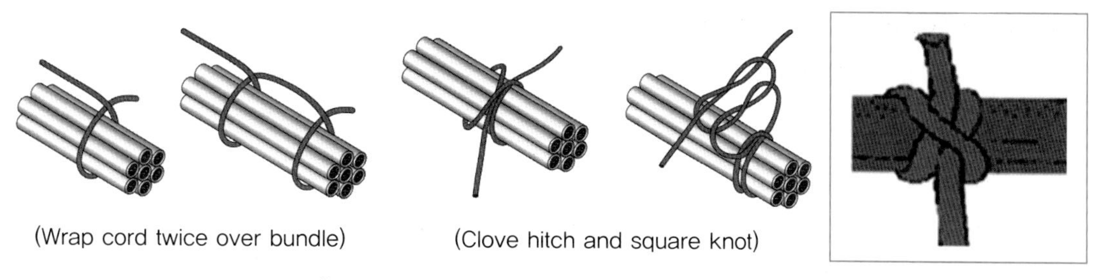

(Wrap cord twice over bundle) (Clove hitch and square knot)

[Sing cord lacing]

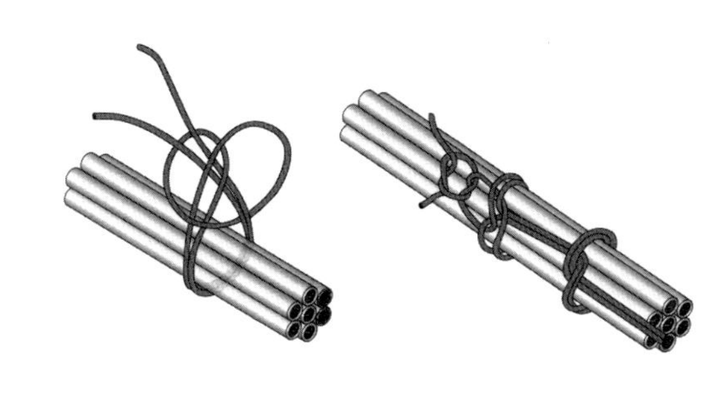

[Double cord lacing]

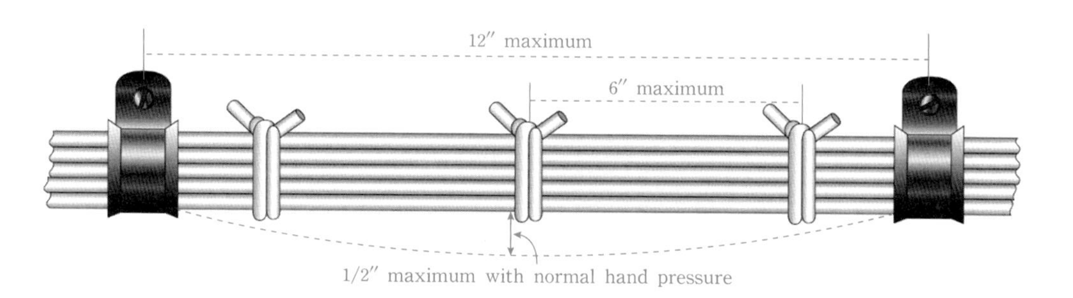

[Slack between supports of a cable harness]

2 솔리드 저항, 권선 등의 저항 측정

1. Resistor의 Color code 읽는 법

(1) Resistor 의 Color code

① Lead 타입의 저항의 색상 코드에 대한 규칙을 알아본다.
[그림]과 같이 저항의 색상 코드는 4자리 색상, 5자리 색상, 6자리 색상 코드에 따라 구분된다.

② 이 색상 코드는 저항의 값 숫자, 배수, 오차, 온도계수 등의 정보를 담고 있다.

(2) 4 Color codes 읽기 [그림 및 도표] 참조

① 1st Band : 10 자리 수

② 2nd Band : 1 자리 수

③ 3rd Band : 배 수

④ 4th Band : 오차 ±%

(3) 5 Color codes는 100 자리 수 Band가 있다.

(4) 6 Color codes는 온도계수가 있다.

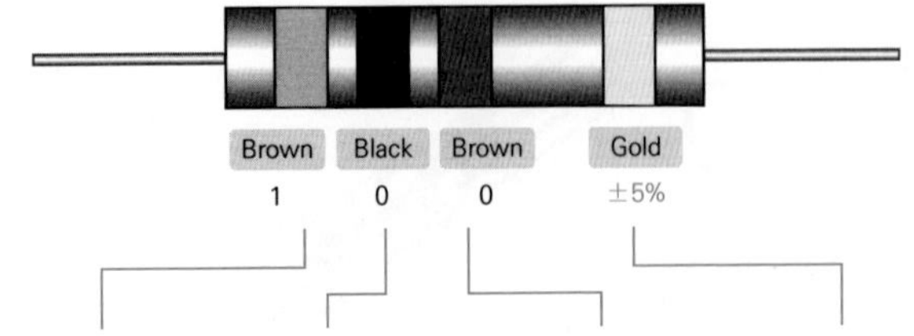

Color	1st Band (10 자리수)	2st Band (1 자리수)	3st Band (배수)	4st Band (오차 ±%)
검정색	0	0	×1	
갈색	1	1	×10	±1%
적색	2	2	×100	±2%
등색	3	3	×1000	
황색	4	4	×10000	
록색	5	5	×100000	±0.5%
청색	6	6	×1000000	±0.25%
자색	7	7	×10000000	±0.1%
회색	8	8	×100000000	±0.05%
백색	9	9	×1000000000	
금색			×0.1	±5%
은색			×0.01	±10%
무색				±20%

[E12 range, Resistor 100Ω, 5% Tolerance, Carbon Film]

2. Multimeter 사용법

(1) 전압강하, 전류 및 합성저항 측정

① 지정된 회로도면을 보고 주어진 재료로 Breadboard에 회로를 구성한다.

ⓐ Multi meter 지침을 '0' 점 위치로 조정 한다.(Zero setting : Range Selector 변경 시)

ⓑ Color Code 및 Multimeter를 사용하여 1 KΩ, 2 KΩ, 4 KΩ의 Resistor를 선택한다.

ⓒ [회로 도면]과 같이 Breadboard에 회로 연결작업을 한다.

(Breadboard의 사용법, 점퍼선 연결 법 숙지 요함)

② 전압, 전류, 저항 및 전압강하 계산 방법

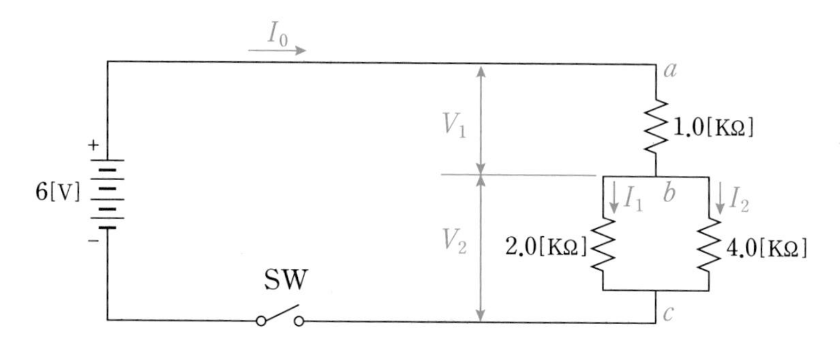

ⓐ 합성 저항(R) : 1KΩ+1÷(1÷2KΩ+1÷4KΩ)=1KΩ+1.333KΩ=2.333KΩ

ⓑ 전류(I_0) : 6V÷2.333KΩ=0.00257A=2.57mA

ⓒ 전압강하(V_1) : IR=0.00257×1,000=2.57V

ⓓ 전압강하(V_2) : IR=0.00257×1,333=3.43V

ⓔ Battery 전압=전압강하(V_1)+전압강하(V_2)=2.57V+3.43V=6V

③ 전압강하, 전류 및 합성저항 측정 방법

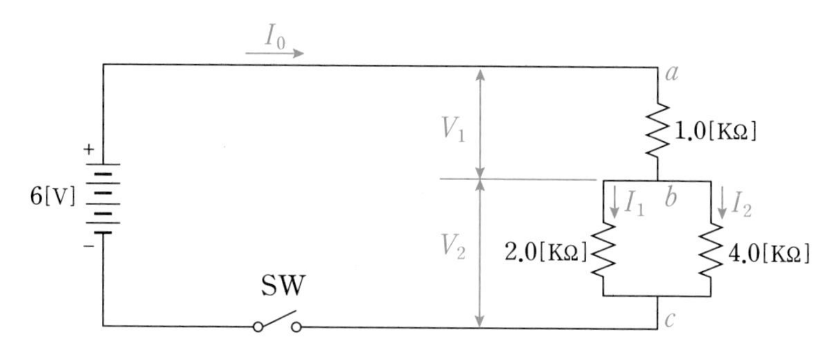

ⓐ Multimeter 지침을 '0'점 위치로 조정 한다.(Zero setting)

ⓑ Multimeter를 사용하여 합성저항을 측정한다.

※ Resistance(저항) 및 Multi-meter의 오차가 있으므로 Multi meter값을 측정하여 정확한 단위를 기록한다.

ⓒ Multimeter의 selector를 DCV 10V Range에 선택 후 Battery 전압을 측정한다.

※ 통상 Battery 전압은 6.0V~6.5V를 지시하여야 전류측정이 안정적이다.

※ Battery 전압이 6V 이하이면 Battery를 교환하라.(V_1, V_2 및 I_0 값 부정확할 수 있다)

ⓓ 6V DC 전원(Battery)를 회로에 연결하고 스위치 “ON”한다.

ⓔ Multimeter를 사용하여 $a-b$ 간의 전압 강하(V_1)와 $b-c$ 간의 전압 강하(V_2)을 측정한다.

- V_1 : 2.57V
- V_2 : 3.43V

ⓕ Jumper 선을 분리하여 전류(I_0)를 측정한다.

- I_0 : 2.57mA

(2) 전압강하, 전류 및 합성저항 측정

① 저항이 1KΩ, 1.5KΩ, 3KΩ, 전원이 9V인 경우

ⓐ Multi meter 지침을 ‘0’ 점 위치로 조정 한다.(Zero setting : Range Selector 변경 시)

ⓑ Color Code 및 Multimeter를 사용하여 1KΩ, 1.5KΩ, 3KΩ의 Resistor를 선택한다.

※ Resistance(저항) 및 Multi-meter의 오차가 있으므로 Multi-meter값을 측정하여 기록한다.

ⓒ [회로 도면]과 같이 Breadboard에 회로 연결작업을 한다.

(Breadboard의 사용법, 점퍼선 연결법 숙지 요함)

② 전압, 전류, 저항 및 전압강하 계산 방법

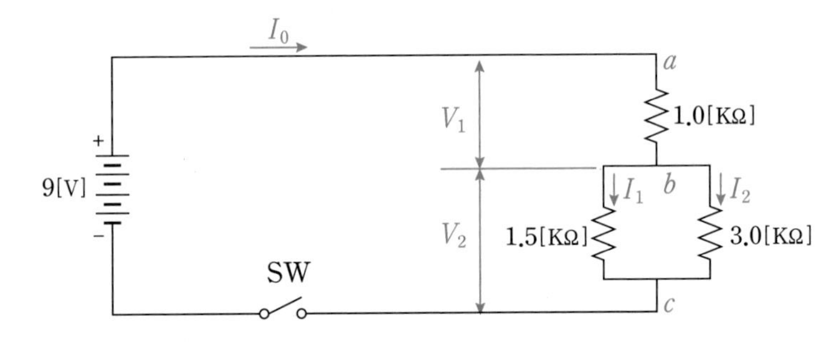

ⓐ 합성 저항(R) : 1KΩ+1÷(1÷1.5KΩ+1÷3KΩ)=1KΩ+1KΩ=2KΩ

ⓑ 전류(I_0) : 9V÷2KΩ=0.0045A=4.5mA

ⓒ 전압강하(V_1) : IR=0.0045×1,000=4.5V

ⓓ 전압강하(V_2) : IR=0.0045×1,000=4.5V

ⓔ Battery 전압=전압강하(V_1)+전압강하(V_2)=4.5V+4.5V=9V

③ 전압강하, 전류 및 합성저항 측정 방법

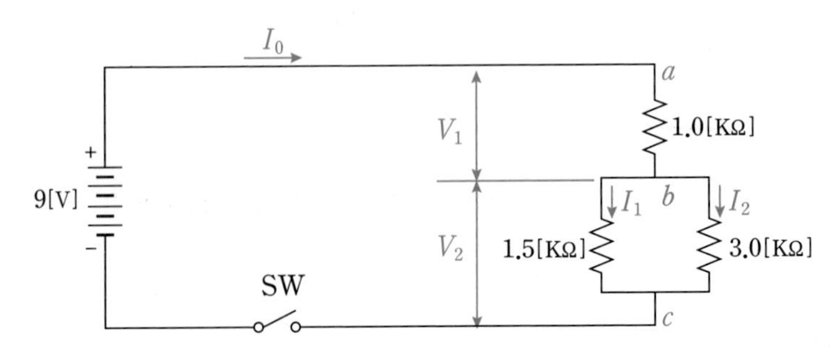

ⓐ Multimeter 지침을 '0'점 위치로 조정 한다.(Zero setting)

ⓑ Multimeter를 사용하여 합성저항을 측정한다.

※ Resistance(저항) 및 Multi-meter의 오차가 있으므로 Multi meter값을 측정하여 정확한 단위를 기록한다.

ⓒ Multimeter의 selector를 DCV 10V Range에 선택 후 Battery 전압을 측정한다.

※ 통상 Battery 전압은 9.0V~9.5V를 지시하여야 전류측정이 안정적이다.

※ Battery 전압이 9V 이하면 Battery를 교환하라.(V_1, V_2 및 I_0 값 부정확할 수 있다)

ⓓ 6V DC 전원(Battery)를 회로에 연결하고 스위치 "ON"한다.

ⓔ Multimeter를 사용하여 $a-b$ 간의 전압 강하(V_1)와 $b-c$ 간의 전압 강하(V_2)을 측정한다.

- V_1 : 4.5V
- V_2 : 4.5V

ⓕ Jumper 선을 분리하여 전류(I_0)를 측정한다.

- I_0 : 4.5mA

3 저항의 직렬, 병렬 및 직/병렬 회로의 구성

1. 저항의 직렬, 병렬 및 직/병렬 회로의 구성

① 주어진 $R1$, $R2$, $R3$의 저항을 각각 측정하고 높은 저항값부터 기록한다.

ⓐ Resistance(저항)의 Color code를 확인하고 1KΩ, 2KΩ, 4KΩ의 저항을 선택하고 Multi-meter의 Range selector를 1KΩ에 선택 후 "0"(Zero setting)을 한다.

ⓑ Battery의 전압을 측정하여 기록한다.(반드시 높은 Voltage부터 낮은 Voltage로 Select하여 측정한다.)

ⓒ 측정 값 : $R1$: 4KΩ, $R2$: 2KΩ, $R3$: 1KΩ, 전압: 9VDC

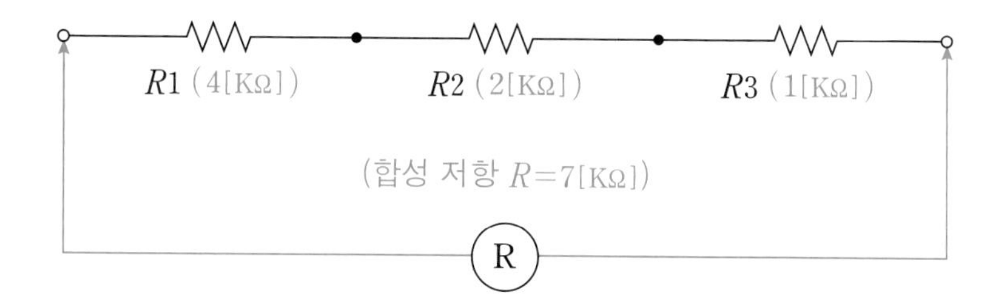

② Breadboard에 직렬로 회로 구성

ⓐ Multimeter의 Range selector를 1KΩ에 선택 후 합성저항을 측정한다.

- 직렬 합성 저항 : $R=R1+R2+R3=4K\Omega+2K\Omega+1K\Omega=7K\Omega$

③ 전류 측정(저항의 직렬회로)

ⓐ Breadboard에 저항을 직렬로 회로를 구성한다.

ⓑ R1, $R2$, $R3$의 저항을 직렬로 회로를 구성하고 저항 값과 9V 전압을 걸었을 때 전류를 측정하여 기록한다.

측정 값 : • 합성 저항 : 7KΩ • 전류 : 1.29mA

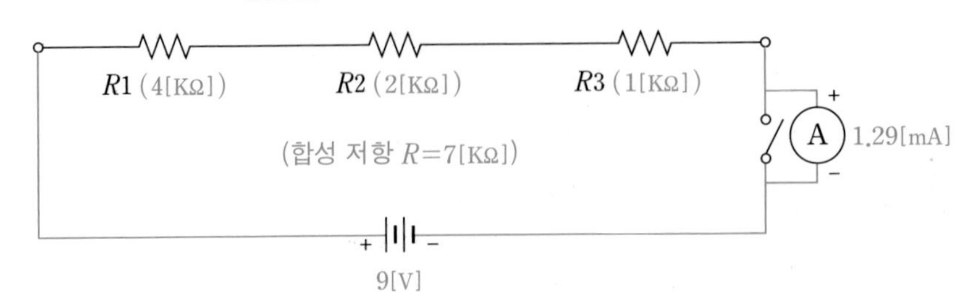

• 전류 측정 : 전류 : $I=V \div R=9\text{V} \div 7\text{K}\Omega=0.00129\text{A}=1.29\text{mA}$

※ Battery 전압이 9V 이하일 경우 전류의 측정값이 부정확할 수 있으므로 Battery를 교환할 것

※ 반드시 Multi-meter의 전류 측정값을 측정한다.

※ 전류 측정 시 회로를 끊어서 측정할 수 있지만 [그림]과 같이 Switch를 "OFF" Position에서 측정할 수 있다.

④ Breadboard에 병렬로 회로 구성

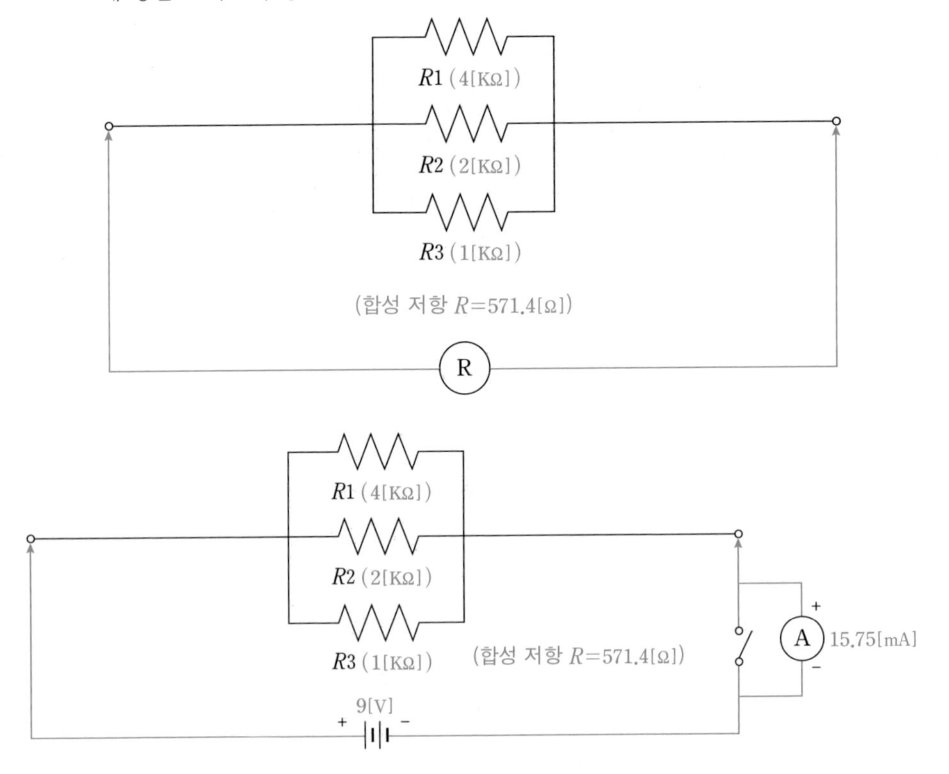

ⓐ Multimeter의 Range selector를 100Ω에 선택 후 합성저항을 측정한다.

측정 값 : • 합성 저항 : 571.4Ω • 전류 : 15.75mA

- 병렬 합성 저항 : $R=1\div(1\div R1+1\div R2+1\div R3)$

  $=1\div(1\div 4{,}000\Omega+1\div 2{,}000\Omega+1\div 1{,}000\Omega)=571.4\Omega$

- 전류 측정 : $I=V\div R=9\text{V}\div 571.4\Omega=0.01575\text{A}=15.75\text{mA}$

⑤ Breadboard에 직/병렬로 회로 구성

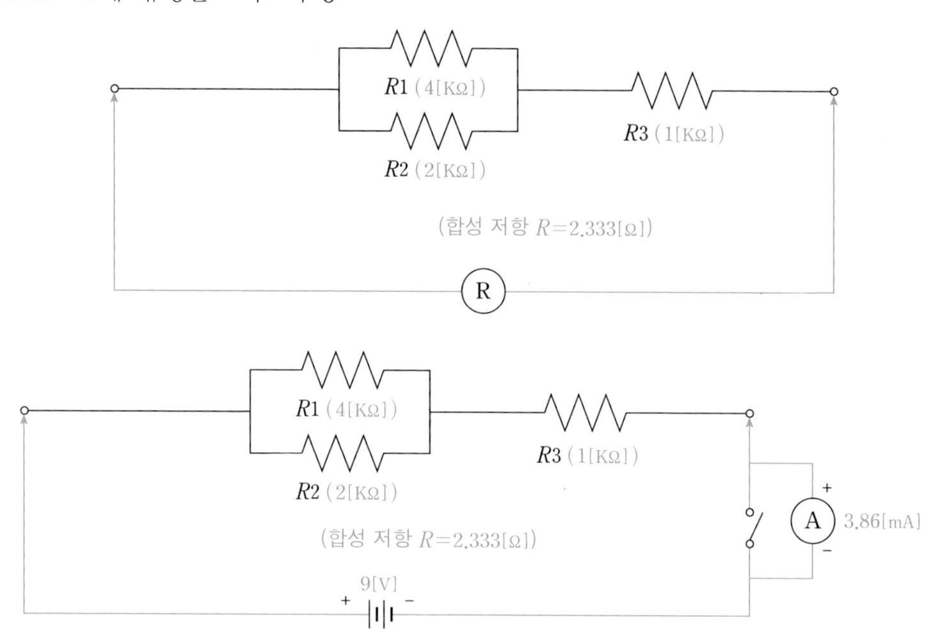

ⓐ Multimeter의 Range selector를 1Ω에 선택 후 합성저항을 측정한다.

측정 값 : • 합성 저항 : 2.33KΩ • 전류 : 3.86mA

- 직/병렬 합성 저항 : $R=1\div(1\div R1+1\div R2)+R3$

  $=1\div(1\div 4{,}000\Omega+1\div 2{,}000\Omega)+1{,}000\Omega=2.33\text{K}\Omega$

- 전류 측정 : $I=V\div R=9\text{V}\div 2.33\text{K}\Omega=0.00386\text{A}=3.86\text{mA}$

2. 저항의 직렬, 병렬 및 직/병렬 회로의 구성

① 주어진 $R1$, $R2$, $R3$의 저항을 각각 측정하고 높은 저항값부터 기록한다.

ⓐ Resistance(저항)의 Color code를 확인하고 1KX, 1.5KX, 3KX의 저항을 선택하고 Multi-meter의 Range selector를 1KX에 선택 후 "0"(Zero setting)을 한다.

ⓑ Battery의 전압을 측정하여 기록한다.(반드시 높은 Voltage부터 낮은 Voltage로 Select하여 측정한다.

ⓒ 측정 값 : $R1$: 3KΩ, $R2$: 1.5KΩ, $R3$: 1KΩ, 전압: 9VDC

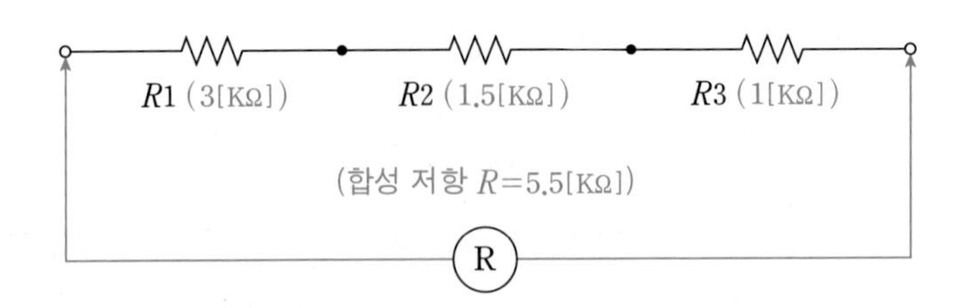

② Breadboard에 직렬로 회로 구성

ⓐ Multimeter의 Range selector를 1KΩ에 선택 후 합성저항을 측정한다.

- 직렬 합성 저항 : $R=R1+R2+R3=3\text{K}\Omega+1.5\text{K}\Omega+1\text{K}\Omega=5.5\text{K}\Omega$

③ 전류 측정(저항의 직렬회로)

ⓐ Breadboard에 저항을 직렬로 회로를 구성한다.

ⓑ R1, $R2$, $R3$의 저항을 직렬로 회로를 구성하고 저항 값과 9V 전압을 걸었을 때 전류를 측정하여 기록한다.

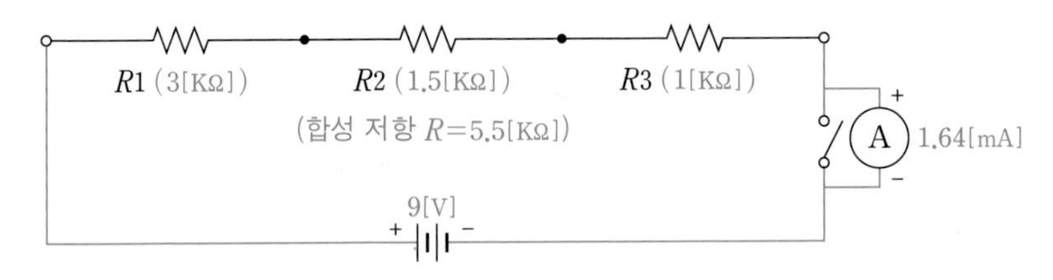

- 전류 측정 : $I=V\div R=9\text{V}\div 5.5\text{K}\Omega=0.00164\text{A}=1.64\text{mA}$

※ Battery 전압이 9V 이하일 경우 전류의 측정값이 부정확할 수 있으므로 Battery를 교환할 것

※ 반드시 Multi-meter의 전류 측정값을 측정한다.

※ 전류 측정 시 회로를 끊어서 측정할 수 있지만 [그림]과 같이 Switch를 "OFF" Position에서 측정할 수 있다.

④ Breadboard에 병렬로 회로 구성

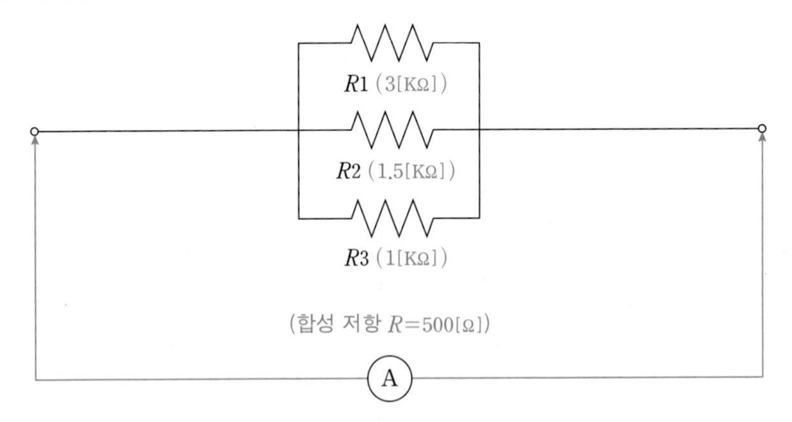

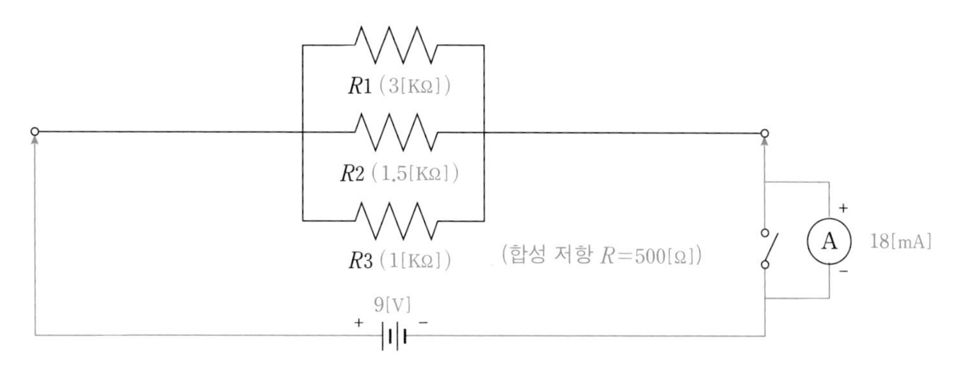

ⓐ Multimeter의 Range selector를 100Ω에 선택 후 합성저항을 측정한다.

측정 값 : • 합성 저항 : 500KΩ • 전류 : 18mA

• 직/병렬 합성 저항 : $R=1\div(1\div R1+1\div R2+1\div R3)$

$=1\div(1\div3{,}000\Omega+1\div1{,}500\Omega+1\div1{,}500\Omega)=500\Omega$

• 전류 측정 : $I=V\div R=9\text{V}\div500\Omega=0.018\text{A}=18\text{mA}$

⑤ Breadboard에 직/병렬로 회로 구성

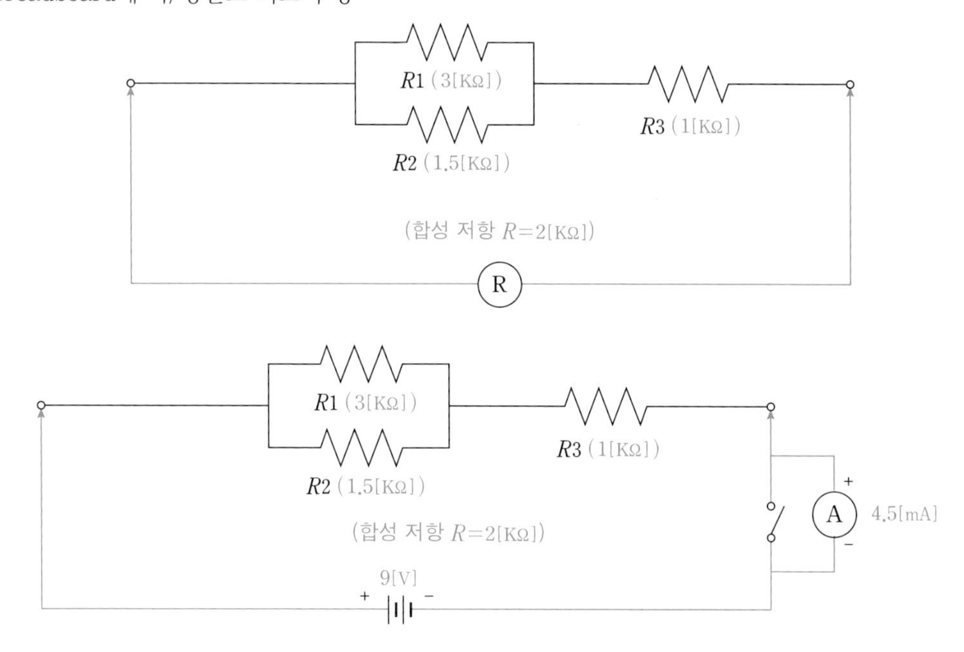

ⓐ Multimeter의 Range selector를 1KΩ에 선택 후 합성저항을 측정한다.

측정 값 : • 합성 저항 : 2KΩ • 전류 : 4.5mA

• 직/병렬 합성 저항 : $R=1\div(1\div R1+1\div R2)+R3$

$=1\div(1\div3{,}000\Omega+1\div1{,}500\Omega)+1{,}000\Omega=2\text{K}\Omega$

• 전류 측정 : $I=V\div R=9\text{V}\div2\text{K}\Omega=0.0045\text{A}=4.5\text{mA}$

4 회로 작업

1. Relay & Lamp 회로 구성

(1) 작업 사항

※ 지정된 회로차단기, 스위치, 릴레이, Lamp를 Breadboard에 장착 후 기능을 점검한다.

① 소요 자재 및 공구

소요 공구			소요 자재		
1	직류 전원 장치(DC 24V)	1개	1	회로 차단기	1개
2	멀티 미터	1개	2	스위치	2개
			3	릴레이	1개
			4	Lamp(24VDC)	1개
			5	점퍼선	

(2) 부품 확인

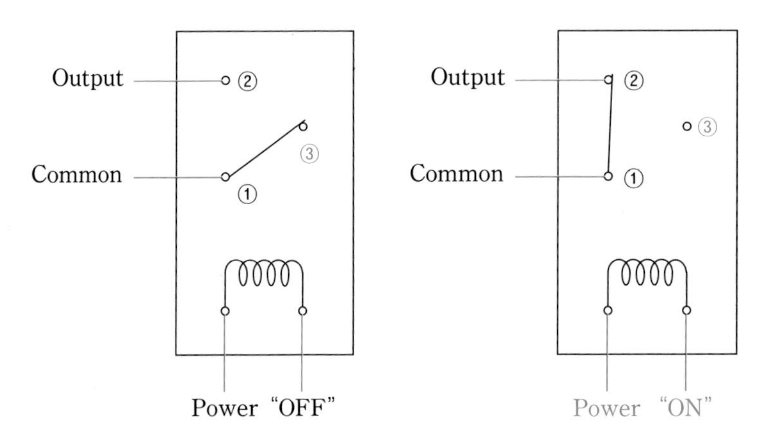

① Relay Check : [그림]은 5pin Relay의 회로이며 24V Power를 사용하여 Relay의 작동상태를 확인한다.

- Coil 단자의 저항을 측정하고 단자 도통을 "Check"한다.
- 24V Power를 연결하고 ①과 ②가 도통이 되는지 확인한다.

② Lamp의 저항을 측정한다.(통상 150~180Ω)

(3) 회로 구성

① 회로도를 보고 회로차단기, 스위치, 릴레이, Lamp를 Breadboard에 장착한다.

② 24VDC Power를 연결 한다.

③ Circuit Breaker를 Push하야 Power를 연결한다.

④ SW 1을 "ON"하면 Relay "작동 음"이 들린다.

⑤ SW 2을 "ON"하면 Lamp가 "ON" 된다.

⑥ 2개의 SW 중 1개라도 : "OFF"하면 Lamp가 "OFF" 된다.

⑦ 부품을 Breadboard에서 제거하고 주변정리를 한다.

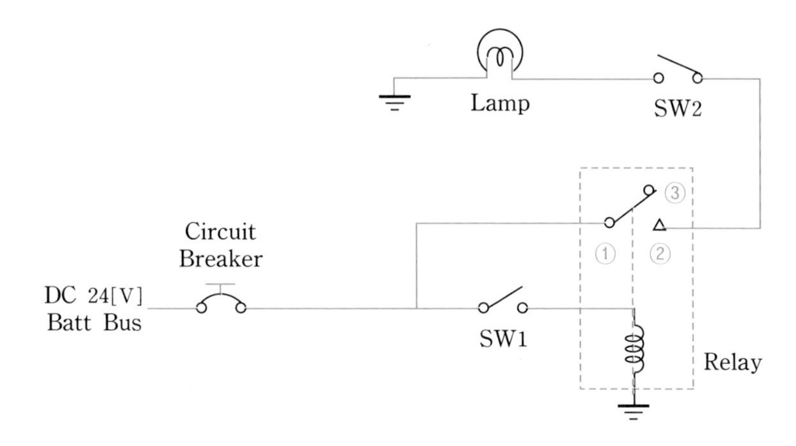

2. Lamp 회로를 구성하고 전압 강하 및 전류 측정

(1) 작업 사항

※ 지정된 Battery, 스위치, Lamp, 지정된 저항을 Breadboard에 장착 후 기능을 점검한다.

① 소요 자재 및 공구

소요 공구			소요 자재		
1	직류 Battery(6 or 9V)	1개	1	스위치	1개
2	멀티 미터	1개	2	Lamp	1개
			3	저항(5, 10, 50, 100, 1kΩ)	각 1개
			4	Breadboard	1개
			5	점퍼선	약간

(2) 부품 확인

① 저항 Check : 주어진 저항을 Color Code 및 Multimeter로 측정하여 기록한다.

측정 값 : $R1$: 5Ω, $R2$: 10Ω, $R3$: 100Ω, $R4$: 1KΩ, 전압: 6 or 9VDC

② Battery 전압을 측정하여 기록한다.(6V or 9V)

③ Lamp의 저항을 측정한다.(통상 150~180Ω)

(3) 회로 구성

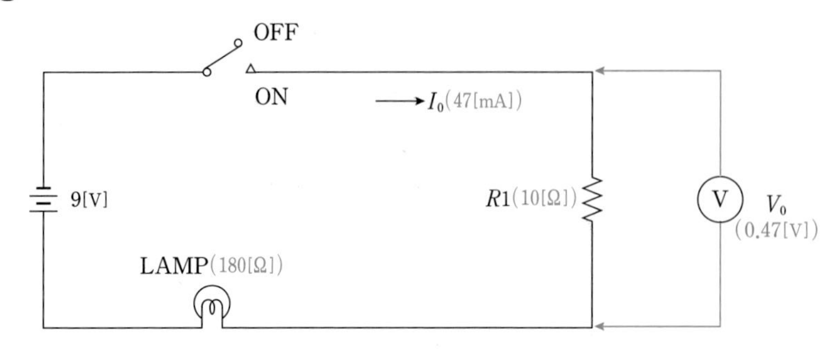

① 회로도와 같이 스위치, 지정된 저항, Lamp를 Breadboard에 장착한다.

② DC battery(6V or 9V)를 연결 한다.

③ 회로의 점퍼선을 분리하고 전류 측정.(SW "OFF" 상태에서 SW 양단 측정도 가능)

예 1 전류 측정 : $I=V \div R=9\text{V} \div (10\Omega+180\Omega)=0.047\text{A}=47\text{mA}$

예 2 전류 측정 : $I=V \div R=9\text{V} \div (100\Omega+180\Omega)=0.032\text{A}=32\text{mA}$

※ 저항이 크면 전류가 약해지므로 Lamp의 밝기가 약해진다.

④ 저항에 걸리는 전압강하 측정

예 1 전압 강하(V_0) 측정(9V, 10Ω일 경우) : $V_0=IR=0.047\text{A} \times 10\Omega=0.47\text{V}$

예 2 전압 강하(V_0) 측정(9V, 100Ω일 경우) : $V_0=IR=0.032\text{A} \times 100\Omega=3.2\text{V}$

⑤ 부품을 Breadboard에서 제거하고 주변정리를 한다.

저　　자

이 덕 희 – 항공정비공학사, 항공기관기술사, 항공정비사
항공직업훈련교사 2급, 항공공장정비사(Gas turbine Engine)

감　　수

김 호 형 – 항공공학사, 항공기관사, 대한항공 기장, 항공안전감독관

조 규 호 – 항공정비공학사, 한국항공대학교 항공우주법전공 석사, 한국항공대학교 항공우주법전공 박사과정
한국항공보안학회 정회원. 한국항공우주기술협회 정회원

저자와
협의 후
인지생략

적중 항공정비사
실기 구술+작업

발행일 1판1쇄 발행 2022년 12월 12일
발행처 듀오북스
지은이 이덕희
감 수 김호형·조규호
펴낸이 박승희

등록일자 2018년 10월 12일 제2021-20호
주소 서울시 중랑구 용마산로96길 82, 2층(면목동)
편집부 (070)7807_3690
팩스 (050)4277_8651
웹사이트 www.duobooks.co.kr

정가 25,000원 **ISBN** 979-11-90349-50-5 13550